工科类大学数学公共课程系

普通高等教育“十三五”规

高等数学

（上册）

曹殿立　马巧云　主编

科学出版社

北　京

内 容 简 介

本书是普通高等教育“十三五”规划教材. 内容包括函数的极限与连续、导数与微分、微分中值定理与导数的应用、积分、定积分的应用、微分方程等.

本书注重内容的科学性、系统性，以及教材的适用性和通用性. 在内容的编排上，注意概念实际背景的介绍，突出基本概念的系统理解和解题方法的把握. 教材起点低、坡度缓、难点分散、脉络清晰、详略适当、重点突出，例题、习题及题型丰富. 习题除按小节配置外，各章末还设有综合练习题，书末附有答案.

本书可作为高等院校工科类、管理类以及对高等数学有较高要求的经济类、非数学专业理科类各专业本科生的高等数学课程教材、教学参考书以及考研学习或自学用书.

图书在版编目(CIP)数据

高等数学. 上册/曹殿立，马巧云主编. —北京：科学出版社，2017. 8
工科类大学数学公共课程系列教学丛书
普通高等教育“十三五”规划教材
ISBN 978-7-03-053849-9

Ⅰ. ①高… Ⅱ. ①曹… ②马… Ⅲ. ①高等数学-高等学校-教材 Ⅳ. ①O13

中国版本图书馆 CIP 数据核字(2017)第 146520 号

责任编辑：张中兴 梁 清 / 责任校对：邹慧卿
责任印制：白 洋 / 封面设计：迷底书装

科 学 出 版 社 出版
北京东黄城根北街 16 号
邮政编码：100717
http://www.sciencep.com
石家庄继文印刷有限公司 印刷
科学出版社发行 各地新华书店经销
*
2017 年 8 月第 一 版 开本：720×1000 1/16
2020 年 8 月第四次印刷 印张：21
字数：423 000
定价：45.00 元
(如有印装质量问题，我社负责调换)

《高等数学（上册）》编委会

主　编　曹殿立　马巧云

副主编　胡丽平　荆会芬　张香伟

编　者　马文雅　吕海燕　汪松玉　侯贤敏

前 言

高等数学是高等院校各专业重要的基础课，也是在自然科学、社会科学中广泛应用的数学基础.

本书按照教育部高等学校“工科类专业本科数学基础课程教学基本要求”，结合作者长期的高等数学教学实践，并在充分借鉴当前国内外同类教材的基础上编写而成. 在内容上突出了以下四个特点：

1. 简明实用，通俗易学. 略去了部分极限的精确定义和一些抽象、烦琐的理论证明，直接从客观世界所提供的模型和原理中导出基本概念，使表达更加简明，易于理解.

2. 突出基本概念和基本计算的教学. 在课程内容的编排上，注意明晰概念以及理清概念之间的内在联系，注意基本计算方法的系统把握，并设置较多的例题、习题和综合练习来进一步强化.

3. 突出数学的应用性. 引导学生理解概念的内涵和背景，培养学生用高等数学的思想和方法分析、解决问题的能力.

4. 体现工科特色. 较多地设置了有关工程、机械、电子、能源、交通、食品工程、生物工程、环境工程以及经济管理等方面的实例，突出高等数学在工科专业中的应用，为学生学习专业知识奠定基础.

参加本书编写的有河南农业大学的曹殿立、马巧云、胡丽平、马文雅、吕海燕、汪松玉、侯贤敏，河南财经政法大学的荆会芬，郑州师范学院的张香伟，最后由曹殿立统一定稿.

东华大学的秦玉明教授仔细审阅了全稿，并提出了许多意见和建议，在此表示由衷的谢意！

对科学出版社为本书的顺利出版所付出的辛勤劳动表示衷心感谢！

虽然我们十分努力，但由于水平所限，难免存在疏漏与不妥之处，恳请读者批评指正.

编　者

2017 年 3 月 1 日

目 录

本书同步学习辅导教材《高等数学同步学习辅导》(上册)(曹殿立,苏克勤主编)注重课程内容的系统归纳与总结,突出典型例题的示范讲解,注重思路分析和方法归纳,提供主教材**全部习题及综合练习题的详尽解答**,含历年典型考研真题,提前体验典型考研题型.

同步学习辅导教材为您提供**知识总览、典型例题、历年考研典型真题、习题与综合练习题详解**等丰富教学内容,助您学有所成!

书名:《高等数学同步学习辅导》(上册)

书号:978-7-03-053851-2

扫辅导书二维码,提高等数学成绩.科学出版社电子商务平台上本辅导书的购买二维码链接如下:

第 1 章　函数的极限与连续

函数的极限与连续是高等数学的基础，它突出地表现了不同于初等数学的特点，为我们思考和解决实际问题提供了有效的方法. 本章主要介绍函数、极限、连续等基本概念以及它们的有关性质，为学习后续章节做好准备.

1.1　函　　数

1.1.1　区间与邻域

1.1.1.1　集合

定义 1.1　具有特定属性的对象所组成的总体称为一个**集合**. 组成这个集合的对象称为该集合的**元素**.

通常用大写英文字母 A,B,C 等表示集合，用小写英文字母 a,b,c 等表示元素. 若 a 是集合 A 的元素，就记作 $a\in A$；若 a 不是集合 A 的元素，记作 $a\notin A$.

有限多个元素组成的集合称为**有限集**，无限多个元素组成的集合称为**无限集**. 如果这个集合不含有任何元素，则称该集合为**空集**，记为 $\varnothing$. 一般地，全体自然数的集合记为 $\mathbf{N}$，全体整数的集合记为 $\mathbf{Z}$，全体有理数的集合记为 $\mathbf{Q}$，全体实数的集合记为 $\mathbf{R}$.

表示集合的方法通常有两种，一种是**列举法**，列出集合中的所有元素. 例如，由方程 $x^2-3x+2=0$ 的根组成的集合可以表示为 $A=\{1,2\}$. 另一种为**描述法**，描述出集合中元素的特征，即 $A=\{x|x$ 具有的特征$\}$. 例如，方程 $x^2-3x+2=0$ 的根的集合可以表示为 $A=\{x|x^2-3x+2=0\}$.

本书中的集合主要是数集，即元素都是数的集合. 如果没有特别说明，提到的数都是实数. 同时，由于实数与数轴上的点一一对应，数集也称为**点集**.

1.1.1.2　区间

设 $a,b\in\mathbf{R}$，$a<b$，常见的区间有

(1) **开区间**　$(a,b)=\{x|a<x<b\}$.

(2) **闭区间** $[a,b]=\{x|a\leqslant x\leqslant b\}$.

(3) **半开区间** $[a,b)=\{x|a\leqslant x<b\}$; $(a,b]=\{x|a<x\leqslant b\}$.

以上区间都是**有限区间**.

此外还有几类**无限区间**,类似地表示如下:

$$(a,+\infty)=\{x|x>a\};\quad [a,+\infty)=\{x|x\geqslant a\};$$

$$(-\infty,b)=\{x|x<b\};\quad (-\infty,b]=\{x|x\leqslant b\}.$$

需要注意的是,"∞"是表示无限性的一种记号,读作"**无穷大**".

$+\infty$可以理解为数轴正向的无穷远处,它大于数轴正向任何一个确定点的值;$-\infty$可以理解为数轴负向的无穷远处,它小于数轴负向任何一个确定点的值. ∞,$+\infty$,$-\infty$只是记号不是数,不表示任何点或任何值,不能像数一样进行运算. 全体实数集 **R** 记为$(-\infty,+\infty)$.

1.1.1.3 邻域

定义 1.2 设 a 和 δ 是两个实数,$\delta>0$,数集$\{x||x-a|<\delta\}$称为**点 a 的 δ 邻域**,记作 $U(a,\delta)$. 点 a 为**邻域中心**,δ 为**邻域半径**.

显然,$U(a,\delta)=\{x|a-\delta<x<a+\delta\}=(a-\delta,a+\delta)$. 如图 1.1 所示.

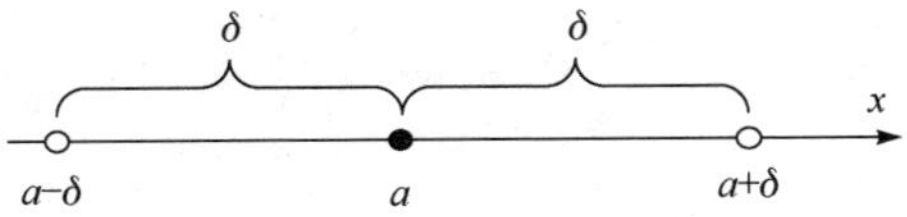

图 1.1

同理,称集合 $\mathring{U}(a,\delta)=\{x|0<|x-a|<\delta\}$为 a 的 δ **去心邻域**,如图 1.2 所示.

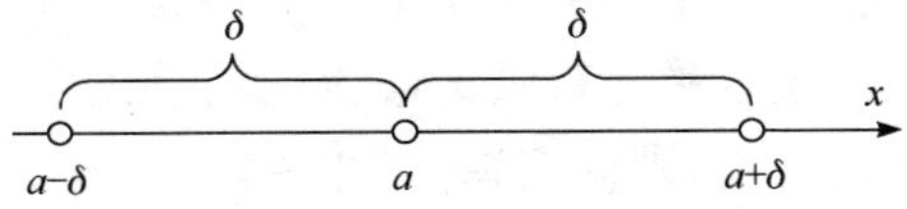

图 1.2

此外,区间$[a,a+\delta)$,$(a,a+\delta)$,$(a-\delta,a]$,$(a-\delta,a)$依次称为点 a 的 δ **右邻域**、点 a 的 δ **右去心邻域**、点 a 的 δ **左邻域**以及点 a 的 δ **左去心邻域**.

需要注意的是,δ 通常代表一个很小很小的正数,也就是说,邻域 $U(a,\delta)$(或去心邻域 $\mathring{U}(a,\delta)$)是一个以点 a 为中心的半径极小的开区间.

1.1.2 函数的定义

定义 1.3 设 D 和 W 是两个实数集,f 是一个对应规则. 在此规则下,若对于每一个 $x\in D$,在 W 中都有唯一确定的实数 y 与之对应,则称 y 是 x 的**函数**,记作

$y=f(x)$. 数集 D 叫做函数的**定义域**,x 叫做**自变量**,y 叫做**因变量**.

当 x 取数值 $x_0\in D$ 时,与 x_0 对应的 y 的数值称为 $y=f(x)$ 在 x_0 处的**函数值**,记作 $f(x_0)$. W 的子集 $f(D)=\{y|y=f(x),x\in D\}$ 称为函数的**值域**.

例 1.1 求函数 $y=\sqrt{x^2-4}+\arcsin\dfrac{x}{2}$ 的定义域.

解 要使函数有意义,必须使 $x^2-4\geqslant 0$ 且 $\left|\dfrac{x}{2}\right|\leqslant 1$,即 $x\geqslant 2$ 或 $x\leqslant -2$ 且 $-2\leqslant x\leqslant 2$,所以该函数的定义域是 $\{x|x=\pm 2\}$.

函数的定义域是使函数有意义的自变量的变化范围. 在实际问题中,应根据问题的实际意义来确定. 如设做自由落体运动的物体开始下落时刻为 $t=0$,落地时刻为 $t=T$,则函数 $s=\dfrac{1}{2}gt^2$ 的定义域为 $D=[0,T]$.

由函数定义可知,一个函数由其对应规则 f 及定义域 D 完全确定. 如果两个函数的定义域和对应规则都相同,那么这两个**函数是相同的**.

例如,函数 $f(x)=\sqrt[3]{x^4-x^3}$ 与 $g(x)=x\sqrt[3]{x-1}$ 的定义域都是 $(-\infty,+\infty)$,而且对应规则也相同,因而这两个函数是相同的.

而函数 $f(x)=x+1$ 与 $g(x)=\dfrac{x^2-1}{x-1}$ 是不相同的. 这两个函数的对应规则相同,但 $f(x)$ 的定义域是 $(-\infty,+\infty)$,$g(x)$ 的定义域是 $(-\infty,1)\cup(1,+\infty)$.

显然,$f(x)=\sin x$ 与 $g(t)=\sin t$ 是同一个函数.

需要说明的是,在定义 1.3 中,要求定义域中的每一个 x,都有唯一确定的 y 与之对应. 但 x 与 y 还存在着诸如 $x^2+y^2=1$ 这样的对应关系. 显然,对每一个 $x\in[-1,1]$,由 $x^2+y^2=1$ 确定的是 $y=\pm\sqrt{1-x^2}$,y 的值不唯一. 为表达方便,常称之为**多值函数**,把定义 1.3 中的函数称为**单值函数**.

对于多值函数,往往只需要附加一些条件,就可以化为单值函数. 例如在 $x^2+y^2=1$ 中限定 $y\geqslant 0$,则确定了一个单值函数 $y=\sqrt{1-x^2}$;限定 $y\leqslant 0$,则得到了另一个单值函数 $y=-\sqrt{1-x^2}$. 除特别说明外,本书中所说的函数都是单值函数.

例 1.2 常数函数 $y=1$ 的定义域 $D=(-\infty,+\infty)$,值域 $f(D)=\{1\}$,它的图形是一条平行于 x 轴的直线,如图 1.3 所示.

例 1.3 函数

$$f(x)=|x|=\begin{cases}x, & x\geqslant 0,\\ -x, & x<0\end{cases}$$

称为**绝对值函数**,它的定义域 $D=(-\infty,+\infty)$,值域 $f(D)=[0,+\infty)$,如图 1.4 所示.

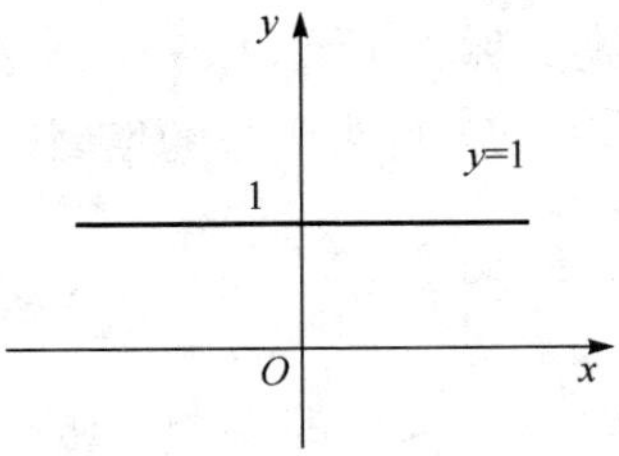

图 1.3

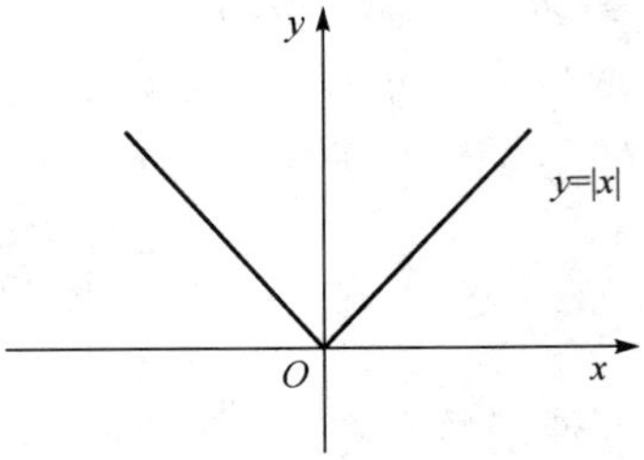

图 1.4

例 1.4 函数

$$f(x)=\operatorname{sgn}x=\begin{cases}1, & x>0,\\ 0, & x=0,\\ -1, & x<0\end{cases}$$

称为**符号函数**,它的定义域 $D=(-\infty,+\infty)$,值域为 $\{-1,0,1\}$,如图 1.5 所示.

例 1.5 设 x 为任意实数,不超过 x 的最大整数,记作 $[x]$.

例如,$[-0.1]=-1$,$[0.99]=0$,$[1]=1$,$[\sqrt{3}]=1$. 把 x 看作自变量,函数 $y=[x]$ 称为**取整函数**. 它的定义域 $D=(-\infty,+\infty)$,值域为整数集 **Z**. 如图 1.6 所示.

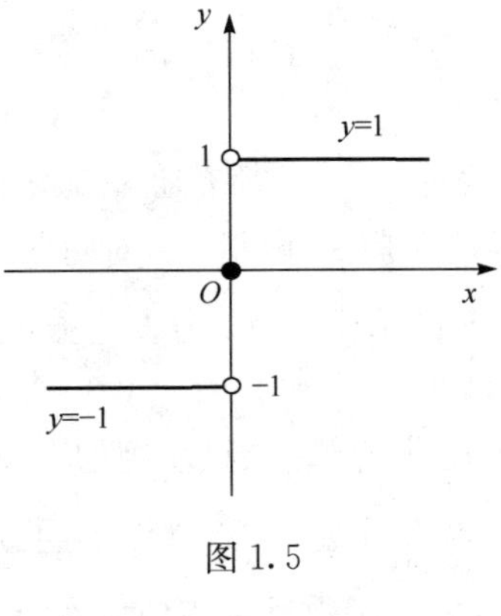

图 1.5

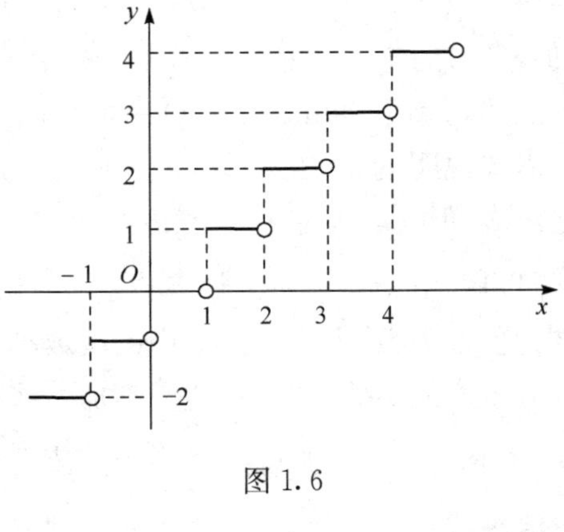

图 1.6

例 1.6 狄利克雷(Dirichlet)函数

$$y=f(x)=\begin{cases}1, & x\text{ 为有理数},\\ 0, & x\text{ 为无理数}.\end{cases}$$

其定义域 $D=(-\infty,+\infty)$,值域为 $\{1,0\}$.

例 1.3—例 1.6 的几个函数有一个共同的特征:在定义域的不同范围内,有不同的对应规则. 这类函数称为**分段函数**.

分段函数在实际生活中广泛存在. 如出租车的计价与行驶里程的关系;阶梯水

价与用水量的关系;个人所得税分段税率与个人收入的关系等.

分段函数的对应规则是由自变量所在的范围确定的. 在求分段函数的函数值时,应根据自变量所在的范围,选择相应的对应规则.

例如,对于函数

$$y=f(x)=\begin{cases} e^x-1, & x\leqslant 1, \\ \ln x, & x>1, \end{cases}$$

因为 $0\in(-\infty,1]$,所以 $f(0)=e^0-1=0$;因为 $e\in(1,+\infty)$,所以 $f(e)=\ln e=1$.

例 1.7　设 $f(x)=\begin{cases} x^3+4x+1, & x\geqslant 1, \\ x+2, & x<1. \end{cases}$ 求 $f(x+4)$的定义域.

解　将 $f(x)$及定义域中的 x 分别用 $x+4$ 替换,得

$$f(x+4)=\begin{cases} (x+4)^3+4(x+4)+1, & x+4\geqslant 1, \\ (x+4)+2, & x+4<1 \end{cases}$$

$$=\begin{cases} x^3+12x^2+52x+81, & x\geqslant -3, \\ x+6, & x<-3. \end{cases}$$

故 $f(x+4)$的定义域为$(-\infty,-3)\cup[-3,+\infty)=(-\infty,+\infty)$.

1.1.3　函数的几何性质

1.1.3.1　有界性

设函数 $y=f(x)$,$x\in D$. 若存在实数 $K>0$,对任意的 $x\in D$ 都有

$$|f(x)|\leqslant K,$$

则称函数 $f(x)$在 D 上**有界**.

例如函数 $y=\sin x$,对于任意的 $x\in \mathbf{R}$,都有$|\sin x|\leqslant 1$,所以它在$(-\infty,+\infty)$上有界;而函数 $y=x^3$ 在$(-\infty,+\infty)$上无界.

函数的有界性还可以等价地表述为

设函数 $y=f(x)$,$x\in D$,若存在两个实数 m 和 M,对任意的 $x\in D$ 都有

$$m\leqslant f(x)\leqslant M,$$

则称函数 $f(x)$在 D 上**有界**,其中 m 称为 $f(x)$在 D 上的**下界**,M 称为 $f(x)$在 D 上的**上界**.

显然,函数在 D 上有界的充要条件是它在 D 上既有上界又有下界. 有上界而无下界,有下界而无上界,既无上界又无下界,都是无界的.

1.1.3.2　单调性

设函数 $y=f(x)$,$x\in D$,若对任意的 $x_1,x_2\in D$,当 $x_1<x_2$ 时,恒有 $f(x_1)\leqslant f(x_2)$($f(x_1)\geqslant f(x_2)$)成立,则称 $f(x)$在 D 上**单调增加(减少)**. 上述不等式中若等号不成立,则称 $f(x)$在 D 上**严格单调增加(减少)**. 单调增加或单调减少的函数

均称为**单调函数**.

若 $f(x)$在某个区间上为单调函数,则称该区间为函数 $f(x)$的**单调区间**.

例如,$y=x^3$ 在$(-\infty,+\infty)$上是严格单调增加的,称$(-\infty,+\infty)$为 $y=x^3$ 的严格单调增加区间(图 1.7);$y=x^2$ 的严格单调减少区间为$(-\infty,0)$,严格单调增加区间为$(0,+\infty)$,但 $y=x^2$ 在其整个定义域$(-\infty,+\infty)$上不是单调的(图 1.8).

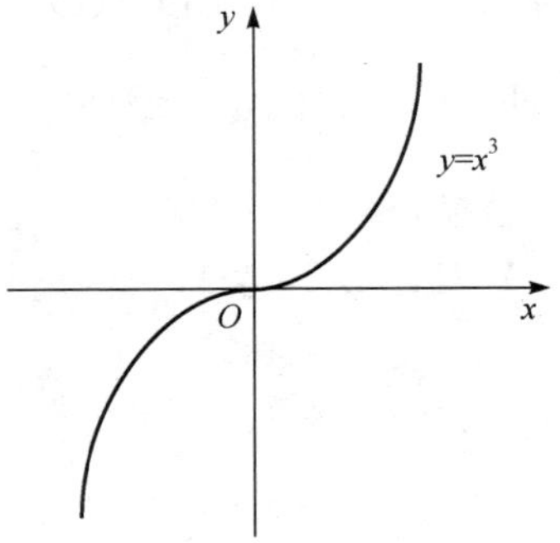

图 1.7

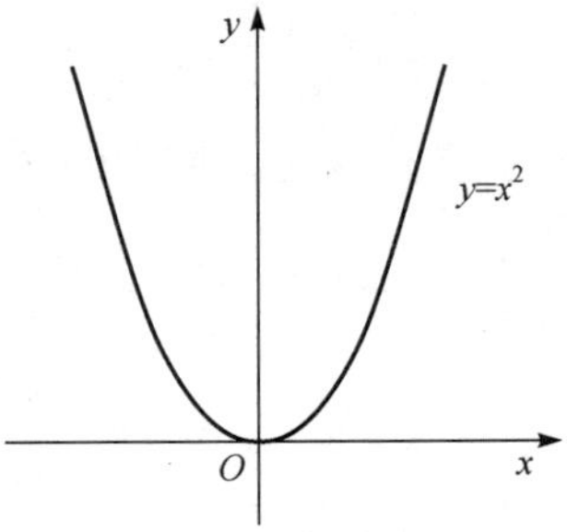

图 1.8

函数 $y=[x]$在$(-\infty,+\infty)$上单调增加但不是严格单调增加,因为对于任意的 $x_1,x_2\in(-\infty,+\infty)$,当 $x_1<x_2$ 时,有$[x_1]\leqslant[x_2]$.

1.1.3.3 奇偶性

设函数 $y=f(x)$的定义域 D 关于原点对称. 若对任意 $x\in D$,有 $f(-x)=-f(x)$,则称 $f(x)$为**奇函数**;若对任意的 $x\in D$,有 $f(-x)=f(x)$,则称 $f(x)$为**偶函数**.

例如 $y=\sin x$,$y=x^3$ 是奇函数;$y=\cos x$,$y=x^2$ 是偶函数;$y=\sin x+\cos x$,$y=x^2+x^3$ 既不是奇函数也不是偶函数.

一般地,两个奇函数(偶函数)相加或相减得到的函数为奇函数(偶函数);两个奇函数(偶函数)相乘或相除得到的函数为偶函数;一个奇函数与一个偶函数相加或相减得到的函数既不是奇函数也不是偶函数;一个奇函数与一个偶函数相乘或相除得到的函数是奇函数.

奇函数的图形关于原点对称,偶函数的图形关于 y 轴对称.

例 1.8 判定函数 $f(x)=\ln(x+\sqrt{1+x^2})$的奇偶性.

解 因为

$$f(-x)=\ln(-x+\sqrt{1+(-x)^2})=\ln(-x+\sqrt{1+x^2})$$

$$=\ln\frac{(\sqrt{1+x^2})^2-x^2}{x+\sqrt{1+x^2}}=\ln\frac{1}{x+\sqrt{1+x^2}}$$

$$=-\ln(x+\sqrt{1+x^2})=-f(x),$$

所以，$f(x)$为奇函数.

例 1.9　证明函数 $f(x)=\begin{cases}2+3x, & x\leqslant 0,\\ 2-3x, & x>0\end{cases}$ 是偶函数.

解　由于

$$f(-x)=\begin{cases}2+3(-x), & (-x)\leqslant 0,\\ 2-3(-x), & (-x)>0\end{cases}=\begin{cases}2-3x, & x\geqslant 0,\\ 2+3x, & x<0\end{cases}=f(x),$$

故 $f(x)$是偶函数.

1.1.3.4　周期性

设函数 $y=f(x)$，$x\in D$，若存在实数 $T>0$，使对任意 $x\in D$ 有

$$f(x+T)=f(x),$$

则称 $f(x)$为**周期函数**，称 T 为 $f(x)$的一个**周期**.

显然，若 T 为 $f(x)$的一个周期，则 $2T,3T,4T,\cdots$都是 $f(x)$的周期，故周期函数有无穷多个周期.

通常所说的周期函数的周期指的是它的**最小正周期**. 例如 $\sin x$，$\cos x$ 的周期为 2π；$\tan x$，$\cot x$ 的周期为 π.

可以证明：

(1) 如果 $f(x)$的周期为 T，则 $f(ax+b)$的周期为$\dfrac{T}{|a|}$；

(2) 如果 $f(x)$，$g(x)$的周期为 T，则 $f(x)\pm g(x)$的周期也是 T；

(3) 如果 T_1，$T_2(T_1\neq T_2)$分别为 $f(x)$，$g(x)$的周期，则 $f(x)\pm g(x)$的周期是 T_1，T_2 的最小公倍数.

1.1.4　反函数

1.1.4.1　定义

定义 1.4　设函数 $y=f(x)$的定义域为 D，值域为 $f(D)$. 如果对于每一个 $y\in f(D)$，都有唯一确定的 $x\in D$ 与之对应，满足 $y=f(x)$，则在 $f(D)$上确定了以 y 为自变量的函数，记为 $x=f^{-1}(y)$，$y\in f(D)$，并称 $x=f^{-1}(y)$为 $y=f(x)$的**反函数**.

由于习惯上 x 表示自变量，y 表示因变量，于是将 $x=f^{-1}(y)$中的 x 与 y 对换，就得到 $y=f^{-1}(x)$. 也称 $y=f^{-1}(x)$是 $y=f(x)$的反函数.

为区别起见，称 $x=f^{-1}(y)$为 $y=f(x)$的**直接反函数**，称 $y=f^{-1}(x)$为 $y=f(x)$的**间接反函数**.

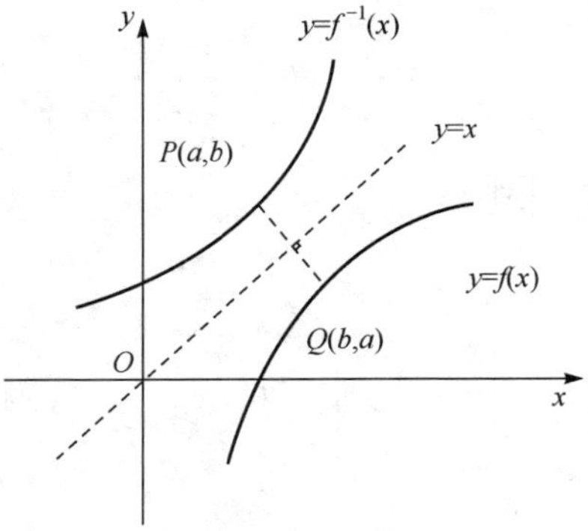

图 1.9

例 1.10 求 $y=x^3$ 的反函数.

解 由 $y=x^3$ 解得 $x=\sqrt[3]{y}$,则 $y=x^3$ 的直接反函数为 $x=\sqrt[3]{y}$,$y\in(-\infty,+\infty)$.

将直接反函数中的 x 与 y 对换,得 $y=x^3$ 的间接反函数为 $y=\sqrt[3]{x}$,$x\in(-\infty,+\infty)$.

从几何上看,$y=f(x)$与它的直接反函数 $x=f^{-1}(y)$是同一条曲线;而 $y=f(x)$与其间接反函数 $y=f^{-1}(x)$的图形关于直线 $y=x$ 对称(图 1.9).

1.1.4.2 反函数的存在性

从定义 1.3 和定义 1.4 可见,具有反函数的函数必须满足自变量与因变量之间的一一对应关系. 从几何上来看,具有反函数的函数 $y=f(x)$的图形是严格单调的. 可以证明:

定理 1.1 设 $y=f(x)$在其定义域 D 上严格单调增加(减少),则 f 必有反函数 f^{-1},且 f^{-1}在其定义域 $f(D)$上也是严格单调增加(减少)的.

例如,$y=x^2$ 在其定义域$(-\infty,+\infty)$上不是单调的,因此在$(-\infty,+\infty)$上没有反函数. 若分别讨论其单调区间$(-\infty,0)$和$(0,+\infty)$,则 $y=x^2$ 在$(-\infty,0)$上的反函数是 $x=-\sqrt{y}$,在$(0,+\infty)$上的反函数是 $x=\sqrt{y}$.

例 1.11 求函数 $y=\begin{cases}x^2, & -1\leqslant x<0,\\ \ln x, & 0<x\leqslant 1,\\ 2e^{x-1}, & 1<x\leqslant 2\end{cases}$ 的反函数.

解 当 $-1\leqslant x<0$ 时,$y=x^2\in(0,1]$,此时解得 $x=-\sqrt{y}$;

当 $0<x\leqslant 1$ 时,$y=\ln x\in(-\infty,0]$,此时解得 $x=e^y$;

当 $1<x\leqslant 2$ 时,$y=2e^{x-1}\in(2,2e]$,此时解得 $x=1+\ln\dfrac{y}{2}$.

综上所述,该函数的直接反函数、间接反函数分别为

$$x=\begin{cases}e^y, & -\infty<y\leqslant 0,\\ -\sqrt{y}, & 0<y\leqslant 1,\\ 1+\ln\dfrac{y}{2}, & 2<y\leqslant 2e;\end{cases}\qquad y=\begin{cases}e^x, & -\infty<x\leqslant 0,\\ -\sqrt{x}, & 0<x\leqslant 1,\\ 1+\ln\dfrac{x}{2}, & 2<x\leqslant 2e.\end{cases}$$

1.1.5 复合函数

定义 1.5 设有两个函数

$$y=f(u),\quad u\in E,$$

$$u=\varphi(x),\quad x\in D,\quad \varphi(D)=W,$$

若 $W\cap E\neq\varnothing$，则称 $y=f[\varphi(x)]$ 是由 $y=f(u)$ 和 $u=\varphi(x)$ 构成的**复合函数**，称 u 为**中间变量**.

例 1.12　函数 $y=f(u)=u^2$ 的定义域 $E=(-\infty,+\infty)$，函数 $u=\varphi(x)=1-x^2$ 的值域 $W=(-\infty,1]$，因 $W\cap E=W\neq\varnothing$，则两者复合而成的函数为

$$y=f[\varphi(x)]=(1-x^2)^2,\quad -\infty<x<+\infty.$$

例 1.13　函数 $y=f(u)=\sqrt{u}$ 的定义域 $E=[0,+\infty)$，$u=\varphi(x)=1-x^2$ 的值域 $W=(-\infty,1]$，因 $W\cap E=[0,1]\neq\varnothing$，则两者复合而成的函数为

$$y=f[\varphi(x)]=\sqrt{1-x^2},\quad -1\leqslant x\leqslant 1.$$

本题中，虽然函数 $u=\varphi(x)=1-x^2$ 的定义域为 $(-\infty,+\infty)$，但为了使复合函数有意义，必须限制 $u\geqslant 0$，故在此限制下，自变量 x 的变化范围为 $[-1,1]$.

例 1.14　函数 $y=f(u)=\arcsin u$ 的定义域 $E=[-1,1]$，$u=\varphi(x)=3+x^2$ 的值域 $W=[3,+\infty)$，$W\cap E=\varnothing$，故 $y=f[\varphi(x)]$ 无定义.

例 1.14 表明：**并非任何两个函数都能够构成复合函数**.

例 1.15　设 $f(x)=x^2$，$g(x)=3x$，求 $f[f(x)]$，$f[g(x)]$ 及 $g[f(x)]$.

解　$f[f(x)]=[f(x)]^2=(x^2)^2=x^4$；　$f[g(x)]=[g(x)]^2=(3x)^2=9x^2$；
$g[f(x)]=3f(x)=3x^2$.

例 1.16　函数 $y=\ln u$，$u=\sin v$，$v=\sqrt{x}$ 可以通过中间变量 u，v 构成复合函数 $y=\ln\sin\sqrt{x}$.

关于复合函数，重要的是**如何把复合函数分解成若干个简单函数**. 这在第 2 章求复合函数的导数时会用到. 这里所说的**简单函数**是相对于复合函数而言的，一个函数，只要不是复合函数，就称为简单函数.

例如，函数 $y=e^{\tan\sqrt{1+\cos x}}$ 可以分解为四个简单函数

$$y=e^u,\quad u=\tan v,\quad v=\sqrt{w},\quad w=1+\cos x;$$

函数 $y=\ln^2(x+\sqrt{1+x^2})$ 可以分解为三个简单函数

$$y=u^2,\quad u=\ln v,\quad v=x+\sqrt{1+x^2}.$$

1.1.6　基本初等函数与初等函数

下列函数称为**基本初等函数**：

(1) **常数**　　$y=C$　(C 为常数)；

(2) **幂函数**　　$y=x^\alpha$　(α 为实数，$\alpha\neq 0$)；

(3) **指数函数**　　$y=a^x$　($a>0,a\neq 1$)；

(4) **对数函数**　　$y=\log_a x$　($a>0,a\neq 1$)；

(5) **三角函数**　$y=\sin x, y=\cos x, y=\tan x, y=\cot x, y=\sec x, y=\csc x$;

(6) **反三角函数**　$y=\arcsin x, y=\arccos x, y=\arctan x, y=\operatorname{arccot} x$.

定义 1.6　由基本初等函数经过有限次四则运算和有限次复合运算所构成的能用一个式子表示的函数称为**初等函数**.

例如,$y=\sin\dfrac{1}{\sqrt{1-x^2}}$,$y=\ln\sqrt{\sin x+1}$,$y=e^{\sin x}+x\ln\tan^2 x$ 均为初等函数.

注意　分段函数一般不是初等函数,但并不是所有的分段函数都不是初等函数.如 $y=|x|$ 是分段函数,但 $y=|x|=\sqrt{x^2}$ 可看成是由 $y=\sqrt{u}, u=x^2$ 复合而成,因此,它是初等函数.

形如 $f(x)^{g(x)}$ 的函数称为**幂指函数**(其中 $f(x), g(x)$ 是初等函数,且 $f(x)>0$),例如,$y=x^{\sin x}$,$y=\left(1+\dfrac{1}{x}\right)^x$ 都是幂指函数.

幂指函数也是初等函数,因为 $f(x)^{g(x)}=e^{g(x)\ln f(x)}$.这样的转化在求幂指函数的极限和导数中经常用到.

习题 1.1

1. 求下列函数的定义域:

(1) $y=\sqrt{x^2-4}$;　　(2) $y=\sqrt{3x+2}+\dfrac{1}{1-x^2}$;

(3) $y=\ln\arcsin x$;　　(4) $y=\dfrac{2x}{x^2-3x+2}$.

2. 下列各题中,函数 $f(x)$ 和 $g(x)$ 是否相同?为什么?

(1) $f(x)=x$,　$g(x)=\sqrt{x^2}$;

(2) $f(x)=\ln x^2$,　$g(x)=2\ln x$;

(3) $f(x)=1$,　$g(x)=\sin^2 x+\cos^2 x$;

(4) $f(x)=\dfrac{\pi}{2}$,　$g(x)=\arcsin x+\arccos x$.

3. 求下列函数值:

(1) 设 $f(x)=\arcsin x$,求 $f(0), f(-1), f\left(\dfrac{\sqrt{3}}{2}\right), f\left(-\dfrac{\sqrt{2}}{2}\right)$;

(2) 设 $g(x)=\begin{cases}|\sin x|, & |x|<\dfrac{\pi}{3},\\ 0, & |x|\geqslant\dfrac{\pi}{3},\end{cases}$ 求 $g\left(\dfrac{\pi}{4}\right), g\left(-\dfrac{\pi}{6}\right), g(-3)$.

4. (1) 设 $f\left(\dfrac{1}{x}\right)=x+\sqrt{1+x^2}, x>0$,求 $f(x)$;

(2) 设 $g(x+1)=\begin{cases}x^3, & 0\leqslant x\leqslant 1,\\ 3x, & 1<x\leqslant 2,\end{cases}$ 求 $g(x)$.

5. (1) 设 $f(x)=\mathrm{e}^{1-x^2}$，$g(x)=\sin x$，求 $f[f(x)]$，$f[g(x)]$，$g[f(x)]$.

(2) 设 $\varphi(x)=\begin{cases}0, & x\leqslant 0,\\ x, & x>0,\end{cases}$ $\psi(x)=\begin{cases}0, & x\leqslant 0,\\ -x^2, & x>0,\end{cases}$ 求 $\varphi[\varphi(x)]$，$\varphi[\psi(x)]$.

6. 求下列函数的反函数：

(1) $y=3\sin 2x$；　　(2) $y=\begin{cases}x-1, & x<0,\\ x^2, & x\geqslant 0.\end{cases}$

7. 将下列函数分解成简单函数：

(1) $y=(4x+3)^3$；　　(2) $y=\tan\sqrt{\sin x}$；

(3) $y=3^{\cos^2(2x+1)}$；　　(4) $y=\ln\dfrac{x+\sqrt{x}}{1-\sqrt{x}}$.

1.2　数列的极限

极限是高等数学最重要的概念之一. 高等数学的许多理论和方法都建立在极限的基础之上，同时极限也是人们思考与解决实际问题的一种基本方法.

我国魏晋时期杰出的数学家刘徽(约公元 225～295 年)利用不断倍增圆内接正多边形的边数来推算圆面积的方法——割圆术，是极限思想在几何学上的典型应用.

为了计算圆的面积 S，首先作圆的内接正六边形，其面积记为 S_1；再作圆的内接正十二(6×2^1)边形，其面积记为 S_2；再作圆的内接正二十四(6×2^2)边形，其面积记为 S_3，…，如此下去，这样一系列圆内接正多边形的面积构成了一个有序数组

$$S_1, S_2, S_3, \cdots, S_n, \cdots,$$

其中 S_n 为圆的内接正 $6\times 2^{n-1}$ 边形的面积(图 1.10).

显然，随着圆内接正多边形的边数不断增加，正多边形的面积越来越接近于圆的面积，因而当圆内接正多边形的边数无限增加时，即 n 无限增大时(亦即 $n\to+\infty$时)，其面积 S_n 无限逼近的常数即为圆的面积 S(即 $S_n\to S$).

本节将这里得到的圆的面积 S 称为数列 S_1，S_2，S_3，…，S_n，…当 $n\to+\infty$时的极限.

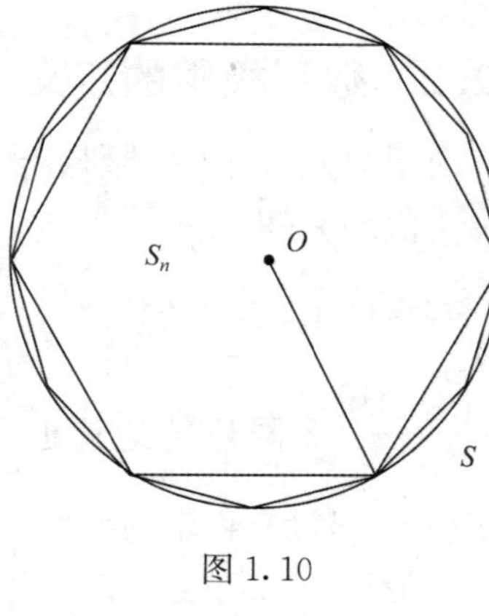

图 1.10

1.2.1　数列的概念

定义 1.7　按照一定次序排成的无穷多个数

$$x_1, x_2, \cdots, x_n, \cdots$$

称为**无穷数列**,简称**数列**,记作$\{x_n\}$. 数列中的每个数称为数列的**项**,第1项称为**首项**,x_n 称为**通项**或**一般项**.

例 1.17 (1) $\left\{\frac{n+1}{n}\right\}$表示数列 $2,\frac{3}{2},\frac{4}{3},\cdots,\frac{n+1}{n},\cdots$;

(2) $\{n^2\}$表示数列 $1,4,9,\cdots,n^2,\cdots$;

(3) $\{1+(-1)^n\}$表示数列 $0,2,0,\cdots,1+(-1)^n,\cdots$;

(4) $\left\{\frac{(-1)^n}{n^2}\right\}$表示数列$-1,\frac{1}{4},-\frac{1}{9},\frac{1}{16},\cdots,\frac{(-1)^n}{n^2},\cdots$.

数列是一种特殊的函数,即 $x_n=f(n)$,它定义在自然数集中. 其图像是无穷多个离散的点.

定义 1.8 设有数列$\{x_n\}$,若对于任意自然数 n,有 $x_{n+1}\geqslant x_n$,则称数列$\{x_n\}$为**单调增加的数列**;若对于任意自然数 n,$x_{n+1}\leqslant x_n$,则称$\{x_n\}$为**单调减少的数列**. 单调增加与单调减少的数列统称为**单调数列**.

定义 1.9 若存在实数 $M>0$,对数列$\{x_n\}$中的每一项 x_n,都有$|x_n|\leqslant M$,则称数列$\{x_n\}$为**有界数列**.

数列的有界也可用不等式 $A\leqslant x_n\leqslant B$ 来定义,这时称 A 为$\{x_n\}$的一个**下界**,称 B 为$\{x_n\}$的一个**上界**. 非有界的数列称为**无界数列**.

例 1.17 中,(1) 是单调减少数列,(2) 是单调增加数列,(1),(3),(4) 是有界数列,(2) 是无界数列.

1.2.2 数列极限的定义

对于数列,我们主要研究当项数 n 不断增大时,数列$\{x_n\}$的变化趋势,特别是当 n 无限增大(即 $n\to+\infty$)时,x_n 能否无限接近于某一常数?

观察例 1.17 中的数列. 显然,当 $n\to+\infty$时,$\left\{\frac{n+1}{n}\right\}$无限稳定地逼近于常数 1;$\left\{\frac{(-1)^n}{n^2}\right\}$无限稳定地逼近于常数 0;$\{n^2\}$无限稳定地增大,趋向于$+\infty$;而$\{1+(-1)^n\}$没有稳定的趋势.

一般地,有如下定义.

定义 1.10 对于数列$\{x_n\}$,如果当 $n\to+\infty$时,x_n 无限逼近于某一确定的常数 a,则称 a 为数列$\{x_n\}$的**极限**,或者称$\{x_n\}$**收敛于** a,记为

$$\lim_{n\to+\infty} x_n=a \quad 或 \quad x_n\to a(n\to+\infty).$$

如果当 $n\to+\infty$时,x_n 不趋于某一确定的常数,则称$\{x_n\}$**没有极限**或者说$\{x_n\}$

发散.

由定义 1.10,数列$\left\{\frac{n+1}{n}\right\}$和$\left\{\frac{(-1)^n}{n^2}\right\}$分别收敛于 1 和 0;而数列$\{n^2\}$和$\{1+(-1)^n\}$发散.

关于定义 1.10,需要注意以下两点:

(1) 发散的数列$\{x_n\}$包括两种类型:一是当$n\to+\infty$时,x_n没有稳定的趋势,如$\{1+(-1)^n\}$;二是当$n\to+\infty$时,x_n趋向于∞($+\infty$或$-\infty$),如$\{n^2\}$.

(2) 收敛的数列不一定从第 1 项开始就具备了逐步逼近于其极限值的特征.例如,数列$1,2,3,\frac{1}{4},\frac{1}{5},\frac{1}{6},\cdots,\frac{1}{n},\cdots$从第 3 项以后才逐步逼近于 0,而数列$1,\frac{1}{2},\frac{1}{3},4,5,\frac{1}{6},\frac{1}{7},\frac{1}{8},\cdots,\frac{1}{n},\cdots$从第 5 项以后才具备了收敛的特征.因此,**一个数列的收敛与否,与数列中的有限个项无关**.数列中的项有无穷多个,其收敛性依赖于无穷多项的变化趋势.

定义 1.10 称为数列极限的**直观定义**或**描述性定义**,该定义有一定的局限性.比如,"无限逼近"一词,很难界定.因此,有必要进一步讨论数列极限的**精确定义**.

我们知道,数a,b在数轴上对应点a与点b,这两个点的距离可以用绝对值$|a-b|$表示.因此,若要衡量a,b的接近程度,就可以通过$|a-b|$的大小来判定,$|a-b|$越小,则a,b越接近.同理,数列$\{x_n\}$可以看作数轴上的一系列点,若要衡量点x_n与点a的靠近程度,也可以通过距离$|x_n-a|$来判定.

因此,在数列极限的直观定义 1.10 中,"当$n\to+\infty$时,x_n无限逼近于某一确定的常数a",就可以说成"当$n\to+\infty$时,x_n与a的距离$|x_n-a|$无限逼近于零".

下面以数列$\left\{\frac{n+1}{n}\right\}$的极限为 1 为例,给出数列极限的精确定义.

数列$\left\{\frac{n+1}{n}\right\}$的极限为 1

$\Leftrightarrow$当项数n充分大时,$\frac{n+1}{n}$与 1 无限接近

$\Leftrightarrow$当项数n充分大时,$\left|\frac{n+1}{n}-1\right|$无限逼近于 0

$\Leftrightarrow$任意给定一个无论多么小的正数ε,$\left|\frac{n+1}{n}-1\right|$都会小于这个$\varepsilon$,条件是项数$n$必须充分地大.

那么对于一个给定的正数ε,当项数n多大时,才会满足$\left|\frac{n+1}{n}-1\right|<\varepsilon$呢?

解不等式$\left|\frac{n+1}{n}-1\right|<\varepsilon$,有$\frac{1}{n}<\varepsilon$,即$n>\frac{1}{\varepsilon}$.也就是说,为满足$\left|\frac{n+1}{n}-1\right|<\varepsilon$,项数$n>\frac{1}{\varepsilon}$就可以了.

把上面的话连接起来就是

任意给定一个很小的正数ε,当项数$n>\frac{1}{\varepsilon}$时,$\left|\frac{n+1}{n}-1\right|<\varepsilon$.

例如,令$\varepsilon=0.01$,则$\frac{1}{\varepsilon}=100$,即当项数$n>\frac{1}{\varepsilon}=100$时,数列$\left\{\frac{n+1}{n}\right\}$中第100项后面的项$x_{101},x_{102},\cdots$都满足不等式$|x_n-1|<0.01$;

令$\varepsilon=0.0001$,则$\frac{1}{\varepsilon}=10000$,即当项数$n>\frac{1}{\varepsilon}=10000$时,数列$\left\{\frac{n+1}{n}\right\}$中第10000项后面的项$x_{10001},x_{10002},\cdots$都满足不等式$|x_n-1|<0.0001$.

……

由此可见,随着ε的不断变小,数列中满足$\left|\frac{n+1}{n}-1\right|<\varepsilon$的项数$n$相应地不断后移,即项数$n$不断增大.但无论项数$n$有多么的大,由于数列是无穷数列,第$n$项后面总有无穷多项,这无穷多项始终满足$\left|\frac{n+1}{n}-1\right|<\varepsilon$,即第$n$项后面的无穷多项稳定地逼近于极限1.如前所述,数列的收敛性依赖于无穷多项的变化趋势,所以,从动态来看,"任意给定一个很小的正数ε,当项数$n>\frac{1}{\varepsilon}$时,$\left|\frac{n+1}{n}-1\right|<\varepsilon$."精确地刻画了"数列$\left\{\frac{n+1}{n}\right\}$的极限为1".

因此,$\lim\limits_{n\to+\infty}\frac{n+1}{n}=1$可以等价地定义为:

无论给定一个多么小的正数ε,都存在$\frac{1}{\varepsilon}$,当$n>\frac{1}{\varepsilon}$时,$\left|\frac{n+1}{n}-1\right|<\varepsilon$.

然而对于任意给定一个正数ε,$\frac{1}{\varepsilon}$不一定是正整数,为了准确地描述与正数ε相应的项数n,利用取整函数,令$\left[\frac{1}{\varepsilon}\right]=N$,则$N$为正整数.显然$N+1>\frac{1}{\varepsilon}$,$N+2>\frac{1}{\varepsilon}$,…,则当$n>N$时,必有$n>\frac{1}{\varepsilon}$.

于是便有$\lim\limits_{n\to+\infty}\frac{n+1}{n}=1$的精确定义:

任意给定一个正数 ε，总存在正整数 $N=\left[\frac{1}{\varepsilon}\right]$**，当** $n>N$ **时，**$\left|\frac{n+1}{n}-1\right|<\varepsilon$.

该精确定义可通俗地叙述为：

无论给定一个多么小的正数 ε，总存在正整数 $N=\left[\frac{1}{\varepsilon}\right]$，即总能够在数列 $\left\{\frac{n+1}{n}\right\}$ 中找到某一项 x_N，使得该数列中 x_N 项以后的所有项与 1 的距离比任意给定的多么小的正数 ε 还要小.

该精确定义精确地刻画了"当 n 越来越大时，$\left\{\frac{n+1}{n}\right\}$ 无限逼近于 1"的事实. 将其推广到一般数列的极限，便有数列极限的精确定义.

定义 1.11　若对于任意给定的正数 ε(不论它多么小)，总存在正整数 N，当 $n>N$ 时，都有

$$|x_n-a|<\varepsilon$$

成立，则称常数 a 是数列 $\{x_n\}$ 的**极限**，或者称数列 $\{x_n\}$ **收敛**于 a，记作

$$\lim_{n\to+\infty} x_n=a \quad 或 \quad x_n\to a \quad (n\to+\infty).$$

定义 1.11 也称为数列极限的"ε-N"定义，对于该定义，应该注意以下几点：

(1) **ε 的任意性**　ε 的作用在于度量 x_n 与 a 的接近程度，ε 可以是任意小的正数.

(2) **N 的对应性**　借助于 ε，可以确定数列中相应的项数 N. 一般来说，项数 N 随 ε 的变小而增大，所以也可以将 N 写成 ε 的函数 $N(\varepsilon)$ 来强调 N 依赖于 ε. 在研究数列极限时，重要的是要基于给定的 ε，找出相应的项数 N. N 的存在性决定了极限的存在性.

(3) **几何意义**　定义中"当 $n>N$ 时，都有 $|x_n-a|<\varepsilon$"是指：凡满足 $n>N$ 的一切 x_n 都满足 $|x_n-a|<\varepsilon$. 从几何上讲，就是所有满足 $n>N$ 的项 x_n 都在 a 的 ε 邻域 $U(a,\varepsilon)$ 内，而这个邻域外只有有限个(N 个)项(图 1.11). 因此，若数列 $\{x_n\}$ 收敛于 a，则无论 a 的 ε 邻域的半径 ε 有多小，$U(a,\varepsilon)$ 一定包含了 $\{x_n\}$ 的几乎全部的项. 进一步说，若数列 $\{x_n\}$ 收敛于 a，则无论 a 的 ε 邻域有多小，始终都有 $\{x_n\}$ 的无穷多项聚集在点 a 附近，且无限逼近于 a.

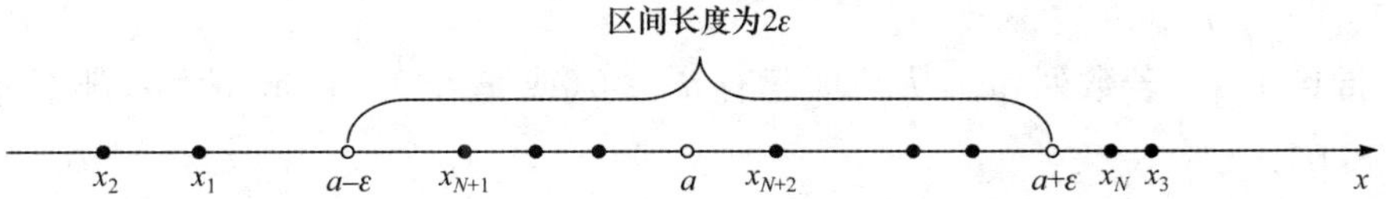

图 1.11

从收敛数列的这一特性也可以看到，改变数列的有限项，不会影响数列的收敛性.

例 1.18 证明数列$\left\{\dfrac{n+(-1)^n}{n}\right\}$的极限是 1.

证 对于任意给定的正数 ε，考虑$|x_n-a|<\varepsilon$. 因

$$|x_n-a|=\left|\frac{n+(-1)^n}{n}-1\right|=\frac{1}{n},$$

为了使$|x_n-a|<\varepsilon$，只要$\dfrac{1}{n}<\varepsilon$，亦即$n>\dfrac{1}{\varepsilon}$即可.

因此，对任意给定的正数 ε，取正整数$N=\left[\dfrac{1}{\varepsilon}\right]$，则当$n>N$时，有

$$\left|\frac{n+(-1)^n}{n}-1\right|<\varepsilon,$$

即$\lim\limits_{n\to+\infty}\dfrac{n+(-1)^n}{n}=1$.

例 1.19 设$|q|<1$，证明等比数列$q,q^2,\cdots,q^n,\cdots$的极限为 0.

证 因

$$|x_n-a|=|q^n-0|=|q|^n,$$

为了使$|x_n-a|$小于任意给定的正数$\varepsilon<1$，只需$|q|^n<\varepsilon$，亦即$n>\dfrac{\ln\varepsilon}{\ln|q|}$即可，因此，对任意给定的正数$\varepsilon<1$，取$N=\left[\dfrac{\ln\varepsilon}{\ln|q|}\right]$，则当$n>N$时，有$|q^n-0|<\varepsilon$，即$\lim\limits_{n\to+\infty}q^n=0$.

1.2.3 数列极限的性质

由定义 1.10 和定义 1.11，收敛的数列显然具有下列基本性质.

性质 1.1(唯一性) 若$\{x_n\}$收敛，则极限必定唯一.

性质 1.2(有界性) 若$\{x_n\}$收敛，则$\{x_n\}$必有界.

性质 1.3(保号性) 若$\lim\limits_{n\to+\infty}x_n=a$且$a>0$(或$a<0$)，则存在正整数$N>0$，当$n>N$时，有$x_n>0$(或$x_n<0$).

推论 1.1 若数列$\{x_n\}$从某项起有$x_n\geqslant 0$(或$x_n\leqslant 0$)，且$\lim\limits_{n\to+\infty}=a$，那么$a\geqslant 0$(或$a\leqslant 0$).

性质 1.1 说明了收敛数列的极限必定唯一. 因为极限是数列稳定的终极趋势，稳定的趋势只能是唯一的.

性质 1.2 说明了收敛的数列是有界的. 因为收敛的数列$\{x_n\}$从某一项x_N以

后的项 x_n 的值无限稳定地逼近于其极限值 a，即对于数列中第 N 项以后的任意一项 x_n，$|x_n-a|$ 必小于某一正数 K，即

$$|x_n-a|<K\Rightarrow -K+a<x_n<K+a;$$

而数列中的第 N 项之前(含第 N 项)的项共 N 个：$x_1,x_2,\cdots,x_N$. 令

$$M=\max\{x_1,x_2,\cdots,x_N,-K+a,K+a\},$$

则 $|x_n|<M(n=1,2,\cdots)$，即 $\{x_n\}$ 有界.

性质 1.3 说明了收敛数列的项从某一项以后，这些项的正负号与极限值的正负号相同，这实际上是数列的项无限稳定地"逼近于"其极限值的结果.

对于性质 1.2，需要注意以下两点：

(1) 性质 1.2 的逆否命题表明，**如果数列 $\{x_n\}$ 无界，那么数列 $\{x_n\}$ 一定发散.** 例如，数列 $\{n^2\}$ 发散，因为它是无界的.

(2) 性质 1.2 的逆命题不成立. 即有界数列不一定收敛. 例如，数列 $\{1+(-1)^n\}$ 有界但不收敛；$\left\{\dfrac{(-1)^n}{n^2}\right\}$ 有界且收敛于 0.

1.2.4　数列极限存在的准则

定理 1.2(单调有界准则)　单调有界数列必有极限.

该定理从直观上来看是很明显的. 定理 1.2 也可表述为

(1) 单调增加有上界的数列必有极限；

(2) 单调减少有下界的数列必有极限.

例 1.20　证明数列

$$\sqrt{2},\sqrt{2\sqrt{2}},\sqrt{2\sqrt{2\sqrt{2}}},\cdots,\sqrt{2\sqrt{2\cdots\sqrt{2}}},\cdots$$

有极限.

证　令 $x_1=\sqrt{2}$，则 $x_2=\sqrt{2\sqrt{2}}=\sqrt{2x_1},\cdots,x_n=\sqrt{2x_{n-1}},\cdots$.

(1) **有界性**　显然，$x_1=\sqrt{2}<2$. 假设 $x_n<2$，则有 $x_{n+1}=\sqrt{2x_n}<\sqrt{2\cdot 2}=2$，由数学归纳法知，对一切 n 都有 $0<x_n<2$，即数列 $\{x_n\}$ 是有界的.

(2) **单调性**　因 $x_2=\sqrt{2x_1}>\sqrt{2}=x_1$，假设 $x_n>x_{n-1}$，则 $x_{n+1}=\sqrt{2x_n}>\sqrt{2x_{n-1}}=x_n$，由数学归纳法知，数列 $\{x_n\}$ 单调增加.

由单调有界准则，$\{x_n\}$ 必有极限.

还可以进一步求出 $\{x_n\}$ 的极限.

设 $\lim\limits_{n\to+\infty} x_n=a$,由 $x_n=\sqrt{2x_{n-1}}$,即 $x_n^2=2x_{n-1}$,对该式两端取极限,得

$$\lim_{n\to+\infty} x_n^2=\lim_{n\to+\infty} 2x_{n-1},$$

从而有 $a^2=2a$,得 $a=0$ 或 $a=2$.

由于$\{x_n\}$单调增加,而$x_1=\sqrt{2}>0$,由收敛数列的保号性,$a=0$ 是不可能的. 因此 $\lim\limits_{n\to+\infty} x_n=2$.

例 1.21 证明数列$\left\{\left(1+\dfrac{1}{n}\right)^n\right\}$收敛.

证 设 $x_n=\left(1+\dfrac{1}{n}\right)^n$,由均值不等式,即不全相等的正数的几何平均数小于它的算术平均数,得

$$\begin{aligned}x_n&=\left(1+\frac{1}{n}\right)^n=\left(1+\frac{1}{n}\right)\cdot\left(1+\frac{1}{n}\right)\cdot\cdots\cdot\left(1+\frac{1}{n}\right)\cdot 1\\&<\left[\frac{n\left(1+\frac{1}{n}\right)+1}{n+1}\right]^{n+1}=\left(1+\frac{1}{n+1}\right)^{n+1}=x_{n+1},\end{aligned}$$

所以数列$\{x_n\}$单调增加. 又由于

$$\begin{aligned}\frac{1}{4}x_n&=\frac{1}{4}\left(1+\frac{1}{n}\right)^n=\frac{1}{2}\cdot\frac{1}{2}\cdot\left(1+\frac{1}{n}\right)\cdot\left(1+\frac{1}{n}\right)\cdot\cdots\cdot\left(1+\frac{1}{n}\right)\\&<\left[\frac{\frac{1}{2}+\frac{1}{2}+n\left(1+\frac{1}{n}\right)}{n+2}\right]^{n+2}=\left(\frac{n+2}{n+2}\right)^{n+2}=1,\end{aligned}$$

即 $0<x_n<4$. 于是数列$\{x_n\}$单调增加有上界,因而它的极限存在.

观察数列 $x_n=\left(1+\dfrac{1}{n}\right)^n$ 当 n 逐渐增大时的变化趋势:

n	1	2	3	10	100	1000	10000	100000	…
x_n	2	2.25	2.3704	2.5937	2.7048	2.7169	2.7181	2.71828	…

可以看出,随着项数 n 逐渐增大,数列 $x_n=\left(1+\dfrac{1}{n}\right)^n$ 的值稳定地逼近于无理数 e(e≈2.718281828). 从而

$$\lim_{n\to+\infty}\left(1+\frac{1}{n}\right)^n=\mathrm{e}.$$

定理 1.3(迫敛准则) 如果数列$\{x_n\}$,$\{y_n\}$,$\{z_n\}$满足:

(1) 存在正整数 N,当 $n>N$ 时,$y_n\leqslant x_n\leqslant z_n$;

(2) $\lim\limits_{n\to+\infty} y_n=\lim\limits_{n\to+\infty} z_n=a$,

则数列$\{x_n\}$收敛，且$\lim\limits_{n\to+\infty} x_n=a$.

定理 1.3 的结论是显然的. 一个数列$\{x_n\}$，除前面有限项之外，其余项的值介于两个收敛数列$\{y_n\}$，$\{z_n\}$的对应项之间，若$\{y_n\}$，$\{z_n\}$收敛于同一个极限，则$\{x_n\}$必定收敛且与$\{y_n\}$，$\{z_n\}$的极限值相同. 这形象地体现了$\{x_n\}$夹在$\{y_n\}$，$\{z_n\}$之间被"追敛"的结果.

例 1.22　求数列$\left\{\dfrac{n!}{n^n}\right\}$的极限.

解　令$x_n=\dfrac{n!}{n^n}$，　$x_n=\dfrac{1\cdot 2\cdot 3\cdot\cdots\cdot n}{n\cdot n\cdot n\cdot\cdots\cdot n}$. 由于

$$0<x_n=\frac{1\cdot 2\cdot 3\cdot\cdots\cdot n}{n\cdot n\cdot n\cdot\cdots\cdot n}=\frac{1}{n}\left(\frac{2\cdot 3\cdot\cdots\cdot n}{n\cdot n\cdot\cdots\cdot n}\right)<\frac{1}{n},$$

且$\lim\limits_{n\to+\infty}\dfrac{1}{n}=0$，由定理 1.3 知数列$\left\{\dfrac{n!}{n^n}\right\}$收敛于 0.

例 1.23　求$\lim\limits_{n\to+\infty}\left(\dfrac{1}{n^2+1}+\dfrac{1}{n^2+2}+\cdots+\dfrac{1}{n^2+n}\right)$.

解　令$x_n=\dfrac{1}{n^2+1}+\dfrac{1}{n^2+2}+\cdots+\dfrac{1}{n^2+n}$，则

$$n\cdot\frac{1}{n^2+n}\leqslant x_n\leqslant n\cdot\frac{1}{n^2+1},\quad 即\frac{n}{n^2+n}\leqslant x_n\leqslant\frac{n}{n^2+1},$$

而

$$\frac{1}{n+1}=\frac{n}{n^2+n}\leqslant x_n\leqslant\frac{n}{n^2+1}<\frac{n}{n^2}=\frac{1}{n},$$

由于$\lim\limits_{n\to+\infty}\dfrac{1}{n+1}=\lim\limits_{n\to+\infty}\dfrac{1}{n}=0$，由追敛准则，$\lim\limits_{n\to+\infty}x_n=0$，即

$$\lim_{n\to+\infty}\left(\frac{1}{n^2+1}+\frac{1}{n^2+2}+\cdots+\frac{1}{n^2+n}\right)=0.$$

1.2.5　数列的子列

定义 1.12　在数列$\{x_n\}$中任意抽取无限多项并保持这些项在原数列$\{x_n\}$中的先后次序，这样得到的一个数列称为原数列$\{x_n\}$的**子数列**(或**子列**).

设在数列$\{x_n\}$中，第一次抽取x_{n_1}，第二次在x_{n_1}后抽取x_{n_2}，第三次在x_{n_2}后抽取x_{n_3}，…，这样一直抽取下去，得到一个数列

$$x_{n_1},x_{n_2},\cdots,x_{n_k},\cdots,$$

这个数列$\{x_{n_k}\}$就是数列$\{x_n\}$的一个子列.

注意 在子列$\{x_{n_k}\}$中,一般项x_{n_k}是第k项,而x_{n_k}在原数列$\{x_n\}$中却是第n_k项. 显然$n_k\geqslant k$.

由子列的定义,显然有如下结论.

定理 1.4 若数列$\{x_n\}$收敛于a,那么它的任一子列也收敛,且极限是a.

推论 1.2 如果数列$\{x_n\}$有一个子列发散或者有两个子列收敛于不同的极限,则数列$\{x_n\}$发散.

例如,数列$\{(-1)^{n+1}\}$的奇数项组成的子列$\{x_{2k-1}\}$收敛于1,而偶数项组成的子列$\{x_{2k}\}$收敛于-1,因此数列$\{(-1)^{n+1}\}$是发散的.

再如,数列$\left\{\sin\frac{n\pi}{2}\right\}$,它的奇数项组成的子列$\left\{\sin\frac{2k-1}{2}\pi\right\}$即为$\{(-1)^{k-1}\}$,由于这个子列发散,故数列$\left\{\sin\frac{n\pi}{2}\right\}$发散.

习题 1.2

1. 下列数列哪些为有界数列？哪些为单调数列？哪些为收敛数列？若是收敛的数列,指出它的极限：

(1) $1,3,5,\cdots,2n+1,\cdots$;

(2) $0,1,0,\frac{1}{2},0,\frac{1}{3},\cdots,\frac{1+(-1)^n}{n},\cdots$;

(3) $\frac{1}{2},\frac{2}{3},\frac{3}{4},\cdots,\frac{n}{n+1},\cdots$;

(4) $-1,1,-1,1,\cdots,(-1)^n,\cdots$;

(5) $-1,2,-3,4,\cdots,(-1)^n n,\cdots$.

2. 利用数列极限的“ε-N”定义,证明下列极限：

(1) $\lim\limits_{n\to+\infty}\frac{n+2}{2n-1}=\frac{1}{2}$;　　(2) $\lim\limits_{n\to+\infty}\frac{1}{\sqrt{n}}=0$.

3. 利用单调有界准则,证明数列

$$\sqrt{3},\sqrt{3+\sqrt{3}},\sqrt{3+\sqrt{3+\sqrt{3}}},\cdots,\sqrt{3+\sqrt{3+\sqrt{3+\cdots}}},\cdots$$

收敛,并求其极限.

4. 利用迫敛准则证明下列极限：

(1) $\lim\limits_{n\to+\infty}\frac{1+n}{n^2}=0$;

(2) $\lim\limits_{n\to+\infty}\left(\frac{1}{\sqrt{n^2+1}}+\frac{1}{\sqrt{n^2+2}}-\cdots+\frac{1}{\sqrt{n^2+n}}\right)=1$.

5. 应用子列的性质,证明数列$\{n^{(-1)^n}\}$发散.

1.3　函数的极限

数列$\{x_n\}$是一类特殊的函数：$x_n=f(n)$，其定义域为正整数集$\mathbf{N}^+$. 本节研究定义在实数集$\mathbf{R}$上的函数的极限，即自变量连续变化时函数的极限.

函数的极限与自变量的变化过程密切相关. 下面将分成两种情形来讨论：一种是自变量趋向于无穷大时函数的极限；另一种是自变量趋向于有限数时函数的极限.

1.3.1　自变量趋向于无穷大时函数的极限

观察函数$f(x)=\dfrac{1}{x}$的图像(图 1.12). 若自变量沿x轴正向无限增大，即$x\to+\infty$时，$f(x)$无限逼近于 0；若自变量沿x轴负向无限减小，即$x\to-\infty$时，$f(x)$同样无限逼近于 0. 因为$x\to\pm\infty$时，$f(x)$无限逼近于同一个常数 0，故称$f(x)=\dfrac{1}{x}$当$x\to\infty$时极限为 0.

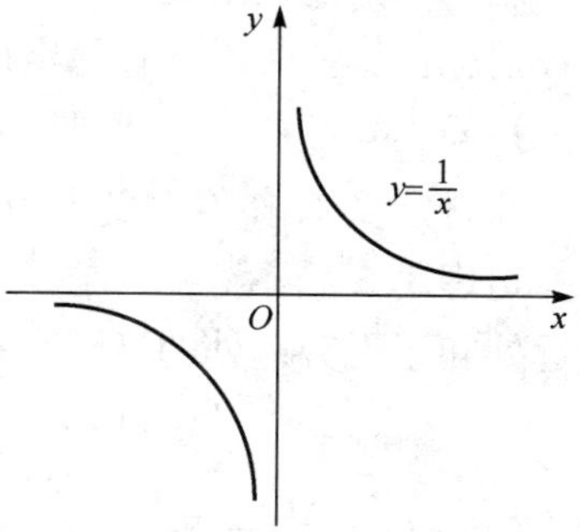

图 1.12

一般地，有如下定义.

定义 1.13　对于函数$f(x)$，如果当$x\to+\infty$时，$f(x)$无限逼近于某一确定的常数A，则称A为函数$f(x)$当$x\to+\infty$时的**极限**，记为

$$\lim_{x\to+\infty}f(x)=A \quad 或 \quad f(x)\to A(x\to+\infty).$$

定义 1.14　对于函数$f(x)$，如果当$x\to-\infty$时，$f(x)$无限逼近于某一确定的常数A，则称A为函数$f(x)$当$x\to-\infty$时的**极限**，记为

$$\lim_{x\to-\infty}f(x)=A \quad 或 \quad f(x)\to A(x\to-\infty).$$

定义 1.15　对于函数$f(x)$，如果当$x\to-\infty$及$x\to+\infty$时，$f(x)$无限逼近于同一个确定的常数A，则称A为函数$f(x)$当$x\to\infty$时的**极限**，记为

$$\lim_{x\to\infty}f(x)=A \quad 或 \quad f(x)\to A(x\to\infty).$$

在上述定义中，当$x\to\infty(x\to-\infty, x\to+\infty)$时，若$f(x)$不逼近于一个确定的常数，则称$f(x)$**没有极限或极限不存在**.

习惯上把函数$f(x)$当$x\to\infty(x\to-\infty, x\to+\infty)$时的极限称为函数$f(x)$在无穷远处(负无穷远处，正无穷远处)的极限.

例 1.24　对于常函数$f(x)=C$，因为它在正无穷远处和负无穷远处的极限都是常数C，因此$\lim\limits_{x\to\infty}C=C$.

例 1.25 判断下列函数当 $x\to\infty$ 时是否存在极限：

(1) $y=e^x$； (2) $y=\arctan x$； (3) $y=\sin x$； (4) $y=\dfrac{\sin x}{x}$.

解 (1) 因 $\lim\limits_{x\to-\infty} e^x=0$，$\lim\limits_{x\to+\infty} e^x=+\infty$，故 $\lim\limits_{x\to\infty} e^x$ 不存在；

(2) 因 $\lim\limits_{x\to-\infty}\arctan x=-\dfrac{\pi}{2}$，$\lim\limits_{x\to+\infty}\arctan x=\dfrac{\pi}{2}$，故 $\lim\limits_{x\to\infty}\arctan x$ 不存在；

(3) 由函数 $y=\sin x$ 的图像知，$y=\sin x$ 当 $x\to\infty$ 时上下周期波动，没有稳定的趋势，因此 $\lim\limits_{x\to\infty}\sin x$ 不存在.

(4) 因为 $|\sin x|\leqslant 1$，所以当 x 的绝对值无限增大时，$\dfrac{\sin x}{x}$ 无限逼近于 0，即 $\lim\limits_{x\to-\infty}\dfrac{\sin x}{x}=0$，$\lim\limits_{x\to+\infty}\dfrac{\sin x}{x}=0$，故 $\lim\limits_{x\to\infty}\dfrac{\sin x}{x}=0$.

注 与数列极限类似，当 $x\to\infty$ ($x\to-\infty$，$x\to+\infty$) 时，函数 $f(x)$ 无极限包括两种情况：一是 $f(x)$ 没有稳定的变化趋势，如 $\sin x$；二是 $f(x)$ 趋向于 ∞ ($+\infty$ 或 $-\infty$)，如 $\lim\limits_{x\to+\infty} e^x=+\infty$. 此时，为方便起见，也称函数的极限为 ∞ ($+\infty$ 或 $-\infty$).

综合定义 1.13～定义 1.16，有如下定理.

定理 1.5 函数 $f(x)$ 在无穷远处的极限存在的**充要条件**是函数 $f(x)$ 在负无穷远处和正无穷远处的极限存在且相等，即

$$\lim_{x\to\infty} f(x)=A \Leftrightarrow \lim_{x\to-\infty} f(x)=\lim_{x\to+\infty} f(x)=A.$$

例如，$\lim\limits_{x\to-\infty}\dfrac{1}{x}=\lim\limits_{x\to+\infty}\dfrac{1}{x}=0 \Leftrightarrow \lim\limits_{x\to\infty}\dfrac{1}{x}=0$.

为方便起见，$\lim\limits_{x\to-\infty} f(x)$，$\lim\limits_{x\to+\infty} f(x)$，$\lim\limits_{x\to\infty} f(x)$ 常常分别简写成 $f(-\infty)$，$f(+\infty)$，$f(\infty)$，因此定理 1.5 也可写成如下形式：

$$f(\infty)=A \Leftrightarrow f(-\infty)=f(+\infty)=A.$$

1.3.2 自变量趋向于有限值时函数的极限

考虑函数 $y=f(x)=\dfrac{x^2-1}{x-1}$ 当自变量 $x\to 1$ 时的变化趋势.

由图 1.13 可见，$x\to 1$ 共有两种方式：

(1) $x<1$ 且 $x\to 1$，即 x 在点 1 左侧逼近于 1；

(2) $x>1$ 且 $x\to 1$，即 x 在点 1 右侧逼近于 1.

显然，无论自变量 x 在点 $x=1$ 左侧还是右侧逼近于 1，相应的函数值 $f(x)$ 都逼近于常数 2.

由于 $x<1$ 且 $x\to 1$ 和 $x>1$ 且 $x\to 1$ 这两种方式涵盖了 $x\to 1$ 的所有方式，而

在这两种方式下，$f(x)=\dfrac{x^2-1}{x-1}$ 都逼近于同一个常数 2. 也就是说，当 $x\to 1$ 时，函数 $f(x)$ 具有稳定的趋势，所以称 $f(x)=\dfrac{x^2-1}{x-1}$ 当 $x\to 1$ 时极限存在，极限值为 2.

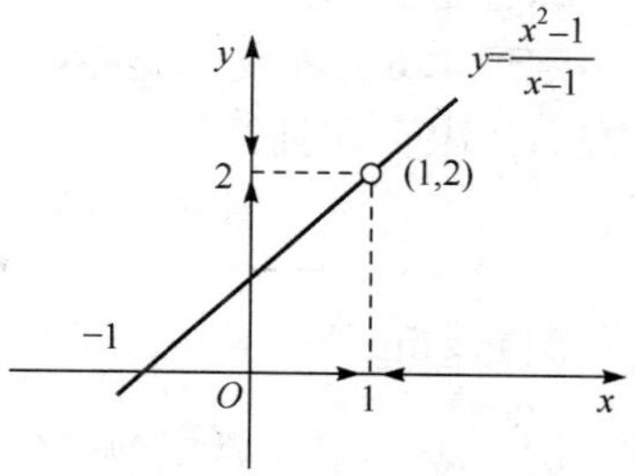

图 1.13

一般地，有如下定义.

定义 1.16 对于函数 $f(x)$，如果自变量 x 从点 x_0 的左侧逼近 x_0 时（即 $x<x_0$ 且 $x\to x_0$ 时），$f(x)$ 无限逼近于某一确定的常数 A，则称 A 为函数 $f(x)$ 当 $x\to x_0$ 时的**左极限**，记为

$$\lim_{x\to x_0^-} f(x)=A \quad 或 \quad f(x_0-0)=A.$$

定义 1.17 对于函数 $f(x)$，如果自变量 x 从点 x_0 的右侧逼近 x_0 时（即 $x>x_0$ 且 $x\to x_0$ 时），$f(x)$ 无限逼近于某一确定的常数 A，则称 A 为函数 $f(x)$ 当 $x\to x_0$ 时的**右极限**，记为

$$\lim_{x\to x_0^+} f(x)=A \quad 或 \quad f(x_0+0)=A.$$

定义 1.18 对于函数 $f(x)$，如果自变量 x 无论从点 x_0 的左侧还是右侧逼近 x_0 时，$f(x)$ 无限逼近于同一个确定的常数 A，则称 A 为函数 $f(x)$ 当 $x\to x_0$ 时的**极限**，记为

$$\lim_{x\to x_0} f(x)=A \quad 或 \quad f(x)\to A(x\to x_0).$$

在上述定义中，当 $x\to x_0(x\to x_0^-, x\to x_0^+)$ 时，若 $f(x)$ 不逼近于一个确定的常数，则称 $f(x)$ **无极限**或**极限不存在**.

与其他极限一样，这里的函数 $f(x)$ 无极限同样包括两种情况：一是 $f(x)$ 没有稳定的变化趋势；二是 $f(x)$ 趋向于 ∞（$+\infty$ 或 $-\infty$）.

习惯上把函数 $f(x)$ 当 $x\to x_0(x\to x_0^-, x\to x_0^+)$ 时的极限（左极限，右极限）称为函数 $f(x)$ 在点 x_0 处的**极限**（**左极限**，**右极限**）. 而左极限、右极限称为**单侧极限**.

注意 当 $x\to x_0$ 时，$f(x)$ 有、无极限与 $f(x)$ 在点 x_0 处有、无定义没有关系. 因为函数的极限指的是函数的变化趋势. 例如，$f(x)=\dfrac{x^2-1}{x-1}$ 当 $x\to 1$ 时的极限是 2，但该函数在 $x=1$ 处并无定义.

因此，研究函数 $f(x)$ 当 $x\to x_0$ 的极限时，一般不考虑 $f(x)$ 在点 x_0 处是否有定义，只关心当自变量 x 逼近于点 x_0 时 $f(x)$ 的变化趋势. 确切地说，只研究 $f(x)$ 在点 x_0 的去心邻域 $\mathring{U}(x_0,\delta)$ 这个长度极小的区间 $(x_0-\delta, x_0)\cup(x_0, x_0+\delta)$ 内的变化趋势.

综合定义 1.16～定义 1.18,有如下定理.

定理 1.6 函数 $f(x)$在点 x_0 处极限存在的**充要条件**是函数 $f(x)$在点 x_0 处的左右极限存在且相等,即

$$\lim_{x \to x_0} f(x)=A \Leftrightarrow f(x_0-0)=f(x_0+0)=A.$$

例如,$\lim\limits_{x \to 1^-}\dfrac{x^2-1}{x-1}=\lim\limits_{x \to 1^+}\dfrac{x^2-1}{x-1}=2 \Leftrightarrow \lim\limits_{x \to 1}\dfrac{x^2-1}{x-1}=2$.

例 1.26 对于常函数 $f(x)=C$,设点 x_0 是其定义域内任意一点. 当 $x \to x_0$ 时,因为它在点 x_0 处的左右极限都是常数 C,因此 $\lim\limits_{x \to x_0} C=C$.

例 1.27 对于函数 $f(x)=x$,设点 x_0 是其定义域内任意一点. 当 $x \to x_0$ 时,因为它在点 x_0 处的左右极限都是 x_0,因此 $\lim\limits_{x \to x_0} x=x_0$.

例 1.28 设函数

$$f(x)=\begin{cases} 2x-1, & x<0, \\ 0, & x=0, \\ x+2, & x>0. \end{cases}$$

证明 $f(x)$在点 $x=0$ 处的极限不存在.

证 函数 $f(x)$的图形如图 1.14 所示. 因为

当 $x<0$ 时,$f(x)=2x-1$,故

$$\lim_{x \to 0^-} f(x)=\lim_{x \to 0^-}(2x-1)=-1;$$

当 $x>0$ 时,$f(x)=x+2$,故

$$\lim_{x \to 0^+} f(x)=\lim_{x \to 0^+}(x+2)=2;$$

因为左极限和右极限都存在但不相等,所以 $\lim\limits_{x \to 0} f(x)$不存在.

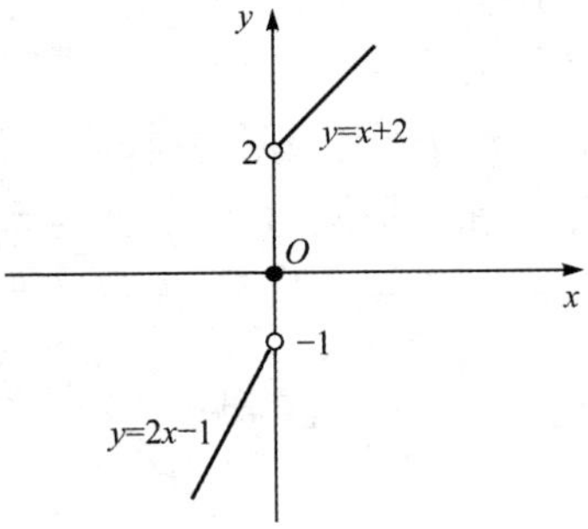

图 1.14

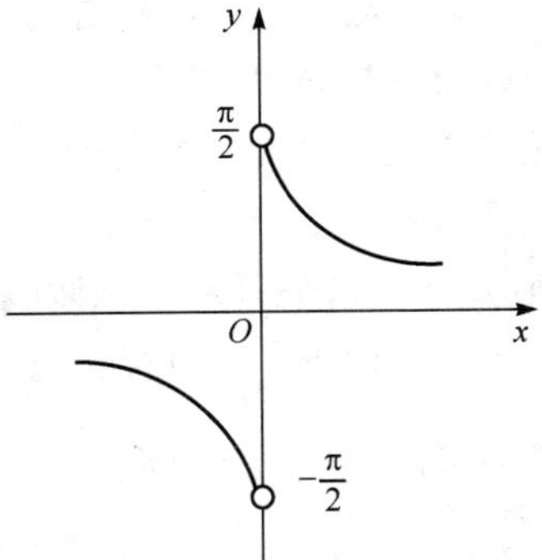

图 1.15

例 1.29 求 $f(x)=\arctan\dfrac{1}{x}$在点 $x=0$ 处的左右极限.

解 函数 $f(x)$的图形如图 1.15 所示. 因为

$$f(0-0)=\lim_{x\to 0^-}\arctan\frac{1}{x}=-\frac{\pi}{2},$$

$$f(0+0)=\lim_{x\to 0^+}\arctan\frac{1}{x}=\frac{\pi}{2}.$$

即左极限和右极限都存在但不相等,所以 $f(x)$在点 $x=0$ 处极限不存在.

1.3.3　函数极限的性质

类似于数列极限,函数的极限也有如下性质.

性质 1.4(唯一性)　若$\lim\limits_{x\to x_0}f(x)$存在,则此极限是唯一的.

性质 1.5(局部有界性)　若$\lim\limits_{x\to x_0}f(x)$存在,则 $f(x)$在点 x_0 的某个去心邻域 $\mathring{U}(x_0,\delta)$ 内有界.

性质 1.6(局部保号性)　设$\lim\limits_{x\to x_0}f(x)$与$\lim\limits_{x\to x_0}g(x)$都存在,且在点 x_0 的某去心邻域$\mathring{U}(x_0,\delta)$内有 $f(x)\leqslant g(x)$,则$\lim\limits_{x\to x_0}f(x)\leqslant\lim\limits_{x\to x_0}g(x)$.

推论 1.3　若$\lim\limits_{x\to x_0}f(x)=A>0$(或 $A<0$),则在点 x_0 的某去心邻域$\mathring{U}(x_0,\delta)$内 $f(x)>0$(或 $f(x)<0$).

以上结论对 $x\to\infty$,$x\to-\infty$,$x\to+\infty$及单侧极限的情形也成立.

1.3.4　函数极限存在的准则

定理 1.7(迫敛准则)　若$\lim\limits_{x\to x_0}f(x)=\lim\limits_{x\to x_0}h(x)=A$,且在点 x_0 的某去心邻域 $\mathring{U}(x_0,\delta)$ 内有 $f(x)\leqslant g(x)\leqslant h(x)$,则$\lim\limits_{x\to x_0}g(x)=A$.

定理 1.8(归结准则)　设 $f(x)$在点 x_0 的某去心邻域 $\mathring{U}(x_0,\delta)$内有定义,$\lim\limits_{x\to x_0}f(x)$存在的**充要条件**是:对任何含于 $\mathring{U}(x_0,\delta)$且以 x_0 为极限的数列$\{x_n\}$,极限 $\lim\limits_{n\to+\infty}f(x_n)$都存在且相等.

注 1　归结准则可简述为

$$\lim_{x\to x_0}f(x)=A\Leftrightarrow \text{对任何 } x_n\to x_0\,(n\to+\infty)\text{有 }\lim_{n\to+\infty}f(x_n)=A.$$

注 2　由归结准则,若能找到以 x_0 为极限的数列$\{x_n\}$,使$\lim\limits_{n\to+\infty}f(x_n)$不存在,或找到两个都以 x_0 为极限的数列$\{x_n'\}$与$\{x_n''\}$,使$\lim\limits_{n\to+\infty}f(x_n')$与$\lim\limits_{n\to+\infty}f(x_n'')$都存在而不相等,则$\lim\limits_{x\to x_0}f(x)$不存在.

例 1.30　证明极限$\lim\limits_{x\to 0}\sin\dfrac{1}{x}$不存在.

证 设 $x_n'=\frac{1}{n\pi}, x''=\frac{1}{2n\pi+\frac{\pi}{2}}$ $(n=1,2,\cdots)$，显然当 $n\to+\infty$ 时，$x_n'\to 0, x_n''\to 0$；而

$$\lim_{n\to+\infty} f(x_n')=\lim_{n\to+\infty}\sin n\pi=0,$$

$$\lim_{n\to+\infty} f(x_n'')=\lim_{n\to+\infty}\sin\left(2n\pi+\frac{\pi}{2}\right)=1,$$

由归结准则，$\lim\limits_{x\to 0}\sin\frac{1}{x}$ 不存在.

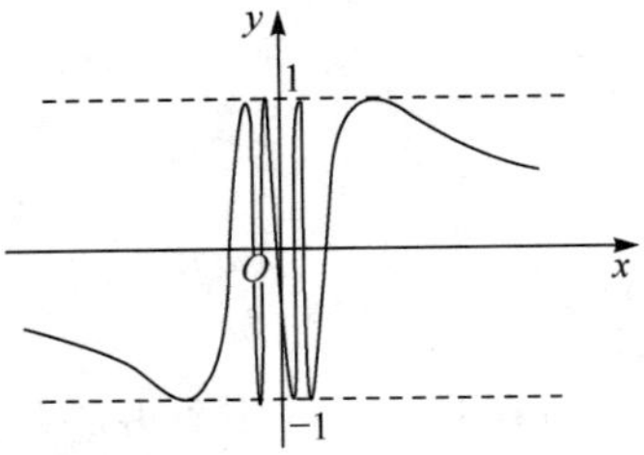

图 1.16

函数 $y=\sin\frac{1}{x}$ 的图像如图 1.16 所示. 由图像可见，当 $x\to 0$ 时，其函数值在 -1 与 1 之间无限次地振荡，而不趋于任何确定的数值.

习题 1.3

1. 讨论下列函数当 $x\to-\infty$ 和 $x\to+\infty$ 时的极限，并判断当 $x\to\infty$ 时函数的极限是否存在.

(1) $y=x^3$； (2) $y=2^{\frac{1}{x}}$； (3) $y=\cos x$； (4) $y=\frac{\sin x}{x^2}$.

2. 观察下列极限. 如果极限存在，求其极限值；如果极限不存在，说明原因.

(1) $\lim\limits_{x\to-2}(x+2)$； (2) $\lim\limits_{x\to 3}\frac{x^2-9}{x-3}$； (3) $\lim\limits_{x\to 1}\frac{|x-1|}{x-1}$； (4) $\lim\limits_{x\to 0}e^{\frac{1}{x}}$.

3. 已知 $f(x)=\begin{cases}x^2, & x\geqslant 0,\\ x, & x<0,\end{cases}$ 判断 $\lim\limits_{x\to 0}f(x)$ 和 $\lim\limits_{x\to 1}f(x)$ 是否存在.

4. 已知当 $x\to 0$ 时，函数 $f(x)=\begin{cases}2x+a, & x<0,\\ 0, & x=0,\\ x^2+2, & x>0\end{cases}$ 存在极限，求常数 a.

1.4 无穷小量与无穷大量

1.4.1 无穷小量

定义1.19 若 $\lim\limits_{x\to x_0}f(x)=0$，则称 $f(x)$ 当 $x\to x_0$ 时为**无穷小量**，简称**无穷小**.

类似地可定义 $x\to x_0^-, x\to x_0^+, x\to-\infty, x\to+\infty, x\to\infty$ 时的无穷小量，对于数列可定义 $n\to+\infty$ 时的无穷小量.

例如：

当 $x\to 0$ 时，$x^2, \sin x, \tan x, \arcsin x, 1-\cos x$ 都是无穷小量；

当 $x\to1$ 时，$x-1, x^2-1, \arccos x, \ln x$ 都是无穷小量；

当 $x\to1^+$ 时，$\sqrt{x-1}$ 是无穷小量；

当 $x\to1^-$ 时，$\sqrt{1-x}$ 是无穷小量；

当 $x\to\infty$ 时，$\frac{1}{x}$ 是无穷小量；

当 $x\to-\infty$ 时，e^x 是无穷小量；

当 $n\to+\infty$ 时，$\frac{1}{n}$ 是无穷小量或称 $\left\{\frac{1}{n}\right\}$ 为无穷小数列.

注 1　不可把无穷小量与“很小的数”混为一谈. 无穷小量是极限为 0 的变量，数 0 是常数中唯一的一个无穷小量.

注 2　无穷小量与自变量的变化过程密不可分. 比如对于函数 $x-1$ 来说，当 $x\to1$ 时是无穷小量，而当 $x\to0$ 时则不是无穷小量.

若 $\lim\limits_{x\to x_0}f(x)=A$，则 $\lim\limits_{x\to x_0}[f(x)-A]=0$，即当 $x\to x_0$ 时，$f(x)-A$ 是无穷小量，反之亦然. 于是有如下定理.

定理 1.9　$\lim\limits_{x\to x_0}f(x)=A$ 的**充分必要条件**是 $f(x)=A+\alpha$，其中 A 为常数，$\alpha=\alpha(x)$ 为 $x\to x_0$ 的无穷小量.

定理 1.9 可以推广到自变量的任意变化过程.

定理 1.9 揭示了极限与无穷小量的关系. 例如，$\lim\limits_{x\to3}x^2=9$，则说明当 $x\to3$ 时，函数 x^2 与其极限 9 之间的距离是无穷小量，也就是说，x^2 无限接近于 9.

可以证明，无穷小量具有如下基本运算性质.

定理 1.10　(1) 有限个无穷小量的和(或差)是无穷小量；

(2) 无穷小量的乘积是无穷小量；

(3) 有界函数(或常数)与无穷小量的乘积是无穷小量.

注　定理 1.10 中所指的是在同一个极限过程之下的无穷小量.

例 1.31　求下列极限：

(1) $\lim\limits_{x\to0}(\sin x-2\tan x)$；　　(2) $\lim\limits_{x\to\frac{\pi}{2}}\left(x-\frac{\pi}{2}\right)\cos x$；

(3) $\lim\limits_{x\to0}x\sin\frac{1}{x}$；　　(4) $\lim\limits_{x\to\infty}\frac{\sin x}{x}$.

解　(1) 由定理 1.10 之(1)，(3)，有 $\lim\limits_{x\to0}(\sin x-2\tan x)=0-2\cdot0=0$；

(2) 由定理 1.10 之(2)，有 $\lim\limits_{x\to\frac{\pi}{2}}\left(x-\frac{\pi}{2}\right)\cos x=0\cdot0=0$；

(3) 由定理 1.10 之(3)，因 $\left|\sin\frac{1}{x}\right|\leqslant1$，$\lim\limits_{x\to0}x=0$，故 $\lim\limits_{x\to0}x\sin\frac{1}{x}=0$；

(4) 由定理 1.10 之(3),因 $|\sin x|\leqslant 1$,$\lim\limits_{x\to\infty}\dfrac{1}{x}=0$,故 $\lim\limits_{x\to\infty}\dfrac{\sin x}{x}=0$.

注意 无限多个无穷小量的和未必是无穷小量. 例如

$$\lim_{n\to+\infty}\Big(\overbrace{\frac{1}{n^2}+\frac{1}{n^2}+\cdots+\frac{1}{n^2}}^{n\text{个}}\Big)=0;\quad \lim_{n\to+\infty}\Big(\overbrace{\frac{1}{n^2}+\frac{1}{n^2}+\cdots+\frac{1}{n^2}}^{n^2\text{个}}\Big)=1;$$

$$\lim_{n\to+\infty}\Big(\overbrace{\frac{1}{n^2}+\frac{1}{n^2}+\cdots+\frac{1}{n^2}}^{n^3\text{个}}\Big)=+\infty.$$

本书将这些在一般情形下极限不确定的极限类型,称为**极限未定式**. 习惯上,将未定式“无限多个无穷小量的和”记为 $\infty\cdot 0$ 或 $0\cdot\infty$.

1.4.2 无穷大量

定义 1.20 在自变量 x 的某种趋向(或 $n\to+\infty$ 时)之下,所有以 ∞,$-\infty$ 或 $+\infty$ 为极限的函数(或数列)都称为**无穷大量**,简称**无穷大**.

例如,因 $\lim\limits_{x\to 0}\dfrac{1}{x}=\infty$,则称函数 $\dfrac{1}{x}$ 为 $x\to 0$ 时的无穷大量;

因 $\lim\limits_{x\to+\infty}e^x=+\infty$,则称函数 e^x 为 $x\to+\infty$ 时的无穷大量;

因 $\lim\limits_{x\to 1^-}\dfrac{1}{x-1}=-\infty$,则称函数 $\dfrac{1}{x-1}$ 为 $x\to 1^-$ 时的无穷大量;

因 $\lim\limits_{n\to+\infty}n^2=+\infty$,则称数列 $\{n^2\}$ 为 $n\to+\infty$ 时的无穷大量.

注 1 不可把无穷大量与“很大的数”混为一谈. 无穷大量是极限为 ∞,$-\infty$ 或 $+\infty$ 的变量,任何常数都不是无穷大量.

注 2 无穷大量与自变量的变化过程密不可分. 比如对于函数 $\dfrac{1}{x-1}$ 来说,当 $x\to 1$ 时是无穷大量,而当 $x\to\infty$ 时则是无穷小量.

例 1.32 设 $x_n=n^{(-1)^n}$,证明数列 $\{x_n\}$ 无界,但 $\{x_n\}$ 不是无穷大量.

证 当 $n=2k$(k 为正整数)时,$x_n=2k$. 随着 k 的任意增大,x_n 可以任意增大,故 $\{x_n\}$ 是无界的.

但当 $n=2k+1$(k 为正整数)时,$x_n=\dfrac{1}{2k+1}$. 当 $k\to+\infty$ 时,$x_n\to 0$,这说明 $\{x_n\}$ 不是无穷大量.

可以证明,无穷大量与无穷小量有如下倒数关系.

定理 1.11(无穷大量与无穷小量的关系定理) 在自变量的某一变化过程中,若 $f(x)$ 为无穷大量,则 $\dfrac{1}{f(x)}$ 为无穷小量;若 $f(x)$ 为无穷小量且 $f(x)\neq 0$,则 $\dfrac{1}{f(x)}$

为无穷大量.

例如,当 $x\to0$ 时,$\sin x$ 是无穷小量,$\dfrac{1}{\sin x}$是无穷大量;当 $n\to+\infty$时,数列$\{n^2\}$是无穷大量,数列$\left\{\dfrac{1}{n^2}\right\}$是无穷小量.

习题 1.4

1. 下列各题中,哪些是无穷小量?哪些是无穷大量?

(1) $y=x^2+2x$,　当 $x\to0$ 时;　　(2) $y=3^{\frac{1}{x}}-1$,　当 $x\to+\infty$时;

(3) $y=\dfrac{x+1}{x-1}$,　当 $x\to1$ 时;　　(4) $y=\ln x$,　当 $x\to0^+$ 时;

(5) $y=e^{\frac{1}{x-1}}$,　当 $x\to1^-$ 时;　　(6) $y=\dfrac{\cos x}{x}$,　当 $x\to\infty$时.

2. $y=\dfrac{x^2(x-1)}{x+2}$在怎样的自变量的变化过程中是无穷小量?在怎样的自变量的变化过程中是无穷大量?

3. 求下列极限:

(1) $\lim\limits_{x\to0}x^2\sin\dfrac{1}{x}$;　　(2) $\lim\limits_{x\to\infty}\dfrac{\arctan x}{x^2+1}$.

1.5　极限的运算法则

本节通过建立极限的四则运算法则和复合函数极限的运算法则给出求极限的基本方法.

1.5.1　极限的四则运算法则

定理 1.12　若$\lim\limits_{x\to x_0}f(x)=A$,$\lim\limits_{x\to x_0}g(x)=B$,则

(1) $\lim\limits_{x\to x_0}[f(x)\pm g(x)]=\lim\limits_{x\to x_0}f(x)\pm\lim\limits_{x\to x_0}g(x)=A\pm B$;

(2) $\lim\limits_{x\to x_0}[f(x)\cdot g(x)]=\lim\limits_{x\to x_0}f(x)\cdot\lim\limits_{x\to x_0}g(x)=A\cdot B$;

(3) $\lim\limits_{x\to x_0}\dfrac{f(x)}{g(x)}=\dfrac{\lim\limits_{x\to x_0}f(x)}{\lim\limits_{x\to x_0}g(x)}=\dfrac{A}{B}\quad(B\neq0)$.

下面仅证(1).

证　(1) 由于$\lim\limits_{x\to x_0}f(x)=A$,$\lim\limits_{x\to x_0}g(x)=B$,根据定理 1.9,有

$$f(x)=A+\alpha,\quad g(x)=B+\beta,$$

其中 $\alpha=\alpha(x)$,$\beta=\beta(x)$是 $x\to x_0$ 时的无穷小量. 于是

$$f(x)+g(x)=(A+\alpha)+(B+\beta)=(A+B)+(\alpha+\beta),$$

由定理 1.10,$\alpha+\beta$ 仍是无穷小量. 再由定理 1.9,有

$$\lim_{x\to x_0}[f(x)+g(x)]=A+B=\lim_{x\to x_0}f(x)+\lim_{x\to x_0}g(x).$$

定理 1.12 对于任一极限过程 $x\to x_0^-$,$x\to x_0^+$,$x\to\infty$,$x\to-\infty$,$x\to+\infty$及 $n\to+\infty$都是适用的.

定理 1.12 中的(1),(2)可以推广到**有限个**函数. 例如,若$\lim\limits_{x\to x_0}f(x)$,$\lim\limits_{x\to x_0}g(x)$,$\lim\limits_{x\to x_0}h(x)$都存在,则

$$\lim_{x\to x_0}[f(x)+g(x)-h(x)]=\lim_{x\to x_0}f(x)+\lim_{x\to x_0}g(x)-\lim_{x\to x_0}h(x);$$

$$\lim_{x\to x_0}[f(x)\cdot g(x)\cdot h(x)]=\lim_{x\to x_0}f(x)\cdot\lim_{x\to x_0}g(x)\cdot\lim_{x\to x_0}h(x).$$

关于定理 1.12,有如下推论.

推论 1.4 若$\lim\limits_{x\to x_0}f(x)$存在且 k 为常数,则$\lim\limits_{x\to x_0}[kf(x)]=k\lim\limits_{x\to x_0}f(x)$.

推论 1.5 若$\lim\limits_{x\to x_0}f(x)$存在且 n 为正整数,则$\lim\limits_{x\to x_0}[f(x)]^n=[\lim\limits_{x\to x_0}f(x)]^n$.

事实上,

$$\begin{aligned}\lim_{x\to x_0}[f(x)]^n&=\lim_{x\to x_0}\overbrace{f(x)\cdot f(x)\cdot\cdots\cdot f(x)}^{n\text{个}}\\&=\overbrace{\lim_{x\to x_0}f(x)\cdot\lim_{x\to x_0}f(x)\cdot\cdots\cdot\lim_{x\to x_0}f(x)}^{n\text{个}}=[\lim_{x\to x_0}f(x)]^n.\end{aligned}$$

1.5.2 运用极限的四则运算法则求极限举例

1.5.2.1 求多项式函数的极限

形如 $P(x)=a_0x^n+a_1x^{n-1}+\cdots+a_{n-1}x+a_n$($n$ 为正整数,a_i($i=0,1,2,\cdots,n$)为常数)的一元 n 次函数称为**多项式函数**.

例 1.33 求$\lim\limits_{x\to 2}(2x^3-x^2+6)$.

解
$$\begin{aligned}\lim_{x\to 2}(2x^3-x^2+6)&=\lim_{x\to 2}2x^3-\lim_{x\to 2}x^2+\lim_{x\to 2}6=2\lim_{x\to 2}x^3-\lim_{x\to 2}x^2+6\\&=2\left(\lim_{x\to 2}x\right)^3-\left(\lim_{x\to 2}x\right)^2+6\\&=2\cdot 2^3-2^2+6=18.\end{aligned}$$

一般地,对于多项式函数 $P(x)=a_0x^n+a_1x^{n-1}+\cdots+a_{n-1}x+a_n$,有

$$\lim_{x\to x_0}P(x)=P(x_0).$$

即多项式函数在某点 x_0 处的极限,等于该函数在点 x_0 处的函数值.

事实上,根据极限的四则运算法则,注意到$\lim\limits_{x\to x_0}x^n=(\lim\limits_{x\to x_0}x)^n$ 及$\lim\limits_{x\to x_0}x=x_0$,有

$$\begin{aligned}\lim_{x\to x_0}P(x)&=\lim_{x\to x_0}(a_0x^n+a_1x^{n-1}+\cdots+a_{n-1}x+a_n)\\&=\lim_{x\to x_0}a_0x^n+\lim_{x\to x_0}a_1x^{n-1}+\cdots+\lim_{x\to x_0}a_{n-1}x+\lim_{x\to x_0}a_n\\&=a_0\lim_{x\to x_0}x^n+a_1\lim_{x\to x_0}x^{n-1}+\cdots+a_{n-1}\lim_{x\to x_0}x+a_n\\&=a_0(\lim_{x\to x_0}x)^n+a_1(\lim_{x\to x_0}x)^{n-1}+\cdots+a_{n-1}\lim_{x\to x_0}x+a_n\\&=a_0x_0^n+a_1x_0^{n-1}+\cdots+a_{n-1}x_0+a_n\\&=P(x_0).\end{aligned}$$

例 1.34　求$\lim\limits_{x\to\infty}(x^2-10x-3)$.

解　考虑极限$\lim\limits_{x\to\infty}\dfrac{1}{x^2-10x-3}$. 将函数的分子与分母同除以 x^2,有

$$\lim_{x\to\infty}\frac{1}{x^2-10x-3}=\lim_{x\to\infty}\frac{\dfrac{1}{x^2}}{1-\dfrac{10}{x}-\dfrac{3}{x^2}}=\frac{0}{1}=0,$$

即当 $x\to\infty$时,$\dfrac{1}{x^2-10x-3}$是无穷小量. 由定理 1.11,无穷小量的倒数为无穷大量,于是

$$\lim_{x\to\infty}(x^2-10x-3)=\infty.$$

一般地,对于多项式函数 $P(x)=a_0x^n+a_1x^{n-1}+\cdots+a_{n-1}x+a_n$,当 $n\geqslant1$ 时,有

$$\lim_{x\to\infty}P(x)=\infty,$$

即当 $x\to\infty$时,所有最高幂次非 0 的多项式函数是无穷大量.

事实上,当 $n\geqslant1$ 时,$\lim\limits_{x\to\infty}\dfrac{1}{x^i}=0(i=1,2,\cdots,n)$. 考虑极限$\lim\limits_{x\to\infty}\dfrac{1}{P(x)}$. 将函数的分子、分母同除以 x 的最高次幂函数 x^n,得

$$\begin{aligned}\lim_{x\to\infty}\frac{1}{P(x)}&=\lim_{x\to\infty}\frac{1}{a_0x^n+a_1x^{n-1}+\cdots+a_{n-1}x+a_n}\\&=\lim_{x\to\infty}\frac{\dfrac{1}{x^n}}{a_0+a_1\dfrac{1}{x}+\cdots+a_{n-1}\dfrac{1}{x^{n-1}}+a_n\dfrac{1}{x^n}}=\frac{0}{a_0}=0,\end{aligned}$$

即当 $x\to\infty$时,$\dfrac{1}{P(x)}$为无穷小量.

根据定理 1.11,当 $n\geqslant 1$ 时,$\lim\limits_{x\to\infty}P(x)=\infty$.

1.5.2.2 求有理分式函数的极限

设有多项式函数

$$P(x)=a_0x^n+a_1x^{n-1}+\cdots+a_{n-1}x+a_n,$$
$$Q(x)=b_0x^m+b_1x^{m-1}+\cdots+b_{m-1}x+b_m,$$

称

$$F(x)=\frac{P(x)}{Q(x)}$$

为**有理分式函数**.

例 1.35 求 $\lim\limits_{x\to 1}\dfrac{x+6}{x^2-2x+2}$.

解 当 $x\to 1$ 时,分母的极限 $\lim\limits_{x\to 1}(x^2-2x+2)=1^2-2\cdot 1+2=1\neq 0$,故由商的极限运算法则,有

$$\lim_{x\to 1}\frac{x+6}{x^2-2x+2}=\frac{\lim\limits_{x\to 1}(x+6)}{\lim\limits_{x\to 1}(x^2-2x+2)}=\frac{7}{1}=7.$$

例 1.36 求 $\lim\limits_{x\to 3}\dfrac{x-3}{x^2-9}$.

解 当 $x\to 3$ 时,分子和分母的极限都是零,故不能应用商的极限运算法则. 但当 $x\to 3$ 时,分子、分母的极限都是零,故分子与分母必有公因式 $x-3$.

消去公因式 $x-3$,有

$$\lim_{x\to 3}\frac{x-3}{x^2-9}=\lim_{x\to 3}\frac{x-3}{(x-3)(x+3)}=\lim_{x\to 3}\frac{1}{x+3}=\frac{1}{6}.$$

注 本题是一类极限未定式,称为 $\dfrac{0}{0}$ 型. 凡是两个非 0 的无穷小量之商的极限都属于该极限类型.

但需注意,$\dfrac{0}{0}$ 型中的 0 指的是非 0 的无穷小量,否则就不是 $\dfrac{0}{0}$ 型. 例如,极限 $\lim\limits_{x\to 3}\dfrac{0}{x^2-9}$ 不是 $\dfrac{0}{0}$ 型未定式,其极限是确定的,极限为 0.

例 1.37 求 $\lim\limits_{x\to 2}\dfrac{x+4}{x^2-x-2}$.

解 因分母的极限 $\lim\limits_{x\to 2}(x^2-x-2)=0$,故不能应用商的极限运算法则. 由于

$$\lim_{x\to 2}\frac{x^2-x-2}{x+4}=\frac{2^2-2-2}{2+4}=0,$$

故由无穷小量与无穷大量的关系,得

$$\lim_{x\to 2}\frac{x+4}{x^2-x-2}=\infty.$$

一般地，因为在有理分式函数 $F(x)=\dfrac{P(x)}{Q(x)}$ 中，$P(x)$，$Q(x)$ 是多项式函数，所以 $\lim\limits_{x\to x_0}P(x)=P(x_0)$，$\lim\limits_{x\to x_0}Q(x)=Q(x_0)$，于是 $F(x)=\dfrac{P(x)}{Q(x)}$ 在点 x_0 处的极限有如下三种情形：

(1) 若 $Q(x_0)\neq 0$，则 $\lim\limits_{x\to x_0}\dfrac{P(x)}{Q(x)}=\dfrac{\lim\limits_{x\to x_0}P(x)}{\lim\limits_{x\to x_0}Q(x)}=\dfrac{P(x_0)}{Q(x_0)}$；

(2) 若 $Q(x_0)=0$，$P(x_0)=0$，则 $\lim\limits_{x\to x_0}\dfrac{P(x)}{Q(x)}$ 为 $\dfrac{0}{0}$ 型未定式，需消去 $P(x)$，$Q(x)$ 的公因式 $(x-x_0)^l$，$l\geqslant 1$，再运用商的极限运算法则求解；

(3) 若 $Q(x_0)=0$，$P(x_0)\neq 0$，则极限 $\lim\limits_{x\to x_0}\dfrac{Q(x)}{P(x)}=0$，根据无穷小量与无穷大量的关系，$\lim\limits_{x\to x_0}\dfrac{P(x)}{Q(x)}=\infty$.

例 1.38　已知 $\lim\limits_{x\to 1}\dfrac{x^2+ax+b}{x-1}=3$，求常数 a，b.

解　因该有理分式的极限为 3，且分母的极限 $\lim\limits_{x\to 1}(x-1)=0$，故分子的极限必为 0(否则该有理分式的极限为$\infty$)，即该极限为 $\dfrac{0}{0}$ 型.

因该极限为 $\dfrac{0}{0}$ 型，故 x^2+ax+b 必包含因式 $x-1$；又因该极限为 3，则当分子与分母消去公因式 $x-1$ 后，分子中剩下的因式必为 $x+2$，故

$$x^2+ax+b=(x-1)(x+2)=x^2+x-2.$$

比较上式两端的两个多项式，得 $a=1$，$b=-2$.

例 1.39　已知 $\lim\limits_{x\to -1}\dfrac{x^3-ax^2-x+4}{x+1}=c$，求常数 a，c.

解　因 c 是常数，且分母的极限 $\lim\limits_{x\to -1}(x+1)=0$，故分子的极限必为 0，即该极限为 $\dfrac{0}{0}$ 型. 因该极限为 $\dfrac{0}{0}$ 型，则

$$\lim_{x\to -1}(x^3-ax^2-x+4)=(-1)^3-a\,(-1)^2-(-1)+4=4-a=0,$$

得 $a=4$. 故

$$c=\lim_{x\to -1}\frac{x^3-ax^2-x+4}{x+1}=\lim_{x\to -1}\frac{x^3-4x^2-x+4}{x+1}$$

$$=\lim_{x\to -1}\frac{(x+1)(x-4)(x-1)}{x+1}$$
$$=\lim_{x\to -1}(x-4)(x-1)=10.$$

例 1.40 求$\lim\limits_{x\to 1}\left(\frac{1}{1-x}-\frac{3}{1-x^3}\right)$.

解 当 $x\to 1$ 时,括号内两式均趋于∞,不能运用和(差)的极限运算法则.将函数通分,得

$$\lim_{x\to 1}\left(\frac{1}{1-x}-\frac{3}{1-x^3}\right)=\lim_{x\to 1}\frac{1+x+x^2-3}{1-x^3}=\lim_{x\to 1}\frac{(x-1)(x+2)}{(1-x)(x^2+x+1)}$$
$$=\lim_{x\to 1}\frac{-(x+2)}{(x^2+x+1)}=-1.$$

注 本题是一类极限未定式,称为$\infty-\infty$型.将函数通分化为$\frac{0}{0}$型极限是求解该类极限的常用方法.

下面讨论有理分式函数在无穷远处的极限.

例 1.41 求$\lim\limits_{x\to\infty}\frac{3x^3+4x^2+2}{7x^3+5x^2-3}$.

解 分子与分母的最高次幂函数为 x^3. 用 x^3 去除分子与分母,得

$$\lim_{x\to\infty}\frac{3x^3+4x^2+2}{7x^3+5x^2-3}=\lim_{x\to\infty}\frac{3+\frac{4}{x}+\frac{2}{x^3}}{7+\frac{5}{x}-\frac{3}{x^3}}=\frac{3}{7}.$$

例 1.42 求$\lim\limits_{x\to\infty}\frac{x+5}{2x^2-9}$.

解 分子与分母的最高次幂函数为 x^2. 用 x^2 去除分子与分母,得

$$\lim_{x\to\infty}\frac{x+5}{2x^2-9}=\lim_{x\to\infty}\frac{\frac{1}{x}+\frac{5}{x^2}}{2-\frac{9}{x^2}}=0.$$

例 1.43 求 $\lim\limits_{n\to+\infty}\frac{3n^3+n-6}{2n^2+n-2}$.

解 考虑极限 $\lim\limits_{n\to+\infty}\frac{2n^2+n-2}{3n^3+n-6}$.

因其分子与分母的最高次幂函数为 n^3,故用 n^3 去除分子与分母,得

$$\lim_{n\to+\infty}\frac{2n^2+n-2}{3n^3+n-6}=\lim_{n\to+\infty}\frac{\frac{2}{n}+\frac{1}{n^2}-\frac{2}{n^3}}{3+\frac{1}{n^2}-\frac{6}{n^3}}=0.$$

由无穷小量与无穷大量的关系,得

$$\lim_{n\to+\infty}\frac{3n^3+n-6}{2n^2+n-2}=+\infty.$$

注　例 1.41～例 1.43 是一类极限未定式,称为$\frac{\infty}{\infty}$型.求解该类型极限的方法:用分式的最高次幂函数去除分子与分母,将未定式化为确定式,从而求出极限.

一般地,对于极限

$$\lim_{x\to\infty}\frac{a_0x^n+a_1x^{n-1}+\cdots+a_n}{b_0x^m+b_1x^{m-1}+\cdots+b_m}\ (a_0\neq0,b_0\neq0,m,n\text{ 为非负整数}),$$

其结果包括以下三种情况:

$$\lim_{x\to\infty}\frac{a_0x^n+a_1x^{n-1}+\cdots+a_n}{b_0x^m+b_1x^{m-1}+\cdots+b_m}=\begin{cases}\dfrac{a_0}{b_0}, & m=n,\\ 0, & m>n,\\ \infty, & m<n.\end{cases}$$

例 1.44　已知$\lim\limits_{x\to\infty}\frac{ax^2+bx+2}{x+1}=3$,求常数 a 与 b.

解　因$\lim\limits_{x\to\infty}\frac{ax^2+bx+2}{x+1}=3$,则必有 $a=0$,否则$\lim\limits_{x\to\infty}\frac{ax^2+bx+2}{x+1}=\infty$.

因 $a=0$,则原极限成为$\lim\limits_{x\to\infty}\frac{bx+2}{x+1}=3$,分子与分母同除以 x,得

$$\lim_{x\to\infty}\frac{b+\dfrac{2}{x}}{1+\dfrac{1}{x}}=b=3,$$

即 $b=3$.

求多项式函数以及有理分式函数极限的方法,对于其他函数极限的求解具有典型的借鉴意义.

例 1.45　求$\lim\limits_{x\to0}\frac{2\sin x+\tan x-3\arccos x}{e^x+5}$.

解　因为分母的极限非 0,由极限的四则运算法则,有

$$\lim_{x\to0}\frac{2\sin x+\tan x-3\arccos x}{e^x+5}=\lim_{x\to0}\frac{2\cdot0+0-3\cdot\dfrac{\pi}{2}}{1+5}=-\frac{\pi}{4}.$$

例 1.46　求$\lim\limits_{x\to0}\frac{\sqrt{1+x^2}-1}{x}$.

解　该极限为$\frac{0}{0}$型,不能运用商的极限运算法则.

分子与分母同乘以$\sqrt{1+x^2}+1$,并将分子有理化,得

$$\lim_{x\to 0}\frac{\sqrt{1+x^2}-1}{x}=\lim_{x\to 0}\frac{(\sqrt{1+x^2}-1)(\sqrt{1+x^2}+1)}{x(\sqrt{1+x^2}+1)}=\lim_{x\to 0}\frac{x}{\sqrt{1+x^2}+1}=\frac{0}{2}=0.$$

例 1.47 求$\lim\limits_{n\to+\infty}(\sqrt{n^2+1}-n)$.

解 该极限为$\infty-\infty$型. 将分子有理化,得

$$\lim_{n\to+\infty}(\sqrt{n^2+1}-n)=\lim_{n\to+\infty}\frac{(\sqrt{n^2+1}-n)(\sqrt{n^2+1}+n)}{\sqrt{n^2+1}+n}=\lim_{n\to+\infty}\frac{1}{\sqrt{n^2+1}+n}=0.$$

例 1.48 求$\lim\limits_{x\to\infty}\dfrac{\sqrt[3]{2x^2+x}}{\sqrt[6]{x^4+1}}$.

解 该极限为$\dfrac{\infty}{\infty}$型. 分子、分母同除以分式的最高次幂函数$x^{\frac{2}{3}}$,得

$$\lim_{x\to\infty}\frac{\sqrt[3]{2x^2+x}}{\sqrt[6]{x^4+1}}=\lim_{x\to\infty}\frac{\sqrt[3]{2+\dfrac{1}{x}}}{\sqrt[6]{1+\dfrac{1}{x^4}}}=\frac{\sqrt[3]{2}}{1}=\sqrt[3]{2}.$$

例 1.49 求$\lim\limits_{x\to+\infty}\dfrac{2^x-1}{4^x+1}$.

解 该极限为$\dfrac{\infty}{\infty}$型. 分子、分母同除以4^x,得

$$\lim_{x\to+\infty}\frac{2^x-1}{4^x+1}=\lim_{x\to+\infty}\frac{\left(\dfrac{2}{4}\right)^x-\left(\dfrac{1}{4}\right)^x}{1+\left(\dfrac{1}{4}\right)^x}=0.$$

例 1.50 已知函数

$$f(x)=\begin{cases}x-1, & x<0,\\ \dfrac{x^2+3x-1}{x^3+1}, & x\geqslant 0,\end{cases}$$

求$\lim\limits_{x\to 0}f(x)$,$\lim\limits_{x\to\infty}f(x)$.

解 因为

$$\lim_{x\to 0^-}f(x)=\lim_{x\to 0^-}(x-1)=-1,\quad \lim_{x\to 0^+}f(x)=\lim_{x\to 0^+}\frac{x^2+3x-1}{x^3+1}=-1,$$

所以$\lim\limits_{x\to 0}f(x)=-1$.

因为

$$\lim_{x\to-\infty}f(x)=\lim_{x\to-\infty}(x-1)=-\infty,\quad \lim_{x\to+\infty}f(x)=\lim_{x\to+\infty}\frac{x^2+3x-1}{x^3+1}=0,$$

所以$\lim\limits_{x\to\infty}f(x)$不存在.

无限多个函数的四则运算需要化为有限个函数的运算后才能运用极限的四则运算法则.

例 1.51　求 $\lim\limits_{n\to+\infty}\left(\frac{1}{n^2}+\frac{2}{n^2}+\cdots+\frac{n-1}{n^2}\right)$.

解　当$n\to+\infty$时，该极限为无限个无穷小之和，不能直接运用和的极限运算法则. 将数列求和，则有

$$\begin{aligned}\lim_{n\to+\infty}\left(\frac{1}{n^2}+\frac{2}{n^2}+\cdots+\frac{n-1}{n^2}\right)&=\lim_{n\to+\infty}\frac{1+2+\cdots+(n-1)}{n^2}\\&=\lim_{n\to+\infty}\frac{\frac{1}{2}(n-1)[1+(n-1)]}{n^2}=\lim_{n\to+\infty}\frac{(n-1)n}{2n^2}\\&=\frac{1}{2}\lim_{n\to+\infty}\left(1-\frac{1}{n}\right)=\frac{1}{2}.\end{aligned}$$

例 1.52　求 $\lim\limits_{n\to+\infty}\left[\left(1-\frac{1}{2^2}\right)\cdot\left(1-\frac{1}{3^2}\right)\cdot\cdots\cdot\left(1-\frac{1}{n^2}\right)\right]$.

解　当$n\to+\infty$时，该极限为无限项之积，不能直接运用乘积的极限运算法则. 由于$1-\frac{1}{n^2}=\frac{n^2-1}{n^2}=\frac{n-1}{n}\cdot\frac{n+1}{n}$，所以

$$\begin{aligned}&\lim_{n\to+\infty}\left[\left(1-\frac{1}{2^2}\right)\cdot\left(1-\frac{1}{3^2}\right)\cdot\cdots\cdot\left(1-\frac{1}{n^2}\right)\right]\\=&\lim_{n\to+\infty}\left(\frac{1}{2}\cdot\frac{3}{2}\cdot\frac{2}{3}\cdot\frac{4}{3}\cdot\cdots\cdot\frac{n-1}{n}\cdot\frac{n+1}{n}\right)\\=&\lim_{n\to+\infty}\left(\frac{1}{2}\cdot\frac{n+1}{n}\right)=\frac{1}{2}\lim_{n\to+\infty}\left(1+\frac{1}{n}\right)=\frac{1}{2}.\end{aligned}$$

1.5.3　复合函数的极限法则

定理 1.13　设 $y=f[\varphi(x)]$是由 $y=f(u)$以及 $u=\varphi(x)$复合而成的，且 $y=f[\varphi(x)]$在点 x_0 的某去心邻域内有定义. 若$\lim\limits_{x\to x_0}\varphi(x)=u_0$，$\lim\limits_{u\to u_0}f(u)=A$，但在点 x_0 的某去心邻域内 $\varphi(x)\neq u_0$，则

(1) 当 $x\to x_0$ 时，复合函数 $y=f[\varphi(x)]$的极限也存在，且

$$\lim_{x\to x_0}f[\varphi(x)]=\lim_{u\to u_0}f(u)=A;$$

(2) 特别地，当$\lim\limits_{u\to u_0}f(u)=f(u_0)$时，

$$\lim_{x\to x_0} f[\varphi(x)] = \lim_{u\to u_0} f(u) = f(u_0) = f[\lim_{x\to x_0}\varphi(x)].$$

注 1 定理 1.13 对于自变量的其他变化过程也成立.

注 2 定理 1.13 中的结论(2)体现了复合运算与极限运算的可交换性.

例 1.53 求$\lim\limits_{x\to 2}\sqrt{\dfrac{x-2}{x^2-4}}$.

解 令 $y=f(u)=\sqrt{u}$, $u=\varphi(x)=\dfrac{x-2}{x^2-4}$. 由于

$$\lim_{x\to 2}\varphi(x)=\lim_{x\to 2}\frac{x-2}{x^2-4}=\lim_{x\to 2}\frac{1}{x+2}=\frac{1}{4}=u_0,$$

$$\lim_{u\to u_0} f(u)=\lim_{u\to u_0}\sqrt{u}=\lim_{u\to \frac{1}{4}}\sqrt{u}=\frac{1}{2},$$

所以$\lim\limits_{x\to 2}\sqrt{\dfrac{x-2}{x^2-4}}=\dfrac{1}{2}$.

事实上,本题中$\lim\limits_{u\to u_0} f(u)=\dfrac{1}{2}=\sqrt{\dfrac{1}{4}}=\sqrt{u_0}=f(u_0)$,由定理 1.13 中的结论(2),将复合运算和极限运算相互交换,有

$$\lim_{x\to 2}\sqrt{\frac{x-2}{x^2-4}}=\sqrt{\lim_{x\to 2}\frac{x-2}{x^2-4}}=\sqrt{\frac{1}{4}}=\frac{1}{2}.$$

例 1.54 求 $\lim\limits_{x\to -\infty}\sin(e^x)$.

解 因 $\lim\limits_{x\to -\infty} e^x=0$,$\lim\limits_{u\to 0}\sin u=0=\sin 0$,故由定理 1.13,得

$$\lim_{x\to -\infty}\sin(e^x)=\sin(\lim_{x\to -\infty} e^x)=\sin 0=0.$$

定理 1.13 是变量代换求极限的理论基础,相当于在$\lim\limits_{x\to x_0} f[\varphi(x)]$中令 $u=g(x)$,当 $x\to x_0$ 时,有 $u\to u_0$,则$\lim\limits_{x\to x_0} f[\varphi(x)]=\lim\limits_{u\to u_0} f(u)=A$.

例 1.55 求$\lim\limits_{x\to 0}\dfrac{\sqrt[3]{1+x}-1}{x}$.

解 令 $t=\sqrt[3]{1+x}$,得 $x=t^3-1$. 当 $x\to 0$ 时,$t\to 1$,于是原极限化为

$$\lim_{t\to 1}\frac{t-1}{t^3-1}=\lim_{t\to 1}\frac{1}{t^2+t+1}=\frac{1}{3}.$$

例 1.56 $\lim\limits_{x\to 1^+}\left(\sqrt{\dfrac{1}{x-1}+1}-\sqrt{\dfrac{1}{x-1}-1}\right)$.

解 令 $t=\dfrac{1}{x-1}$,则 $x\to 1^+$ 时,$t\to +\infty$. 于是原极限化为

$$\lim_{t\to+\infty}(\sqrt{t+1}-\sqrt{t-1})=\lim_{t\to+\infty}\frac{(\sqrt{t+1}-\sqrt{t-1})(\sqrt{t+1}+\sqrt{t-1})}{\sqrt{t+1}+\sqrt{t-1}}$$

$$=\lim_{t\to+\infty}\frac{2}{\sqrt{t+1}+\sqrt{t-1}}=0.$$

习题 1.5

1. 若 $\lim\limits_{x\to x_0}f(x)$ 存在，$\lim\limits_{x\to x_0}g(x)$ 不存在，问

   (1) $\lim\limits_{x\to x_0}[f(x)\pm g(x)]$ 是否存在，为什么？

   (2) $\lim\limits_{x\to x_0}[f(x)\cdot g(x)]$ 是否一定不存在？为什么？

2. 若 $\lim\limits_{x\to x_0}f(x)$ 及 $\lim\limits_{x\to x_0}g(x)$ 均不存在，问 $\lim\limits_{x\to x_0}[f(x)\pm g(x)]$ 是否一定不存在？

3. 计算下列极限：

   (1) $\lim\limits_{x\to 1}(3x^2-x+5)$；

   (2) $\lim\limits_{x\to\infty}(4x^3+x+6)$；

   (3) $\lim\limits_{x\to 2}\dfrac{x^2+5}{x-3}$；

   (4) $\lim\limits_{x\to 3}\dfrac{x+5}{\sqrt{x^2+7}}$；

   (5) $\lim\limits_{x\to 1}\dfrac{x^2-2x+1}{x^2-1}$；

   (6) $\lim\limits_{x\to 1}\dfrac{2x-3}{x^2-5x+4}$；

   (7) $\lim\limits_{x\to 4}\dfrac{x^2-6x+8}{x^2-5x+4}$；

   (8) $\lim\limits_{h\to 0}\dfrac{(x+h)^2-x^2}{h}$；

   (9) $\lim\limits_{x\to\infty}\left(6+\dfrac{3}{x}-\dfrac{1}{x^2}\right)$；

   (10) $\lim\limits_{x\to\infty}\dfrac{x^2-1}{2x^2-x-1}$；

   (11) $\lim\limits_{n\to+\infty}\dfrac{n^2+n}{n^4-3n^2+1}$；

   (12) $\lim\limits_{x\to\infty}\dfrac{x^2+1}{x-2}$；

   (13) $\lim\limits_{x\to\infty}\left(1+\dfrac{1}{x}\right)\left(2-\dfrac{1}{x^2}\right)$；

   (14) $\lim\limits_{x\to-2}\left(\dfrac{1}{x+2}+\dfrac{4}{x^2-4}\right)$；

   (15) $\lim\limits_{n\to+\infty}\dfrac{(n+2)(n+3)(n+4)}{5n^3}$；

   (16) $\lim\limits_{x\to-\infty}\dfrac{e^x}{1+x^2}$；

   (17) $\lim\limits_{x\to\infty}\dfrac{6x+\sin x}{7x+2\cos x}$；

   (18) $\lim\limits_{n\to+\infty}\dfrac{(-2)^{n+1}+5^n}{(-2)^n+5^{n+1}}$.

4. 计算下列极限：

   (1) $\lim\limits_{n\to+\infty}\left(1+\dfrac{1}{2}+\dfrac{1}{4}+\cdots+\dfrac{1}{2^n}\right)$；

   (2) $\lim\limits_{n\to+\infty}\left[\dfrac{1}{1\times 3}+\dfrac{1}{3\times 5}+\cdots+\dfrac{1}{(2n-1)(2n+1)}\right]$.

5. 求下列极限：

   (1) $\lim\limits_{x\to 2}\dfrac{\sqrt{4x+8}-2}{4-\sqrt{5+x^2}}$；

   (2) $\lim\limits_{x\to 0}\dfrac{x^2}{1-\sqrt{1+x^2}}$；

(3) $\lim\limits_{x\to1}\dfrac{\sqrt{5x-4}-\sqrt{x}}{x-1}$；

(4) $\lim\limits_{x\to7}\dfrac{2-\sqrt{x-3}}{x^2-49}$；

(5) $\lim\limits_{x\to1}\dfrac{\sqrt[3]{x}-1}{\sqrt{x}-1}$；

(6) $\lim\limits_{x\to0}\dfrac{x}{\sqrt[4]{1+2x}-1}$；

(7) $\lim\limits_{n\to+\infty}\dfrac{\sqrt{n^2+1}+\sqrt{n}}{\sqrt[4]{n^3+n^2}-n}$；

(8) $\lim\limits_{x\to\infty}(\sqrt{x^2+1}-\sqrt{x^2-2})$.

6. 求下列极限：

(1) $\lim\limits_{x\to\infty}\dfrac{(x^2+1)\cos x}{x^3+1}$；

(2) $\lim\limits_{n\to+\infty}\dfrac{2\sin n+4}{3n^4+n-1}$.

7. 设函数

$$f(x)=\begin{cases}\dfrac{x^2(x+\cos x)}{x^3+2}, & x\leqslant 0,\\ (x^2-x)\sin\left(\dfrac{1}{x}+1\right), & 0<x\leqslant 1,\\ \dfrac{\sqrt{x^2-1}-x}{2x}, & x>1.\end{cases}$$

分别讨论 $x\to0$ 及 $x\to1$ 时 $f(x)$的极限是否存在,并求 $\lim\limits_{x\to-\infty}f(x)$及 $\lim\limits_{x\to+\infty}f(x)$.

8. (1) 已知$\lim\limits_{x\to3}\dfrac{x^2-2x+a}{x-3}=4$,求 a;

(2) 已知$\lim\limits_{x\to1}\dfrac{x^2+ax+b}{1-x}=5$,求 a,b;

(3) 已知$\lim\limits_{x\to\infty}\left(\dfrac{4x^2+3}{x-1}+ax+b\right)=0$,求 a,b.

9. 求下列极限：

(1) $\lim\limits_{x\to1}\ln(x+1)$；

(2) $\lim\limits_{x\to0}\arctan(e^x)$；

(3) $\lim\limits_{x\to\infty}\left(\dfrac{x-2\sin x}{x}\right)^2$；

(4) $\lim\limits_{x\to1^-}\sin(e^{\frac{1}{x-1}})$；

(5) $\lim\limits_{x\to1}\left(\sin\dfrac{\pi x}{2}+\cos\pi x\right)$；

(6) $\lim\limits_{x\to\infty}\dfrac{(x-1)^2(x-2)^3}{(2x+3)^5}$.

1.6 两个重要极限

本节将应用函数极限的迫敛准则推得两个常用的极限.

1.6.1 $\lim\limits_{x\to0}\dfrac{\sin x}{x}=1$

证 首先,函数$\dfrac{\sin x}{x}$对于一切 $x\neq0$ 都有意义,并且$\dfrac{\sin x}{x}$是一个偶函数,所以

只需证明 $\lim\limits_{x\to 0^+}\dfrac{\sin x}{x}=1$.

作单位圆，设圆心角 $\angle BOC=x\left(0<x<\dfrac{\pi}{2}\right)$，过点 B 的切线与 OC 的延长线相交于 D，又 $CA\perp OB$，由图 1.17 知

$$\sin x=AC,\quad x=\overset{\frown}{BC},\quad \tan x=BD.$$

而

$$\triangle OBC\text{ 的面积}<\text{扇形 }OBC\text{ 的面积}<\triangle OBD\text{ 的面积},$$

故

$$\frac{1}{2}\sin x<\frac{1}{2}x<\frac{1}{2}\tan x,$$

即

$$\sin x<x<\tan x.$$

上式各边同除以 $\sin x$，得

$$1<\frac{x}{\sin x}<\frac{1}{\cos x},$$

即

$$\cos x<\frac{\sin x}{x}<1.$$

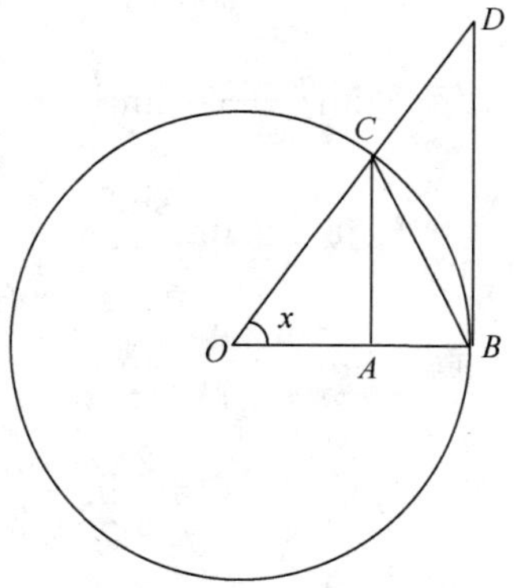

图 1.17

而 $\lim\limits_{x\to 0^+}\cos x=1$，根据迫敛准则(定理 1.7)，有

$$\lim_{x\to 0^+}\frac{\sin x}{x}=1,$$

从而 $\lim\limits_{x\to 0}\dfrac{\sin x}{x}=1$.

注 1　该极限属于极限未定式 $\dfrac{0}{0}$ 型.

注 2　一般地，该极限可推广为 $\lim\limits_{\varphi(x)\to 0}\dfrac{\sin\varphi(x)}{\varphi(x)}=1$.

注 3　该极限有两个常见的变形：

① $\lim\limits_{x\to 0}\dfrac{x}{\sin x}=1$；　　② $\lim\limits_{x\to\infty}x\sin\dfrac{1}{x}=1$.

事实上，

$$\lim_{x\to 0}\frac{x}{\sin x}=\lim_{x\to 0}\frac{1}{\frac{\sin x}{x}}=\frac{1}{\lim\limits_{x\to 0}\frac{\sin x}{x}}=\frac{1}{1}=1.$$

令 $t=\frac{1}{x}$,有$\lim\limits_{x\to 0}\frac{\sin x}{x}=\lim\limits_{t\to\infty}t\sin\frac{1}{t}=1$,即$\lim\limits_{x\to\infty}x\sin\frac{1}{x}=1$.

注意区分:

$$\lim_{x\to 0}\frac{\sin x}{x}=1 \quad 与 \quad \lim_{x\to\infty}\frac{\sin x}{x}=0;$$

$$\lim_{x\to 0}x\sin\frac{1}{x}=0 \quad 与 \quad \lim_{x\to\infty}x\sin\frac{1}{x}=1.$$

例 1.57 求$\lim\limits_{x\to 0}\frac{\sin 3x}{x}$.

解 $\lim\limits_{x\to 0}\frac{\sin 3x}{x}=\lim\limits_{x\to 0}\left(3\cdot\frac{\sin 3x}{3x}\right)=3\lim\limits_{3x\to 0}\frac{\sin 3x}{3x}=3\times 1=3.$

例 1.58 求$\lim\limits_{x\to 0}\frac{\sin 2x}{\sin 3x}$.

解 $\lim\limits_{x\to 0}\frac{\sin 2x}{\sin 3x}=\lim\limits_{x\to 0}\left(\frac{\sin 2x}{2x}\cdot\frac{3x}{\sin 3x}\cdot\frac{2}{3}\right)$

$$=\frac{2}{3}\lim_{2x\to 0}\frac{\sin 2x}{2x}\cdot\lim_{3x\to 0}\frac{3x}{\sin 3x}=\frac{2}{3}\cdot 1\cdot 1=\frac{2}{3}.$$

例 1.59 求$\lim\limits_{x\to 0}\frac{\tan x}{x}$.

解 $\lim\limits_{x\to 0}\frac{\tan x}{x}=\lim\limits_{x\to 0}\left(\frac{\sin x}{x}\cdot\frac{1}{\cos x}\right)=\lim\limits_{x\to 0}\frac{\sin x}{x}\cdot\lim\limits_{x\to 0}\frac{1}{\cos x}=1\cdot 1=1.$

例 1.60 求$\lim\limits_{x\to 0}\frac{\arcsin x}{x}$.

解 令 $\arcsin x=\alpha$,即 $\sin\alpha=x$. 当 $x\to 0$ 时,$\alpha\to 0$,因此

$$\lim_{x\to 0}\frac{\arcsin x}{x}=\lim_{\alpha\to 0}\frac{\alpha}{\sin\alpha}=1.$$

例 1.61 求$\lim\limits_{x\to 0}\frac{1-\cos x}{x^2}$.

解 $\lim\limits_{x\to 0}\frac{1-\cos x}{x^2}=\lim\limits_{x\to 0}\frac{2\sin^2\frac{x}{2}}{x^2}=\lim\limits_{x\to 0}\frac{2\sin^2\frac{x}{2}}{4\left(\frac{x}{2}\right)^2}$

$$=\frac{1}{2}\lim_{x\to 0}\left(\frac{\sin\frac{x}{2}}{\frac{x}{2}}\right)^2=\frac{1}{2}\left(\lim_{x\to 0}\frac{\sin\frac{x}{2}}{\frac{x}{2}}\right)^2=\frac{1}{2}\times 1^2=\frac{1}{2}.$$

例 1.62　求$\lim\limits_{x\to\pi}\dfrac{\sin x}{x-\pi}$.

解　令$t=x-\pi$,当$x\to\pi$时,$t\to 0$. 因此,

$$\lim_{x\to\pi}\frac{\sin x}{x-\pi}=\lim_{t\to 0}\frac{\sin(\pi+t)}{t}=\lim_{t\to 0}\frac{-\sin t}{t}=-1.$$

例 1.63　求$\lim\limits_{x\to\infty}x\sin\dfrac{\pi}{x}$.

解　$\lim\limits_{x\to\infty}x\sin\dfrac{\pi}{x}=\pi\lim\limits_{\frac{\pi}{x}\to 0}\dfrac{\sin\dfrac{\pi}{x}}{\dfrac{\pi}{x}}=\pi\cdot 1=\pi.$

例 1.64　求$\lim\limits_{n\to+\infty}2^n\sin\dfrac{x}{2^n}$　$(x\neq 0)$.

解　$\lim\limits_{n\to+\infty}2^n\sin\dfrac{x}{2^n}=x\lim\limits_{\frac{x}{2^n}\to 0}\dfrac{\sin\dfrac{x}{2^n}}{\dfrac{x}{2^n}}=x\cdot 1=x.$

1.6.2　$\lim\limits_{x\to\infty}\left(1+\dfrac{1}{x}\right)^x=\mathrm{e}$

证　令$n=[x]$,则有$n<x<n+1$,且当$x\to+\infty$时,$n\to+\infty$. 显然

$$\left(1+\frac{1}{n+1}\right)^n<\left(1+\frac{1}{x}\right)^x<\left(1+\frac{1}{n}\right)^{n+1},$$

由于

$$\lim_{n\to+\infty}\left(1+\frac{1}{n}\right)^{n+1}=\lim_{n\to+\infty}\left(1+\frac{1}{n}\right)^n\cdot\lim_{n\to+\infty}\left(1+\frac{1}{n}\right)=\mathrm{e},$$

$$\lim_{n\to+\infty}\left(1+\frac{1}{n+1}\right)^n=\lim_{n\to+\infty}\frac{\left(1+\dfrac{1}{n+1}\right)^{n+1}}{1+\dfrac{1}{n+1}}=\mathrm{e},$$

则由迫敛准则,有

$$\lim_{x\to+\infty}\left(1+\frac{1}{x}\right)^x=\mathrm{e}.$$

当$x\to-\infty$时,令$x=-(t+1)$,则有$t\to+\infty$,且

$$\lim_{x\to-\infty}\left(1+\frac{1}{x}\right)^x=\lim_{t\to+\infty}\left(1-\frac{1}{t+1}\right)^{-(t+1)}=\lim_{t\to+\infty}\left(\frac{t}{t+1}\right)^{-(t+1)}=\lim_{t\to+\infty}\left(\frac{t+1}{t}\right)^{t+1}$$

$$=\lim_{t\to+\infty}\left(1+\frac{1}{t}\right)^{t+1}=\lim_{t\to+\infty}\left(1+\frac{1}{t}\right)^{t}\cdot\left(1+\frac{1}{t}\right)=\mathrm{e}.$$

综上所述,得

$$\lim_{x\to\infty}\left(1+\frac{1}{x}\right)^{x}=\mathrm{e}.$$

注 1 该极限属于 1^{∞} 型未定式.

注 2 一般地,该极限可推广为 $\lim\limits_{\varphi(x)\to\infty}\left(1+\frac{1}{\varphi(x)}\right)^{\varphi(x)}=\mathrm{e}$.

注 3 该极限有两个常见的变形:

① $\lim\limits_{n\to+\infty}\left(1+\frac{1}{n}\right)^{n}=\mathrm{e}$. ② $\lim\limits_{x\to0}(1+x)^{\frac{1}{x}}=\mathrm{e}$.

事实上,令 $t=\frac{1}{x}$,有 $\lim\limits_{x\to\infty}\left(1+\frac{1}{x}\right)^{x}=\lim\limits_{t\to0}(1+t)^{\frac{1}{t}}=\mathrm{e}$,即 $\lim\limits_{x\to0}(1+x)^{\frac{1}{x}}=\mathrm{e}$.

例 1.65 求 $\lim\limits_{x\to\infty}\left(1+\frac{2}{x}\right)^{x}$.

解
$$\lim_{x\to\infty}\left(1+\frac{2}{x}\right)^{x}=\lim_{x\to\infty}\left(1+\frac{1}{x/2}\right)^{x}=\lim_{x\to\infty}\left(1+\frac{1}{x/2}\right)^{\frac{x}{2}\cdot2}$$
$$=\lim_{x\to\infty}\left[\left(1+\frac{1}{x/2}\right)^{\frac{x}{2}}\right]^{2}=\left[\lim_{\frac{x}{2}\to\infty}\left(1+\frac{1}{x/2}\right)^{\frac{x}{2}}\right]^{2}=\mathrm{e}^{2}.$$

或者,令 $\frac{2}{x}=t$,当 $x\to\infty$ 时,$t\to0$,则

$$\lim_{x\to\infty}\left(1+\frac{2}{x}\right)^{x}=\lim_{t\to0}(1+t)^{\frac{2}{t}}=\lim_{t\to0}[(1+t)^{\frac{1}{t}}]^{2}=[\lim_{t\to0}(1+t)^{\frac{1}{t}}]^{2}=\mathrm{e}^{2}.$$

注 一般地,$\lim\limits_{x\to\infty}\left(1+\frac{k}{x}\right)^{x}=\mathrm{e}^{k}\quad(k\neq0)$.

例 1.66 求 $\lim\limits_{x\to\infty}\left(\frac{1+x}{x}\right)^{3x}$.

解
$$\lim_{x\to\infty}\left(\frac{1+x}{x}\right)^{3x}=\lim_{x\to\infty}\left[\left(1+\frac{1}{x}\right)^{x}\right]^{3}=\left[\lim_{x\to\infty}\left(1+\frac{1}{x}\right)^{x}\right]^{3}=\mathrm{e}^{3}.$$

注 一般地,$\lim\limits_{x\to\infty}\left(1+\frac{1}{x}\right)^{kx}=\mathrm{e}^{k}\quad(k\neq0)$.

例 1.67 求 $\lim\limits_{n\to+\infty}\left(\frac{n}{n+1}\right)^{n}$.

解
$$\lim_{n\to+\infty}\left(\frac{n}{n+1}\right)^{n}=\lim_{n\to+\infty}\left(\frac{n+1}{n}\right)^{-n}=\lim_{n\to+\infty}\left(1+\frac{1}{n}\right)^{-n}$$

$$=\lim_{n\to+\infty}\left[\left(1+\frac{1}{n}\right)^{n}\right]^{-1}=\left[\lim_{n\to+\infty}\left(1+\frac{1}{n}\right)^{n}\right]^{-1}=\mathrm{e}^{-1}.$$

例 1.68　求$\lim\limits_{x\to\infty}\left(\frac{x+4}{x+2}\right)^{x}$.

解　$$\lim_{x\to\infty}\left(\frac{x+4}{x+2}\right)^{x}=\lim_{x\to\infty}\left(1+\frac{2}{x+2}\right)^{x}=\lim_{x\to\infty}\left(1+\frac{1}{(x+2)/2}\right)^{\frac{x+2}{2}\cdot\frac{2}{x+2}\cdot x}$$
$$=\lim_{x\to\infty}\left[\left(1+\frac{1}{(x+2)/2}\right)^{\frac{x+2}{2}}\right]^{\frac{2x}{x+2}}=\left[\lim_{x\to\infty}\left(1+\frac{1}{(x+2)/2}\right)^{\frac{x+2}{2}}\right]^{\lim\limits_{x\to\infty}\frac{2x}{x+2}}$$
$$=\mathrm{e}^{2}.$$

例 1.69　求$\lim\limits_{x\to0}(1-2x)^{\frac{1}{x}}$.

解　$$\lim_{x\to0}(1-2x)^{\frac{1}{x}}=\lim_{x\to0}[1+(-2x)]^{\frac{1}{(-2x)}\cdot(-2x)\cdot\frac{1}{x}}$$
$$=\{\lim_{x\to0}[1+(-2x)]^{\frac{1}{(-2x)}}\}^{-2}=\mathrm{e}^{-2}.$$

例 1.70　求$\lim\limits_{x\to0}(\cos^2 x)^{\csc^2 x}$.

解　该极限属于 1^{∞} 型未定式,从底数函数中分离出 1,得

$$\lim_{x\to0}(\cos^2 x)^{\csc^2 x}=\lim_{x\to0}[1+(\cos^2 x-1)]^{\frac{1}{\cos^2 x-1}(\cos^2 x-1)\csc^2 x}$$
$$=\lim_{x\to0}[1+(\cos^2 x-1)]^{\frac{1}{\cos^2 x-1}(-1)}$$
$$=\{\lim_{x\to0}[1+(\cos^2 x-1)]^{\frac{1}{\cos^2 x-1}}\}^{-1}=\mathrm{e}^{-1}.$$

例 1.71　求$\lim\limits_{x\to0}\frac{\ln(1+x)}{x}$.

解　$$\lim_{x\to0}\frac{\ln(1+x)}{x}=\lim_{x\to0}\left[\frac{1}{x}\ln(1+x)\right]=\lim_{x\to0}\ln(1+x)^{\frac{1}{x}}$$
$$=\ln[\lim_{x\to0}(1+x)^{\frac{1}{x}}]=\ln\mathrm{e}=1.$$

例 1.72　求$\lim\limits_{x\to1}\frac{\ln x}{x-1}$.

解　令 $x-1=t$,则 $x=1+t$ 且由 $x\to1$ 推出 $t\to0$,由例 1.71,有

$$\lim_{x\to1}\frac{\ln x}{x-1}=\lim_{t\to0}\frac{\ln(1+t)}{t}=1.$$

例 1.73　求$\lim\limits_{x\to0}\frac{a^x-1}{x}$　$(a>0,a\neq1)$.

解　令 $a^x-1=t$,则由 $a^x=1+t$ 推出 $x=\log_a(1+t)=\frac{\ln(1+t)}{\ln a}$,且 $x\to0\Rightarrow t\to0$,从而由例 1.71,有

$$\lim_{x\to0}\frac{a^x-1}{x}=\lim_{t\to0}\frac{t\ln a}{\ln(1+t)}=\ln a\lim_{t\to0}\frac{t}{\ln(1+t)}=\ln a.$$

显然$\lim\limits_{x\to 0}\dfrac{a^x-1}{x\ln a}=1$. 特别地,$\lim\limits_{x\to 0}\dfrac{e^x-1}{x}=1$.

例 1.74 求$\lim\limits_{x\to 0}\dfrac{(1+x)^\alpha-1}{x}(\alpha\in\mathbf{R})$.

解 令$(1+x)^\alpha-1=t$,则当$x\to 0$时,$t\to 0$,于是

$$\lim_{x\to 0}\frac{(1+x)^\alpha-1}{x}=\lim_{x\to 0}\left[\frac{(1+x)^\alpha-1}{\ln(1+x)^\alpha}\cdot\frac{\alpha\ln(1+x)}{x}\right]=\lim_{t\to 0}\frac{t}{\ln(1+t)}\cdot\lim_{x\to 0}\frac{\alpha\ln(1+x)}{x}=\alpha.$$

例 1.75 复利公式和贴现公式.

(1) 复利公式.

所谓**复利计息**,就是将每期利息于每期末加入该期本金,并以此为新本金再计算下期利息.

设有一笔初始本金A_0存入银行,银行年利率为r.若以复利计息,t年末A_0将增值到A_t,试计算A_t.

(i) 若一年按1期计息,则

一年末的本利和为

$$A_1=A_0+A_0r=A_0(1+r);$$

二年末的本利和为

$$A_2=A_1(1+r)=A_0(1+r)(1+r)=A_0(1+r)^2;$$

依次类推,则t年末的本利和为

$$A_t=A_0(1+r)^t. \tag{1-1}$$

(ii) 若一年分两期计息,每期利率为$\dfrac{r}{2}$,则

半年末的本利和为

$$A_{0.5}=A_0+A_0\frac{r}{2}=A_0\left(1+\frac{r}{2}\right);$$

一年末的本利和为

$$A_1=A_{0.5}\left(1+\frac{r}{2}\right)=A_0\left(1+\frac{r}{2}\right)\left(1+\frac{r}{2}\right)=A_0\left(1+\frac{r}{2}\right)^2;$$

依次类推,则t年末的本利和为

$$A_t=A_0\left(1+\frac{r}{2}\right)^{2t}. \tag{1-2}$$

由此可见,若一年分n期计息,且每期的利息为$\dfrac{r}{n}$,到t年共结息nt次,则t年末的本利和为

$$A_t=A_0\left(1+\frac{r}{n}\right)^{nt}. \tag{1-3}$$

上述计息的“期”是确定的时间间隔,因而一年计息次数为有限次.式(1-3)称为t年末本利和的**离散复利公式**.

若 $n\to+\infty$，即表示利息随时计入本金，这种计息方式称为**连续复利**. 此时，t 年末的本利和为

$$A_t=\lim_{n\to+\infty}A_0\left(1+\frac{r}{n}\right)^{nt}=A_0\lim_{n\to+\infty}\left(1+\frac{1}{n/r}\right)^{\frac{n}{r}\cdot\frac{r}{n}\cdot nt}$$
$$=A_0\lim_{n\to+\infty}\left(1+\frac{1}{n/r}\right)^{\frac{n}{r}\cdot rt}=A_0\left[\lim_{n\to+\infty}\left(1+\frac{1}{n/r}\right)^{\frac{n}{r}}\right]^{rt}=A_0e^{rt}.$$

可见，若以连续复利计算利息，则 t 年末本利和 A_t **连续复利公式**是

$$A_t=A_0e^{rt}. \tag{1-4}$$

在式(1-1)，(1-2)和式(1-3)，(1-4)中，初始本金 A_0 称为**现在值**，t 年末的本利和 A_t 称为**未来值**. 已知现在值 A_0 求未来值 A_t 称为**复利问题**.

(2) 贴现公式.

若已知未来值 A_t，求现在值 A_0，称为**贴现问题**，这时，利率 r 称为**贴现率**.

若以一年为期贴现，由复利公式(1-1)易推得，**贴现公式**是

$$A_0=A_t(1+r)^{-t}. \tag{1-5}$$

若一年分 n 期贴现，由复利公式(1-3)可得，**贴现公式**是

$$A_0=A_t\left(1+\frac{r}{n}\right)^{-nt}. \tag{1-6}$$

由连续复利公式(1-4)可得，连续**贴现公式**是

$$A_0=A_te^{-rt}. \tag{1-7}$$

例如，某人打算投入一笔资金，期望10年后价值为120000元，

(i) 如果按年利率9%，以每年分4期复利计息，应该投资多少元？

(ii) 如果按年利率9%，以连续复利的方式计息，应投资多少元？

解 设初始投资本金为 A_0 元，年利率9%，一年分4期计息，10年后的本利和为120000元. 由式(1-6)知

$$A_0=120000\times\left(1+\frac{0.09}{4}\right)^{-4\times10}\approx49277.5,$$

故应投资49277.5元.

若以连续复利的方式计息，由式(1-7)知

$$A_0=120000\times e^{-0.09\times10}\approx48788.4.$$

所以应该投资48788.4元.

类似于连续复利问题的数学模型，在研究放射性元素的衰变、人口自然增长、细胞分裂、树木生长等许多实际问题中都有类似模型，因此这类模型有很重要的实际意义.

习题 1.6

1. 计算下列极限：

(1) $\lim\limits_{x\to0}\dfrac{\tan3x}{x}$；　　(2) $\lim\limits_{x\to0}\dfrac{\sin7x}{\sin3x}$；

(3) $\lim\limits_{x\to0}\dfrac{\arctan x}{x}$;

(4) $\lim\limits_{x\to0}\dfrac{1-\cos2x}{x\sin x}$;

(5) $\lim\limits_{x\to0}x\cot6x$;

(6) $\lim\limits_{x\to0}\dfrac{\sin4x}{\sqrt{x+1}-1}$;

(7) $\lim\limits_{n\to+\infty}\dfrac{\sin\dfrac{5}{n^2}}{\tan\dfrac{1}{n^2}}$;

(8) $\lim\limits_{x\to0}\dfrac{x-\sin2x}{x+\sin2x}$.

2. 计算下列极限:

(1) $\lim\limits_{x\to\infty}\left(\dfrac{1+x}{x}\right)^{2x}$;

(2) $\lim\limits_{x\to\infty}\left(1-\dfrac{5}{x}\right)^{x}$;

(3) $\lim\limits_{x\to\infty}\left(\dfrac{2x+3}{2x+1}\right)^{x+1}$;

(4) $\lim\limits_{n\to+\infty}\left(\dfrac{n^2-1}{n^2}\right)^{n}$;

(5) $\lim\limits_{x\to0}(1-x)^{\frac{1}{x}}$;

(6) $\lim\limits_{x\to0}(1+\sin x)^{\frac{1}{x}}$;

(7) $\lim\limits_{x\to0}(1+\tan x)^{\cot x}$;

(8) $\lim\limits_{x\to\frac{\pi}{2}}(1+\cos x)^{3\sec x}$.

3. 已知$\lim\limits_{x\to\infty}\left(\dfrac{x+c}{x-c}\right)^{\frac{x}{2}}=3$,求 c.

4. 现有 10 万元理财资金,按年利率 5%作连续复利计算,5 年后价值多少?

1.7 无穷小量阶的比较

前面讨论了无穷小量的和、差、积的运算,我们已经知道:有限个无穷小量的和、差、积是无穷小量.本节研究两个无穷小量的商.

两个无穷小量的商,在不同的情况下,往往会有不同的结果.比如,当 $x\to0$ 时,$\sin x,\sin2x,x^2$ 都是无穷小量,而它们的商的极限会有多种情况:

$$\lim_{x\to0}\frac{x^2}{\sin x}=0,\quad \lim_{x\to0}\frac{\sin x}{x^2}=\infty,\quad \lim_{x\to0}\frac{\sin x}{x}=1,\quad \lim_{x\to0}\frac{\sin2x}{\sin x}=2.$$

两个无穷小量之比的极限的各种不同情况,反映了不同的无穷小量趋近于零的"快慢"程度.就以上例子来说,当 $x\to0$ 时,x^2 趋近于 0 的速度比 $\sin x$ 趋近于 0 的速度"快";反过来,$\sin x$ 趋近于 0 的速度比 x^2 趋近于 0 的速度"慢";$\sin x$ 趋近于 0 的速度与 x 趋近于 0 的速度"相当";$\sin2x$ 趋近于 0 的速度与 $\sin x$ 趋近于 0 的速度"基本相当".

为了恰当地表明不同无穷小量趋近于 0 的"快慢"程度,下面引入无穷小量阶的定义.为方便起见,在极限号下面略去极限过程,这里约定所指的是同一个极限过程,且对任一个极限过程都成立.

1.7.1 无穷小量阶的比较定义

定义 1.21 设变量 $\alpha(\alpha\neq0)$，β 是同一个极限过程中两个无穷小量，

(1) 如果 $\lim\dfrac{\beta}{\alpha}=0$，则称 β 是比 α **高阶**的无穷小量，记作 $\beta=o(\alpha)$；

(2) 如果 $\lim\dfrac{\beta}{\alpha}=\infty$，则称 β 是比 α **低阶**的无穷小量；

(3) 如果 $\lim\dfrac{\beta}{\alpha}=C\neq0$，则称 β 与 α 是**同阶**无穷小量（C 为常数）；

(4) 如果 $\lim\dfrac{\beta}{\alpha}=1$，则称 β 与 α 是**等价**无穷小量，记作 $\alpha\sim\beta$.

显然等价无穷小量是同阶无穷小量的特殊情形.

例如，因 $\lim\limits_{x\to0}\dfrac{2x^2}{x}=0$，故当 $x\to0$ 时，$2x^2$ 是比 x 高阶的无穷小量，记为 $2x^2=o(x)(x\to0)$.

因 $\lim\limits_{n\to+\infty}\dfrac{\frac{1}{n}}{\frac{1}{n^2}}=+\infty$，故当 $n\to+\infty$ 时，$\dfrac{1}{n}$ 是比 $\dfrac{1}{n^2}$ 低阶的无穷小量.

因 $\lim\limits_{x\to2}\dfrac{x^2-4}{x-2}=4$，故当 $x\to2$ 时，x^2-4 与 $x-2$ 是同阶无穷小量.

因 $\lim\limits_{x\to0}\dfrac{\sin x}{x}=1$，故当 $x\to0$ 时，$\sin x$ 与 x 是等价的无穷小量，记为 $\sin x\sim x$.

例 1.76 证明：当 $x\to0$ 时，$\sqrt[n]{1+x}-1\sim\dfrac{1}{n}x$.

证 令 $\sqrt[n]{1+x}-1=t$，则 $x=(1+t)^n-1$，且当 $x\to0$ 时，$t\to0$. 故

$$\lim_{x\to0}\frac{\sqrt[n]{1+x}-1}{\frac{1}{n}x}=n\lim_{t\to0}\frac{t}{(1+t)^n-1}$$

$$=n\lim_{t\to0}\frac{t}{[(1+t)-1][(1+t)^{n-1}+(1+t)^{n-2}+\cdots+1]}$$

$$=n\lim_{t\to0}\frac{1}{[(1+t)^{n-1}+(1+t)^{n-2}+\cdots+1]}=n\cdot\frac{1}{n}=1,$$

所以 $\sqrt[n]{1+x}-1\sim\dfrac{1}{n}x\quad(x\to0)$.

由例 1.75 的证明过程,可得$(1+x)^n-1\sim nx \quad (x\to 0)$.

该题也可由例 1.74 直接推得.

回顾前面两节的结论,当 $x\to 0$ 时,常见的等价无穷小量有

(1) $x\sim \sin x\sim \tan x\sim \arcsin x\sim \arctan x\sim \ln(1+x)\sim e^x-1$;

(2) $1-\cos x\sim \frac{1}{2}x^2$;

(3) $a^x-1\sim x\ln a \quad (a>0,a\neq 1)$;

(4) $(1+x)^{\frac{1}{n}}-1\sim \frac{1}{n}x$; $(1+x)^n-1\sim nx(n\in \mathbf{N}^+)$; $(1+x)^\alpha-1\sim \alpha x(\alpha\in \mathbf{R})$.

1.7.2 无穷小量的等价替代

定理 1.14 设 $\alpha\sim\alpha'$,$\beta\sim\beta'$,且 $\lim\frac{\beta'}{\alpha'}$存在,则 $\lim\frac{\beta}{\alpha}=\lim\frac{\beta'}{\alpha'}$.

证 $\lim\frac{\beta}{\alpha}=\lim\left(\frac{\beta}{\beta'}\cdot\frac{\beta'}{\alpha'}\cdot\frac{\alpha'}{\alpha}\right)=\lim\frac{\beta}{\beta'}\cdot\lim\frac{\beta'}{\alpha'}\cdot\lim\frac{\alpha'}{\alpha}=\lim\frac{\beta'}{\alpha'}$.

定理 1.15 设 $\alpha\sim\alpha'$,且 $\lim[\alpha' f(x)]$存在,则 $\lim[\alpha f(x)]=\lim[\alpha' f(x)]$.

证 $\lim[\alpha f(x)]=\lim\left(\frac{\alpha}{\alpha'}\right)[\alpha' f(x)]=\lim[\alpha' f(x)]$.

定理 1.16 设 $\alpha\sim\alpha'$,且 $\lim\frac{f(x)}{\alpha'}$存在,则 $\lim\frac{f(x)}{\alpha}=\lim\frac{f(x)}{\alpha'}$.

证 $\lim\frac{f(x)}{\alpha}=\lim\left[\frac{\alpha'}{\alpha}\cdot\frac{f(x)}{\alpha'}\right]=\lim\frac{f(x)}{\alpha'}$.

推论 1.6 设 $\alpha\sim\alpha'$,且 $\lim\frac{\alpha'}{f(x)}$存在,则 $\lim\frac{\alpha}{f(x)}=\lim\frac{\alpha'}{f(x)}$.

由定理 1.14~定理 1.16 可见,无穷小量的等价替代,适用于

(1) 两个无穷小量的商;

(2) 无穷小量与某个函数的乘积;

(3) 无穷小量与某个函数的商.

因此,对于包含无穷小量的乘法和除法的极限都可以实施无穷小量的等价替代.

在实施无穷小量替代时,应基于无穷小量的具体形式,选择与其等价的代换形式. 一般地,$x\to 0$ 时的等价无穷小量可推广为

当 $u(x)\to 0$ 时,有

(1) $u(x)\sim \sin u(x)\sim \tan u(x)\sim \arcsin u(x)\sim \arctan u(x)\sim \ln[1+u(x)]\sim e^{u(x)}-1$;

(2) $1-\cos u(x)\sim\dfrac{1}{2}u^2(x)$；

(3) $a^{u(x)}-1\sim u(x)\ln a$；

(4) $[1+u(x)]^{\frac{1}{n}}-1\sim\dfrac{1}{n}u(x)$；$[1+u(x)]^n-1\sim nu(x)$.

例 1.77　求$\lim\limits_{x\to0}\dfrac{\arctan2x}{\sin3x}$.

解　当 $x\to0$ 时，因为 $\arctan2x\sim2x,\sin3x\sim3x$，所以

$$\lim_{x\to0}\frac{\arctan2x}{\sin3x}=\lim_{x\to0}\frac{2x}{3x}=\frac{2}{3}.$$

例 1.78　求$\lim\limits_{x\to0}\dfrac{\sqrt{1+\sin^2x}-1}{2x^2}$.

解　当 $x\to0$ 时，由$(1+x)^{\frac{1}{n}}-1\sim\dfrac{1}{n}x$，得$\sqrt{1+\sin^2x}-1\sim\dfrac{1}{2}\sin^2x$，所以

$$\lim_{x\to0}\frac{\sqrt{1+\sin^2x}-1}{2x^2}=\lim_{x\to0}\frac{\frac{1}{2}\sin^2x}{2x^2}=\lim_{x\to0}\frac{\frac{1}{2}x^2}{2x^2}=\frac{1}{4}.$$

例 1.79　求$\lim\limits_{x\to0}\dfrac{1-\cos x}{e^{x^2}-1}$.

解　当 $x\to0$ 时，因为 $1-\cos x\sim\dfrac{1}{2}x^2$，$e^{x^2}-1\sim x^2$，所以

$$\lim_{x\to0}\frac{1-\cos x}{e^{x^2}-1}=\lim_{x\to0}\frac{\frac{1}{2}x^2}{x^2}=\frac{1}{2}.$$

需要注意：对于极限式中的相加或相减部分一般不能随意应用无穷小量的等价替代.

例 1.80　求$\lim\limits_{x\to0}\dfrac{\tan x-\sin x}{(\sqrt{\cos x}-1)\ln(x+1)}$.

解　由于

$$\tan x-\sin x=\frac{\sin x}{\cos x}-\sin x=\frac{\sin x(1-\cos x)}{\cos x}=\tan x(1-\cos x),$$

则

$$\lim_{x\to0}\frac{\tan x-\sin x}{(\sqrt{\cos x}-1)\ln(x+1)}=\lim_{x\to0}\frac{\tan x(1-\cos x)}{(\sqrt{\cos x}-1)\ln(x+1)}.$$

当 $x\to0$ 时，因为

$$\tan x \sim x,\quad 1-\cos x \sim \frac{1}{2}x^2,\quad \ln(x+1)\sim x;$$

$$\sqrt{\cos x}-1=\sqrt{1+\cos x-1}-1\sim\frac{1}{2}(\cos x-1)\sim\frac{1}{2}\left(-\frac{1}{2}x^2\right)=-\frac{1}{4}x^2.$$

所以

$$\lim_{x\to 0}\frac{\tan x(1-\cos x)}{(\sqrt{\cos x}-1)\ln(x+1)}=\lim_{x\to 0}\frac{x\cdot\frac{1}{2}x^2}{\left(-\frac{1}{4}x^2\right)\cdot x}=\lim_{x\to 0}\frac{\frac{1}{2}x^3}{-\frac{1}{4}x^3}=-2,$$

即$\lim\limits_{x\to 0}\dfrac{\tan x-\sin x}{(\sqrt{\cos x}-1)\ln(x+1)}=-2.$

对于该题,若由于 $x\to 0$ 时,$\tan x\sim x$,$\sin x\sim x$,而得到

$$\lim_{x\to 0}\frac{\tan x-\sin x}{(\ln x+1)(\sqrt{\cos x}-1)}=\lim_{x\to 0}\frac{x-x}{(\ln x+1)(\sqrt{\cos x}-1)}=0,$$

则显然是错误的.究其原因是因为两个无穷小量之差不一定等于常数 0,有可能是一个非 0 的无穷小量.

本题中,分子中的无穷小量 $\tan x-\sin x$ 若按照无穷小量乘积的等价替换规则,应为

$$\tan x-\sin x=\tan x(1-\cos x)\sim\frac{1}{2}x^3,$$

也就是说,该无穷小量不等于常数 0,它与分母中的无穷小量是同阶的.

例 1.81 求$\lim\limits_{x\to 0}\dfrac{3\sin x-x^2\cos\frac{1}{x}}{(1+\cos x)\ln(1+x)}$.

解 因当 $x\to 0$ 时,$1+\cos x\to 2$,$\ln(1+x)\sim x$,所以

$$\lim_{x\to 0}\frac{3\sin x-x^2\cos\frac{1}{x}}{(1+\cos x)\ln(1+x)}=\lim_{x\to 0}\frac{3\sin x-x^2\cos\frac{1}{x}}{2x}=\lim_{x\to 0}\frac{3\sin x}{2x}-\lim_{x\to 0}\frac{x^2\cos\frac{1}{x}}{2x}$$

$$=\frac{3}{2}\lim_{x\to 0}\frac{\sin x}{x}-\frac{1}{2}\lim_{x\to 0}\left(x\cos\frac{1}{x}\right)=\frac{3}{2}-0=\frac{3}{2}.$$

例 1.82 已知$\lim\limits_{x\to 0}\dfrac{\sqrt{1+\frac{1}{x}f(x)}-1}{x^2}=c(c\neq 0)$,求常数 a 与 b,使得当 $x\to 0$ 时,有 $f(x)\sim ax^b$.

解 因为 $\lim\limits_{x\to 0}\dfrac{\sqrt{1+\frac{1}{x}f(x)}-1}{x^2}=c(c\neq 0)$,且$\lim\limits_{x\to 0}x^2=0$,因此,有

$$\lim_{x\to 0}\left[\sqrt{1+\frac{1}{x}f(x)}-1\right]=0.$$

即当 $x\to 0$ 时，$\sqrt{1+\frac{1}{x}f(x)}-1$ 是无穷小量，$\lim\limits_{x\to 0}\sqrt{1+\frac{1}{x}f(x)}=1$.

因$\lim\limits_{x\to 0}\sqrt{1+\frac{1}{x}f(x)}=1$，故$\lim\limits_{x\to 0}\frac{1}{x}f(x)=0$.

由于当 $x\to 0$ 时，

$$\sqrt{1+\frac{1}{x}f(x)}-1\sim\frac{1}{2}\cdot\frac{1}{x}f(x),$$

于是，由已知条件，得

$$\lim_{x\to 0}\frac{\sqrt{1+\frac{1}{x}f(x)}-1}{x^2}=\lim_{x\to 0}\frac{\frac{1}{2}\cdot\frac{1}{x}f(x)}{x^2}=\lim_{x\to 0}\frac{f(x)}{2x^3}=c,$$

即$\lim\limits_{x\to 0}\frac{f(x)}{2cx^3}=1$，因此，

$$\lim_{x\to 0}\frac{f(x)}{2cx^3}=\lim_{x\to 0}\frac{ax^b}{2cx^3}=1,$$

从而 $a=2c,b=3$.

习题 1.7

1. 当 $x\to 0$ 时，$2x-x^2$ 与 x^2-x^3 相比，哪一个是高阶无穷小量？

2. 当 $x\to 1$ 时，无穷小量 $1-x$ 与 $1-x^3$ 是否等价？

3. 证明 $x\to 0$ 时，$\sec x-1\sim\frac{x^2}{2}$.

4. 求下列极限：

(1) $\lim\limits_{x\to 0}\frac{\tan 3x}{2x}$；

(2) $\lim\limits_{x\to 0}\frac{\sin(x^n)}{(\sin x)^m}$　(m,n 为正整数)；

(3) $\lim\limits_{x\to 0}\frac{\tan x-\sin x}{x^3}$；

(4) $\lim\limits_{x\to 0}\frac{x^4+x^3}{\arctan^2 x}$；

(5) $\lim\limits_{x\to 0}\frac{3x^2+4x^5+5x^6}{\sqrt{1+x^2}-1}$；

(6) $\lim\limits_{x\to 0}\frac{3^x-1}{\arcsin x}$；

(7) $\lim\limits_{x\to 0}\frac{\ln^2(1+3x)}{e^{2x^2}-1}$；

(8) $\lim\limits_{x\to 1}\frac{\sqrt[3]{x-2}+1}{\sin(x-1)}$.

5. 当 $x\to 0$ 时，$\sqrt{1+ax^2}-1$ 与$\sin^2 x$ 是等价的无穷小量，求常数 a.

1.8 函数的连续性与间断点

1.8.1 函数的连续性

函数的连续性是高等数学的基本概念. 自然界中有许多现象,如气温的变化、动植物的生长等都是随时间变化而连续发生变化的. 其特点是:当时间变化很微小时,气温的变化、动植物的生长也很微小. 反映在数学上,就是自变量的变化很小时,函数的变化也很微小,这种特点就是函数的连续性.

1.8.1.1 函数在某点 x_0 处的连续性

为了描述函数的连续性,首先引入增量的概念.

设自变量 x 从点 x_1 变化到点 x_2,则 x_2-x_1 称为**自变量 x 的增量**,记作 Δx,即

$$\Delta x=x_2-x_1.$$

显然,若 x 移动的方向与 x 轴正向一致,则 $\Delta x>0$,反之则 $\Delta x<0$.

一般地,若自变量 x 在点 x_0 取得增量 Δx,即自变量 x 从点 x_0 变化到点 $x_0+\Delta x$,相应地,函数 $y=f(x)$ 则由数值 $f(x_0)$ 变化到数值 $f(x_0+\Delta x)$. 在这一过程中,当自变量 x 取得增量 Δx 时,相应的**函数增量**为

$$\Delta y=f(x_0+\Delta x)-f(x_0).$$

这个关系式的几何意义如图 1.18 所示.

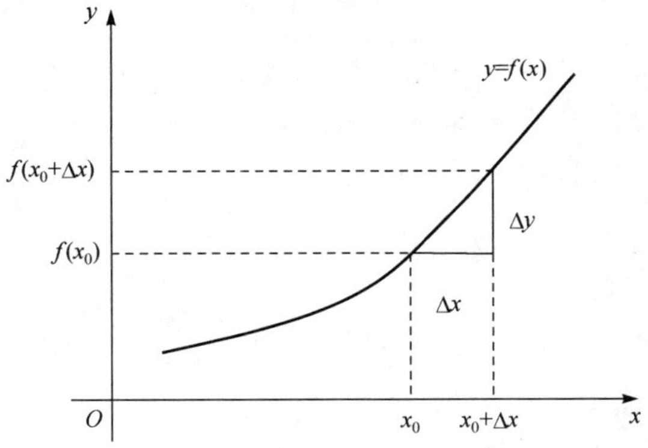

图 1.18

注 1 自变量增量 Δx 可正、可负,可以是零. 函数增量 Δy 也是如此.

注 2 记号 Δx 与 Δy 中的 Δ 与 x 或 y 不可分割,是一个整体记号.

观察图 1.18,曲线 $y=f(x)$ 在点 x_0 处是连续的. 假如保持点 x_0 不动,而让 Δx 逐渐变小,此时,函数的增量 Δy 随之逐渐变小. 可以看出,当 Δx 无限趋近于零时,

Δy 也必然随之趋近于零. 即

$$\lim_{\Delta x\to 0}\Delta y=\lim_{\Delta x\to 0}[f(x_0+\Delta x)-f(x_0)]=0.$$

这样的结果实际上是曲线 $y=f(x)$ 在点 x_0 处连续的精确体现. 因此,关于函数在点 x_0 处的连续性,有如下定义.

定义 1.22　设函数 $y=f(x)$ 在点 x_0 的某邻域 $U(x_0,\delta)$ 内有定义,如果当自变量 x 的增量 Δx 趋近于零时,相应的函数增量 $\Delta y=f(x_0+\Delta x)-f(x_0)$ 也趋近于零,即

$$\lim_{\Delta x\to 0}\Delta y=0,$$

则称函数 $y=f(x)$ 在点 x_0 处**连续**. x_0 称为函数 $f(x)$ 的**连续点**.

设 $x=x_0+\Delta x$,则当 $\Delta x\to 0$ 时,$x\to x_0$,且

$$\Delta y=f(x_0+\Delta x)-f(x_0)=f(x)-f(x_0),$$

所以 $\Delta y\to 0\Leftrightarrow f(x)\to f(x_0)$. 于是 $y=f(x)$ 在点 x_0 处连续又可定义如下.

定义 1.23　设函数 $y=f(x)$ 在点 x_0 的某邻域 $U(x_0,\delta)$ 内有定义,若

$$\lim_{x\to x_0}f(x)=f(x_0),$$

则称函数 $y=f(x)$ 在点 x_0 处**连续**.

显然,若 $f(x)$ 在点 x_0 处连续,则当 $x\to x_0$ 时,$f(x)$ 必有极限.

但是,函数在点 x_0 处有极限只是函数在点 x_0 处连续的必要条件,也就是说,若函数在点 x_0 处有极限,则函数在点 x_0 处未必连续.

例如,对于 $f(x)=\dfrac{1-x^2}{1-x}$,当 $x\to 1$ 时,$f(x)\to 2$,即 $f(x)$ 在点 $x=1$ 处极限存在. 但 $f(x)$ 在点 $x=1$ 处不连续,因为 $f(x)$ 在点 $x=1$ 处无定义,不满足定义 1.23.

例 1.83　讨论 $y=\sin x$ 在点 $x=0$ 处的连续性.

解　方法一　因为

$$\lim_{x\to 0}f(x)=\lim_{x\to 0}\sin x=0=f(0),$$

所以,函数在点 $x=0$ 处连续.

方法二　因为

$$\Delta y=f(x_0+\Delta x)-f(x_0)=f(0+\Delta x)-f(0)=\sin\Delta x,$$

又

$$\lim_{\Delta x\to 0}\Delta y=\lim_{\Delta x\to 0}\sin\Delta x=0,$$

所以 $y=\sin x$ 在点 $x=0$ 处连续.

例 1.84　讨论函数 $f(x)=\begin{cases}x^2\sin\dfrac{1}{x}, & x\neq 0,\\ 0, & x=0\end{cases}$ 在点 $x=0$ 处的连续性.

解　方法一　因为

$$\lim_{x\to 0}f(x)=\lim_{x\to 0}x^2\sin\frac{1}{x}=0=f(0),$$

所以函数在点 $x=0$ 处连续.

方法二 因为

$$\Delta y=f(x_0+\Delta x)-f(x_0)=f(0+\Delta x)-f(0)=(\Delta x)^2\sin\frac{1}{\Delta x},$$

且当 $\Delta x\to 0$ 时,$(\Delta x)^2$ 为无穷小量,$\left|\sin\frac{1}{\Delta x}\right|\leqslant 1$,故

$$\lim_{\Delta x\to 0}\Delta y=\lim_{\Delta x\to 0}(\Delta x)^2\sin\frac{1}{\Delta x}=0,$$

所以函数在点 $x=0$ 处连续.

例 1.85 讨论函数 $f(x)=|x|$ 在点 $x=0$ 处的连续性.

解 方法一 因为

$$\lim_{x\to 0^+}f(x)=\lim_{x\to 0^+}x=0,\quad \lim_{x\to 0^-}f(x)=\lim_{x\to 0^-}(-x)=0,$$

由极限存在的充分必要条件,得

$$\lim_{x\to 0}f(x)=0.$$

又由于 $f(0)=0$,故 $\lim\limits_{x\to 0}f(x)=f(0)$,于是函数 $f(x)=|x|$ 在点 $x=0$ 处连续(图 1.19).

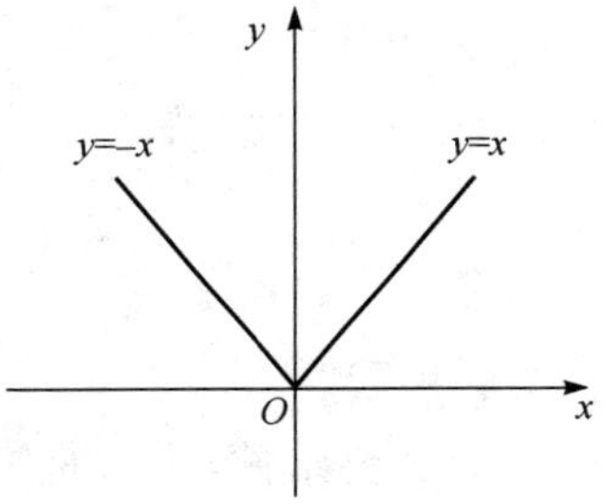

图 1.19

方法二 因为

$$\Delta y=f(x_0+\Delta x)-f(x_0)=f(0+\Delta x)-f(0)=|\Delta x|,$$

且

$$\lim_{\Delta x\to 0^+}\Delta y=\lim_{\Delta x\to 0^+}\Delta x=0,\quad \lim_{\Delta x\to 0^-}\Delta y=\lim_{\Delta x\to 0^-}(-\Delta x)=0,$$

由极限存在的充分必要条件,得

$$\lim_{\Delta x\to 0}\Delta y=0,$$

于是函数 $f(x)=|x|$ 在点 $x=0$ 处连续.

因为函数连续是极限存在的特殊情况,类似函数在某点处的左、右极限的定义,还可以定义函数在某点处的左、右连续性.

定义 1.24 (1) 设 $f(x)$ 在点 x_0 处的某左邻域 $(x_0-\delta,x_0)$ 内有定义,若

$$\lim_{\Delta x\to 0^-}\Delta y=0 \quad 或 \quad \lim_{x\to x_0^-}f(x)=f(x_0),$$

则称 $f(x)$ 在点 x_0 处**左连续**;

(2) 设 $f(x)$ 在点 x_0 处的某右邻域 $(x_0,x_0+\delta)$ 内有定义,若

$$\lim_{\Delta x\to 0^+}\Delta y=0 \quad 或 \quad \lim_{x\to x_0^+}f(x)=f(x_0),$$

则称 $f(x)$ 在点 x_0 处**右连续**.

由极限存在的充要条件有如下定理.

定理 1.17　函数 $y=f(x)$ 在点 x_0 处连续的**充要条件**是：函数 $f(x)$ 在点 x_0 处既左连续，也右连续.

例 1.86　讨论函数 $f(x)=\begin{cases} x+2, & x>0, \\ x-2, & x\leqslant 0 \end{cases}$ 在点 $x=0$ 处的连续性.

解　因为

$$\lim_{x\to 0^+} f(x)=\lim_{x\to 0^+}(x+2)=2\neq f(0),$$

$$\lim_{x\to 0^-} f(x)=\lim_{x\to 0^-}(x-2)=-2=f(0),$$

即函数 $f(x)$ 在 $x=0$ 处左连续，但非右连续，所以函数在 $x=0$ 处不连续(图 1.20).

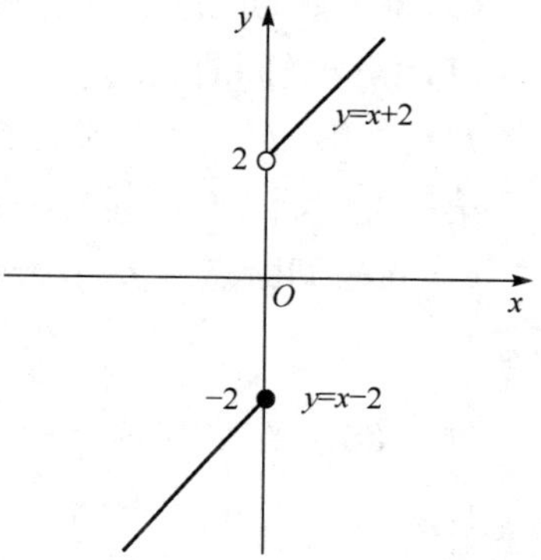

图 1.20

1.8.1.2　函数在区间上的连续性

定义 1.25　如果函数 $f(x)$ 在开区间 (a,b) 内的每一点都连续，则称 $f(x)$ 在开区间 (a,b) 内连续；如果 $f(x)$ 在 (a,b) 内连续，且在点 a 处右连续，点 b 处左连续，则称 $f(x)$ 在闭区间 $[a,b]$ 上连续.

例 1.87　证明 $y=\sin x$ 在 $(-\infty,+\infty)$ 内连续.

证　任取一点 $x_0\in(-\infty,+\infty)$，当 x 在点 x_0 取得增量 Δx 时，相应的函数 y 的增量 Δy 为

$$\Delta y=\sin(x_0+\Delta x)-\sin x_0=2\cos\frac{2x_0+\Delta x}{2}\sin\frac{\Delta x}{2}.$$

由于 $\left|\cos\dfrac{2x_0+\Delta x}{2}\right|\leqslant 1$ 且当 $\Delta x\to 0$ 时，$2\sin\dfrac{\Delta x}{2}\to 0$，于是由无穷小的性质，得

$$\lim_{\Delta x\to 0}\Delta y=\lim_{\Delta x\to 0}\left(2\cos\frac{2x_0+\Delta x}{2}\sin\frac{\Delta x}{2}\right)=0.$$

由定义 1.22，$y=\sin x$ 在点 x_0 处连续. 而由点 x_0 的任意性，则 $y=\sin x$ 在 $(-\infty,+\infty)$ 内任一点都连续，即在 $(-\infty,+\infty)$ 内连续.

1.8.2　函数的间断点

若函数 $f(x)$ 在点 x_0 处不连续，则称函数 $f(x)$ 在点 x_0 处**间断**. 点 x_0 称为 $f(x)$ 的**间断点**或**不连续点**.

我们知道,函数在点 x_0 处连续的充要条件为

$$f(x_0-0)=f(x_0+0)=f(x_0).$$

对该充要条件进行否定,即有 $f(x)$在点 x_0 处间断的四种情形:

(1) $f(x_0-0)$,$f(x_0+0)$至少有一个不存在;

(2) $f(x_0-0)$,$f(x_0+0)$都存在,但 $f(x_0-0)\neq f(x_0+0)$;

(3) $f(x_0-0)=f(x_0+0)\neq f(x_0)$;

(4) $f(x_0-0)=f(x_0+0)$但 $f(x)$在 $x=x_0$ 处没有定义.

为便于讨论函数的间断点,需要对间断点进行分类.基于上述 $f(x)$在点 x_0 处间断的四种情形,下面以 $f(x)$在点 x_0 处的左、右极限 $f(x_0-0)$,$f(x_0+0)$的状态为基础,将函数的间断点分为两类:

(1) 第一类间断点.

$f(x_0-0)$,$f(x_0+0)$都存在的间断点 x_0 称为函数 $f(x)$的**第一类间断点**.

第一类间断点包括**可去间断点**与**跳跃间断点**.

(i) **可去间断点**　$f(x_0-0)=f(x_0+0)$的间断点 x_0 称为 $f(x)$的**可去间断点**.

例 1.88　函数 $f(x)=\dfrac{x^2-1}{x-1}$在点 $x=1$ 处没有定义,因此 $f(x)$在点 $x=1$ 处间断(图 1.21).

由于$\lim\limits_{x\to1}\dfrac{x^2-1}{x-1}=\lim\limits_{x\to1}(x+1)=2$,即 $f(1-0)=f(1+0)$,故点 $x=1$ 为 $f(x)$的可去间断点.

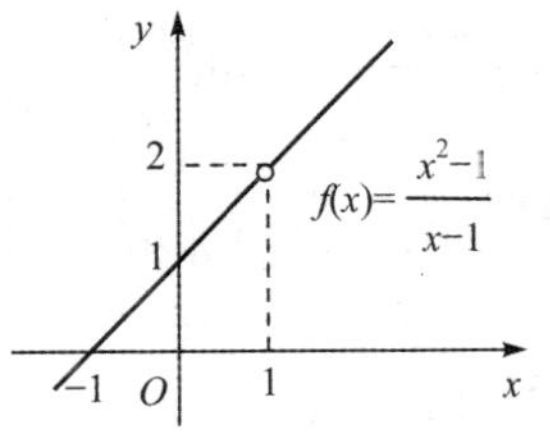

图 1.21

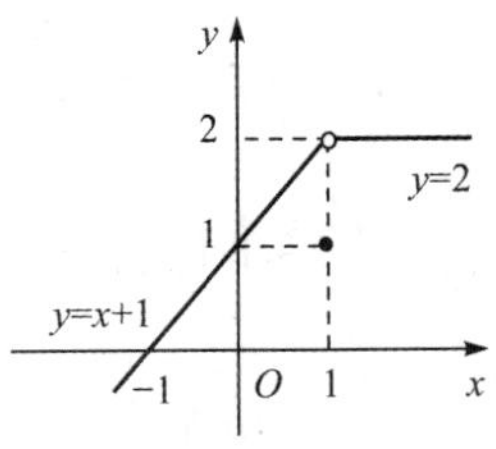

图 1.22

若**补充定义** $f(1)=2$,则 $f(x)$在点 $x=1$ 处就连续了.

例 1.89　函数 $f(x)=\begin{cases}x+1, & x<1,\\ 1, & x=1,\\ 2, & x>1\end{cases}$ 在点 $x=1$ 处间断,$x=1$ 为可去间断点.

这是因为,$\lim\limits_{x\to1^-}f(x)=\lim\limits_{x\to1^-}(x+1)=2$,$\lim\limits_{x\to1^+}f(x)=\lim\limits_{x\to1^+}2=2$,因此,函数在点

$x=1$ 处极限存在,但 $\lim\limits_{x\to1}f(x)=2\neq f(1)=1$(图 1.22).

如果改变定义 $f(1)=2$,则 $f(x)$在点 $x=1$ 处就连续了.

(ii) **跳跃间断点**　$f(x_0-0)\neq f(x_0+0)$的间断点 x_0 称为 $f(x)$的**跳跃间断点**.

例 1.90　函数 $f(x)=\begin{cases}x+1, & x<1,\\ x, & x\geqslant1\end{cases}$ 在点 $x=1$ 处间断. 点 $x=1$ 为跳跃间断点.

这是因为

$$\lim_{x\to1^-}f(x)=\lim_{x\to1^-}(x+1)=2,\quad \lim_{x\to1^+}f(x)=\lim_{x\to1^+}x=1=f(1),$$

即函数在 $x=1$ 处左、右极限存在,但不相等,因此,点 $x=1$ 为跳跃间断点.(图 1.23)

(2) 第二类间断点.

若 $f(x_0-0)$,$f(x_0+0)$至少有一个不存在,则称点 x_0 为 $f(x)$的**第二类间断点.**

特别地,若 $f(x_0-0)$,$f(x_0+0)$至少有一个为∞,则点 x_0 又称为 $f(x)$的**无穷间断点.**

显然,第二类间断点包括了除第一类间断点之外的所有间断点.

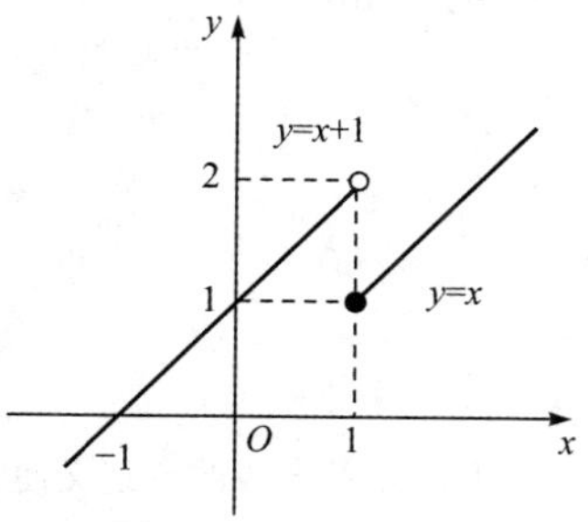

图 1.23

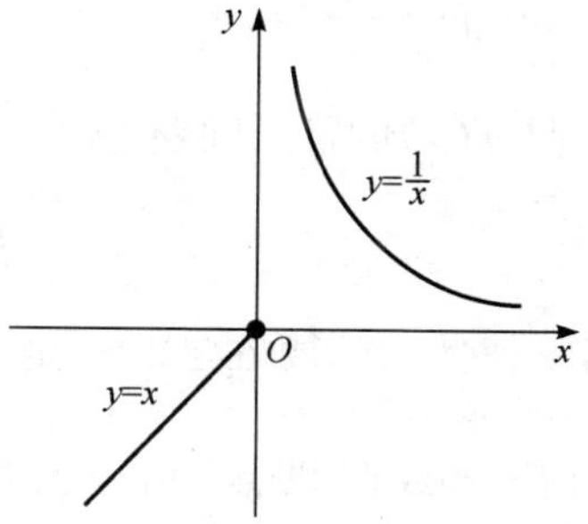

图 1.24

例 1.91　函数 $f(x)=\begin{cases}\dfrac{1}{x}, & x>0,\\ x, & x\leqslant0\end{cases}$ 在点 $x=0$ 处间断,$x=0$ 为无穷间断点.

这是因为,虽然 $f(x)$在 $x=0$ 处有定义,但

$$\lim_{x\to0^-}f(x)=\lim_{x\to0^-}x=0,\quad \lim_{x\to0^+}f(x)=\lim_{x\to0^+}\frac{1}{x}=+\infty,$$

即 $f(x)$在点 $x=0$ 处的右极限不存在,故 $x=0$ 是 $f(x)$的第二类间断点.

又因 $\lim\limits_{x\to0^+}f(x)=+\infty$,所以 $x=0$ 又称为 $f(x)$的无穷间断点(图 1.24).

例 1.92 $f(x)=\sin\dfrac{1}{x}$在点 $x=0$ 处无定义,所以在点 $x=0$ 处间断.又由于当 $x\to0$ 时 $\sin\dfrac{1}{x}$在 1,−1 之间变动无限次(图 1.16),故 $\sin\dfrac{1}{x}$在点 $x=0$ 处的左、右极限都不存在,因而点 $x=0$ 为 $\sin\dfrac{1}{x}$的第二类间断点(又称**振荡间断点**).

例 1.93 求函数 $f(x)=\dfrac{x}{e^{\frac{x}{x-1}}-1}$的间断点并判别其类型.

解 因 $f(x)$在点 $x=0,x=1$ 处无定义,所以 $x=0,x=1$ 是 $f(x)$间断点.

对于点 $x=0$,由于

$$\lim_{x\to0}f(x)=\lim_{x\to0}\frac{x}{\dfrac{x}{x-1}}=\lim_{x\to0}(x-1)=-1,$$

所以 $x=0$ 是 $f(x)$的可去间断点;

对于点 $x=1$,因为

$$\lim_{x\to1^-}\frac{x}{x-1}=-\infty,\quad \lim_{x\to1^+}\frac{x}{x-1}=+\infty,$$

所以

$$\lim_{x\to1^-}f(x)=\lim_{x\to1^-}\frac{x}{e^{\frac{x}{x-1}}-1}=-1,\quad \lim_{x\to1^+}f(x)=\lim_{x\to1^+}\frac{x}{e^{\frac{x}{x-1}}-1}=0,$$

所以 $x=1$ 是 $f(x)$的跳跃间断点.

习题 1.8

1. 按定义证明下列函数在定义域内连续.

(1) $y=\cos x$;　　(2) $y=x^3$.

2. 求出下列函数的间断点,并指出其类型.若有可去间断点,补充或改变定义使它连续.

(1) $f(x)=\dfrac{x^2-1}{x^2-3x+2}$;　　(2) $f(x)=\dfrac{x-x^2}{|x|(x^2-1)}$;

(3) $f(x)=x\sin\dfrac{1}{x}$;　　(4) $f(x)=\cos\dfrac{1}{x}$;

(5) $f(x)=\dfrac{1}{1+2^{\frac{1}{x}}}$;　　(6) $f(x)=\dfrac{1-e^{\frac{1}{x}}}{1+e^{\frac{1}{x}}}$;

(7) $f(x)=\dfrac{1}{\ln|x|}$;　　(8) $f(x)=\lim\limits_{n\to+\infty}\dfrac{1-x^{2n}}{1+x^{2n}}$;

(9) $f(x)=\begin{cases}x^2-1, & x\leqslant1,\\ x+3, & x>1;\end{cases}$　　(10) $f(x)=\begin{cases}\dfrac{\sin x}{|x|}, & x\neq0,\\ 1, & x=0.\end{cases}$

3. 确定常数 a 的值,使下列函数在 $x=0$ 点连续:

(1) $f(x)=\begin{cases} e^x, & x\geqslant 0, \\ x+a, & x<0; \end{cases}$　　(2) $f(x)=\begin{cases} x^a\sin\dfrac{1}{x}, & x>0, \\ e^x-1, & x\leqslant 0. \end{cases}$

4. 求函数 $f(x)=\dfrac{x-x^2}{\sin\pi x}$ 的间断点并判别其类型.

1.9　连续函数的运算与初等函数的连续性

1.9.1　连续函数的运算

定理1.18(函数四则运算的连续性)　设 $f(x)$ 与 $g(x)$ 在点 x_0 处连续,则

(1) $f(x)\pm g(x)$ 在点 x_0 处连续;

(2) $f(x)\cdot g(x)$ 在点 x_0 处连续;

(3) $\dfrac{f(x)}{g(x)}$ $(g(x_0)\neq 0)$ 在点 x_0 处连续.

证　仅证(2).

令 $H(x)=f(x)\cdot g(x)$,因 $f(x)$ 与 $g(x)$ 在点 x_0 处连续,即

$$\lim_{x\to x_0} f(x)=f(x_0),\quad \lim_{x\to x_0} g(x)=g(x_0),$$

于是

$$\lim_{x\to x_0} H(x)=\lim_{x\to x_0}[f(x)\cdot g(x)]=\lim_{x\to x_0} f(x)\cdot\lim_{x\to x_0} g(x)=f(x_0)g(x_0)=H(x_0),$$

即 $f(x)\cdot g(x)$ 在点 x_0 处连续.

定理 1.19(反函数的连续性)　设 $f(x)$ 在区间 I 上严格单调且连续,$f(x)$ 的值域 J 是一个区间,则 $f(x)$ 的反函数 $f^{-1}(y)$ 在区间 J 上也单调且连续(单调性与 $f(x)$ 相同).

定理 1.20(复合函数的连续性)　设函数 $u=\varphi(x)$ 在点 $x=x_0$ 处连续,且 $\varphi(x_0)=u_0$,函数 $y=f(u)$ 在点 $u=u_0$ 处连续,则复合函数 $y=f[\varphi(x)]$ 在点 $x=x_0$ 处也连续.

复合函数的连续性是 1.5 节中复合函数极限的特殊情形.

1.9.2　初等函数的连续性

1.9.2.1　基本初等函数在其定义域内连续

我们已经知道,$y=\sin x$ 在 $(-\infty,+\infty)$ 内连续,而 $\cos x=\sin\left(x+\dfrac{\pi}{2}\right)$ 是由连

续函数 $\sin u$ 与 $u=x+\frac{\pi}{2}$ 复合而成的,故由定理 1.20 知,$\cos x$ 在$(-\infty,+\infty)$内连续.

又因 $\tan x=\frac{\sin x}{\cos x}$,$\cot x=\frac{\cos x}{\sin x}$,$\sec x=\frac{1}{\cos x}$,$\csc x=\frac{1}{\sin x}$,故由定理 1.18 知,它们在各自的定义域内连续.

可以证明,指数函数 $a^x(a>0,a\neq1)$在$(-\infty,+\infty)$上严格单调且连续,而对数函数$\log_a x$ 是指数函数的反函数,由定理 1.19 知,它在$(0,+\infty)$内连续.

由于 $y=x^\mu=a^{\mu\log_a x}$,所以由定理 1.20 知,幂函数 x^μ 在$(0,+\infty)$内连续.

由于三角函数在各自的定义域内连续,所以由定理 1.19 知,反三角函数 $\arcsin x$,$\arccos x$,$\arctan x$,$\text{arccot}\, x$ 也在各自的定义域内连续.

1.9.2.2 初等函数在其定义区间内连续

由于初等函数是由基本初等函数经过有限次的四则运算或有限次的复合而构成的函数类,因此根据基本初等函数的连续性以及连续函数的运算定理可有如下结论.

定理 1.21 初等函数在其定义区间内连续.

注意 定理 1.21 中所说的是函数的定义区间而不是函数的定义域.

函数的定义区间与定义域并不完全相同. 所谓**定义区间**,指的是函数定义域内的区间. 因为一般函数的定义域可能会包含一些离散的点,而在这些孤立的点上,函数的连续问题无从谈起,所以函数的连续性只能在定义域内的区间上讨论.

例 1.94 初等函数 $y=\sqrt{\cos x-1}$的定义域为 $D=\{x\mid x=0,\pm2\pi,\pm4\pi,\cdots\}$,该函数的定义域由一些离散的点组成,因此该函数无定义区间.

例 1.95 初等函数 $y=\sqrt{\frac{x^2}{x+1}+4}$的定义域为 $D=\{x\mid x=-2,x>-1\}$,该函数的定义域包含了一个孤立点 $x=-2$ 及定义区间$(-1,+\infty)$.

例 1.96 求初等函数 $y=\frac{\sqrt{x+3}}{(x+1)(x+5)}$的定义域及定义区间,并指出其间断点.

解 为使函数有意义,必须满足 $x+1\neq0$,$x+5\neq0$,$x+3\geqslant0$. 因此,该函数的定义域为$[-3,-1)\cup(-1,+\infty)$.

由于该函数的定义域为区间,因此定义域与定义区间相同.

显然,函数在点 $x=-1$ 处间断. 点 $x=-5$ 不在函数的定义区间内,故不是函数的间断点.

1.9.3　闭区间上连续函数的性质

闭区间上的连续函数有许多重要性质，下面是几个常见的性质.

(1) **最大值、最小值定理与有界性定理.**

定义 1.26　设 $f(x)$ 在 $[a,b]$ 上有定义，若存在 $x_0\in[a,b]$，使得对任何 $x\in[a,b]$，都有 $f(x)\leqslant f(x_0)$ (或 $f(x)\geqslant f(x_0)$)，则称 $f(x_0)$ 是函数 $f(x)$ 在区间 $[a,b]$ 上的**最大值**(或**最小值**).

定理 1.22(最大值、最小值定理)　闭区间上的连续函数在该区间上必有最大值和最小值.

例如，$y=\sin x$ 在 $[0,2\pi]$ 上连续，它在点 $x=\dfrac{\pi}{2}$ 处取得最大值 $M=1$，在 $x=\dfrac{3\pi}{2}$ 处取得最小值 $m=-1$.

值得注意的是，当定理 1.22 的条件不满足时，函数在该区间上不一定存在最大值或最小值.

例如，连续函数 $f(x)=x$ 在开区间 $(-1,1)$ 上就没有最大值和最小值.

再如，函数 $f(x)=\begin{cases}x+1, & -1\leqslant x<0,\\ 0, & x=0,\\ x-1, & 0<x\leqslant 1\end{cases}$ 在闭区间 $[-1,1]$ 上有间断点 $x=0$，函数在闭区间 $[-1,1]$ 上没有最大值和最小值(图 1.25).

由定理 1.22，显然有以下结论.

定理 1.23(有界性定理)　闭区间上的连续函数一定在该区间上有界.

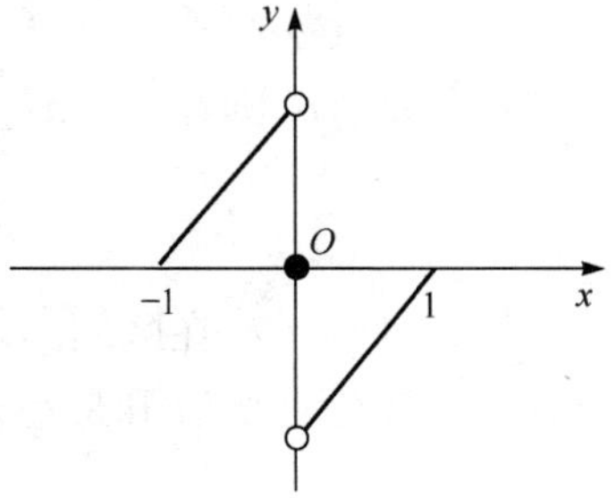

图 1.25

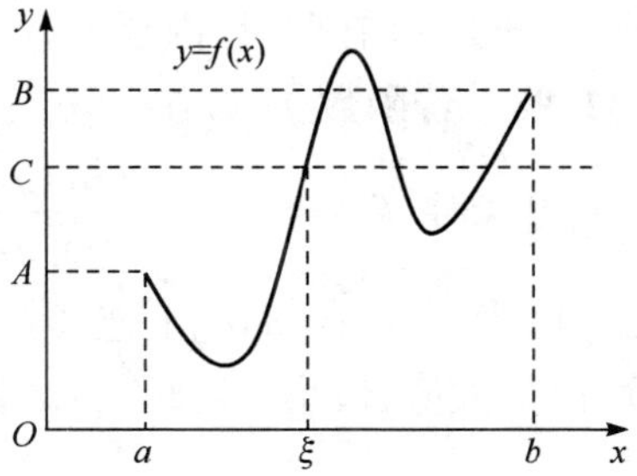

图 1.26

(2) **介值定理与零点定理.**

如果 $f(x_0)=0$，则称 x_0 为函数 $f(x)$ 的**零点**.

定理 1.24(介值定理)　设函数 $f(x)$ 在闭区间 $[a,b]$ 上连续，且在区间的端点

取不同的函数值 $f(a)=A$ 及 $f(b)=B$,那么,对于介于 A 与 B 之间的任意一个常数 C,在开区间 (a,b) 内至少有一点 ξ,使得 $f(\xi)=C(a<\xi<b)$(图 1.26).

介值定理指出:在闭区间 $[a,b]$ 上的连续函数 $y=f(x)$,能够取得 $f(a)$ 和 $f(b)$ 之间的任何中间值,而且最少取得一次.

介值定理中的函数必须在闭区间上连续,否则,介值定理一般不成立.

把最大值最小值定理和介值定理结合起来可以得到如下推论.

推论 1.7 闭区间上连续的函数必取得介于最大值 M 与最小值 m 之间的任何值.

定理 1.25(零点定理) 设函数 $f(x)$ 在闭区间 $[a,b]$ 上连续,且 $f(a)$ 与 $f(b)$ 异号(即 $f(a)\cdot f(b)<0$),那么在开区间 (a,b) 内至少有一点 ξ,使 $f(\xi)=0$.

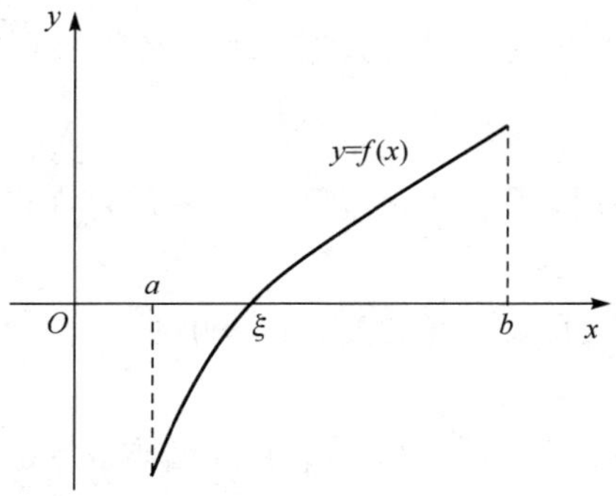

图 1.27

从几何上看(图 1.27),在闭区间 $[a,b]$ 上,连续曲线 $y=f(x)$ 的两个端点分别在 x 轴的上下两侧,那么,该曲线必然与 x 轴相交,且至少有一个交点.

注 定理中的 ξ 显然是方程 $f(x)=0$ 的根,因此,常常利用该定理确定方程根的存在性以及根的大概位置,故零点定理又称作**根的存在性定理**.

例 1.97 证明方程 $x^3-4x^2+1=0$ 在区间 $(0,1)$ 内至少有一个实根.

证 令 $f(x)=x^3-4x^2+1$,则 $f(x)$ 在闭区间 $[0,1]$ 上连续,且

$$f(0)=1>0,\quad f(1)=-2<0.$$

由零点定理,至少存在一点 $\xi\in(0,1)$,使 $f(\xi)=0$,即 $\xi^3-4\xi^2+1=0$. 所以方程 $x^3-4x^2+1=0$ 在 $(0,1)$ 内至少有一个实根 ξ.

例 1.98 若函数 $f(x)$ 在 $[a,b]$ 上连续,$a<x_1<x_2<x_3<b$,则在 $[x_1,x_3]$ 上必至少有一点 ξ,使 $f(\xi)=\dfrac{f(x_1)+f(x_2)+f(x_3)}{3}$.

证 因为 $f(x)$ 在 $[a,b]$ 上连续,且 $[x_1,x_3]\subset[a,b]$,因此 $f(x)$ 在区间 $[x_1,x_3]$ 上连续. 由最大值、最小值定理,$f(x)$ 在区间 $[x_1,x_3]$ 上必有最大值 M 和最小值 m,从而

$$m\leqslant f(x_1)\leqslant M;\quad m\leqslant f(x_2)\leqslant M;\quad m\leqslant f(x_3)\leqslant M,$$

于是,得

$$m\leqslant\frac{f(x_1)+f(x_2)+f(x_3)}{3}\leqslant M.$$

由介值定理,至少存在一点 $\xi\in(x_1,x_3)\subset[x_1,x_3]$,使得

$$f(\xi)=\frac{f(x_1)+f(x_2)+f(x_3)}{3}.$$

习题 1.9

1. 求下列初等函数的连续区间：

(1) $y=\sqrt{x-4}-\sqrt{6-x}$；　　(2) $y=\arcsin\frac{x-2}{3}$.

2. 证明方程 $x^3-3x=1$ 至少有一个根介于 1 和 2 之间.

3. 证明方程 $x\cdot 2^x=1$ 至少有一个小于 1 的正根.

4. 证明方程 $x=a\sin x+b$(其中 $a>0,b>0$)至少有一个正根,且不超过 $a+b$.

5. 设 $y=f(x)$在$[a,b]$上连续,$f(a)<a,f(b)>b$. 证明在(a,b)内至少有一点 ξ,使得 $f(\xi)=\xi$.

6. 设 $f(x)$在闭区间$[a,b]$上连续,且恒为正,证明对于任意的 $x_1,x_2\in(a,b)$,$x_1<x_2$,必至少存在一点 $\xi\in[x_1,x_2]$,使得 $f(\xi)=\sqrt{f(x_1)f(x_2)}$.

综合练习题一

一、判断题(将√或×填入相应的括号内)

(　　)1. 分段函数不是初等函数；

(　　)2. 若 $\lim\limits_{n\to+\infty}x_n=a>0$($a$ 是常数),则数列$\{x_n\}$的所有项 $x_n>0$；

(　　)3. 若数列$\{x_n\}$有界,则$\{x_n\}$必收敛；

(　　)4. 若函数 $f(x)$在点 x_0 处的极限存在,则 $f(x)$在点 x_0 处必有定义；

(　　)5. 若$\lim\limits_{x\to x_0}[f(x)g(x)]$和$\lim\limits_{x\to x_0}f(x)$都存在,则$\lim\limits_{x\to x_0}g(x)$也存在；

(　　)6. 若 $\lim\limits_{x\to+\infty}f(x)=A$($A$ 是常数),则当 $x\to+\infty$时,$[f(x)-A]$是无穷小量；

(　　)7. 无穷小量的倒数是无穷大量；

(　　)8. 无穷小量的和是无穷小量,无穷大量的和是无穷大量；

(　　)9. 若函数 $f(x)$在点 x_0 处有定义,则 $f(x)$在点 x_0 处连续；

(　　)10. 闭区间上的间断函数在该区间上一定没有最大值和最小值.

二、单项选择题(将正确选项的序号填入括号内)

1. $y=\lg(x+1)+\frac{1}{\sqrt{2+x}}+\arccos x$ 的定义域是(　　).

(A) $(-1,+\infty)$；　(B) $(-1,1]$；　(C) $(-1,1)$；　(D) $[-1,1]$.

2. 下列函数中,$f(x)$与 $g(x)$是相同函数的是(　　).

(A) $f(x)=\cos(\arccos x)$，　$g(x)=x$,其中$|x|\leqslant 1$；

(B) $f(x)=x-3$，　$g(x)=\sqrt{(x-3)^2}$；

(C) $f(x)=\lg\left(\frac{x-1}{x+1}\right)$，　$g(x)=\lg(x-1)-\lg(x+1)$；

(D) $f(x)=\frac{x^2-1}{x-1}$，　$g(x)=x+1$.

3. 下列函数中,能够构成复合函数的是(　　).

(A) $y=\ln u$,　$u=-x^2-1$;　　(B) $y=3^u$,　$u=\sqrt{x}$;

(C) $y=\arcsin u$,　$u=2x^2+2$;　　(D) $y=\sqrt{u}$,　$u=-x^2+2x-3$.

4. 下列等式成立的是(　　).

(A) $\lim\limits_{x\to\infty}\dfrac{\sin x}{x}=1$;　　(B) $\lim\limits_{x\to 0}x\sin\dfrac{1}{x}=1$;

(C) $\lim\limits_{x\to 0}\dfrac{\tan x}{\sin x}=1$;　　(D) $\lim\limits_{x\to 0}\dfrac{1-\cos x}{x^2}=1$.

5. 当 $x\to 0^+$ 时,与$\sqrt{x}$等价的无穷小量是(　　).

(A) $1-e^{-\sqrt{x}}$;　　(B) $\ln\dfrac{1+x}{1-x}$;　　(C) $\sqrt{1+\sqrt{x}}-1$;　　(D) $1-\cos\sqrt{x}$.

6. 若$\lim\limits_{x\to 0}(1+x^2)^{f(x)}=e$,则 $f(x)=$(　　).

(A) $\sin^2 x$;　　(B) $\text{ccs}^2 x$;　　(C) $\tan^2 x$;　　(D) $\cot^2 x$.

7. 函数 $f(x)$在 x_0 处连续的充要条件是当 $x\to x_0$ 时(　　).

(A) $f(x)$是无穷小量;

(B) $f(x)=f(x_0)+\alpha(x)$,$\alpha(x)$是当 $x\to x_0$ 时的无穷小量;

(C) $f(x)$的左、右极限存在;

(D) $f(x)$的极限存在.

8. 设函数 $f(x)=\begin{cases}3e^x, & x<0,\\ x^2+2a, & x\geqslant 0\end{cases}$ 在点 $x=0$ 处连续,则 a 的值是(　　).

(A) 0;　　(B) 1;　　(C) $-\dfrac{3}{2}$;　　(D) $\dfrac{3}{2}$.

9. 设函数 $f(x)$在闭区间$[a,b]$上连续且无零点,$f(a)>0$,则(　　).

(A) $f(b)>0$;　　(B) $f(b)=0$;

(C) $f(b)<0$;　　(D) $f(b)$的符号不确定.

10. 若函数 $f(x)=\lim\limits_{n\to+\infty}\dfrac{1+x}{1+x^{2n}}$,则 $f(x)$(　　).

(A) 不存在间断点;　　(B) 存在间断点 $x=1$;

(C) 存在间断点 $x=0$;　　(D) 存在间断点 $x=-1$.

三、填空题

1. 设 $f(x)=\dfrac{1-x}{1+x}$,则 $f[f(x)]=$____________;

2. 设函数 $f(\sin x)=1+\cos 2x$,则 $f(x)=$____________;

3. $\lim\limits_{n\to+\infty}(\sqrt{n^2+n}-n)=$____________;

4. $\lim\limits_{x\to\infty}\dfrac{(x^2+1)(\sin x+2)}{2x^3-x-1}=$____________;

5. 设 $f(x)=\begin{cases}\dfrac{\sin(2x+4)}{x+2}, & x\neq -2,\\ 0, & x=-2,\end{cases}$ 则 $\lim\limits_{x\to -2}f(x)=$____________;

6. 若$\lim\limits_{x\to1}\dfrac{x^3+a}{(x-1)(x+2)}$存在，则 $a=$__________；

7. 已知$\lim\limits_{x\to\infty}\left(\dfrac{x^2+1}{x-1}-ax-b\right)=1$，则 $a=$__________，$b=$__________；

8. 若$\lim\limits_{x\to0}\dfrac{f(x)}{x}=2$，则$\lim\limits_{x\to0}\dfrac{\sin4x}{f(3x)}=$__________；

9. 设$\lim\limits_{x\to\infty}\left(\dfrac{x+2a}{x-a}\right)^x=8$，则 $a=$__________；

10. 点 $x=1$ 是函数 $y=\dfrac{x^2-1}{x-1}\mathrm{e}^{\frac{1}{x-1}}$的第__________间断点.

四、求下列极限

1. $\lim\limits_{x\to-2}\dfrac{x^3+3x^2+2x}{x^2-x-6}$；

2. $\lim\limits_{n\to+\infty}\dfrac{3n^3+10n+8}{(2n+1)(6n^2-1)}$；

3. $\lim\limits_{x\to+\infty}x(\sqrt{x^2+1}-x)$；

4. $\lim\limits_{x\to1}\left(\dfrac{2}{x^2-1}-\dfrac{1}{x-1}\right)$；

5. $\lim\limits_{x\to+\infty}\dfrac{\sqrt{4x^2+x-1}+x+1}{\sqrt{x^2+\sin x}}$；

6. $\lim\limits_{x\to\infty}\left(\dfrac{2-x}{3-x}\right)^{x+1}$；

7. $\lim\limits_{x\to1}x^{\frac{2}{x-1}}$；

8. $\lim\limits_{x\to1}\dfrac{1+\cos\pi x}{(x-1)^2}$；

9. $\lim\limits_{x\to0}\dfrac{x^2\tan^2x}{(1-\cos x)^2}$；

10. $\lim\limits_{n\to+\infty}\left(\dfrac{1}{n^2+\pi}+\dfrac{1}{n^2+2\pi}+\cdots+\dfrac{1}{n^2+n\pi}\right)$.

五、计算下列各题

1. 补充定义 $f(0)$，使 $f(x)=\dfrac{\ln(1+2x)}{\arcsin3x}$在 $x=0$ 处连续.

2. 已知 $x\to0$ 时，$(1+ax^2)^{\frac{1}{3}}-1$ 与 $\cos x-1$ 是等价的无穷小量，求常数 a.

3. 设$\lim\limits_{x\to0}\dfrac{\sqrt{1+f(x)\sin2x}-1}{\mathrm{e}^{3x}-1}=2$，求$\lim\limits_{x\to0}f(x)$.

4. 已知 $f(x)=2x^2\lim\limits_{x\to1}f(x)+3\sin\dfrac{\pi x}{2}$，求连续函数 $f(x)$.

5. 设多项式 $f(x)$满足$\lim\limits_{x\to\infty}\dfrac{2f(x)}{x^2-1}=\lim\limits_{x\to1}\dfrac{f(x)}{x^2-1}=2$，求 $f(x)$.

6. 设函数 $f(x)=\dfrac{\mathrm{e}^x-b}{(x-a)(x-1)}$，问

(1) 当 a,b 为何值时，$f(x)$有无穷间断点 $x=0$?

(2) 当 a,b 为何值时，$f(x)$有可去间断点 $x=1$?

六、证明题

1. 证明方程 $x=\mathrm{e}^{x-3}+1$ 至少有一个不超过 4 的正根.

2. 设 $f(x)$在闭区间$[0,2a]$上连续，且 $f(0)=f(2a)$，则在$[0,a]$上至少存在一点 ξ，使 $f(\xi)=f(\xi+a)$.

第2章 导数与微分

在许多实际问题中，除了要研究变量的函数关系外，还要研究变量变化快慢的相对程度，解决这些问题需要引入导数与微分的概念. 导数与微分是微分学的两个核心概念，微分学则是微积分的重要组成部分. 本章将在极限概念的基础上引进导数与微分的定义，讨论导数与微分的基本运算.

2.1 导数的概念

2.1.1 引例

例 2.1 变速直线运动的瞬时速度.

由物理学知道，当物体自由下落时，它的运动方程是

$$s=\frac{1}{2}gt^2,$$

其中 t 表示自由落体所经过的时间，s 表示在这段时间内物体下落的距离，g 是重力加速度. 下面来计算物体在某一给定时刻 t_0 的瞬时速度.

首先，在时刻 t_0 给出时间 t 的一个改变量 Δt，即时间从 t_0 变化到 $t_0+\Delta t$，则物体在时间段$[t_0, t_0+\Delta t]$内下落的距离为

$$\Delta s=\frac{1}{2}g(t_0+\Delta t)^2-\frac{1}{2}g{t_0}^2=gt_0\Delta t+\frac{1}{2}g(\Delta t)^2.$$

然后，上式两端同除以 Δt，即得到物体在$[t_0, t_0+\Delta t]$这段时间间隔内的平均速度

$$\bar{v}=\frac{\Delta s}{\Delta t}=gt_0+\frac{1}{2}g\Delta t.$$

显然，时间间隔 Δt 越小，平均速度 $\bar{v}$ 越接近于时刻 t_0 的瞬时速度. 因此可用当 $\Delta t\to 0$ 时 $\bar{v}$ 的极限值来定义物体在 t_0 时刻的瞬时速度 $v(t_0)$，即

$$v(t_0)=\lim_{\Delta t\to 0}\bar{v}=\lim_{\Delta t\to 0}\frac{\Delta s}{\Delta t}=\lim_{\Delta t\to 0}\left(gt_0+\frac{1}{2}g\Delta t\right)=gt_0.$$

一般地，设物体做变速直线运动，它的运动方程为 $s=s(t)$，为确定物体在某一给定时刻 t_0 的瞬时速度，首先在时刻 t_0 给出时间 t 一个改变量 Δt，相应地，物体在时间段$[t_0,t_0+\Delta t]$内所经过的路程为

$$\Delta s=s(t_0+\Delta t)-s(t_0).$$

从而在这段时间间隔内物体的平均速度为

$$\bar{v}=\frac{\Delta s}{\Delta t}=\frac{s(t_0+\Delta t)-s(t_0)}{\Delta t}.$$

令 $\Delta t\to 0$，则物体在时刻 t_0 的瞬时速度为

$$v(t_0)=\lim_{\Delta t\to 0}\bar{v}=\lim_{\Delta t\to 0}\frac{\Delta s}{\Delta t}=\lim_{\Delta t\to 0}\frac{s(t_0+\Delta t)-s(t_0)}{\Delta t}.$$

例 2.2　平面曲线的切线.

平面曲线的切线定义如下.

设 M 为平面曲线 C 上的一点(图 2.1)，在曲线 C 上取点 M 外的一点 N，作割线 MN. 当点 N 沿着曲线 C 趋于点 M 时，割线 MN 趋于其极限位置 MT，则称直线 MT 为曲线 C 在点 M 处的**切线**. 这里极限位置的含义是弦长 $|MN|$ 趋于零，$\angle NMT$ 也趋于零.

设曲线 C 的方程为 $y=f(x)$，$M(x_0,y_0)$是曲线 C 上的一点，求曲线在点 M 处的切线方程.

在曲线上另取一点 $N(x_0+\Delta x,y_0+\Delta y)$，如图 2.2 所示. 连接 M,N 两点，得割线 MN. 割线 MN 对 x 轴的倾角为 φ，其斜率为

$$\tan\varphi=\frac{\Delta y}{\Delta x}=\frac{f(x_0+\Delta x)-f(x_0)}{\Delta x}.$$

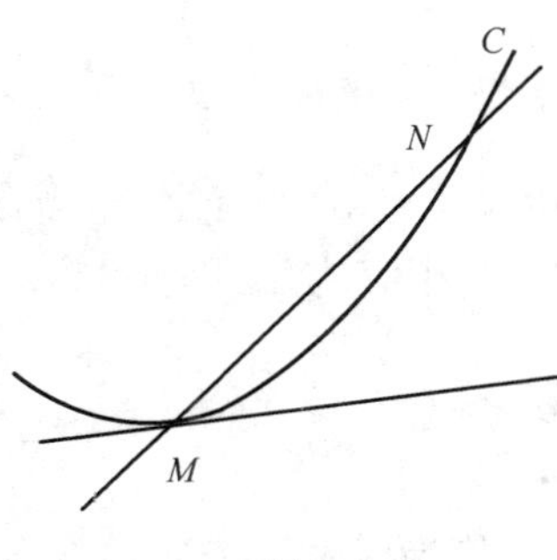

图 2.1

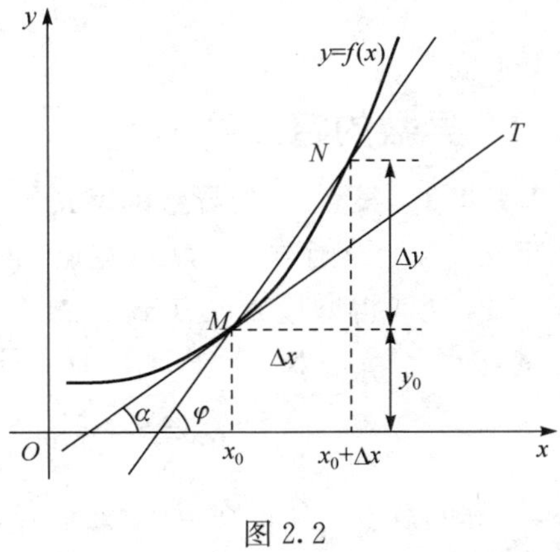

图 2.2

当 $\Delta x\to 0$ 时，点 N 沿曲线 C 趋向点 M，此时割线 MN 的极限位置 MT 为曲线 $y=f(x)$在点 M 处的切线. 而切线 MT 对 x 轴的倾角为 α，亦即当 $\Delta x\to 0$ 时，割线

MN 对 x 轴的倾角 φ 的极限为切线 MT 对 x 轴的倾角 α，即 $\alpha=\lim\limits_{\Delta x\to 0}\varphi$，故曲线 C 在点 M 处的切线斜率为

$$k=\tan\alpha=\tan\lim_{\Delta x\to 0}\varphi=\lim_{\Delta x\to 0}\tan\varphi=\lim_{\Delta x\to 0}\frac{\Delta y}{\Delta x}=\lim_{\Delta x\to 0}\frac{f(x_0+\Delta x)-f(x_0)}{\Delta x},$$

即

$$k=\lim_{\Delta x\to 0}\frac{\Delta y}{\Delta x}=\lim_{\Delta x\to 0}\frac{f(x_0+\Delta x)-f(x_0)}{\Delta x}.$$

例 2.3 产品总成本的变化率.

设某产品的总成本函数为 $C=C(Q)$，它是产量 Q 的函数. 现在求产量为 Q_0 时的总成本变化率.

产品产量从 Q_0 变化到 $Q_0+\Delta Q$ 时，增量为 ΔQ，相应地，总成本的增量为 $\Delta C=C(Q_0+\Delta Q)-C(Q_0)$，所以该阶段总成本的平均变化率为

$$\frac{\Delta C}{\Delta Q}=\frac{C(Q_0+\Delta Q)-C(Q_0)}{\Delta Q}.$$

ΔQ 越小，总成本的平均变化率就越接近于产量为 Q_0 时的总成本变化率. 因此可用当 $\Delta Q\to 0$ 时 $\dfrac{\Delta C}{\Delta Q}$ 的极限值来定义产量为 Q_0 时的总成本变化率，即

$$\lim_{\Delta Q\to 0}\frac{\Delta C}{\Delta Q}=\lim_{\Delta Q\to 0}\frac{C(Q_0+\Delta Q)-C(Q_0)}{\Delta Q}.$$

在实际生活中也有很多求变化率的问题，例如电流强度，化学反应速度，人口增长率等. 这些实例的具体含义虽然各不相同，但从抽象的数学关系看，其实质都是一样的，都可以归结为求解同一个形式的极限，即当自变量增量趋于零时，求函数的改变量与自变量的改变量之比的极限. 这种形式的极限就是导数.

2.1.2 导数的定义

2.1.2.1 某点 x_0 处导数的定义

定义 2.1 设函数 $y=f(x)$ 在点 x_0 处的某个邻域 $U(x_0,\delta)$ 内有定义，当自变量 x 在 x_0 处取得增量 Δx（点 $x_0+\Delta x$ 仍在该邻域内）时，相应地，函数 $y=f(x)$ 取得增量 $\Delta y=f(x_0+\Delta x)-f(x_0)$. 如果极限

$$\lim_{\Delta x\to 0}\frac{\Delta y}{\Delta x}=\lim_{\Delta x\to 0}\frac{f(x_0+\Delta x)-f(x_0)}{\Delta x}$$

存在，则称函数 $y=f(x)$ 在点 x_0 处**可导**，并称这个极限值为函数 $y=f(x)$ 在点 x_0 处的**导数**，记为

$$y'\big|_{x=x_0},\quad f'(x_0),\quad \left.\frac{\mathrm{d}y}{\mathrm{d}x}\right|_{x=x_0}\quad 或\quad \left.\frac{\mathrm{d}f(x)}{\mathrm{d}x}\right|_{x=x_0},$$

即

$$f'(x_0)=\lim_{\Delta x\to 0}\frac{\Delta y}{\Delta x}=\lim_{\Delta x\to 0}\frac{f(x_0+\Delta x)-f(x_0)}{\Delta x}.$$

函数 $f(x)$在点 x_0 处可导有时也说成 $f(x)$在点 x_0 具有导数或导数存在.

如果极限不存在，则说 $y=f(x)$在点 x_0 处**不可导**.

注　定义 2.1 中所说的“极限存在”，指的是$\lim\limits_{\Delta x\to 0}\frac{\Delta y}{\Delta x}$的极限值为有限的数. 因此，$y=f(x)$在点 x_0 处不可导包含两种情形：

(1) 当 $\Delta x\to 0$ 时，$\frac{\Delta y}{\Delta x}$没有稳定的变化趋势；

(2) $\lim\limits_{\Delta x\to 0}\frac{\Delta y}{\Delta x}=\infty$. 为方便起见，这时也说导数为无穷大.

通常称$\frac{\Delta y}{\Delta x}$是函数 y 在区间$[x_0,x_0+\Delta x]$上的**平均变化率**，导数 $f'(x_0)$是函数 y 在点 x_0 处的变化率，称为**瞬时变化率**.

根据导数定义，做变速直线运动的物体在 t_0 时刻的瞬时速度就是路程函数 $s(t)$在 t_0 处对时间 t 的导数 $s'(t_0)$；平面曲线 C 在点 M 处的切线斜率为 $f'(x_0)$；总成本函数 $C=C(Q)$在产量为 Q_0 时的变化率是总成本函数在 Q_0 处对产量 Q 的导数 $C'(Q_0)$.

根据定义 2.1，求函数 $y=f(x)$在点 x_0 处导数，步骤如下：

(1) 在点 x_0 处给出自变量 x 的增量 Δx，计算函数 y 的增量 $\Delta y=f(x_0+\Delta x)-f(x_0)$；

(2) 计算增量的比值$\frac{\Delta y}{\Delta x}$；

(3) 求极限$\lim\limits_{\Delta x\to 0}\frac{\Delta y}{\Delta x}$.

例 2.4　求函数 $f(x)=x^2$ 在点 $x=1$ 处的导数 $f'(1)$.

解　因为

$$\Delta y=f(1+\Delta x)-f(1)=(1+\Delta x)^2-1=2\Delta x+(\Delta x)^2,$$

所以

$$\frac{\Delta y}{\Delta x}=\frac{2\Delta x+(\Delta x)^2}{\Delta x}=2+\Delta x,$$

故

$$f'(1)=\lim_{\Delta x\to 0}\frac{\Delta y}{\Delta x}=\lim_{\Delta x\to 0}(2+\Delta x)=2.$$

例 2.5 求函数 $f(x)=\begin{cases} x^2\sin\dfrac{1}{x}, & x\neq 0, \\ 0, & x=0 \end{cases}$ 在点 $x=0$ 处的导数 $f'(0)$.

解 因为

$$\Delta y=f(0+\Delta x)-f(0)=(\Delta x)^2\sin\frac{1}{\Delta x}-0=(\Delta x)^2\sin\frac{1}{\Delta x},$$

所以

$$\frac{\Delta y}{\Delta x}=\frac{(\Delta x)^2\sin\dfrac{1}{\Delta x}}{\Delta x}=\Delta x\sin\frac{1}{\Delta x},$$

故

$$f'(0)=\lim_{\Delta x\to 0}\frac{\Delta y}{\Delta x}=\lim_{\Delta x\to 0}\Delta x\sin\frac{1}{\Delta x}.$$

因为 $\Delta x\to 0$ 时,Δx 为无穷小量,而 $\left|\sin\dfrac{1}{\Delta x}\right|\leqslant 1$,由无穷小量的性质,有 $\lim\limits_{\Delta x\to 0}\Delta x\sin\dfrac{1}{\Delta x}=0$,即 $f'(0)=0$.

2.1.2.2 某点 x_0 处导数定义的等价形式

在定义 2.1 中,

$$f'(x_0)=\lim_{\Delta x\to 0}\frac{f(x_0+\Delta x)-f(x_0)}{\Delta x},$$

若令 $\Delta x=h$,则有

$$f'(x_0)=\lim_{h\to 0}\frac{f(x_0+h)-f(x_0)}{h};$$

若令 $x_0+\Delta x=x$,则 $\Delta x=x-x_0$,$\Delta x\to 0\Leftrightarrow x\to x_0$,则有

$$f'(x_0)=\lim_{x\to x_0}\frac{f(x)-f(x_0)}{x-x_0}.$$

以上三种定义是等价的,要根据不同情况灵活运用.

例 2.6 求函数 $f(x)=x^2$ 在点 $x=1$ 处的导数 $f'(1)$.

解 $f'(1)=\lim\limits_{x\to 1}\dfrac{f(x)-f(1)}{x-1}=\lim\limits_{x\to 1}\dfrac{x^2-1}{x-1}=\lim\limits_{x\to 1}(x+1)=2.$

例 2.7 设函数 $f(x)=x(x-1)(x-2)\cdots(x-99)$,求 $f'(0)$.

解
$$\begin{aligned} f'(0)&=\lim_{x\to 0}\frac{f(x)-f(0)}{x-0}=\lim_{x\to 0}\frac{x(x-1)(x-2)\cdots(x-99)}{x}\\ &=\lim_{x\to 0}(x-1)(x-2)\cdots(x-99)=-99!. \end{aligned}$$

例 2.8　设函数 $f(x)$ 在点 $x=x_0$ 处可导，求 $\lim\limits_{\Delta x\to 0}\dfrac{f(x_0+\Delta x)-f(x_0-\Delta x)}{\Delta x}$.

解　$\lim\limits_{\Delta x\to 0}\dfrac{f(x_0+\Delta x)-f(x_0-\Delta x)}{\Delta x}$

$$=\lim_{\Delta x\to 0}\frac{[f(x_0+\Delta x)-f(x_0)]-[f(x_0-\Delta x)-f(x_0)]}{\Delta x}$$

$$=\lim_{x\to 0}\left[\frac{f(x_0+\Delta x)-f(x_0)}{\Delta x}+\frac{f(x_0)-f(x_0-\Delta x)}{\Delta x}\right].$$

因为函数 $f(x)$ 在 $x=x_0$ 处可导，所以有

$$\lim_{\Delta x\to 0}\frac{f(x_0+\Delta x)-f(x_0)}{\Delta x}=f'(x_0),$$

$$\lim_{\Delta x\to 0}\frac{f(x_0)-f(x_0-\Delta x)}{\Delta x}\xlongequal{\text{令}-\Delta x=h}\lim_{h\to 0}\frac{f(x_0)-f(x_0+h)}{-h}$$

$$=\lim_{h\to 0}\frac{f(x_0+h)-f(x_0)}{h}=f'(x_0),$$

于是 $\lim\limits_{\Delta x\to 0}\dfrac{f(x_0+\Delta x)-f(x_0-\Delta x)}{\Delta x}=2f'(x_0)$.

注　$\lim\limits_{\Delta x\to 0}\dfrac{f(x_0)-f(x_0-\Delta x)}{\Delta x}=f'(x_0)$，该极限通常也作为某点 x_0 处导数的等价定义.

2.1.2.3　左导数与右导数的定义

由于导数是一种特殊形式的极限，根据函数左、右极限的定义，相应地可给出左、右导数的定义.

定义 2.2　设函数 $y=f(x)$ 在点 x_0 的某个右邻域 $[x_0,x_0+\delta)$ 内有定义，如果极限

$$\lim_{\Delta x\to 0^+}\frac{f(x_0+\Delta x)-f(x_0)}{\Delta x}\quad\text{或}\quad\lim_{x\to x_0^+}\frac{f(x)-f(x_0)}{x-x_0}$$

存在，则称此极限为函数 $f(x)$ 在点 x_0 处的**右导数**. 记作 $f'_+(x_0)$.

设函数 $y=f(x)$ 在点 x_0 的某个左邻域 $(x_0-\delta,x_0]$ 内有定义，如果极限

$$\lim_{\Delta x\to 0^-}\frac{f(x_0+\Delta x)-f(x_0)}{\Delta x}\quad\text{或}\quad\lim_{x\to x_0^-}\frac{f(x)-f(x_0)}{x-x_0}$$

存在，则称此极限为函数 $f(x)$ 在点 x_0 处的**左导数**，记作 $f'_-(x_0)$.

由极限存在的充分必要条件，可得导数存在的充分必要条件.

定理 2.1　函数 $y=f(x)$ 在点 x_0 处可导的**充分必要条件**是左导数 $f'_-(x_0)$ 和右导数 $f'_+(x_0)$ 都存在且相等.

本定理常用于讨论分段函数在分段点处的可导性.

例 2.9 求函数 $f(x)=\begin{cases}1+\sin x, & x\leqslant 0,\\ 1+x, & x>0\end{cases}$ 在点 $x=0$ 处的导数.

解 $f(0)=1+\sin 0=1$,

当 $\Delta x<0$ 时,$\Delta y=f(0+\Delta x)-f(0)=(1+\sin\Delta x)-1=\sin\Delta x$,故

$$f'_-(0)=\lim_{\Delta x\to 0^-}\frac{\Delta y}{\Delta x}=\lim_{\Delta x\to 0^-}\frac{\sin\Delta x}{\Delta x}=1;$$

当 $\Delta x>0$ 时,$\Delta y=f(0+\Delta x)-f(0)=(1+\Delta x)-1=\Delta x$,故

$$f'_+(0)=\lim_{\Delta x\to 0^+}\frac{\Delta y}{\Delta x}=\lim_{\Delta x\to 0^+}\frac{\Delta x}{\Delta x}=1.$$

由于 $f'_+(0)=f'_-(0)=1$,故 $f'(0)=1$.

2.1.2.4 函数在区间上可导的定义

定义 2.3 如果函数 $y=f(x)$ 在开区间 I 内的每点处都可导,则称函数 $f(x)$ 在开区间 I 内可导. 如果函数 $f(x)$ 在开区间 (a,b) 内可导,且区间左端点的右导数 $f'_+(a)$ 及区间右端点的左导数 $f'_-(b)$ 都存在,则称 $f(x)$ 在闭区间 $[a,b]$ 上可导.

显然,若 $y=f(x)$ 在区间 I 上可导,则对于区间 I 上的任意一点 x,都对应着一个确定的导数 $f'(x)$,即 $f'(x)$ 是点 x 的函数,称 $f'(x)$ 为 $y=f(x)$ 在区间 I 上的**导函数**,简称为**导数**,记作

$$y',\quad f'(x),\quad \frac{\mathrm{d}y}{\mathrm{d}x}\quad 或\quad \frac{\mathrm{d}f(x)}{\mathrm{d}x}.$$

在定义 2.1 中,把 x_0 换成 x,即得导函数的定义式

$$f'(x)=\lim_{\Delta x\to 0}\frac{\Delta y}{\Delta x}=\lim_{\Delta x\to 0}\frac{f(x+\Delta x)-f(x)}{\Delta x}$$

或

$$f'(x)=\lim_{h\to 0}\frac{f(x+h)-f(x)}{h}.$$

显然,函数 $f(x)$ 在点 x_0 处的导数 $f'(x_0)$ 就是导函数 $f'(x)$ 在点 x_0 处的函数值,即 $f'(x_0)=f'(x)\big|_{x=x_0}$.

注意 $f'(x_0)\neq[f(x_0)]'$.

例 2.10 求 $f(x)=C$(C 为常数)的导数.

解 因为

$$\lim_{\Delta x\to 0}\frac{f(x+\Delta x)-f(x)}{\Delta x}=\lim_{\Delta x\to 0}\frac{C-C}{\Delta x}=0,$$

所以 $(C)'=0$,即**常数的导数等于零**.

例 2.11 求 $f(x)=\sin x$ 的导数.

解 因为

$$\Delta y=f(x+\Delta x)-f(x)=\sin(x+\Delta x)-\sin x=2\cos\left(x+\frac{\Delta x}{2}\right)\sin\frac{\Delta x}{2},$$

所以

$$\lim_{\Delta x\to 0}\frac{\Delta y}{\Delta x}=\lim_{\Delta x\to 0}\frac{2\cos\left(x+\frac{\Delta x}{2}\right)\sin\frac{\Delta x}{2}}{\Delta x}=\lim_{\Delta x\to 0}\cos\left(x+\frac{\Delta x}{2}\right)\cdot\frac{\sin\frac{\Delta x}{2}}{\frac{\Delta x}{2}}=\cos x,$$

即$(\sin x)'=\cos x$.

同理可得$(\cos x)'=-\sin x$.

例 2.12　求 $f(x)=x^{\mu}$(μ 为常数)的导数.

解　因为

$$\lim_{\Delta x\to 0}\frac{f(x+\Delta x)-f(x)}{\Delta x}=\lim_{\Delta x\to 0}\frac{(x+\Delta x)^{\mu}-x^{\mu}}{\Delta x}=\lim_{\Delta x\to 0}x^{\mu}\frac{\left(1+\frac{\Delta x}{x}\right)^{\mu}-1}{\Delta x},$$

由于当 $\Delta x\to 0$ 时,$\left(1+\frac{\Delta x}{x}\right)^{\mu}-1\sim\mu\frac{\Delta x}{x}$(见 1.7 节),故

$$\lim_{\Delta x\to 0}x^{\mu}\frac{\left(1+\frac{\Delta x}{x}\right)^{\mu}-1}{\Delta x}=\lim_{\Delta x\to 0}x^{\mu}\frac{\mu\frac{\Delta x}{x}}{\Delta x}=\mu x^{\mu-1}.$$

所以$(x^{\mu})'=\mu x^{\mu-1}$.

特别地,$(\sqrt{x})'=(x^{\frac{1}{2}})'=\frac{1}{2}x^{\frac{1}{2}-1}=\frac{1}{2}x^{-\frac{1}{2}}=\frac{1}{2\sqrt{x}}\quad(x>0)$,

$$\left(\frac{1}{x}\right)'=(x^{-1})'=-x^{-1-1}=-x^{-2}=-\frac{1}{x^2}\quad(x\neq 0).$$

例 2.13　求 $f(x)=a^x(a>0,a\neq 1)$的导数.

解　因为

$$\lim_{h\to 0}\frac{f(x+h)-f(x)}{h}=\lim_{h\to 0}\frac{a^{x+h}-a^x}{h}=a^x\lim_{h\to 0}\frac{a^h-1}{h},$$

而由例 1.73,得$\lim\limits_{h\to 0}\frac{a^h-1}{h}=\ln a$,故

$$a^x\lim_{h\to 0}\frac{a^h-1}{h}=a^x\ln a.$$

所以$(a^x)'=a^x\ln a$. 特别地,$(\mathrm{e}^x)'=\mathrm{e}^x$.

例 2.14　求函数 $f(x)=\log_a x(a>0,a\neq 1)$的导数.

解　因为

$$\lim_{\Delta x\to 0}\frac{f(x+\Delta x)-f(x)}{\Delta x}=\lim_{\Delta x\to 0}\frac{\log_a(x+\Delta x)-\log_a x}{\Delta x}$$

$$=\lim_{\Delta x\to 0}\log_a\left(1+\frac{\Delta x}{x}\right)^{\frac{1}{\Delta x}}=\lim_{\Delta x\to 0}\log_a\left(1+\frac{\Delta x}{x}\right)^{\frac{x}{\Delta x}\cdot\frac{1}{x}}$$

$$=\lim_{\Delta x\to 0}\log_a\left[\left(1+\frac{\Delta x}{x}\right)^{\frac{x}{\Delta x}}\right]^{\frac{1}{x}}=\log_a\left[\lim_{\Delta x\to 0}\left(1+\frac{\Delta x}{x}\right)^{\frac{x}{\Delta x}}\right]^{\frac{1}{x}}$$

$$=\log_a e^{\frac{1}{x}}=\frac{1}{x}\log_a e=\frac{1}{x\ln a},$$

所以 $(\log_a x)'=\dfrac{1}{x\ln a}$. 特别地,$(\ln x)'=\dfrac{1}{x}$.

至此,已得到如下基本初等函数的求导公式:

(1) $(C)'=0$;

(2) $(x^{\mu})'=\mu x^{\mu-1}$,特别地,$(\sqrt{x})'=\dfrac{1}{2\sqrt{x}}$, $\left(\dfrac{1}{x}\right)'=-\dfrac{1}{x^2}$;

(3) $(a^x)'=a^x\ln a$,特别地,$(e^x)'=e^x$;

(4) $(\log_a x)'=\dfrac{1}{x\ln a}$,特别地,$(\ln x)'=\dfrac{1}{x}$ $(x>0)$;

(5) $(\sin x)'=\cos x$, $(\cos x)'=-\sin x$.

2.1.3 导数的几何意义

由本节引例中关于曲线的切线问题的讨论以及导数的定义可知,如果函数 $y=f(x)$在点 x_0 处可导,则函数 $y=f(x)$在点 x_0 处的导数 $f'(x_0)$在几何上表示曲线 $y=f(x)$在点 $M(x_0,f(x_0))$处的切线的斜率,即

$$f'(x_0)=k=\tan\alpha.$$

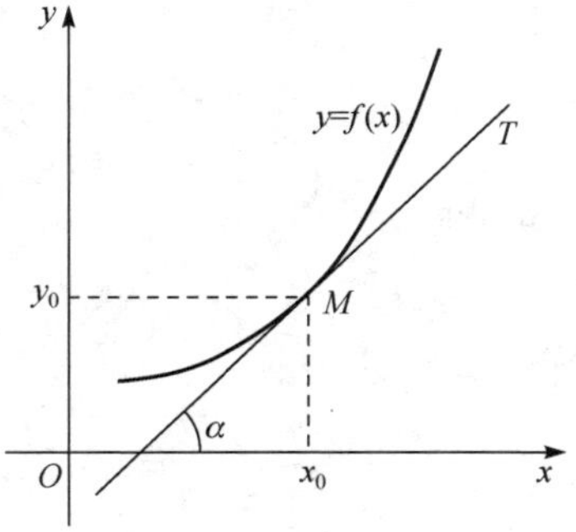

图 2.3

其中 α 是切线的倾角(图 2.3).

根据导数的几何意义并应用直线的点斜式方程,可得曲线 $y=f(x)$在点$M(x_0,f(x_0))$处的切线方程为

$$y-f(x_0)=f'(x_0)(x-x_0);$$

法线方程为

$$y-f(x_0)=-\frac{1}{f'(x_0)}(x-x_0).$$

例 2.15 求曲线 $y=\sqrt{x}$在点(1,1)处的切线方程和法线方程.

解 因为 $y'=(\sqrt{x})'=\dfrac{1}{2\sqrt{x}}$,所以$y'|_{x=1}=\dfrac{1}{2}$,即点(1,1)处切线的斜率为$\dfrac{1}{2}$.

故点(1,1)处的切线方程为

$$y-1=\frac{1}{2}(x-1),$$

即 $x-2y+1=0$;

点(1,1)处的法线方程为

$$y-1=-2(x-1),$$

即 $2x+y-3=0$.

2.1.4　函数的可导性与连续性的关系

函数的连续性研究的是当自变量的增量趋于零时，函数增量的变化趋势；而导数研究的是当自变量的增量趋于零时，函数增量相对于自变量的增量的变化快慢程度. 两者都与函数的变化趋势有关，那么，这两个概念有什么联系呢?

定理 2.2　如果函数 $y=f(x)$ 在点 x_0 处可导，则它必定在点 x_0 处连续.

证　因为函数 $y=f(x)$ 在点 x_0 处可导，所以

$$\lim_{\Delta x\to 0}\frac{\Delta y}{\Delta x}=f'(x_0).$$

由具有极限的函数与无穷小量的关系，得

$$\frac{\Delta y}{\Delta x}=f'(x_0)+\alpha,\text{其中}\lim_{\Delta x\to 0}\alpha=0.$$

于是 $\Delta y=f'(x_0)\Delta x+\alpha\Delta x$，从而

$$\lim_{\Delta x\to 0}\Delta y=\lim_{\Delta x\to 0}[f'(x_0)\Delta x+\alpha\Delta x]=0,$$

所以，函数 $f(x)$ 在点 x_0 处连续.

定理的逆命题不一定成立，即在某点连续的函数在该点处不一定可导.

例 2.16　讨论函数 $f(x)=|x|$ 在点 $x=0$ 处的可导性(图 2.4).

解　$\Delta y=f(0+\Delta x)-f(0)$

$=|0+\Delta x|-|0|=|\Delta x|$.

$$f'_+(0)=\lim_{\Delta x\to 0^+}\frac{\Delta y}{\Delta x}=\lim_{\Delta x\to 0^+}\frac{|\Delta x|}{\Delta x}=\lim_{\Delta x\to 0^+}\frac{\Delta x}{\Delta x}=1.$$

$$f'_-(0)=\lim_{\Delta x\to 0^-}\frac{\Delta y}{\Delta x}=\lim_{\Delta x\to 0^-}\frac{|\Delta x|}{\Delta x}=\lim_{\Delta x\to 0^-}\frac{-\Delta x}{\Delta x}=-1.$$

由于 $f'_-(0)\neq f'_+(0)$，因此 $f'(0)$ 不存在，故 $f(x)=|x|$ 在点 $x=0$ 处不可导.

而由例 1.85 知，该函数在点 $x=0$ 处是连续的.

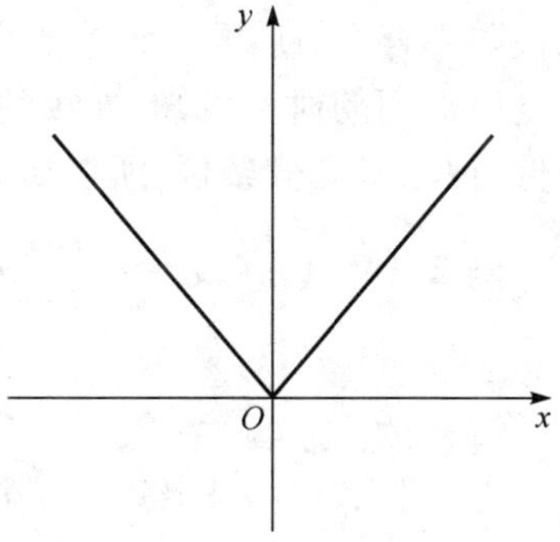

图 2.4

例 2.17 讨论函数 $f(x)=\sqrt[3]{x}$ 在点 $x=0$ 处的可导性.

解 由于

$$\lim_{x\to 0}f(x)=\lim_{x\to 0}\sqrt[3]{x}=0=f(0),$$

所以 $f(x)=\sqrt[3]{x}$ 在点 $x=0$ 处连续.

但

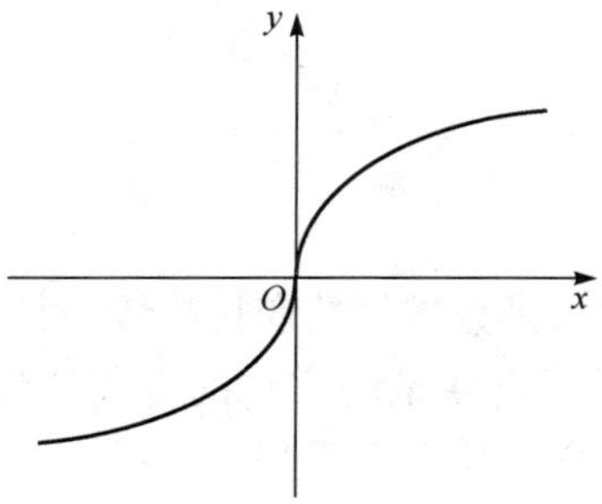

图 2.5

$$\lim_{\Delta x\to 0}\frac{\Delta y}{\Delta x}=\lim_{\Delta x\to 0}\frac{f(0+\Delta x)-f(0)}{\Delta x}=\lim_{\Delta x\to 0}\frac{\sqrt[3]{0+\Delta x}-\sqrt[3]{0}}{\Delta x}$$
$$=\lim_{\Delta x\to 0}\frac{1}{\sqrt[3]{(\Delta x)^2}}=+\infty,$$

即极限不存在,所以 $f(x)=\sqrt[3]{x}$ 在点 $x=0$ 处不可导.

该极限为无穷大,也称导数为无穷大,其几何意义为曲线 $y=\sqrt[3]{x}$ 在点(1,1)处的切线平行于 y 轴(图 2.5).

例 2.18 讨论函数 $f(x)=\begin{cases} x\sin\dfrac{1}{x}, & x\neq 0, \\ 0, & x=0 \end{cases}$ 在点 $x=0$ 处的可导性.

解 由于

$$\lim_{x\to 0}f(x)=\lim_{x\to 0}x\sin\frac{1}{x}=0=f(0),$$

所以 $f(x)$ 在点 $x=0$ 处连续.

但

$$\lim_{\Delta x\to 0}\frac{\Delta y}{\Delta x}=\lim_{\Delta x\to 0}\frac{f(0+\Delta x)-f(0)}{\Delta x}=\lim_{\Delta x\to 0}\frac{\Delta x\sin\dfrac{1}{\Delta x}-0}{\Delta x}=\lim_{\Delta x\to 0}\sin\frac{1}{\Delta x},$$

该极限不存在,所以 $f(x)$ 在点 $x=0$ 处不可导.

由上面的讨论可知,连续的函数未必可导,因此**函数连续只是函数可导的必要条件,但不是充分条件,所以如果函数在某点不连续,则函数在该点必不可导.**

例 2.19 设 $f(x)=\begin{cases} x^2, & x\leqslant 1, \\ ax+b, & x>1, \end{cases}$ 问 a,b 为何值时,函数 $f(x)$ 在 $x=1$ 处可导.

解 欲使 $f(x)$ 在点 $x=1$ 处可导,首先 $f(x)$ 必须在点 $x=1$ 处连续. 显然 $f(1)=x^2|_{x=1}=1$. 考虑 $f(x)$ 在点 $x=1$ 处的左、右极限:

$$\lim_{x\to 1^-}f(x)=\lim_{x\to 1^-}x^2=1,\quad \lim_{x\to 1^+}f(x)=\lim_{x\to 1^+}(ax+b)=a+b,$$

由于 $f(x)$ 在点 $x=1$ 处连续,故 $a+b=1$.

又因为 $f(x)$ 在点 $x=1$ 处可导，考虑 $f(x)$ 在点 $x=1$ 处的左、右导数：

$$\lim_{x\to1^-}\frac{f(x)-f(1)}{x-1}=\lim_{x\to1^-}\frac{x^2-1}{x-1}=\lim_{x\to1^-}(x+1)=2,$$

$$\lim_{x\to1^+}\frac{f(x)-f(1)}{x-1}=\lim_{x\to1^+}\frac{(ax+b)-1}{x-1}\xlongequal{a+b=1}\lim_{x\to1^+}\frac{ax-a}{x-1}=a,$$

所以 $a=2$. 代入 $a+b=1$，得 $b=-1$.

故当 $a=2, b=-1$ 时，函数 $f(x)$ 在点 $x=1$ 处可导.

例 2.20　设函数 $f(x)=\begin{cases}\sin x, & x<0,\\ ax, & x\geqslant0,\end{cases}$ 问常数 a 取何值时，$f(x)$ 在 $(-\infty,+\infty)$ 内可导，并求 $f'(x)$.

解　该函数为分段函数.

当 $x<0$ 时，$f(x)=\sin x$ 可导，且 $f'(x)=\cos x$，即函数在 $(-\infty,0)$ 内可导；

当 $x>0$ 时，$f(x)=ax$ 可导，且 $f'(x)=a$，即函数在 $(0,+\infty)$ 内可导.

因此只要函数 $f(x)$ 在分段点 $x=0$ 处的可导，则 $f(x)$ 就在 $(-\infty,+\infty)$ 内可导.

考虑 $f(x)$ 在点 $x=0$ 处的左右导数：

$$f'_-(0)=\lim_{x\to0^-}\frac{f(x)-f(0)}{x-0}=\lim_{x\to0^-}\frac{\sin x-0}{x-0}=\lim_{x\to0^-}\frac{\sin x}{x}=1,$$

$$f'_+(0)=\lim_{x\to0^+}\frac{f(x)-f(0)}{x-0}=\lim_{x\to0^+}\frac{ax-0}{x-0}=\lim_{x\to0^+}\frac{ax}{x}=a.$$

因 $f(x)$ 在点 $x=0$ 处可导，则 $f(x)$ 在点 $x=0$ 处的左、右导数相等，即 $a=1$，于是 $f'(0)=1$.

综上所述，当 $a=1$ 时，$f(x)$ 在 $(-\infty,+\infty)$ 内可导，且

$$f'(x)=\begin{cases}\cos x, & x<0,\\ 1, & x\geqslant0.\end{cases}$$

注意　在求分段函数的导数时，应考虑两个方面：其一，每个子函数在各自区间内的导数. 该导数可以用导数公式或导数运算求得；其二，在分段点处的导数. 分段点处的导数一定要利用导数定义或左、右导数来计算，而不能直接套用导数公式.

习题 2.1

1. 设 $f(x)=10x^2$，按定义求 $f'(-1)$.
2. 设 $f(x)=ax+b$ (a,b 是常数)，按定义求 $f'(x)$.
3. 设 $f(x)=\dfrac{1}{x}$，按定义求 $f'(x)$，并求 $f'(1)$，$f'(-2)$.
4. 证明 $(\cos x)'=-\sin x$.

5. 求下列函数的导数：

(1) $y=x^4$； (2) $y=\sqrt[3]{x^2}$； (3) $y=\dfrac{1}{\sqrt{x}}$；

(4) $y=x^{-3}$； (5) $y=x^2\sqrt[3]{x}$； (6) $y=\dfrac{x^2\sqrt{x}}{\sqrt[4]{x}}$.

6. 设 $f'(x_0)$存在，按照导数定义求下列极限：

(1) $\lim\limits_{x\to x_0}\dfrac{f(x)-f(x_0)}{x_0-x}$； (2) $\lim\limits_{\Delta x\to 0}\dfrac{f(x_0-\Delta x)-f(x_0)}{\Delta x}$；

(3) $\lim\limits_{h\to 0}\dfrac{f(x_0+2h)-f(x_0)}{h}$； (4) $\lim\limits_{h\to 0}\dfrac{f(x_0+h^2)-f(x_0)}{h}$；

(5) $\lim\limits_{h\to\infty}h\left[f\left(x_0+\dfrac{1}{h}\right)-f(x_0)\right]$.

7. 设 $f(0)=0$，$f'(0)$存在，求$\lim\limits_{x\to 0}\dfrac{f(x)}{x}$.

8. 设 $f(x)$是偶函数，$f'(0)$存在，证明 $f'(0)=0$.

9. 讨论下列函数在点 $x=0$ 处的连续性与可导性.

(1) $y=|\sin x|$； (2) $y=\sin\dfrac{1}{x}$；

(3) $y=\begin{cases}e^x, & x\geqslant 0,\\ \cos x, & x<0;\end{cases}$ (4) $y=\begin{cases}x^2\sin\dfrac{1}{x}, & x\neq 0,\\ 0, & x=0.\end{cases}$

10. 已知 $f(x)=\begin{cases}x^2+1, & 0\leqslant x<1,\\ 3x-1, & x\geqslant 1,\end{cases}$ 求 $f'_+(1)$及 $f'_-(1)$，问 $f'(1)$是否存在？

11. 已知 $f(x)=\begin{cases}e^{ax}, & x\leqslant 0,\\ b(1-x-x^2), & x>0,\end{cases}$ 问 a,b 取何值时，$f(x)$在点 $x=0$ 处可导？

12. $f(x)=\begin{cases}\sin x, & x<0,\\ \ln(1+x), & x\geqslant 0,\end{cases}$ 求 $f'(x)$.

13. 证明：(1) 可导偶函数的导数为奇函数；可导奇函数的导数为偶函数；

(2) 周期为 T 的可导函数的导数仍是周期为 T 的函数.

14. 求曲线 $y=e^x$ 在点(0,1)处的切线方程和法线方程.

15. 在抛物线 $y=x^2$ 上依次取 $M_1(1,1)$，$M_2(3,9)$两点，过这两点作割线，问抛物线上哪一点的切线平行于这条割线？

2.2 导数的运算法则

根据导数的定义可以求出一些简单函数的导数，对于比较复杂的函数求导，则需要借助于导数的运算法则. 本节将学习求导的基本法则，利用这些法则和基本初等函数的导数公式，能够比较方便地求出一般初等函数的导数.

2.2.1　导数的四则运算法则

定理 2.3　若函数 $u(x)$，$v(x)$ 在点 x 处可导，则 $u(x)\pm v(x)$，$u(x)v(x)$，$\dfrac{u(x)}{v(x)}(v(x)\neq 0)$ 也在点 x 处可导，且

(1) $[u(x)\pm v(x)]'=u'(x)\pm v'(x)$；

(2) $[u(x)v(x)]'=u'(x)v(x)+u(x)v'(x)$；

(3) $\left[\dfrac{u(x)}{v(x)}\right]'=\dfrac{u'(x)v(x)-u(x)v'(x)}{v^2(x)}\quad(v(x)\neq 0)$.

证　这里仅证(1)和(2).

(1) 设 $f(x)=u(x)+v(x)$，由导数定义有

$$
\begin{aligned}
f'(x)&=\lim_{\Delta x\to 0}\frac{f(x+\Delta x)-f(x)}{\Delta x}=\lim_{\Delta x\to 0}\frac{[u(x+\Delta x)+v(x+\Delta x)]-[u(x)+v(x)]}{\Delta x}\\
&=\lim_{\Delta x\to 0}\left[\frac{u(x+\Delta x)-u(x)}{\Delta x}+\frac{v(x+\Delta x)-v(x)}{\Delta x}\right]\\
&=\lim_{\Delta x\to 0}\frac{u(x+\Delta x)-u(x)}{\Delta x}+\lim_{\Delta x\to 0}\frac{v(x+\Delta x)-v(x)}{\Delta x}\\
&=u'(x)+v'(x).
\end{aligned}
$$

从而所证结论成立.

同理，可得 $[u(x)-v(x)]'=u'(x)-v'(x)$.

(2) 设 $f(x)=u(x)v(x)$，由导数定义有

$$
\begin{aligned}
f'(x)&=\lim_{\Delta x\to 0}\frac{f(x+\Delta x)-f(x)}{\Delta x}=\lim_{\Delta x\to 0}\frac{u(x+\Delta x)v(x+\Delta x)-u(x)v(x)}{\Delta x}\\
&=\lim_{\Delta x\to 0}\frac{[u(x+\Delta x)v(x+\Delta x)-u(x)v(x+\Delta x)]+[u(x)v(x+\Delta x)-u(x)v(x)]}{\Delta x}\\
&=\lim_{\Delta x\to 0}\left[\frac{u(x+\Delta x)-u(x)}{\Delta x}v(x+\Delta x)+u(x)\frac{v(x+\Delta x)-v(x)}{\Delta x}\right]\\
&=\lim_{\Delta x\to 0}\frac{u(x+\Delta x)-u(x)}{\Delta x}\lim_{\Delta x\to 0}v(x+\Delta x)+u(x)\lim_{\Delta x\to 0}\frac{v(x+\Delta x)-v(x)}{\Delta x}\\
&=u'(x)v(x)+u(x)v'(x),
\end{aligned}
$$

其中，$\lim\limits_{\Delta x\to 0}v(x+\Delta x)=v(x)$ 是由于 $v(x)$ 在点 x 处连续. 于是所证结论成立.

定理 2.3 中的(1)，(2)可推广到有限个可导函数的情形. 例如，设 $u(x)$，$v(x)$，$w(x)$ 都可导，则

$$(u+v-w)'=u'+v'-w';\quad (uvw)'=u'vw+uv'w+uvw'.$$

在法则(2)中，若 $v(x)=C$（C 为常数），则 $(Cu)'=Cu'$.

例 2.21 设 $y=\sin x+5^x$,求 y'.

解 $y'=(\sin x+5^x)'=(\sin x)'+(5^x)'=\cos x+5^x\ln 5$.

例 2.22 设 $y=x^3-2\cos x+3\log_2 x-\sin\dfrac{\pi}{6}$,求 y'.

解
$$\begin{aligned}y'&=\left(x^3-2\cos x+3\log_2 x-\sin\frac{\pi}{6}\right)'\\&=(x^3)'-(2\cos x)'+(3\log_2 x)'-\left(\sin\frac{\pi}{6}\right)'\\&=(x^3)'-2(\cos x)'+3(\log_2 x)'-\left(\sin\frac{\pi}{6}\right)'\\&=3x^2+2\sin x+\frac{3}{x\ln 2}.\end{aligned}$$

例 2.23 设 $y=3e^x\ln x\cdot\cos x-4\sqrt{x}\sin x$,求 y'.

解
$$\begin{aligned}y'&=(3e^x\ln x\cdot\cos x-4\sqrt{x}\sin x)'=(3e^x\ln x\cdot\cos x)'-(4\sqrt{x}\sin x)'\\&=3[(e^x)'\ln x\cdot\cos x+e^x(\ln x)'\cos x+e^x\ln x(\cos x)']\\&\quad-4[(\sqrt{x})'\sin x+\sqrt{x}(\sin x)']\\&=3e^x\left(\ln x\cdot\cos x+\frac{\cos x}{x}-\ln x\cdot\sin x\right)-\frac{2}{\sqrt{x}}\sin x-4\sqrt{x}\cos x.\end{aligned}$$

例 2.24 设 $y=e^x(\sin x+\cos x)$,求 y'和$y'|_{x=0}$.

解
$$\begin{aligned}y'&=[e^x(\sin x+\cos x)]'=(e^x)'(\sin x+\cos x)+e^x(\sin x+\cos x)'\\&=e^x(\sin x+\cos x)+e^x(\cos x-\sin x)=2e^x\cos x.\end{aligned}$$
$$y'|_{x=0}=(2e^x\cos x)|_{x=0}=2.$$

例 2.25 设 $y=\tan x$,求 y'.

解
$$\begin{aligned}y'&=(\tan x)'=\left(\frac{\sin x}{\cos x}\right)'=\frac{(\sin x)'\cos x-\sin x(\cos x)'}{\cos^2 x}\\&=\frac{\cos^2 x+\sin^2 x}{\cos^2 x}=\frac{1}{\cos^2 x}=\sec^2 x.\end{aligned}$$

即$(\tan x)'=\sec^2 x$. 同理可得$(\cot x)'=-\csc^2 x$.

例 2.26 设 $y=\sec x$,求 y'.

解
$$\begin{aligned}y'&=(\sec x)'=\left(\frac{1}{\cos x}\right)'=\frac{(1)'\cdot\cos x-1\cdot(\cos x)'}{\cos^2 x}\\&=\frac{\sin x}{\cos^2 x}=\sec x\tan x.\end{aligned}$$

即$(\sec x)'=\sec x\tan x$. 同理可得$(\csc x)'=-\csc x\cot x$.

例 2.27 设 $y=\dfrac{\sec x}{1+\tan x}$,求 y'.

解　$y'=\left(\frac{\sec x}{1+\tan x}\right)'=\frac{(\sec x)'(1+\tan x)-\sec x\,(1+\tan x)'}{(1+\tan x)^2}$

$$=\frac{\sec x\tan x(1+\tan x)-\sec x\sec^2 x}{(1+\tan x)^2}=\frac{\sec x(\tan x-1)}{(1+\tan x)^2}.$$

2.2.2　反函数的求导法则

定理 2.4　若函数 $x=\varphi(y)$ 在某区间 I_y 内单调、可导且 $\varphi'(y)\neq 0$，则其反函数 $y=f(x)$ 在相应区间 I_x 内也可导，且

$$f'(x)=\frac{1}{\varphi'(y)},$$

或写成

$$\frac{\mathrm{d}y}{\mathrm{d}x}=\frac{1}{\frac{\mathrm{d}x}{\mathrm{d}y}}.$$

证　因函数 $x=\varphi(y)$ 在区间 I_y 内单调、可导(连续)，所以反函数 $y=f(x)$ 在相对应的区间内 I_x 也单调、连续.

给 x 以增量 $\Delta x(\Delta x\neq 0, x+\Delta x\in I_x)$，由 $y=f(x)$ 的单调性可知 $\Delta y\neq 0$. 于是，有

$$\frac{\Delta y}{\Delta x}=\frac{1}{\frac{\Delta x}{\Delta y}}.$$

因函数 $y=f(x)$ 连续，故当 $\Delta x\to 0$ 时，$\Delta y\to 0$. 再由定理条件知 $x=\varphi(y)$ 在点 y 处可导，且 $\varphi'(y)\neq 0$，即 $\lim\limits_{\Delta x\to 0}\frac{\Delta x}{\Delta y}\neq 0$，于是有

$$\lim_{\Delta x\to 0}\frac{\Delta y}{\Delta x}=\frac{1}{\lim\limits_{\Delta x\to 0}\frac{\Delta x}{\Delta y}}=\frac{1}{\varphi'(y)},$$

即 $f'(x)=\frac{1}{\varphi'(y)}$.

例 2.28　求 $y=\arcsin x$ 的导数.

解　因为 $y=\arcsin x$ 的反函数 $x=\sin y$ 在 $I_y=\left(-\frac{\pi}{2},\frac{\pi}{2}\right)$ 内单调、可导，且 $(\sin y)'=\cos y>0$，所以 $y=\arcsin x$ 在区间 $I_x=(-1,1)$ 内，有

$$(\arcsin x)'=\frac{1}{(\sin y)'}=\frac{1}{\cos y}=\frac{1}{\sqrt{1-\sin^2 y}}=\frac{1}{\sqrt{1-x^2}},$$

即$(\arcsin x)'=\dfrac{1}{\sqrt{1-x^2}}$. 同理可得$(\arccos x)'=-\dfrac{1}{\sqrt{1-x^2}}$.

例 2.29 求 $y=\arctan x$ 的导数.

解 因为 $y=\arctan x$ 的反函数 $x=\tan y$ 在 $I_y=\left(-\dfrac{\pi}{2},\dfrac{\pi}{2}\right)$内单调、可导，且$(\tan y)'=\sec^2 y>0$，所以，$y=\arctan x$ 在区间 $I_x=(-\infty,\infty)$内有

$$(\arctan x)'=\frac{1}{(\tan y)'}=\frac{1}{\sec^2 y}=\frac{1}{1+\tan^2 y}=\frac{1}{1+x^2},$$

即$(\arctan x)'=\dfrac{1}{1+x^2}$. 同理可得$(\operatorname{arccot} x)'=-\dfrac{1}{1+x^2}$.

为了便于查阅，现将已经求得的基本初等函数的导数公式归纳如下：

(1) $(C)'=0$;

(2) $(x^\mu)'=\mu x^{\mu-1}$;

(3) $(a^x)'=a^x\ln a$, $\quad (e^x)'=e^x$;

(4) $(\log_a x)'=\dfrac{1}{x\ln a}$, $\quad (\ln x)'=\dfrac{1}{x}\quad (x>0)$;

(5) $(\sin x)'=\cos x$, $\quad (\cos x)'=-\sin x$,

$(\tan x)'=\sec^2 x$, $\quad (\cot x)'=-\csc^2 x$,

$(\sec x)'=\sec x\tan x$, $\quad (\csc x)'=-\csc x\cot x$;

(6) $(\arcsin x)'=\dfrac{1}{\sqrt{1-x^2}}$, $\quad (\arccos x)'=-\dfrac{1}{\sqrt{1-x^2}}$,

$(\arctan x)'=\dfrac{1}{1+x^2}$, $\quad (\operatorname{arccot} x)'=-\dfrac{1}{1+x^2}$.

2.2.3 复合函数的求导法则

我们知道$(\sin x)'=\cos x$，是否有$(\sin 2x)'=\cos 2x$?

观察如下求导过程：

$$(\sin 2x)'=(2\sin x\cos x)'=2(\cos^2 x-\sin^2 x)=2\cos 2x,$$

可见$(\sin 2x)'\neq\cos 2x$，即 $\sin 2x$ 的导数与 $\sin x$ 的导数在形式上并不相同.

事实上，$y=\sin x$ 是基本初等函数，前面求得的导数公式只适用于基本初等函数. 而 $y=\sin 2x$ 是复合函数，它由 $y=\sin u$，$u=2x$ 复合而成，不是基本初等函数.

然而从复合函数 $y=\sin 2x$ 的求导结果来看，其导数恰好是构成该复合函数的两个基本初等函数导数的乘积，即

$$(\sin 2x)'=(\sin u)'\cdot(2x)'=\cos u\cdot 2=2\cos 2x.$$

这一结论并非偶然.

定理 2.5　如果 $y=f(u)$ 在点 $u=\varphi(x)$ 处可导,而 $u=\varphi(x)$ 在点 x 处可导,则复合函数 $y=f[\varphi(x)]$ 在点 x 处可导,且

$$\frac{\mathrm{d}y}{\mathrm{d}x}=f'(u)\varphi'(x)\quad \text{或}\quad \frac{\mathrm{d}y}{\mathrm{d}x}=\frac{\mathrm{d}y}{\mathrm{d}u}\cdot\frac{\mathrm{d}u}{\mathrm{d}x}.$$

证　给自变量 x 以增量 Δx,相应得到

$$\Delta u=\varphi(x+\Delta x)-\varphi(x),$$
$$\Delta y=f(u+\Delta u)-f(u).$$

因函数 $y=f(u)$ 可导,所以 $\lim\limits_{\Delta u\to 0}\frac{\Delta y}{\Delta u}=f'(u)$,由函数极限与无穷小量的关系,得

$$\frac{\Delta y}{\Delta u}=f'(u)+\alpha,$$

其中 α 是当 $\Delta u\to 0$ 时的无穷小量,上式两端同乘以 Δu,得

$$\Delta y=f'(u)\Delta u+\alpha\Delta u,$$

于是

$$\lim_{\Delta x\to 0}\frac{\Delta y}{\Delta x}=f'(u)\lim_{\Delta x\to 0}\frac{\Delta u}{\Delta x}+\lim_{\Delta x\to 0}\alpha\lim_{\Delta x\to 0}\frac{\Delta u}{\Delta x}.$$

因函数 $u=\varphi(x)$ 可导,因此当 $\Delta x\to 0$ 时,有 $\Delta u\to 0$,即 $\lim\limits_{\Delta x\to 0}\alpha=\lim\limits_{\Delta u\to 0}\alpha=0$,又因为 $\lim\limits_{\Delta x\to 0}\frac{\Delta u}{\Delta x}=\varphi'(x)$,故得

$$\frac{\mathrm{d}y}{\mathrm{d}x}=\lim_{\Delta x\to 0}\frac{\Delta y}{\Delta x}=f'(u)\varphi'(x).$$

复合函数 $y=f[\varphi(x)]$ 是由简单函数 $y=f(u)$,$u=\varphi(x)$ 复合构成,因而,复合函数 $y=f[\varphi(x)]$ 的因变量 y,自变量 x 与中间变量 u 呈现出如下关系链:

$$y\longrightarrow u\longrightarrow x,$$

对照定理 2.5 中给出的复合函数的求导法则:

$$\frac{\mathrm{d}y}{\mathrm{d}x}=\frac{\mathrm{d}y}{\mathrm{d}u}\cdot\frac{\mathrm{d}u}{\mathrm{d}x},$$

显而易见,复合函数的求导法则可表述如下:

链上的第一个变量对最终变量的导数等于第一个变量对紧邻其后的第二个变量的导数,乘以第二个变量对第三个变量的导数.

复合函数的求导法则又称为**链式法则**,该法则可推广到多个函数复合的情形.

例如,设 $y=f\{g[h(x)]\}$ 由 $y=f(u)$,$u=g(v)$,$v=h(x)$ 复合而成,则复合函数 $y=f\{g[h(x)]\}$ 的导数为

$$\frac{dy}{dx}=f'(u)g'(v)h'(x) \quad 或 \quad \frac{dy}{dx}=\frac{dy}{du}\cdot\frac{du}{dv}\cdot\frac{dv}{dx}.$$

为更清晰表示链上的各个简单函数与其求导变量的关系，$y=f\{g[h(x)]\}$的导数还可以写成

$$y'_x=y'_u\cdot u'_v\cdot v'_x.$$

例 2.30 设 $y=(2x^2-5)^6$，求$\frac{dy}{dx}$.

解 首先将复合函数分解为简单函数：$y=u^6$，$u=2x^2-5$，则由链式法则，有

$$\frac{dy}{dx}=\frac{dy}{du}\cdot\frac{du}{dx}=(u^6)'_u\cdot(2x^2-5)'_x=6u^5\cdot 4x=24x(2x^2-5)^5.$$

注 本题中，$(u^6)'_u=6u^5$ 依据的是求导公式$(x^6)'=(x^6)'_x=6x^5$.

例 2.31 设 $y=\ln\cos x$，求$\frac{dy}{dx}$.

解 将函数分解为 $y=\ln u$，$u=\cos x$，则有

$$\frac{dy}{dx}=\frac{dy}{du}\cdot\frac{du}{dx}=(\ln u)'_u\cdot(\cos x)'_x=\frac{1}{u}\cdot(-\sin x)=\frac{1}{\cos x}(-\sin x)=-\tan x.$$

例 2.32 求函数 $y=\frac{1}{\cos x}$的导数.

解 将函数分解为 $y=\frac{1}{u}$， $u=\cos x$，则有

$$\frac{dy}{dx}=\frac{dy}{du}\cdot\frac{du}{dx}=\left(\frac{1}{u}\right)'_u\cdot(\cos x)'_x=\left(-\frac{1}{u^2}\right)(-\sin x)=\frac{\sin x}{\cos^2 x}=\sec x\tan x.$$

请与例 2.26 的方法比较一下.

例 2.33 设 $y=2^{\tan\frac{1}{x}}$，求$\frac{dy}{dx}$.

解 将函数分解为 $y=2^u$，$u=\tan v$，$v=x^{-1}$，则有

$$\begin{aligned}\frac{dy}{dx}&=\frac{dy}{du}\cdot\frac{du}{dv}\cdot\frac{dv}{dx}=(2^u)'_u\cdot(\tan v)'_v\cdot(x^{-1})'_x\\&=(2^u\ln 2)\cdot(\sec^2 v)\cdot\left(-\frac{1}{x^2}\right)=-\frac{\ln 2}{x^2}2^{\tan\frac{1}{x}}\sec^2\frac{1}{x}.\end{aligned}$$

可以看出，复合函数求导的关键是正确地将复合函数分解成若干个简单函数. **正确分解的标准：分解出的简单函数不再是复合函数.** 一般来说，分解得到的简单函数要么是基本初等函数，要么是基本初等函数的四则运算.

例 2.34 设 $y=\sin(\arctan e^{\sqrt{x}})$，求$\frac{dy}{dx}$.

解 将函数分解为 $y=\sin u$，$u=\arctan v$，$v=e^w$，$w=\sqrt{x}$，则有

$$\frac{dy}{dx}=\frac{dy}{du}\cdot\frac{du}{dv}\cdot\frac{dv}{dw}\cdot\frac{dw}{dx}=(\sin u)'_u\cdot(\arctan v)'_v\cdot(e^w)'_w\cdot(\sqrt{x})'_x$$

$$=\cos u\cdot\frac{1}{1+v^2}\cdot e^w\cdot\frac{1}{2\sqrt{x}}$$

$$=\cos(\arctan e^{\sqrt{x}})\cdot\frac{1}{1+e^{2\sqrt{x}}}\cdot e^{\sqrt{x}}\cdot\frac{1}{2\sqrt{x}}.$$

用链式法则对复合函数求导时，为简单起见，可以不写出中间变量，但要清楚链上的每一个导数是关于哪一个变量求导的.

例如，在例 2.34 中，若不写出中间变量，则链式法则为

$$\frac{dy}{dx}=[\sin(\arctan e^{\sqrt{x}})]'_{\arctan e^{\sqrt{x}}}\cdot(\arctan e^{\sqrt{x}})'_{e^{\sqrt{x}}}\cdot(e^{\sqrt{x}})'_{\sqrt{x}}\cdot(\sqrt{x})'_x.$$

也可以形象地写成

$$\frac{dy}{dx}=[\sin\square]'_{\square}\cdot(\arctan\square)'_{\square}\cdot(e^{\square})'_{\square}\cdot(\sqrt{x})'_x$$

$$=\cos\square\cdot\frac{1}{1+\square^2}\cdot e^{\square}\cdot\frac{1}{2\sqrt{x}}$$

$$=\cos(\arctan e^{\sqrt{x}})\cdot\frac{1}{1+(e^{\sqrt{x}})^2}\cdot e^{\sqrt{x}}\cdot\frac{1}{2\sqrt{x}}.$$

显然，复合函数的导数是由外到内，逐层求导，其中每一个导数都是简单函数的导数.

例 2.35　设 $y=\ln^2(2^{\sin x})$，求 $\frac{dy}{dx}$.

解　$y=\ln^2(2^{\sin x})=[\ln(2^{\sin x})]^2$，故

(1) 先对最外层运算 $\square^2$ 求导，其中 $\square=\ln(2^{\sin x})$，有

$$(\square^2)'_{\square}=2\square=2\ln(2^{\sin x})\text{（对照公式}(x^2)'_x=2x\text{）；}$$

(2) 再对第 2 层运算 $\ln\square$ 求导，其中 $\square=2^{\sin x}$，有

$$(\ln\square)'_{\square}=\frac{1}{\square}=\frac{1}{2^{\sin x}}\quad\left(\text{对照公式}(\ln x)'_x=\frac{1}{x}\right);$$

(3) 接着对第 3 层运算 $2^{\square}$ 求导，其中 $\square=\sin x$，有

$$(2^{\square})'_{\square}=2^{\square}\ln 2=2^{\sin x}\ln 2\quad\text{（对照公式}(2^x)'_x=2^x\ln 2\text{）；}$$

(4) 最后对第 4 层运算 $\sin x$ 求导，$(\sin x)'_x=\cos x$.

根据链式法则，以上四个导数相乘，得

$$\frac{dy}{dx}=2\ln(2^{\sin x})\cdot\frac{1}{2^{\sin x}}\cdot(2^{\sin x}\ln 2)\cdot\cos x=2\cos x\cdot\ln 2\cdot\ln(2^{\sin x}).$$

例 2.36　设 $y=\ln(x+\sqrt{x^2+a^2})$，求 $\frac{dy}{dx}$.

解 $$\frac{dy}{dx}=\frac{1}{x+\sqrt{x^2+a^2}}\cdot(x+\sqrt{x^2+a^2})'$$
$$=\frac{1}{x+\sqrt{x^2+a^2}}\cdot\left(1+\frac{1}{2\sqrt{x^2+a^2}}(x^2+a^2)'\right)$$
$$=\frac{1}{x+\sqrt{x^2+a^2}}\cdot\left(1+\frac{1}{2\sqrt{x^2+a^2}}\cdot 2x\right)$$
$$=\frac{1}{\sqrt{x^2+a^2}}.$$

例 2.37 设 $y=\dfrac{\sqrt{x+1}-\sqrt{x-1}}{\sqrt{x+1}+\sqrt{x-1}}$,求$\dfrac{dy}{dx}$.

解 化简后再求导. 因为

$$y=\frac{\sqrt{x+1}-\sqrt{x-1}}{\sqrt{x+1}+\sqrt{x-1}}=\frac{(\sqrt{x+1}-\sqrt{x-1})(\sqrt{x+1}-\sqrt{x-1})}{(\sqrt{x+1}+\sqrt{x-1})(\sqrt{x+1}-\sqrt{x-1})}$$
$$=\frac{2x-2\sqrt{x^2-1}}{2}=x-\sqrt{x^2-1},$$

所以

$$\frac{dy}{dx}=(x-\sqrt{x^2-1})'=1-\frac{1}{2\sqrt{x^2-1}}(x^2-1)'=1-\frac{2x}{2\sqrt{x^2-1}}=1-\frac{x}{\sqrt{x^2-1}}.$$

例 2.38 设 $f(u)$可导,$y=f(\ln x)+\ln f(x)$,求$\dfrac{dy}{dx}$.

解 $$\frac{dy}{dx}=[f(\ln x)]'_x+[\ln f(x)]'_x$$
$$=f'_{\ln x}(\ln x)\cdot(\ln x)'_x+[\ln f(x)]'_{f(x)}\cdot[f(x)]'_x$$
$$=f'_{\ln x}(\ln x)\cdot\frac{1}{x}+\frac{1}{f(x)}\cdot f'(x)$$
$$=\frac{f'_{\ln x}(\ln x)}{x}+\frac{f'(x)}{f(x)}.$$

注 对抽象复合函数求导时,为清楚起见,常常需要标明求导变量. 如本例中的 $f'_{\ln x}(\ln x)$,$[f(\ln x)]'_x$等. 但为了表示方便,$f'_{\ln x}(\ln x)$常写为 $f'(\ln x)$,$[f(\ln x)]'_x$常写为$[f(\ln x)]'$.

例 2.39 求函数 $y=\ln|x|$的导数.

解 当 $x>0$ 时,$y=\ln|x|=\ln x$,故 $y'=\dfrac{1}{x}$;

当 $x<0$ 时,$y=\ln|x|=\ln(-x)$,故 $y'=\dfrac{1}{-x}(-1)=\dfrac{1}{x}$.

所以只要 $x\neq 0$,就有$(\ln|x|)'=\dfrac{1}{x}$.

习题 2.2

1. 求下列函数的导数$\dfrac{dy}{dx}$:

(1) $y=\dfrac{1}{x}-2\sqrt{x}+x^{\frac{3}{2}}$;

(2) $y=2^x x^2$;

(3) $y=\sqrt{x}(\cot x+1)$;

(4) $y=\dfrac{x+1}{x-2}$;

(5) $y=\dfrac{x^4+x^2+1}{\sqrt{x}}$;

(6) $y=\dfrac{1}{1+\sqrt{x}}+\dfrac{1}{1-\sqrt{x}}$;

(7) $y=\dfrac{1+\cos x}{1-\cos x}$;

(8) $y=\dfrac{\sin x}{1+\cos x}$;

(9) $y=x\tan x+\sec x-1$;

(10) $y=\dfrac{2\csc x}{1+x^2}$;

(11) $y=x\sin x\ln x$;

(12) $y=3\cot x-\dfrac{1}{\ln x}$.

2. 求下列函数在给定点的导数:

(1) $y=x^5+3\sin x$, 在点 $x=0$ 处;

(2) $f(t)=\dfrac{1-\sqrt{t}}{1+\sqrt{t}}$, 在点 $t=4$ 处;

(3) $f(x)=\dfrac{3}{5-x}+\dfrac{x^2}{5}$, 在点 $x=2$ 处.

3. 证明如下导数公式:

(1) $(\cot x)'=-\csc^2 x$;

(2) $(\csc x)'=-\csc x\cot x$.

4. 求下列函数的导数$\dfrac{dy}{dx}$:

(1) $y=\cos(4-3x)$;

(2) $y=(\arcsin x)^2$;

(3) $y=\ln(1+x^2)$;

(4) $y=\arccos\dfrac{1}{x}$;

(5) $y=\arctan e^x$;

(6) $y=e^{\arctan\sqrt{x}}$;

(7) $y=\arctan\dfrac{x+1}{x-1}$;

(8) $y=\ln[\ln(\ln x)]$;

(9) $y=\arccos\sqrt{1-3x}$;

(10) $y=\sqrt[3]{\ln\sin\dfrac{x+3}{2}}$;

(11) $y=\sin^n x\cos nx$;

(12) $y=\sec^2\dfrac{x}{2}-\csc^2\dfrac{x}{2}$;

(13) $y=\ln^2(x+e^{3+2x})$;

(14) $y=\sin\dfrac{1}{x}\cdot e^{\tan\frac{1}{x}}$;

(15) $y=\ln\sqrt{\dfrac{1-\sin x}{1+\sin x}}$；

(16) $y=\tan^2\dfrac{x+1}{3}+\cot\dfrac{x^2+1}{4}$；

(17) $y=\sqrt{4-x^2}+x\arcsin\dfrac{x}{2}$；

(18) $y=\sqrt{1+\tan\left(x+\dfrac{1}{x}\right)}$.

5. 设 $f(x)$，$g(x)$可导，且 $f^2(x)+g^2(x)\neq 0$，求 $y=\sqrt{f^2(x)+g^2(x)}$的导数$\dfrac{dy}{dx}$.

6. 设 $f(x)$可导，求下列函数的导数$\dfrac{dy}{dx}$：

(1) $y=f(e^{2x})$；

(2) $y=f(\sin^2 x)+f(\cos^2 x)$；

(3) $y=f[\ln^2(x+a)]$；

(4) $y=f[\ln(x^2+a)]$；

(5) $y=f(e^x)e^{f(x)}$；

(6) $y=f\{f[f(x)]\}$.

7. 求曲线 $y=2\sin x+x^2$ 上点(0,0)处的切线方程和法线方程.

8. 以初速度 v_0 上抛的物体，其上升高度 s 与时间 t 的关系是 $s=v_0t-\dfrac{1}{2}gt^2$，求：

(1) 该物体的瞬时速度 $v(t)$；

(2) 求物体达到最高点的时刻.

2.3 隐函数以及由参数方程所确定的函数的求导法

2.3.1 隐函数的求导法

用解析式表示函数通常有两种方式，一种是 $y=f(x)$，即因变量 y 由自变量 x 的式子直接表示，例如 $y=\arcsin x$，$y=\ln(x+\sqrt{1+x^2})$等，这类函数称为**显函数**；另一种是 $F(x,y)=0$，即变量 x,y 的关系隐含在一个方程之中. 例如，由方程 $x^2+y^2=1$ 确定了 y 是 x 的函数关系. 这类函数称为**隐函数**.

有的隐函数能够比较方便地化成显函数，如从方程 $x^2+y^2=1$ 中可解出 $y=\sqrt{1-x^2}$和 $y=-\sqrt{1-x^2}$，但有的隐函数如 $\cos(x+y)=e^{xy}$，$y^5+y^2+e^y-e^x\sin x=0$ 等，却不容易或不可能化成显函数. 因此，需要寻求针对一般隐函数 $F(x,y)=0$ 的求导方法.

例 2.40 设函数 $y=f(x)$由方程 $x^2+y^2=16$ 所确定，求$\dfrac{dy}{dx}$.

解 方程两边同时对 x 求导，并注意到方程中 y 是 x 的函数，得

$$2x+2y\frac{dy}{dx}=0,$$

于是，有$\dfrac{dy}{dx}=-\dfrac{x}{y}$.

例 2.41 设函数 $y=f(x)$由方程 $e^y+xy-e^x=0$ 所确定,求$\left.\dfrac{dy}{dx}\right|_{x=0}$.

解 方程两边同时对 x 求导,得

$$e^y\frac{dy}{dx}+y+x\frac{dy}{dx}-e^x=0,$$

从而$\dfrac{dy}{dx}=\dfrac{e^x-y}{e^y+x}$.

当 $x=0$ 时,由原方程得 $y=0$,于是

$$\left.\frac{dy}{dx}\right|_{x=0}=\left.\frac{e^x-y}{e^y+x}\right|_{\substack{x=0\\y=0}}=1.$$

注 方程两边对 x 求导时,因为方程确定了 $y=f(x)$,所以在方程中,y 的函数$\varphi(y)$即是复合函数 $\varphi[f(x)]$,其函数关系链为 $\varphi(y)\longrightarrow y\longrightarrow x$. 按照复合函数的链式法则,$\varphi(y)$关于 x 的导数$\dfrac{d\varphi(y)}{dx}$等于$\dfrac{d\varphi(y)}{dy}\cdot\dfrac{dy}{dx}$. 例如:

例 2.40 中,$\dfrac{d(y^2)}{dx}=\dfrac{d(y^2)}{dy}\cdot\dfrac{dy}{dx}=2y\dfrac{dy}{dx}$;

例 2.41 中,$\dfrac{d(e^y)}{dx}=\dfrac{d(e^y)}{dy}\cdot\dfrac{dy}{dx}=e^y\dfrac{dy}{dx}$.

对于有些显函数 $y=f(x)$,利用**对数求导法**会更加简便一些. 所谓对数求导法,就是将 $y=f(x)$的两边取自然对数,将 $y=f(x)$化为隐函数后再对隐函数求导.

例 2.42 求函数 $y=x^{\sin x}(x>0)$的导数$\dfrac{dy}{dx}$.

解 将 $y=x^{\sin x}$两边取自然对数,化为隐函数

$$\ln y=\sin x\cdot\ln x,$$

上式两边关于 x 求导,得

$$\frac{1}{y}\cdot\frac{dy}{dx}=\cos x\cdot\ln x+\frac{1}{x}\cdot\sin x,$$

于是

$$\frac{dy}{dx}=y\left(\cos x\cdot\ln x+\frac{1}{x}\cdot\sin x\right)=x^{\sin x}\left(\cos x\cdot\ln x+\frac{1}{x}\cdot\sin x\right).$$

对于一般的幂指函数 $y=f(x)^{g(x)}$,也可以先进行指数对数运算,将其化为

$$y=e^{g(x)\ln f(x)}.$$

然后,再利用复合函数求导法则来求导:

$$\begin{aligned}\frac{dy}{dx}&=e^{g(x)\ln f(x)}[g(x)\ln f(x)]'\\&=e^{g(x)\ln f(x)}\left[g'(x)\ln f(x)+g(x)\cdot\frac{f'(x)}{f(x)}\right]\end{aligned}$$

$$=f(x)^{g(x)}\left[g'(x)\ln f(x)+g(x)\cdot\frac{f'(x)}{f(x)}\right].$$

例 2.43 求 $y=\sqrt{\frac{(x-1)(x-2)}{(x-3)(x-4)}}$的导数$\frac{dy}{dx}$.

解 函数两边取对数,得

$$\ln y=\frac{1}{2}[\ln|x-1|+\ln|x-2|-\ln|x-3|-\ln|x-4|],$$

上式两边关于 x 求导,得

$$\frac{1}{y}\cdot\frac{dy}{dx}=\frac{1}{2}\left(\frac{1}{x-1}+\frac{1}{x-2}-\frac{1}{x-3}-\frac{1}{x-4}\right),$$

于是

$$\begin{aligned}\frac{dy}{dx}&=\frac{y}{2}\left(\frac{1}{x-1}+\frac{1}{x-2}-\frac{1}{x-3}-\frac{1}{x-4}\right)\\&=\frac{1}{2}\sqrt{\frac{(x-1)(x-2)}{(x-3)(x-4)}}\left(\frac{1}{x-1}+\frac{1}{x-2}-\frac{1}{x-3}-\frac{1}{x-4}\right).\end{aligned}$$

2.3.2 由参数方程所确定的函数的求导法

我们知道,在直角坐标系下,变量 y 与 x 的函数关系还可以用参数方程

$$\begin{cases}x=\varphi(t),\\y=\psi(t)\end{cases}\quad(\alpha\leqslant t\leqslant\beta)$$

间接给出.例如,圆心在坐标原点,半径为 R 的圆上的点的坐标 x 与 y 之间的关系可由参数方程

$$\begin{cases}x=R\cos t,\\y=R\sin t\end{cases}\quad(0\leqslant t\leqslant 2\pi)$$

来表示.

一般地,从参数方程中消去参数化为显函数往往比较困难,因此有必要寻找能够直接对参数方程求导的方法.

定理 2.6 若参数方程

$$\begin{cases}x=\varphi(t),\\y=\psi(t)\end{cases}\quad(\alpha\leqslant t\leqslant\beta)$$

中,$x=\varphi(t)$,$y=\psi(t)$均可导,$\varphi'(t)\neq 0$ 且 $x=\varphi(t)$严格单调,则

$$\frac{dy}{dx}=\frac{\psi'(t)}{\varphi'(t)}\quad 或\quad \frac{dy}{dx}=\frac{dy}{dt}\bigg/\frac{dx}{dt}.$$

证 因为函数 $x=\varphi(t)$严格单调,则反函数 $t=\varphi^{-1}(x)$存在.又因为 $x=\varphi(t)$可导且 $\varphi'(t)\neq 0$,由反函数的求导法则,得

$$\frac{\mathrm{d}t}{\mathrm{d}x}=\frac{1}{\varphi'(t)}.$$

对于复合函数 $y=\psi(t)=\psi[\varphi^{-1}(x)]$，由复合函数的求导法则，有

$$\frac{\mathrm{d}y}{\mathrm{d}x}=\frac{\mathrm{d}y}{\mathrm{d}t}\cdot\frac{\mathrm{d}t}{\mathrm{d}x}=\psi'(t)\cdot\frac{1}{\varphi'(t)}=\frac{\psi'(t)}{\varphi(t)}=\frac{\mathrm{d}y}{\mathrm{d}t}\Big/\frac{\mathrm{d}x}{\mathrm{d}t}.$$

例 2.44　已知椭圆的参数方程为

$$\begin{cases}x=a\cos t,\\ y=b\sin t\end{cases}\quad(a>0,b>0,t\text{ 为参数}),$$

求该椭圆在 $t=\frac{\pi}{4}$ 处的切线方程.

解　当 $t=\frac{\pi}{4}$ 时，椭圆上相应点 $M_0(x_0,y_0)$ 的横、纵坐标分别是

$$x_0=a\cos\frac{\pi}{4}=\frac{\sqrt{2}a}{2},\quad y_0=b\sin\frac{\pi}{4}=\frac{\sqrt{2}b}{2}.$$

而曲线在点 M_0 处的切线斜率为

$$\left.\frac{\mathrm{d}y}{\mathrm{d}x}\right|_{t=\frac{\pi}{4}}=\left.\frac{(b\sin t)'}{(a\cos t)'}\right|_{t=\frac{\pi}{4}}=\left.\frac{b\cos t}{-a\sin t}\right|_{t=\frac{\pi}{4}}=-\frac{b}{a},$$

所以椭圆在点 M_0 处的切线方程为

$$y-\frac{\sqrt{2}b}{2}=-\frac{b}{a}\left(x-\frac{\sqrt{2}a}{2}\right).$$

亦即 $bx+ay-\sqrt{2}ab=0$.

例 2.45　设 $\begin{cases}x=3t^2+2t,\\ \mathrm{e}^y\sin t-y+1=0\end{cases}$ 确定了函数关系 $y=f(x)$，求 $\left.\frac{\mathrm{d}y}{\mathrm{d}x}\right|_{t=0}$.

解　参数方程两边关于参数 t 求导，得

$$\begin{cases}\dfrac{\mathrm{d}x}{\mathrm{d}t}=6t+2,\\ \mathrm{e}^y\dfrac{\mathrm{d}y}{\mathrm{d}t}\sin t+\mathrm{e}^y\cos t-\dfrac{\mathrm{d}y}{\mathrm{d}t}=0,\end{cases}$$

即

$$\begin{cases}\dfrac{\mathrm{d}x}{\mathrm{d}t}=6t+2,\\ \dfrac{\mathrm{d}y}{\mathrm{d}t}=\dfrac{\mathrm{e}^y\cos t}{1-\mathrm{e}^y\sin t}.\end{cases}$$

于是

$$\frac{\mathrm{d}y}{\mathrm{d}x}=\left(\frac{\mathrm{d}y}{\mathrm{d}t}\Big/\frac{\mathrm{d}x}{\mathrm{d}t}\right)=\frac{\mathrm{e}^y\cos t}{(1-\mathrm{e}^y\sin t)(6t+2)},$$

故$\left.\dfrac{dy}{dx}\right|_{t=0}=\dfrac{e}{2}$.

2.3.3 由极坐标方程所确定的函数的求导法

我们通常是在直角坐标系下研究函数的,但在直角坐标系下有的函数表达式比较烦琐,例如圆和心形线,在直角坐标系下它们的方程分别为 $x^2+y^2=R^2$ 和 $x^2+y^2+ax=a\sqrt{x^2+y^2}$,均为隐函数.

(1) 极坐标的概念

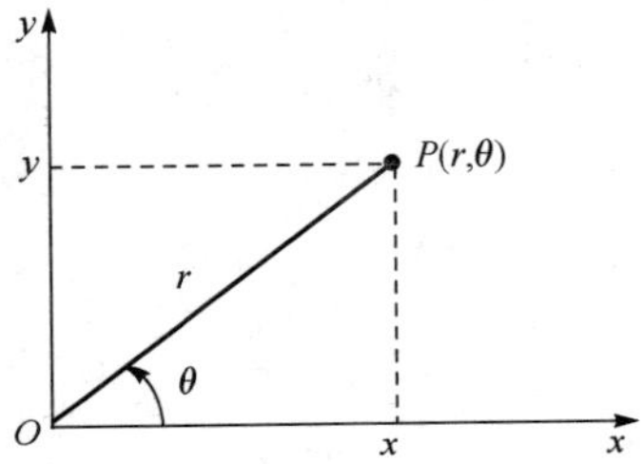

图 2.6

以平面直角坐标系原点 O 出发,沿 x 轴正向引一条带有长度单位的射线 Ox,这样就建立了**极坐标系**. 称 O 为**极点**,Ox 为**极轴**,如图 2.6 所示. 对于平面内的任何一个点 P,线段 OP 的长度称为**极径**,记为 r,极轴 Ox 到射线 OP 的转角称为**极角**,记为 θ. 称有序数组(r,θ)为点 $P(x,y)$的极坐标.

对于平面内的任意一点 P,若其直角坐标为(x,y),极坐标为(r,θ),根据极坐标的定义,可以确定极坐标(r,θ)与直角坐标(x,y)的关系如下:

$$\begin{cases}x=r\cos\theta,\\ y=r\sin\theta;\end{cases}\quad \begin{cases}r=\sqrt{x^2+y^2},\\ \tan\theta=\dfrac{y}{x},\end{cases}\quad r\geqslant 0,0\leqslant\theta\leqslant 2\pi.$$

显然在极坐标系下,圆的方程 $x^2+y^2=R^2$ 为 $r=R$,心形线 $x^2+y^2+ax=a\sqrt{x^2+y^2}$为 $r=a(1-\cos\theta)$. 很明显,它们的极坐标方程比较简单.

(2) 由极坐标方程所确定的函数的求导法

设已给曲线 C 的极坐标方程为 $r=r(\theta)$,利用极坐标与直角坐标的关系

$$\begin{cases}x=r\cos\theta,\\ y=r\sin\theta,\end{cases}$$

可得

$$\begin{cases}x=r(\theta)\cos\theta,\\ y=r(\theta)\sin\theta.\end{cases}$$

此即为曲线 C 的参数方程,其中 θ 为参数. 则曲线 C 的切线的斜率为

$$\frac{dy}{dx}=\left(\frac{dy}{d\theta}\bigg/\frac{dx}{d\theta}\right)=\frac{r'(\theta)\sin\theta+r(\theta)\cos\theta}{r'(\theta)\cos\theta-r(\theta)\sin\theta}.$$

2.3.4　相关变化率

如果圆的半径 r 随时间 t 的变化而变化，则圆的周长 L 和面积 S 也随时间的变化而变化. 因为 $L=2\pi r, S=\pi r^2$，这两个式子两端关于时间 t 求导，得

$$\frac{\mathrm{d}L}{\mathrm{d}t}=2\pi\frac{\mathrm{d}r}{\mathrm{d}t},\quad \frac{\mathrm{d}S}{\mathrm{d}t}=2\pi r\frac{\mathrm{d}r}{\mathrm{d}t},$$

于是 $\frac{\mathrm{d}L}{\mathrm{d}t},\frac{\mathrm{d}S}{\mathrm{d}t}$ 与 $\frac{\mathrm{d}r}{\mathrm{d}t}$ 是相互关联的变化率.

一般地，设函数 $x=x(t), y=y(t)$ 都是可导函数，而变量 x, y 之间存在着某种关系，则 $\frac{\mathrm{d}x}{\mathrm{d}t},\frac{\mathrm{d}y}{\mathrm{d}t}$ 之间也必然存在着某种关系，这两个相互依赖的变化率称为**相关变化率.**

相关变化率问题就是研究两个变化率之间的关系，以便由其中一个变化率求出另一个变化率.

例 2.46　一气球在距观察者 500m 处离开地面铅直上升，当气球高达 500m 时，其上升速率为 140m/min，问此时观察者视线仰角的增加率是多少？

解　设气球上升 $t$min 后，其高度为 hm，观察者视线仰角为 αrad(其中 rad 表示弧度)，则有

$$\tan\alpha=\frac{h}{500}.$$

两边对 t 求导，得

$$\sec^2\alpha\frac{\mathrm{d}\alpha}{\mathrm{d}t}=\frac{1}{500}\cdot\frac{\mathrm{d}h}{\mathrm{d}t},$$

于是 $\frac{\mathrm{d}\alpha}{\mathrm{d}t}=\frac{1}{500\sec^2\alpha}\cdot\frac{\mathrm{d}h}{\mathrm{d}t}$.

将 $h=500, \frac{\mathrm{d}h}{\mathrm{d}t}=140, \tan\alpha=1, \sec^2\alpha=2$ 代入上式得

$$\frac{\mathrm{d}\alpha}{\mathrm{d}t}=\frac{1}{2\cdot 500}\cdot 140=\frac{70}{500}=0.14(\mathrm{rad/min}).$$

即此时观察者视线仰角的增加率是 0.14rad/min.

例 2.47　在气缸内，当理想气体的体积为 $100\mathrm{cm}^3$ 时，压强为 $5\mathrm{N/cm}^3$. 如果温度不变，压强以 $0.05\mathrm{N/cm}^3\cdot\mathrm{h}$ 的速率减少，那么体积增加的速率是多少？

解　由物理学知，在温度不变的条件下，理想气体的压强 p 与体积 V 之间的关系为

$$pV=k\quad(k\text{ 为常数}).$$

由题意知,p,V 都是时间 t 的函数. 上式两端对 t 求导,得

$$p\frac{\mathrm{d}V}{\mathrm{d}t}+V\frac{\mathrm{d}p}{\mathrm{d}t}=0.$$

将 $V=100$,$p=5$,$\frac{\mathrm{d}p}{\mathrm{d}t}=-0.05$ 代入上式,得 $5\frac{\mathrm{d}V}{\mathrm{d}t}-5=0$,所以$\frac{\mathrm{d}V}{\mathrm{d}t}=1$,即体积增加的速率是 $1\mathrm{cm}^3/\mathrm{h}$.

习题 2.3

1. 求由下列方程所确定的隐函数的导数$\frac{\mathrm{d}y}{\mathrm{d}x}$:

(1) $x^3+y^3-3axy=0$; (2) $xy=\mathrm{e}^{x+y}$;

(3) $\cos(xy)=x+y$; (4) $\mathrm{e}^{xy}+y\ln x-\cos 2x=0$;

(5) $y=1-x\mathrm{e}^y$; (6) $y=xy+\ln y$.

2. 利用对数求导法求下列函数的导数$\frac{\mathrm{d}y}{\mathrm{d}x}$:

(1) $y=(\ln x)^x$; (2) $y=\left(\frac{x}{1+x}\right)^x$;

(3) $x^y=y^x$; (4) $y=(\sin x)^{\cos x}+(\cos x)^{\sin x}$;

(5) $y=\frac{\sqrt{x+2}(3-x)^4}{(x+1)^5}$; (6) $y=\sqrt[5]{\frac{x-5}{\sqrt[5]{\sqrt{x^2+2}}}}$;

(7) $y=(x-c_1)^{l_1}(x-c_2)^{l_2}\cdots(x-c_n)^{l_n}$.

3. 设方程 $y=\sin(xy)+3$ 确定了函数 $y=f(x)$,求曲线 $y=f(x)$在点(0,3)处的切线方程和法线方程.

4. 求下列参数方程所确定函数的导数$\frac{\mathrm{d}y}{\mathrm{d}x}$:

(1) $\begin{cases}x=1-t^2,\\ y=t-t^2;\end{cases}$ (2) $\begin{cases}x=a\cos^3 t,\\ y=a\sin^3 t;\end{cases}$

(3) $\begin{cases}x=\mathrm{e}^t\sin t,\\ y=\mathrm{e}^t\cos t,\end{cases}$ 在 $t=\frac{\pi}{4}$处.

5. 写出下列曲线在给定点处的切线方程和法线方程:

(1) $\begin{cases}x=1+2t-t^2,\\ y=4t^2,\end{cases}$ 在点(1,16)处; (2) $\begin{cases}x=\dfrac{3at}{1+t^2},\\ y=\dfrac{3at^2}{1+t^2},\end{cases}$ 在 $t=2$ 处.

6. 求四叶玫瑰线 $r=a\cos 2\theta$(a 是常数)在 $\theta=\frac{\pi}{4}$对应点处的切线方程.

7. A,B 两船从同一码头同时出发,并分别以 40km/h,30km/h 的速度均匀向东、北行驶,问两船距离增加的速率如何?

8. 落在平静水面上的石头产生同心波纹，若最外一圈波半径的增大率总是 6m/s，问在 2s 末扰动水面面积的增大率为多少？

2.4　函数的微分

函数的微分是一元函数微分学中另一个重要概念，它与函数的导数既有联系又有区别，并且在一元函数积分学中有重要的应用.

2.4.1　微分的定义

先分析一个具体问题.

一块正方形金属薄片边长为 x_0，由于受到温度变化的影响，边长从 x_0 变到 $x_0+\Delta x$（图 2.7），问此薄片的面积改变了多少？

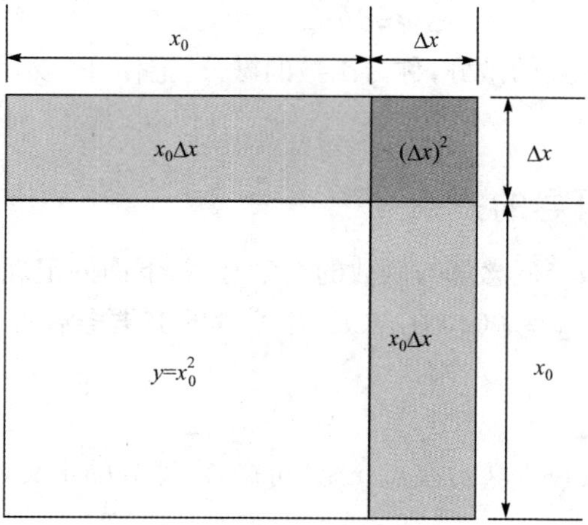

图 2.7

设边长为 x 时正方形薄片的面积为 y，则 $y=x^2$. 而薄片受到温度变化的影响时面积的改变量，可以看成是当自变量 x 自 x_0 取得增量 Δx 时，函数 $y=x^2$ 相应的增量为 Δy，即

$$\Delta y=(x_0+\Delta x)^2-x_0^2=2x_0\Delta x+(\Delta x)^2.$$

从上式可以看出，Δy 包含两个部分，第一部分 $2x_0\Delta x$ 是关于 Δx 的线性函数，即图中带有斜线的两个矩形面积之和；第二部分 $(\Delta x)^2$ 是图中带有交叉斜线的小正方形面积. 当 $\Delta x\to 0$ 时，$(\Delta x)^2$ 是比 Δx 高阶的无穷小，即 $(\Delta x)^2=o(\Delta x)$.

显然，当边长的改变量很小，即 $|\Delta x|$ 很小时，可以用第一部分 $2x_0\Delta x$ 近似地表示 Δy，即

$$\Delta y \approx 2x_0 \Delta x.$$

称关于 Δx 的线性函数 $2x_0\Delta x$ 为函数 $y=x^2$ 在点 x_0 处的微分.

一般地,有如下定义.

定义 2.4 设函数 $y=f(x)$在某区间内有定义,x_0 及 $x_0+\Delta x$ 在这个区间内,如果函数的增量 $\Delta y=f(x_0+\Delta x)-f(x_0)$可表示为

$$\Delta y=A\Delta x+o(\Delta x),$$

其中 A 是与 Δx 无关的常数,$o(\Delta x)$是比 Δx 高阶的无穷小,则称函数 $y=f(x)$在点 x_0 处**可微**,称 $A\Delta x$ 为函数 $y=f(x)$在点 x_0 处相应于自变量增量 Δx 的**微分**,记作 $\mathrm{d}y|_{x=x_0}$ 或$\mathrm{d}f(x)|_{x=x_0}$,即

$$\mathrm{d}y|_{x=x_0}=A\Delta x.$$

可见,若 $\Delta y=A\Delta x+o(\Delta x)$,则当$|\Delta x|$很小时,$A\Delta x$ 对 Δy 的值起主导作用,且 $A\Delta x$ 是关于 Δx 线性函数. 因此,称 $A\Delta x$ 为 Δy 的**线性主要部分**(简称**线性主部**),即微分$\mathrm{d}y|_{x=x_0}$是 Δy 的线性主部. 当$|\Delta x|$相当小时,有

$$\Delta y\approx \mathrm{d}y|_{x=x_0}=A\Delta x.$$

函数在任意点 x 处的微分,称为**函数的微分**,记作 $\mathrm{d}y$ 或 $\mathrm{d}f(x)$.

2.4.2 可微与可导的关系

导数和微分这两个概念都与函数的增量有关,下面的定理给出了两者的关系.

定理 2.7 函数 $y=f(x)$在点 x_0 处可微的**充要条件**是 $f(x)$在点 x_0 处可导,且

$$\mathrm{d}y|_{x=x_0}=f'(x_0)\Delta x.$$

证 必要性 设 $y=f(x)$在点 x_0 处可微,由微分的定义,有

$$\Delta y=A\Delta x+o(\Delta x),$$

等式两边除以 Δx,得

$$\frac{\Delta y}{\Delta x}=A+\frac{o(\Delta x)}{\Delta x},$$

于是,当 $\Delta x\to 0$ 时,

$$\lim_{\Delta x\to 0}\frac{\Delta y}{\Delta x}=\lim_{\Delta x\to 0}\left[A+\frac{o(\Delta x)}{\Delta x}\right]=A,$$

即 $f'(x_0)=A$.

充分性 设 $f(x)$在点 x_0 处可导,即

$$\lim_{\Delta x\to 0}\frac{\Delta y}{\Delta x}=f'(x_0),$$

根据极限与无穷小量的关系,有

$$\frac{\Delta y}{\Delta x}=f'(x_0)+\alpha,$$

其中 α 是当 $\Delta x\to 0$ 时的无穷小量. 上式两边乘以 Δx,得

$$\Delta y=f'(x_0)\Delta x+\alpha\Delta x.$$

因为 $\lim\limits_{\Delta x\to 0}\frac{\alpha\Delta x}{\Delta x}=\lim\limits_{\Delta x\to 0}\alpha=0$,即 $\alpha\Delta x=o(\Delta x)$ 且 $f'(x_0)$ 是与 Δx 无关的常数,故由微分的定义知,$f(x)$ 在点 x_0 处可微.

注 1　定理 2.7 表明,可微与可导等价,且

$$\mathrm{d}y\big|_{x=x_0}=f'(x_0)\Delta x,\quad \mathrm{d}y=f'(x)\Delta x.$$

注 2　对于自变量 x,由 $\mathrm{d}y=f'(x)\Delta x$,则 $\mathrm{d}x=x'\Delta x=\Delta x$,故微分也常常写成

$$\mathrm{d}y=f'(x)\mathrm{d}x,\quad \mathrm{d}y\big|_{x=x_0}=f'(x_0)\mathrm{d}x.$$

如果 $\mathrm{d}x\neq 0$,则 $\frac{\mathrm{d}y}{\mathrm{d}x}=f'(x)$,$\left.\frac{\mathrm{d}y}{\mathrm{d}x}\right|_{x=x_0}=f'(x_0)$,因此导数也称为**微商**.

例 2.48　求函数 $y=x^2$ 当 $x=1,\Delta x=0.2$ 时的微分和增量.

解　由 $y'=2x$,则函数在任意点 x 处的微分为

$$\mathrm{d}y=2x\Delta x.$$

将 $x=1,\Delta x=0.2$ 代入上式,得

$$\mathrm{d}y\Big|_{\substack{x=1\\ \Delta x=0.2}}=2\times 1\times 0.2=0.4.$$

当 $x=1,\Delta x=0.2$ 时,函数的增量为

$$\Delta y\Big|_{\substack{x=1\\ \Delta x=0.2}}=(1+0.2)^2-1=0.44.$$

例 2.49　求函数 $y=\arctan x$ 的微分 $\mathrm{d}y$ 及 $\mathrm{d}y\big|_{x=1}$.

解　因为 $y'=(\arctan x)'=\frac{1}{1+x^2}$,所以

$$\mathrm{d}y=f'(x)\mathrm{d}x=\frac{1}{1+x^2}\mathrm{d}x,$$

$$\mathrm{d}y\big|_{x=1}=\left.\frac{1}{1+x^2}\mathrm{d}x\right|_{x=1}=\frac{1}{1+1^2}\mathrm{d}x=\frac{1}{2}\mathrm{d}x$$

或

$$\mathrm{d}y\big|_{x=1}=(y'\big|_{x=1})\mathrm{d}x=\frac{1}{1+1^2}\mathrm{d}x=\frac{1}{2}\mathrm{d}x.$$

2.4.3　基本初等函数的微分公式

由基本初等函数的导数公式以及函数微分的表达式

$$\mathrm{d}y=f'(x)\mathrm{d}x$$

可得如下基本初等函数的微分公式：

(1) $\mathrm{d}(C)=0$ （C 为常数）；

(2) $\mathrm{d}(x^{\mu})=\mu x^{\mu-1}\mathrm{d}x$；

(3) $\mathrm{d}(a^{x})=a^{x}\ln a\,\mathrm{d}x \quad (a>0, a\neq 1)$，　$\mathrm{d}(\mathrm{e}^{x})=\mathrm{e}^{x}\mathrm{d}x$；

(4) $\mathrm{d}(\log_{a}x)=\dfrac{1}{x\ln a}\mathrm{d}x \quad (a>0, a\neq 1)$，　$\mathrm{d}(\ln x)=\dfrac{1}{x}\mathrm{d}x$；

(5) $\mathrm{d}(\sin x)=\cos x\,\mathrm{d}x$，　$\mathrm{d}(\cos x)=-\sin x\,\mathrm{d}x$，

$\mathrm{d}(\tan x)=\sec^{2}x\,\mathrm{d}x$，　$\mathrm{d}(\cot x)=-\csc^{2}x\,\mathrm{d}x$，

$\mathrm{d}(\sec x)=\sec x\tan x\,\mathrm{d}x$，　$\mathrm{d}(\csc x)=-\csc x\cot x\,\mathrm{d}x$；

(6) $\mathrm{d}(\arcsin x)=\dfrac{1}{\sqrt{1-x^{2}}}\mathrm{d}x$，　$\mathrm{d}(\arccos x)=-\dfrac{1}{\sqrt{1-x^{2}}}\mathrm{d}x$，

$\mathrm{d}(\arctan x)=\dfrac{1}{1+x^{2}}\mathrm{d}x$，　$\mathrm{d}(\mathrm{arccot}\,x)=-\dfrac{1}{1+x^{2}}\mathrm{d}x$.

2.4.4 微分的运算法则

2.4.4.1 函数和、差、积、商的微分法则

设 $u=u(x)$，$v=v(x)$都可导，由函数和、差、积、商的求导法则，可推得相应的微分法则.

例如，因$(uv)'=u'v+uv'$，由微分定义的表达式得

$$\mathrm{d}(uv)=(uv)'\mathrm{d}x=(u'v+uv')\mathrm{d}x=u'v\mathrm{d}x+uv'\mathrm{d}x,$$

因为 $u'\mathrm{d}x=\mathrm{d}u$，$v'\mathrm{d}x=\mathrm{d}v$，所以 $\mathrm{d}(uv)=v\mathrm{d}u+u\mathrm{d}v$.

因此，函数和、差、积、商的微分法则为

(1) $\mathrm{d}(Cu)=C\mathrm{d}u$；　(2) $\mathrm{d}(u\pm v)=\mathrm{d}u\pm\mathrm{d}v$；

(3) $\mathrm{d}(uv)=v\mathrm{d}u+u\mathrm{d}v$；　(4) $\mathrm{d}\left(\dfrac{u}{v}\right)=\dfrac{v\mathrm{d}u-u\mathrm{d}v}{v^{2}} \quad (v\neq 0)$.

2.4.4.2 复合函数的微分法则

设 $y=f(u)$，$u=\varphi(x)$，则对于复合函数 $y=f[\varphi(x)]$有

$$\frac{\mathrm{d}y}{\mathrm{d}x}=\frac{\mathrm{d}y}{\mathrm{d}u}\cdot\frac{\mathrm{d}u}{\mathrm{d}x}=f'(u)\varphi'(x),$$

所以

$$\mathrm{d}y=f'(u)\varphi'(x)\mathrm{d}x\xlongequal{\varphi'(x)\mathrm{d}x=\mathrm{d}u}f'(u)\mathrm{d}u.$$

上式表明，复合函数 $y=f[\varphi(x)]$的微分与第一个简单函数 $y=f(u)$的微分是相同的，这一性质称为**一阶微分形式不变性**.

例如，对于函数 $y=\ln(\sin x)$，因 $[\ln(\sin x)]'=\frac{1}{\sin x}\cdot\cos x$，故

$$dy=\frac{1}{\sin x}\cdot\cos x dx \xlongequal{\cos x dx=d(\sin x)} \frac{1}{\sin x}d(\sin x) \xlongequal{令\ \sin x=u} \frac{1}{u}du=d(\ln u),$$

即 $dy=d(\ln u)$. 即复合函数 $y=\ln(\sin x)$ 的微分与第一个简单函数 $y=\ln u$ 的微分在形式上是相同的.

基于一阶微分形式的不变性，在求复合函数 $y=f[\varphi(x)]$ 的微分 dy 时，不必先求出复合函数的导数 $\frac{dy}{dx}=f'(u)\varphi'(x)$，再乘以 dx 而得到 $dy=[f'(u)\varphi'(x)]dx$. 可以直接计算第一个简单函数的微分 $dy=f'(\varphi(x))d\varphi(x)$，接着完成后续的简单函数微分的计算.

例 2.50　求函数 $y=\ln\sin e^x$ 的微分 dy.

解　$$dy=\frac{1}{\sin e^x}d\sin e^x=\frac{1}{\sin e^x}\cdot\cos e^x\ de^x$$
$$=\frac{1}{\sin e^x}\cdot\cos e^x\cdot e^x dx=e^x\cot(e^x)dx.$$

需要注意的是，导数没有这种形式的不变性，即 $\frac{dy}{dx}=\frac{dy}{du}\cdot\frac{du}{dx}\neq\frac{dy}{du}$.

例 2.51　求函数 $y=e^{-ax}\sin bx$ 的微分 dy.

解　由函数乘积的微分法则和复合函数的微分法则，有

$$\begin{aligned}dy&=d(e^{-ax}\sin bx)=\sin bx d(e^{-ax})+e^{-ax}d(\sin bx)\\&=\sin bx\cdot e^{-ax}d(-ax)+e^{-ax}\cos bx d(bx)\\&=\sin bx\cdot e^{-ax}(-a)dx+e^{-ax}\cos bx\cdot b dx\\&=e^{-ax}(b\cos bx-a\sin bx)dx.\end{aligned}$$

例 2.52　求函数 $y=\frac{e^{2x}}{\cos x}$ 的微分 dy.

解　由函数商的微分法则和复合函数的微分法则，有

$$\begin{aligned}dy&=d\left(\frac{e^{2x}}{\cos x}\right)=\frac{\cos x\cdot d(e^{2x})-e^{2x}\cdot d(\cos x)}{\cos^2 x}\\&=\frac{\cos x\cdot(2e^{2x})dx+e^{2x}\cdot\sin x dx}{\cos^2 x}=\frac{e^{2x}(2\cos x+\sin x)}{\cos^2 x}dx.\end{aligned}$$

例 2.53　已知 $xy=e^{x+y}$，求微分 dy.

解　方程两边求微分，得

$$x dy+y dx=e^{x+y}d(x+y)=e^{x+y}(dx+dy),$$

所以 $dy=\frac{y-e^{x+y}}{e^{x+y}-x}dx$.

比较下述方法　方程两边关于 x 求导数，得

$$y+xy'=e^{x+y}(1+y').$$

所以 $y'=\dfrac{y-e^{x+y}}{e^{x+y}-x}$,于是 $dy=\dfrac{y-e^{x+y}}{e^{x+y}-x}dx$.

导数即是微分的商,很多导数可以利用微分来求得.

例 2.54 已知 $\arctan\dfrac{y}{x}=\ln\sqrt{x^2+y^2}$ 确定了函数 $y=f(x)$,求 $\dfrac{dy}{dx}$.

解 式子两端求微分. 因

$$d\left(\arctan\frac{y}{x}\right)=\frac{1}{1+\left(\frac{y}{x}\right)^2}d\left(\frac{y}{x}\right)=\frac{x^2}{x^2+y^2}\cdot\frac{xdy-ydx}{x^2}=\frac{xdy-ydx}{x^2+y^2},$$

$$d(\ln\sqrt{x^2+y^2})=\frac{1}{\sqrt{x^2+y^2}}d(\sqrt{x^2+y^2})=\frac{1}{\sqrt{x^2+y^2}}\cdot\frac{1}{2\sqrt{x^2+y^2}}d(x^2+y^2)$$
$$=\frac{1}{2(x^2+y^2)}(2xdx+2ydy)=\frac{xdx+ydy}{x^2+y^2},$$

得

$$\frac{xdy-ydx}{x^2+y^2}=\frac{xdx+ydy}{x^2+y^2},$$

即

$$xdy-ydx=xdx+ydy.$$

从而

$$(x-y)dy=(x+y)dx,$$

故 $\dfrac{dy}{dx}=\dfrac{x+y}{x-y}$.

例 2.55 设 $\begin{cases}x=e^t\sin t,\\ y=e^t\cos t\end{cases}$ 确定了函数 $y=f(x)$,求 $\left.\dfrac{dy}{dx}\right|_{t=\frac{\pi}{4}}$.

解 因为

$$dx=d(e^t\sin t)=\sin t\,d(e^t)+e^t d(\sin t)=e^t\sin t\,dt+e^t\cos t\,dt=e^t(\sin t+\cos t)dt,$$
$$dy=d(e^t\cos t)=\cos t\,d(e^t)+e^t d(\cos t)=e^t\cos t\,dt-e^t\sin t\,dt$$
$$=e^t(\cos t-\sin t)dt,$$

故

$$\frac{dy}{dx}=\frac{e^t(\cos t-\sin t)dt}{e^t(\sin t+\cos t)dt}=\frac{\cos t-\sin t}{\sin t+\cos t}.$$

从而 $\left.\dfrac{dy}{dx}\right|_{t=\frac{\pi}{4}}=\left.\dfrac{\cos t-\sin t}{\sin t+\cos t}\right|_{t=\frac{\pi}{4}}=0.$

例 2.56 在下列等式左端的括号中填入适当的函数,使等式成立.

(1) d(　　) $= \mathrm{e}^{-2x}\mathrm{d}x$;

(2) d(　　) $= x\sec^2(x^2+1)\mathrm{d}x$.

解　(1) 因为　$\mathrm{d}(\mathrm{e}^{-2x}) = -2\mathrm{e}^{-2x}\mathrm{d}x$,所以

$$\mathrm{e}^{-2x}\mathrm{d}x = -\frac{1}{2}\mathrm{d}(\mathrm{e}^{-2x}) = \mathrm{d}\left(-\frac{1}{2}\mathrm{e}^{-2x}\right),$$

即 $\mathrm{d}\left(-\frac{1}{2}\mathrm{e}^{-2x}\right) = \mathrm{e}^{-2x}\mathrm{d}x$.

一般地,有 $\mathrm{d}\left(-\frac{1}{2}\mathrm{e}^{-2x}+C\right) = \mathrm{e}^{-2x}\mathrm{d}x$($C$ 为任意常数).

(2) 因为 $\mathrm{d}[\tan(x^2+1)] = 2x\sec^2(x^2+1)\mathrm{d}x$,所以

$$x\sec^2(x^2+1)\mathrm{d}x = \frac{1}{2}\mathrm{d}[\tan(x^2+1)] = \mathrm{d}\left[\frac{1}{2}\tan(x^2+1)\right],$$

即 $\mathrm{d}\left[\frac{1}{2}\tan(x^2+1)\right] = x\sec^2(x^2+1)\mathrm{d}x$.

一般地,有 $\mathrm{d}\left[\frac{1}{2}\tan(x^2+1)+C\right] = x\sec^2(x^2+1)\mathrm{d}x$($C$ 为任意常数).

2.4.5　微分的几何意义

在直角坐标系中,函数 $y=f(x)$ 是一条曲线(图 2.8). 设 $M(x_0, y_0)$ 是曲线上的一点,当自变量在 x_0 处取增量 Δx 时,就得到曲线上另一点 $N(x_0+\Delta x, y_0+\Delta y)$. 由图 2.8 可见

$$MQ=\Delta x,\quad NQ=\Delta y.$$

过点 M 作曲线的切线 MT,它的倾角为 α,则

$$QP = MQ\tan\alpha = f'(x_0)\Delta x,$$

即 $\mathrm{d}y = PQ$. 而 $NP = \Delta y - \mathrm{d}y|_{x=x_0} = o(\Delta x)$(当 $\Delta x \to 0$ 时).

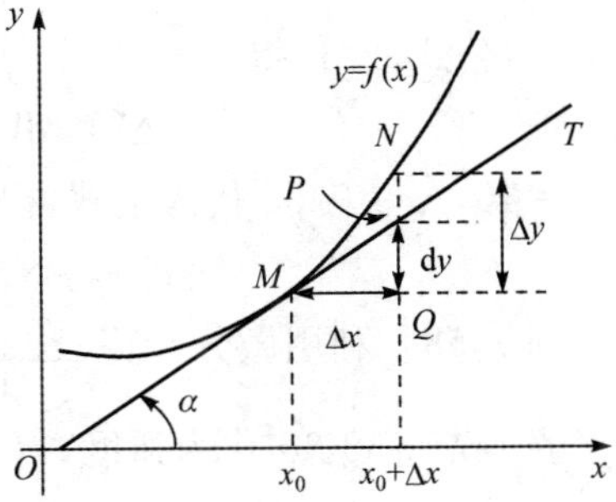

图 2.8

由此可见,当 Δy 是曲线 $y=f(x)$ 上点的纵坐标的增量时,$\mathrm{d}y$ 就是曲线切线上点的纵坐标的相应增量.

当 $|\Delta x|$ 很小时,$|\Delta y - \mathrm{d}y|$ 比 $|\Delta x|$ 要小得多,因此,在点 M 的邻近处,可以用切线段 MP 来近似代替曲线段 MN. 这就是通常所说的"以直代曲"的含义. 三角形△MQP 在一元微分学中占有重要地位,称为**微分三角形或特征三角形**,它的两条直角边分别表示自变量的微分和函数的微分.

*2.4.6 微分在近似计算中的应用

我们已经知道,如果函数 $y=f(x)$在点 x_0 处的导数存在,且 $f'(x_0)\neq 0$,则当 $|\Delta x|$很小时,就有近似公式

$$\Delta y\approx \mathrm{d}y=f'(x_0)\Delta x. \tag{2-1}$$

由于 $\Delta y=f(x_0+\Delta x)-f(x_0)$,因此上式也可以写成

$$f(x_0+\Delta x)-f(x_0)\approx f'(x_0)\Delta x,$$

即

$$f(x_0+\Delta x)\approx f(x_0)+f'(x_0)\Delta x. \tag{2-2}$$

因为 $\Delta x=x-x_0$,即 $x=x_0+\Delta x$,于是上式可改写成

$$f(x)\approx f(x_0)+f'(x_0)(x-x_0). \tag{2-3}$$

该近似计算公式的实质就是用 x 的线性函数 $f(x_0)+f'(x_0)(x-x_0)$来近似表达函数 $f(x)$,这就是我们所说的"以直代曲"的内涵. 即在切点邻近部分,用曲线 $y=f(x)$在点$(x_0,f(x_0))$处的切线来近似代替该曲线.

例 2.57 半径为 10cm 的金属球体加热后,半径增加了 0.05cm,问体积增加了多少?

解 设金属球体的半径为 r,体积为 V,则 $V=\frac{4\pi}{3}r^3$.

由题设 $r_0=10$,$\Delta r=0.05$,求体积的改变量 ΔV. 由于 Δr 很小,所以可用微分 $\mathrm{d}V$ 来代替 ΔV. 因

$$V'|_{r=r_0}=\left(\frac{4\pi}{3}r^3\right)'\bigg|_{r=r_0}=4\pi r_0^2,$$

于是,由公式(2-1)得

$$\Delta V\approx \mathrm{d}V=V'|_{r=r_0}\Delta r=4\pi r_0^2\Delta r.$$

将 $r_0=10$,$\Delta r=0.05$ 代入上式,得

$$\Delta V\approx 4\pi\times 10^2\times 0.05=62.83(\mathrm{cm}^3).$$

例 2.58 利用微分计算 $\cos 30°30'$的近似值.

解 先将$30°30'$化为弧度,得 $30°30'=\frac{\pi}{6}+\frac{\pi}{360}$.

设 $f(x)=\cos x$,此时 $f'(x)=-\sin x$. 当 $x_0=\frac{\pi}{6}$时,有

$$f\left(\frac{\pi}{6}\right)=\cos\frac{\pi}{6}=\frac{\sqrt{3}}{2},\quad f'\left(\frac{\pi}{6}\right)=-\sin\frac{\pi}{6}=-\frac{1}{2}.$$

于是由公式(2-2),得

$$\cos 30°30'=\cos\left(\frac{\pi}{6}+\frac{\pi}{360}\right)\approx\cos\frac{\pi}{6}-\sin\frac{\pi}{6}\cdot\frac{\pi}{360}=\frac{\sqrt{3}}{2}-\frac{1}{2}\cdot\frac{\pi}{360}\approx 0.8616.$$

在公式(2-3)中，取 $x_0=0$，则有

$$f(x)\approx f(0)+f'(0)x. \tag{2-4}$$

当 $|x|$ 很小时，应用公式(2-4)可以推出以下几个常用的近似计算公式：

(1) $\sqrt[n]{1+x}\approx 1+\frac{1}{n}x$；　(2) $e^x\approx 1+x$；　(3) $\ln(1+x)\approx x$；

(4) $\sin x\approx x$（x 为弧度）；　(5) $\tan x\approx x$（x 为弧度）.

证　仅证(1).

设 $f(x)=\sqrt[n]{1+x}$，则有

$$f(0)=1,\quad f'(0)=\frac{1}{n}(1+x)^{\frac{1}{n}-1}\bigg|_{x=0}=\frac{1}{n}.$$

将以上结果代入(2-4)，得 $\sqrt[n]{1+x}\approx 1+\frac{1}{n}x$.

例 2.59　计算 $\sqrt[3]{1010}$ 的近似值.

解　$\sqrt[3]{1010}=\sqrt[3]{1000+10}=10\cdot\sqrt[3]{1+0.01}$.

由于 $x=0.01$ 相对较小，利用近似公式 $\sqrt[n]{1+x}\approx 1+\frac{1}{n}x$，得

$$\sqrt[3]{1010}=10\cdot\sqrt[3]{1+0.01}=10\left(1+\frac{1}{3}\times 0.01\right)\approx 10.03.$$

习题 2.4

1. 已知 $y=x^3-x$，计算在 $x=2$ 处当 Δx 分别等于 1，0.1，0.01 时的 Δy 及 dy.

2. 求下列各函数的微分：

(1) $y=\frac{1}{x}+2\sqrt{x}$；　(2) $y=\arcsin\sqrt{x}$；

(3) $y=\ln^2(x+\sqrt{1+x^2})$；　(4) $y=e^{-x}\cos(3-x)$；

(5) $y=\tan^2(1+2x^2)$；　(6) $y=\arctan\frac{1+x}{1-x}$；

(7) $y=\frac{p}{q^x}$（p,q 是常数）；　(8) $y=\ln\sqrt{\frac{1+\sin x}{1-\sin x}}$；

(9) $y=1+xe^y$；　(10) $y=\cos(xy)-x$.

3. 利用微分求导数 $\frac{dy}{dx}$.

(1) $\begin{cases}x=a\cos^3 t,\\ y=a\sin^3 t;\end{cases}$　(2) $\begin{cases}x=\sqrt{1+t},\\ y=\sqrt{1-t}.\end{cases}$

4. 将适当的函数填入下列括号内,使等式成立.

(1) $d(\quad)=2dx$;　　(2) $d(\quad)=3xdx$;

(3) $d(\quad)=\cos t dt$;　　(4) $d(\quad)=\cos\omega x dx$;

(5) $d(\quad)=\frac{1}{1+x}dx$;　　(6) $d(\quad)=e^{-2x}dx$;

(7) $d(\quad)=\frac{1}{\sqrt{x}}dx$;　　(8) $d(\quad)=e^{x^2}dx^2$;

(9) $d(\sin^2 x)=(\quad)d(\sin x)$;　　(10) $d[\ln(2x+3)]=(\quad)d(2x+3)$.

5. 有一批半径为 1cm 的球,为了提高球面的光洁度,要镀上一层铜,厚度定为 0.01cm,估计一下每只球用铜多少克(铜的密度是 8.9g/cm^3)?

6. 计算下列函数的近似值:

(1) $\cos 60°30'$;　　(2) $e^{1.01}$.

7. 当 $|x|$ 很小时,证明下列近似公式:

(1) $\sin x\approx x$;　　(2) $\tan x\approx x$;

(3) $e^x\approx 1+x$;　　(4) $\ln(1+x)\approx x$.

2.5 高阶导数与高阶微分

2.5.1 高阶导数

2.5.1.1 高阶导数的定义

我们知道,变速直线运动的速度 $v(t)$ 是质点的路程函数 $s(t)$ 关于时间 t 的导数,即 $v=s'(t)$,而加速度 a 又是质点的速度 $v(t)$ 关于时间 t 的导数,即 $a=v'(t)$,从而,加速度 a 是路程函数 $s(t)$ 关于时间 t 的导数的导数,即

$$a=v'(t)=[s'(t)]'.$$

我们把 $s(t)$ 关于 t 的导数的导数称为 $s(t)$ 关于 t 的二阶导数.

一般地,有如下定义.

定义 2.5 设 $y=f(x)$ 在点 x 的邻域内可导,如果极限

$$\lim_{\Delta x\to 0}\frac{f'(x+\Delta x)-f'(x)}{\Delta x}$$

存在,则称函数 $y=f(x)$ 在点 x 处**二阶可导**,称此极限值为函数 $y=f(x)$ 在点 x 处的**二阶导数**,记作

$$y'',\quad f''(x),\quad \frac{d^2y}{dx^2},\quad \frac{d^2f(x)}{dx^2}.$$

类似地,如果二阶导数 $f''(x)$ 仍可导,则称二阶导数 $f''(x)$ 的导数为 $y=f(x)$ 的**三阶导数**,记作

$$y''',\quad f'''(x),\quad \frac{d^3y}{dx^3}\quad 或\quad \frac{d^3f(x)}{dx^3}.$$

一般地，如果函数 $y=f(x)$ 的 $n-1$ 阶导数 $f^{(n-1)}(x)$ $\left(\text{或 } y^{(n-1)}, \dfrac{d^{n-1}y}{dx^{n-1}}, \dfrac{d^{n-1}f(x)}{dx^{n-1}}\right)$ 可导，则称 $n-1$ 阶导数 $f^{(n-1)}(x)$ 的导数为 $y=f(x)$ 的 n **阶导数**，记作 $y^{(n)}, f^{(n)}(x), \dfrac{d^n y}{dx^n}$ 或 $\dfrac{d^n f(x)}{dx^n}$，即

$$f^{(n)}(x)=\lim_{\Delta x\to 0}\frac{f^{(n-1)}(x+\Delta x)-f^{(n-1)}(x)}{\Delta x}.$$

二阶及二阶以上的导数统称为**高阶导数**.

相应地，$f'(x)$ 称为一阶导数.

注　对照一阶导数的符号

$$y'=(y)',\quad f'(x)=[f(x)]',\quad \frac{dy}{dx}=\frac{d}{dx}(y),$$

则不难理解高阶导数符号的含义：

$$y''=(y')',\quad f''(x)=[f'(x)]',\quad \frac{d^2y}{dx^2}=\frac{d}{dx}\left(\frac{dy}{dx}\right),$$

……

$$y^{(n)}=(y^{(n-1)})',\quad f^{(n)}(x)=[f^{(n-1)}(x)]',\quad \frac{d^ny}{dx^n}=\frac{d}{dx}\left(\frac{d^{n-1}y}{dx^{n-1}}\right),$$

其中的 $\dfrac{d}{dx}$ 相当于求导符号 $(\quad)'_x$.

求高阶导数就是多次对函数求导数，因此，可应用基本的求导公式和求导法则来计算函数的高阶导数.

例 2.60　设 $y=x^2e^x$，求 y''.

解　$y'=(x^2)'e^x+x^2(e^x)'=e^x(2x+x^2)$，

$$\begin{aligned}y''&=[e^x(2x+x^2)]'=(e^x)'(2x+x^2)+e^x(2x+x^2)'\\&=e^x(2x+x^2)+e^x(2+2x)=e^x(2+4x+x^2).\end{aligned}$$

例 2.61　设 $f(x)=(x-a)^2\varphi(x)$，且 $\varphi'(x)$ 连续，求 $f''(a)$.

解　因为 $f(a)=0$，所以

$$\begin{aligned}f'(a)&=\lim_{x\to a}\frac{f(x)-f(a)}{x-a}=\lim_{x\to a}\frac{(x-a)^2\varphi(x)}{(x-a)}\\&=\lim_{x\to a}(x-a)\varphi(x)=0;\end{aligned}$$

$$\begin{aligned}f''(a)&=\lim_{x\to a}\frac{f'(x)-f'(a)}{x-a}=\lim_{x\to a}\frac{2(x-a)\varphi(x)+(x-a)^2\varphi'(x)}{(x-a)}\\&=\lim_{x\to a}[2\varphi(x)+(x-a)\varphi'(x)]=2\varphi(a).\end{aligned}$$

例 2.62 设 $y=a_nx^n+a_{n-1}x^{n-1}+\cdots+a_1x+a_0$,求 $y^{(n)}$.

解 $y'=na_nx^{n-1}+(n-1)a_{n-1}x^{n-2}+\cdots+2a_2x+a_1$,

$y''=n(n-1)a_nx^{n-2}+(n-1)(n-2)a_{n-1}x^{n-3}+\cdots+3\cdot 2a_3x+2\cdot 1a_2$,

可见每求一次导数,多项式的幂就减少一次,因此,经过 n 次求导后,得

$$y^{(n)}=n!\ a_n.$$

一般地,$(x^\mu)^{(n)}=\mu(\mu-1)\cdots(\mu-n+1)x^{\mu-n}$,其中 μ 为任意常数.

例 2.63 设 $y=\mathrm{e}^{ax}$,求 $y^{(n)}$.

解 $y'=(\mathrm{e}^{ax})'=a\mathrm{e}^{ax}$,$y''=(a\mathrm{e}^{ax})'=a^2\mathrm{e}^{ax}$,$y'''=(a^2\mathrm{e}^{ax})'=a^3\mathrm{e}^{ax}$,$\cdots$.

一般地,

$$y^{(n)}=a^n\mathrm{e}^{ax}.$$

特别地,当 $a=1$ 时,有 $(\mathrm{e}^x)^{(n)}=\mathrm{e}^x$.

例 2.64 设 $y=\dfrac{1}{1+x}$,求 $y^{(n)}$.

解 $y'=-\dfrac{1}{(1+x)^2}$, $y''=\dfrac{2\cdot 1}{(1+x)^3}$, $y'''=-\dfrac{3\cdot 2\cdot 1}{(1+x)^4}$, $\cdots$.

一般地,

$$y^{(n)}=(-1)^n\frac{n!}{(1+x)^{n+1}}.$$

同理,可求得 $\left(\dfrac{1}{1-x}\right)^{(n)}=\dfrac{n!}{(1-x)^{n+1}}$.

例 2.65 设 $y=\sin x$,求 $y^{(n)}$.

解 $y'=\cos x=\sin\left(x+\dfrac{\pi}{2}\right)$,

$y''=\cos\left(x+\dfrac{\pi}{2}\right)=\sin\left(x+\dfrac{\pi}{2}+\dfrac{\pi}{2}\right)=\sin\left(x+2\cdot\dfrac{\pi}{2}\right)$,

$y'''=\cos\left(x+2\cdot\dfrac{\pi}{2}\right)=\sin\left(x+2\cdot\dfrac{\pi}{2}+\dfrac{\pi}{2}\right)=\sin\left(x+3\cdot\dfrac{\pi}{2}\right)$,$\cdots$.

一般地,可得

$$y^{(n)}=\sin\left(x+n\cdot\frac{\pi}{2}\right).$$

同理,可得 $(\cos x)^{(n)}=\cos\left(x+n\cdot\dfrac{\pi}{2}\right)$.

例 2.66 若 $f''(x)$存在,求 $y=f(\ln x)$的二阶导数$\dfrac{\mathrm{d}^2y}{\mathrm{d}x^2}$.

解 由复合函数的求导法则,因

$$\frac{dy}{dx}=f'(\ln x)\cdot\frac{1}{x},$$

则

$$\begin{aligned}\frac{d^2y}{dx^2}&=\left[f'(\ln x)\cdot\frac{1}{x}\right]'=[f'(\ln x)]'\cdot\frac{1}{x}+f'(\ln x)\cdot\left(\frac{1}{x}\right)'\\&=\left[f''(\ln x)\cdot\frac{1}{x}\right]\cdot\frac{1}{x}+f'(\ln x)\cdot\left(-\frac{1}{x^2}\right)\\&=\frac{f''(\ln x)-f'(\ln x)}{x^2}.\end{aligned}$$

2.5.1.2　高阶导数的求导法则

不难证明，n 阶导数具有以下的运算法则：

如果函数 $u=u(x)$ 及 $v=v(x)$ 具有 n 阶导数，那么

(1) $[u\pm v]^{(n)}=u^{(n)}\pm v^{(n)}$；

(2) $[Cu]^{(n)}=Cu^{(n)}$（C 为常数）；

(3) $$\begin{aligned}(uv)^{(n)}&=\sum_{k=0}^{n}C_n^k u^{(n-k)}v^{(k)}\\&=u^{(n)}v+nu^{(n-1)}v'+\frac{n(n-1)}{2!}u^{(n-2)}v''+\cdots+nu'v^{(n-1)}+uv^{(n)}.\end{aligned}$$

上式称为**莱布尼茨公式**. 公式中的各项系数与二项式公式的系数相同.

例 2.67　设 $y=x^2e^{2x}$，求 $y^{(20)}$.

解　设 $u=e^{2x}$，$v=x^2$，则

$$u^{(k)}=2^k e^{2x}\quad(k=1,2,\cdots,20),$$

$$v'=2x,\quad v''=2,\quad v^{(k)}=0\quad(k=3,4,\cdots,20).$$

代入莱布尼茨公式，得

$$\begin{aligned}y^{(20)}&=(x^2e^{2x})^{(20)}\\&=2^{20}e^{2x}\cdot x^2+20\cdot 2^{19}e^{2x}\cdot 2x+\frac{20\cdot 19}{2!}2^{18}e^{2x}\cdot 2\\&=2^{20}e^{2x}(x^2+20x+95).\end{aligned}$$

2.5.1.3　隐函数及参数方程的高阶导数

例 2.68　已知方程 $y=x+\ln y$ 确定了函数 $y=f(x)$，求 $\frac{d^2y}{dx^2}$.

解　方程两边关于 x 求导，得

$$\frac{dy}{dx}=1+\frac{dy}{dx}\cdot\frac{1}{y},$$

故 $\frac{dy}{dx}=\frac{y}{y-1}$.

对一阶导数关于 x 再求导,得

$$\frac{d^2y}{dx^2}=\frac{d}{dx}\left(\frac{dy}{dx}\right)=\frac{d}{dx}\left(\frac{y}{y-1}\right)=\frac{\frac{dy}{dx}\cdot(y-1)-y\cdot\frac{d}{dx}(y-1)}{(y-1)^2}$$

$$=\frac{\frac{dy}{dx}\cdot(y-1)-y\cdot\frac{dy}{dx}}{(y-1)^2}=-\frac{\frac{dy}{dx}}{(y-1)^2}.$$

将$\frac{dy}{dx}=\frac{y}{y-1}$代入上式,得

$$\frac{d^2y}{dx^2}=-\frac{\frac{y}{y-1}}{(y-1)^2}=\frac{y}{(1-y)^3}.$$

例 2.69 已知方程 $\arctan\frac{y}{x}=\ln\sqrt{x^2+y^2}$确定了函数 $y=f(x)$,求 y''.

解 方程两端对 x 求导,得

$$\frac{1}{1+\left(\frac{y}{x}\right)^2}\cdot\frac{y'x-y}{x^2}=\frac{1}{\sqrt{x^2+y^2}}\cdot\frac{2x+2y\cdot y'}{2\sqrt{x^2+y^2}},$$

即 $y'x-y=x+y\cdot y'$,故 $y'=\frac{x+y}{x-y}$.

对 y'再关于 x 求导,并将 $y'=\frac{x+y}{x-y}$代入,得

$$y''=(y')'=\frac{(1+y')(x-y)-(x+y)(1-y')}{(x-y)^2}$$

$$=\frac{\left(1+\frac{x+y}{x-y}\right)(x-y)-(x+y)\left(1-\frac{x+y}{x-y}\right)}{(x-y)^2}=\frac{2(x^2+y^2)}{(x-y)^3}.$$

我们知道,对于参数方程

$$\begin{cases}x=\varphi(t),\\ y=\psi(t)\end{cases}\quad(\alpha\leqslant t\leqslant\beta),$$

若 $x=\varphi(t)$,$y=\psi(t)$均可导,$\varphi'(t)\neq0$ 且 $x=\varphi(t)$严格单调,则

$$\frac{dy}{dx}=\frac{\psi'(t)}{\varphi'(t)}\quad 或\quad \frac{dy}{dx}=\frac{dy}{dt}\Big/\frac{dx}{dt}.$$

如果 $x=\varphi(t)$,$y=\psi(t)$二阶可导,则继续对上式求导,可得到函数的二阶导数$\frac{d^2y}{dx^2}$.

因为$\frac{\mathrm{d}y}{\mathrm{d}x}=\frac{\psi'(t)}{\varphi'(t)}$，所以$\frac{\mathrm{d}y}{\mathrm{d}x}$是变量 t 的函数，而 $t=\varphi^{-1}(x)$，即 t 是 x 的函数，故$\frac{\mathrm{d}y}{\mathrm{d}x}$是变量 x 的复合函数，t 为中间变量，函数关系链为

$$\frac{\mathrm{d}y}{\mathrm{d}x}\longrightarrow t\longrightarrow x.$$

由复合函数的求导法则，有

$$\frac{\mathrm{d}^2y}{\mathrm{d}x^2}=\frac{\mathrm{d}}{\mathrm{d}x}\left(\frac{\mathrm{d}y}{\mathrm{d}x}\right)=\frac{\mathrm{d}}{\mathrm{d}t}\left(\frac{\mathrm{d}y}{\mathrm{d}x}\right)\cdot\frac{\mathrm{d}t}{\mathrm{d}x}=\frac{\mathrm{d}}{\mathrm{d}t}\left(\frac{\mathrm{d}y}{\mathrm{d}x}\right)\cdot\frac{1}{\frac{\mathrm{d}x}{\mathrm{d}t}}$$

$$=\frac{\mathrm{d}}{\mathrm{d}t}\left[\frac{\psi'(t)}{\varphi'(t)}\right]\cdot\frac{1}{\varphi'(t)}=\frac{\psi''(t)\varphi'(t)-\psi'(t)\varphi''(t)}{[\varphi'(t)]^3}.$$

或写成

$$y''_x=(y')'_x=(y')'_t\cdot t'_x=(y')'_t\cdot\frac{1}{x'_t}$$

$$=\left[\frac{\psi'(t)}{\varphi'(t)}\right]'_t\cdot\frac{1}{\varphi'(t)}=\frac{\psi''(t)\varphi'(t)-\psi'(t)\varphi''(t)}{[\varphi'(t)]^3}.$$

例 2.70　求由参数方程$\begin{cases}x=\frac{1}{2}t^2,\\ y=1-t\end{cases}$所确定的函数 $y=f(x)$ 的二阶导数$\frac{\mathrm{d}^2y}{\mathrm{d}x^2}$和三阶导数$\frac{\mathrm{d}^3y}{\mathrm{d}x^3}$.

解　因为$\frac{\mathrm{d}y}{\mathrm{d}x}=\frac{\mathrm{d}y}{\mathrm{d}t}\Big/\frac{\mathrm{d}x}{\mathrm{d}t}=\frac{(1-t)'}{\left(\frac{1}{2}t^2\right)'}=-\frac{1}{t}$，所以

$$\frac{\mathrm{d}^2y}{\mathrm{d}x^2}=\frac{\mathrm{d}}{\mathrm{d}x}\left(\frac{\mathrm{d}y}{\mathrm{d}x}\right)=\frac{\mathrm{d}\left(\frac{\mathrm{d}y}{\mathrm{d}x}\right)}{\mathrm{d}x}=\frac{\left(-\frac{1}{t}\right)'}{\left(\frac{1}{2}t^2\right)'}=\frac{\frac{1}{t^2}}{t}=\frac{1}{t^3},$$

$$\frac{\mathrm{d}^3y}{\mathrm{d}x^3}=\frac{\mathrm{d}}{\mathrm{d}x}\left(\frac{\mathrm{d}^2y}{\mathrm{d}x^2}\right)=\frac{\mathrm{d}\left(\frac{\mathrm{d}^2y}{\mathrm{d}x^2}\right)}{\mathrm{d}x}=\frac{\left(\frac{1}{t^3}\right)'}{\left(\frac{1}{2}t^2\right)'}=\frac{-3\cdot\frac{1}{t^4}}{t}=-\frac{3}{t^5}.$$

注　$\frac{\mathrm{d}^2y}{\mathrm{d}x^2}\neq\left[\frac{\psi'(t)}{\varphi'(t)}\right]'_t$. 本题中，若$\frac{\mathrm{d}^2y}{\mathrm{d}x^2}=\left(-\frac{1}{t}\right)'=\frac{1}{t^2}$，则是错误的.

为避免上述错误，可比照一阶参数方程导数的结构来加深理解：

一阶导数：$\begin{cases}x=\varphi(t),\\ y=\psi(t),\end{cases}\quad \dfrac{\mathrm{d}y}{\mathrm{d}x}=\dfrac{\mathrm{d}(y)}{\mathrm{d}x}=\dfrac{[\psi(t)]'}{[\varphi(t)]'}=\dfrac{\psi'(t)}{\varphi'(t)}.$

二阶导数：$\begin{cases}x=\varphi(t),\\ \dfrac{\mathrm{d}y}{\mathrm{d}x}=\dfrac{\psi'(t)}{\varphi'(t)},\end{cases}\quad \dfrac{\mathrm{d}^2y}{\mathrm{d}x^2}=\dfrac{\mathrm{d}\left(\dfrac{\mathrm{d}y}{\mathrm{d}x}\right)}{\mathrm{d}x}=\dfrac{\left[\dfrac{\psi'(t)}{\varphi'(t)}\right]'}{[\varphi(t)]'}=\dfrac{\psi''(t)\varphi'(t)-\psi'(t)\varphi''(t)}{[\varphi'(t)]^3}.$

2.5.2 高阶微分

2.5.2.1 高阶微分的定义

对于固定的 $\mathrm{d}x$，函数 $y=f(x)$ 的微分 $\mathrm{d}y=f'(x)\mathrm{d}x$ 是 x 的函数. 如果 $\mathrm{d}y$ 在点 x 处仍可微，则称 $\mathrm{d}y$ 的微分为函数 $y=f(x)$ 的**二阶微分**，记作 d^2y 或 $\mathrm{d}^2f(x)$.

同样地，函数 $y=f(x)$ 的二阶微分 d^2y 的微分称为函数 $f(x)$ 的**三阶微分**，记作 d^3y 或 $\mathrm{d}^3f(x)$.

一般地，函数 $y=f(x)$ 的 $n-1$ 阶微分 $\mathrm{d}^{n-1}y$ 的微分称为函数 $f(x)$ 的 **n 阶微分**，记作 d^ny 或 $\mathrm{d}^nf(x)$.

二阶及其以上的微分称为**高阶微分**.

2.5.2.2 高阶微分的计算

高阶微分有如下计算公式：

$$\mathrm{d}^ny=y^{(n)}\mathrm{d}x^n\quad(n\geqslant 2).$$

事实上，由于自变量的微分 $\mathrm{d}x$ 是一个不依赖于 x 的常量，所以

$\mathrm{d}^2y=\mathrm{d}(\mathrm{d}y)=\mathrm{d}(y'\mathrm{d}x)=\mathrm{d}y'\cdot\mathrm{d}x=(y''\mathrm{d}x)\cdot\mathrm{d}x=y''\mathrm{d}x^2$；

$\mathrm{d}^3y=\mathrm{d}(\mathrm{d}^2y)=\mathrm{d}(y''\mathrm{d}x^2)=\mathrm{d}y''\cdot\mathrm{d}x^2=(y'''\mathrm{d}x)\cdot\mathrm{d}x^2=y'''\mathrm{d}x^3$；

……

$\mathrm{d}^ny=\mathrm{d}(\mathrm{d}^{n-1}y)=\mathrm{d}(y^{(n-1)}\mathrm{d}x^{n-1})=\mathrm{d}(y^{(n-1)})\cdot\mathrm{d}x^{n-1}=y^{(n)}\mathrm{d}x\cdot\mathrm{d}x^{n-1}=y^{(n)}\mathrm{d}x^n.$

由此可见，求函数的 n 阶微分，只需求出该函数的 n 阶导数，再乘上 $\mathrm{d}x$ 的 n 次幂 $\mathrm{d}x^n$ 即可.

由上述各阶微分的表达式，得

$$y''=\frac{\mathrm{d}^2y}{\mathrm{d}x^2},\quad y'''=\frac{\mathrm{d}^3y}{\mathrm{d}x^3},\quad \cdots,\quad y^{(n)}=\frac{\mathrm{d}^ny}{\mathrm{d}x^n}.$$

这就是说，**函数的 n 阶导数就是函数的 n 阶微分与 $\mathrm{d}x$ 的 n 次幂的商**.

注意 复合函数的高阶微分不再具有形式不变性.

事实上，设 $y=f[\varphi(x)]$ 由 $y=f(u)$，$u=\varphi(x)$ 复合而成，由一阶微分形式的不变性，得

$$\mathrm{d}y=f'(u)\mathrm{d}u.$$

这里 $u=\varphi(x)$，因而 $\mathrm{d}u$ 不是常量，$\mathrm{d}u=\varphi'(x)\mathrm{d}x$. 因此由乘积的微分法则，有

$d^2y=d[f'(u)\cdot du]=[df'(u)]du+f'(u)d(du)=f''(u)du^2+f'(u)d^2u$，
即 $d^2y=f''(u)du^2+f'(u)d^2u\neq f''(u)du^2$.

习题 2.5

1. 求下列函数的二阶导数：

(1) $y=2x^2+\ln x$；　　(2) $y=e^{2x-1}$；

(3) $y=\ln(1-x^2)$；　　(4) $y=\dfrac{e^x}{x}$；

(5) $y=\ln(x+\sqrt{1+x^2})$；　　(6) $y=(1+x^2)\arctan x$；

(7) $y=e^{-t}\cot t$；　　(8) $y=\cot\dfrac{x}{2}$.

2. 求由下列方程所确定的隐函数 y 的二阶导数：

(1) $y=1+xe^y$；　　(2) $y=\tan(x+y)$；

(3) $x^2-y^2=1$；　　(4) $y=\sin(x+y)$.

3. 求下列参数方程所确定函数的二阶导数$\dfrac{d^2y}{dx^2}$：

(1) $\begin{cases}x=a\cos t,\\ y=b\sin t;\end{cases}$　　(2) $\begin{cases}x=3e^{-t},\\ y=2e^t;\end{cases}$

(3) $\begin{cases}x=f'(t),\\ y=tf'(t)-f(t),\end{cases}$ 其中 $f(t)$为二阶可导函数.

4. 若 $f''(x)$存在，求下列函数的二阶导数$\dfrac{d^2y}{dx^2}$：

(1) $y=f(x^2)$；　　(2) $y=\ln f(x)$.

5. 设质点做直线运动，其运动方程为 $s=t+\dfrac{1}{t}$，求质点在 $t=3$ 时的速度和加速度.

6. 求下列函数的 n 阶导数：

(1) $y=xe^x$；　　(2) $y=e^{-x}$；

(3) $y=\dfrac{1-x}{1+x}$；　　(4) $y=\sin^2 x$；

(5) $y=\dfrac{1}{x^2-3x-4}$；　　(6) $y=x\ln x$.

7. 用莱布尼茨公式求下列函数的 n 阶导数：

(1) $y=e^x\sin x$；　　(2) $y=x^2\sin ax$.

8. 求下列函数的高阶微分：

(1) $y=x\cos x$，求 d^2y；

(2) $y=e^{2x}-1$，求 $d^2f(0)$；

(3) $y=\ln(x+1)$，求 d^ny.

9. 已知函数

$$f(x)=\begin{cases}ax^2+bx+c, & x<0,\\ \ln(1+x), & x\geqslant 0\end{cases}$$

在点 $x=0$ 处二阶可导,求常数 a,b,c.

综合练习题二

一、判断题(将√或×填入相应的括号内)

(　　)1. 分段函数不可导;

(　　)2. 若函数 $y=f(x)$在点 x_0 处连续,则在该点必可导;

(　　)3. 若函数在某点不可导,则该函数在该点也不可微;

(　　)4. 当 $\Delta x\to 0$ 时,若函数 $y=f(x)$在点 x_0 处函数的增量 Δy 与自变量增量 Δx 同阶或 $\Delta y=o(\Delta x)$,则 $y=f(x)$在点 x_0 处可导;

(　　)5. 若 $y=f(x)$在点 x_0 处可导,则该函数在 x_0 处必满足 $\lim\limits_{\Delta x\to 0}\dfrac{\Delta y-\mathrm{d}y}{\Delta x}=0$;

(　　)6. 曲线 $y=f(x)$在点$(x_0,f(x_0))$处有切线,则 $f'(x_0)$一定存在;

(　　)7. 若 $f'(x)>g'(x)$,则 $f(x)>g(x)$;

(　　)8. 偶函数的导数为奇函数,奇函数的导数为偶函数;

(　　)9. 若 $f(x)$为奇函数,$f'(0)$存在,则 $x=0$ 是$\dfrac{f(x)}{x}$的可去间断点;

(　　)10. 若 $y=f(x)$在点 x_0 处可导,则$|f(x)|$在点 x_0 处也可导.

二、单项选择题(将正确选项的序号填入括号内)

1. 设 $f(x)$在点 x_0 处可导,且$\lim\limits_{x\to 0}\dfrac{x}{f(x_0-2x)-f(x_0)}=\dfrac{1}{4}$,则 $f'(x_0)=$(　　).

(A)4;　　(B) -4;　　(C) 2;　　(D) -2.

2. 设 $f'(1)=1$,则$\lim\limits_{x\to 1}\dfrac{f(x)-f(1)}{x^2-1}=$(　　).

(A) 1;　　(B) -1;　　(C) $\dfrac{1}{2}$;　　(D) $-\dfrac{1}{2}$.

3. 设函数 $f(x)$对任意的 x 均满足 $f(1+x)=af(x)$,且 $f'(0)=b$,其中 a,b 是非零常数,则(　　).

(A) $f(x)$在点 $x=1$ 处不可导;

(B) $f(x)$在点 $x=1$ 处可导,且 $f'(1)=a$;

(C) $f(x)$在点 $x=1$ 处可导,且 $f'(1)=b$;

(D) $f(x)$在点 $x=1$ 处可导,且 $f'(1)=ab$.

4. 直线 l 与 x 轴平行且与曲线 $y=x-\mathrm{e}^x$ 相切,则切点为(　　).

(A) (1,1);　　(B) (−1,1);　　(C) (0,1);　　(D) (0,−1).

5. $f(x)=(x^2-x-2)|x^3-x|$不可导点的个数为(　　).

(A) 0;　　(B) 3;　　(C) 1;　　(D) 2.

6. 设函数 $f(x)=\begin{cases}\dfrac{x}{1+e^{\frac{1}{x}}}, & x\neq 0,\\ 0, & x=0,\end{cases}$ 则 $f(x)$ 在点 $x=0$ 处(　　).

(A) 左导数不存在；　　(B) 右导数不存在；

(C) $f'(0)=1$；　　(D) 不可导.

7. 设函数 $f(x)=\begin{cases}x^2+1, & x\leqslant 0,\\ 2x+\cos x, & x>0,\end{cases}$ 则 $f'(x)=($　　$)$.

(A) $\begin{cases}2x, & x\leqslant 0,\\ 2-\sin x, & x>0;\end{cases}$　　(B) $\begin{cases}2x, & x<0,\\ 2-\sin x, & x\geqslant 0;\end{cases}$

(C) $\begin{cases}2x, & x<0,\\ 2-\sin x, & x>0;\end{cases}$　　(D) $\begin{cases}2x, & x<0,\\ 0, & x=0,\\ 2-\sin x, & x>0.\end{cases}$

8. 若 $f(x)=\begin{cases}\cos x, & x\leqslant 1,\\ ax+b, & x>1\end{cases}$ 且 $f'(1)$ 存在,则必有(　　).

(A) $a=1$,　$b=-1$；　　(B) $a=b=\sin 1$；

(C) $a=-\sin 1$,　$b=\cos 1+\sin 1$；　　(D) $a=1$,　$b=0$.

9. 已知 $\dfrac{d}{dx}\left[f\left(\dfrac{1}{x^2}\right)\right]=\dfrac{1}{x}$,则 $f'\left(\dfrac{1}{2}\right)=($　　$)$.

(A) $\dfrac{1}{\sqrt{2}}$；　　(B) -1；　　(C) 2；　　(D) -4.

10. 设 $y=f(\sin x)$,则 $dy=($　　$)$.

(A) $f'(\sin x)\sin x dx$；　　(B) $f'(\sin x)dx$；

(C) $f'(\sin x)\cos x dx$；　　(D) $f(\sin x)\sin x dx$.

三、填空题

1. 函数 $y=\ln(a^x+b^x)$ 的导数 $\dfrac{dy}{dx}=$____________；

2. 设 $y=\ln|2x-3|$,则 $\dfrac{dy}{dx}=$____________；

3. 若 $y=e^{f(x)}$,其中 $f(x)$ 二阶可导,则 $y''=$____________；

4. 已知 $y=x\ln y$,则 $\dfrac{d^2y}{dx^2}=$____________；

5. 设 $y=(1+x)^{\frac{1}{x}}$,则 $y'|_{x=1}=$____________；

6. 已知参数方程 $\begin{cases}x=2(t-\sin t),\\ y=2(1-\cos t)\end{cases}$ 确定了函数 $y=f(x)$,则 $\dfrac{d^2y}{dx^2}=$____________；

7. 设 $f'(\cos^2 x)=\sin^2 x$ 且 $f(0)=0$,则 $f(x)=$____________；

8. 若 $f'(x)=\sin^2[\sin(x+1)]$,$f(0)=4$,则 $\left.\dfrac{dx}{dy}\right|_{y=4}=$____________；

9. 若 $\begin{cases}x=\ln t,\\ y=t^m,\end{cases}$ 则 $\left.\dfrac{d^n y}{dx^n}\right|_{t=1}=$____________；

10. 已知 $f'(x)=Ke^{x}(K\neq 0)$，则 $\frac{d^2x}{dy^2}=$____________.

四、计算下列各题

1. $y=\ln\sqrt{\frac{e^{4x}}{e^{4x}+1}}$，求 $y'|_{x=0}$.

2. 设 $f'(a)$存在，且 $f(a)\neq 0$，求 $\lim\limits_{n\to+\infty}\left[\frac{f\left(a+\frac{1}{n}\right)}{f\left(a-\frac{1}{n}\right)}\right]^n$，其中 n 为正整数.

3. 设 $f(t)=\lim\limits_{x\to\infty}t\left(1+\frac{1}{x}\right)^{2tx}$，求 $f'(t)$.

4. 设 $y=f(x)$由$\begin{cases}2y-ty^2+e^t=5\\x=\arctan t\end{cases}$确定，求$\frac{dy}{dx}$.

5. 求对数螺线 $r=e^{\theta}$ 在点$(r,\theta)=\left(e^{\frac{\pi}{2}},\frac{\pi}{2}\right)$处的切线的直角坐标方程.

五、设 $f(x)=\begin{cases}x\arctan\frac{1}{x^2}, & x\neq 0,\\0, & x=0,\end{cases}$ 试讨论 $f'(x)$在点 $x=0$ 处的连续性.

六、假设当 $x\leqslant 0$ 时，$f(x)$二阶可导，设

$$F(x)=\begin{cases}f(x), & x\leqslant 0,\\ax^2+bx+c, & x>0,\end{cases}$$

且 $F(x)$二阶可导，求 a,b,c.

第 3 章　微分中值定理与导数的应用

第 2 章介绍了导数与微分的概念，并集中讨论了各类函数的求导方法，同时也给出了基本初等函数的导数公式和求导的法则，解决了初等函数的求导问题.

本章将应用导数的概念进一步研究函数的性质，比如单调性、极值、最值、凹凸性等. 而微分中值定理正是联系导数与其应用的桥梁. 本章首先介绍微分中值定理，然后讨论洛必达法则、泰勒公式、函数的单调性与极值、最值问题以及函数的凹凸性、拐点与渐近线、曲率等问题.

3.1　微分中值定理

3.1.1　费马(Fermat)引理

费马引理　设函数 $f(x)$在点 x_0 的某邻域$U(x_0,\delta)$内有定义，且在点 x_0 处可导. 若 $f(x)\leqslant f(x_0)$(或 $f(x)\geqslant f(x_0)$)，则 $f'(x_0)=0$.

证　不妨假设 $f(x)\leqslant f(x_0)$，于是 $f(x)-f(x_0)\leqslant 0, x\in U(x_0,\delta)$，那么当$x<x_0$ 时，

$$\frac{f(x)-f(x_0)}{x-x_0}\geqslant 0,$$

由极限的保号性，有

$$f'_-(x_0)=\lim_{x\to x_0^-}\frac{f(x)-f(x_0)}{x-x_0}\geqslant 0.$$

同理 $f'_+(x_0)=\lim\limits_{x\to x_0^+}\dfrac{f(x)-f(x_0)}{x-x_0}\leqslant 0.$

又因为 $f(x)$在点 x_0 处可导，所以 $f'_-(x_0)=f'_+(x_0)$，即 $f'(x_0)=0$.

若函数在某点处导数为零，通常称该点是这个函数的**驻点**，即，若 $f'(x_0)=0$，称 x_0 为 $f(x)$的一个驻点.

3.1.2 罗尔(Rolle)中值定理

定理 3.1 若函数 $f(x)$ 满足:

(1) 在闭区间 $[a,b]$ 上连续;

(2) 在开区间 (a,b) 内可导;

(3) $f(a)=f(b)$,

则在 (a,b) 内至少存在一点 ξ,使得 $f'(\xi)=0$.

证 因为 $f(x)$ 在 $[a,b]$ 上连续,所以有最大值与最小值,最大值、最小值分别用 M 与 m 表示. 现分两种情况来讨论:

(1) 若 $m=M$,则 $f(x)$ 在 $[a,b]$ 上必为常数,因此 $f'(x)\equiv 0$,结论显然成立.

(2) 若 $m<M$,因 $f(a)=f(b)$,则 M 与 m 中至少有一个不在端点 a,b 处取得,即 M 与 m 至少有一个在区间 (a,b) 内的某点 ξ 处取得. 因 $f(x)$ 在点 ξ 处可导,故由费马引理知 $f'(\xi)=0$.

注意 罗尔中值定理的三个条件缺一不可,若缺少一个,则结论就不一定成立.

例如,函数 $y=f(x)=\begin{cases}2x, & 0\leqslant x\leqslant 1,\\ 2-x, & 1<x\leqslant 2\end{cases}$ 在 $[0,2]$ 上不连续,则在 $(0,2)$ 内使 $f'(\xi)=0$ 的点 ξ 不存在,见图 3.1(a);又如,函数 $y=f(x)=|x|$ 在 $[-1,1]$ 内的点 $x=0$ 处不可导,则在 $(-1,1)$ 内使 $f'(\xi)=0$ 的点 ξ 不存在,见图 3.1(b);再如,函数 $y=f(x)=x^2$ 在区间 $[0,1]$ 的两个端点处 $f(0)\neq f(1)$,则在 $(0,1)$ 内使 $f'(\xi)=0$ 的点 ξ 不存在,见图 3.1(c).

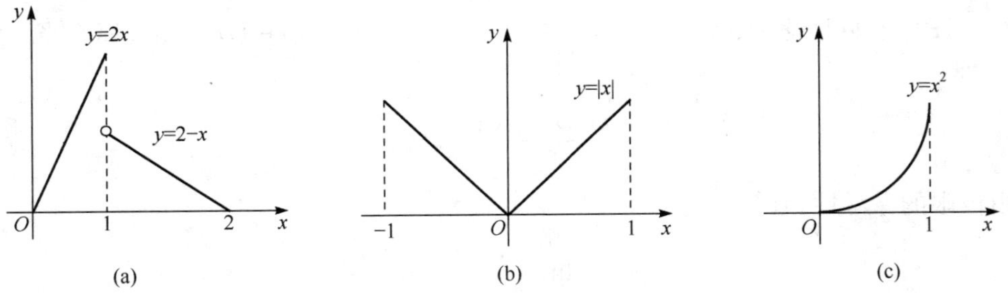

图 3.1

从几何上看,罗尔中值定理表明:在处处可导的连续曲线段上,如果曲线段的端点值相等,则该曲线段上至少有一点处的切线平行于 x 轴(图 3.2).

显然,罗尔中值定理的结论也可表述为:方程 $f'(x)=0$ 在开区间 (a,b) 内至少有一个实根.

例 3.1 设 $f(x)=(x-1)(x-2)(x-3)(x-4)$,不用求导数,说明方程 $f'(x)=0$ 有几个实根,并指出它们所在的范围.

解　$f(x)$为初等函数，显然在其定义区间$(-\infty,+\infty)$上连续且可导.

因为$f(1)=f(2)=f(3)=f(4)=0$，所以$f(x)$在闭区间$[1,2]$，$[2,3]$，$[3,4]$上满足罗尔中值定理的条件，因此

至少存在一点$\xi_1\in(1,2)$，使$f'(\xi_1)=0$，即ξ_1是$f'(x)=0$的一个实根；

至少存在一点$\xi_2\in(2,3)$，使$f'(\xi_2)=0$，即ξ_2是$f'(x)=0$的一个实根；

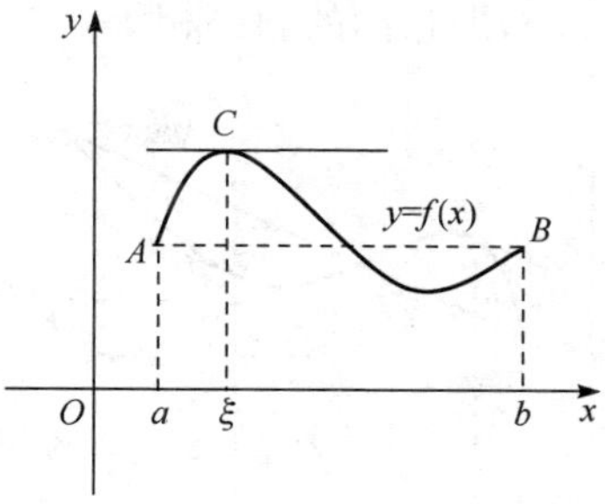

图 3.2

至少存在一点$\xi_3\in(3,4)$，使$f'(\xi_3)=0$，即ξ_3是$f'(x)=0$的一个实根.

又$f'(x)=0$为一元三次方程，由代数基本定理，$f'(x)=0$有且仅有三个实根. 如上所述，这三个实根分别在区间$(1,2)$，$(2,3)$，$(3,4)$内.

例 3.2　设函数$y=f(x)$在区间$[0,1]$上连续，在$(0,1)$内可导，且$f(1)=0$. 证明在$(0,1)$内至少存在一点ξ，使$\xi f'(\xi)+f(\xi)=0$.

分析　所要证明的结论相当于$\xi f'(\xi)+f(\xi)=[xf(x)]'|_{x=\xi}=0$，故只需证明$F(x)=xf(x)$满足罗尔中值定理的条件即可.

证　作辅助函数$F(x)=xf(x)$.

因$f(x)$在$[0,1]$上连续，在$(0,1)$内可导，故$F(x)=xf(x)$也在区间$[0,1]$上连续，在$(0,1)$可导，且$F(0)=0$，$F(1)=f(1)=0$. 由罗尔中值定理，至少存在一点$\xi\in(0,1)$，使得$F'(\xi)=0$. 又

$$F'(x)=xf'(x)+f(x),$$

因此，$\xi f'(\xi)+f(\xi)=0$.

例 3.3　证明方程$x^5-5x+1=0$有且只有一个小于 1 的正实根.

证　**存在性**　令$f(x)=x^5-5x+1$，显然$f(x)$在$[0,1]$上连续，$f(0)=1$，$f(1)=-3$，由零点定理，存在$x_1\in(0,1)$，使$f(x_1)=0$，即x_1是$x^5-5x+1=0$的小于 1 的正实根.

唯一性　假设$x^5-5x+1=0$在$(0,1)$内另有一个根x_2，即$f(x_1)=f(x_2)$. 不妨设$x_1<x_2$. 在$[x_1,x_2]$上，由罗尔中值定理知，存在$\xi\in(x_1,x_2)\subset(0,1)$，使$f'(\xi)=0$. 因$f'(x)=5x^4-5$，则$5\xi^4-5=0$，从而$\xi=\pm1$，这与$\xi\in(0,1)$矛盾.

3.1.3　拉格朗日(Lagrange)中值定理

如果罗尔中值定理中的第三个条件不满足，即$f(a)\neq f(b)$，则曲线$y=f(x)$上连接A，B两点的弦AB不再与x轴平行，见图 3.3. 显然，若将AB弦向上或向下平移，那么它将与曲线上M，N点的切线重合. 也就是说，当函数满足罗尔中值定理中的前两个条件时，则在(a,b)内至少存在一点ξ，使得该点处的切线平行于

弦 AB,即它们的斜率相等：

$$\frac{f(b)-f(a)}{b-a}=f'(\xi).$$

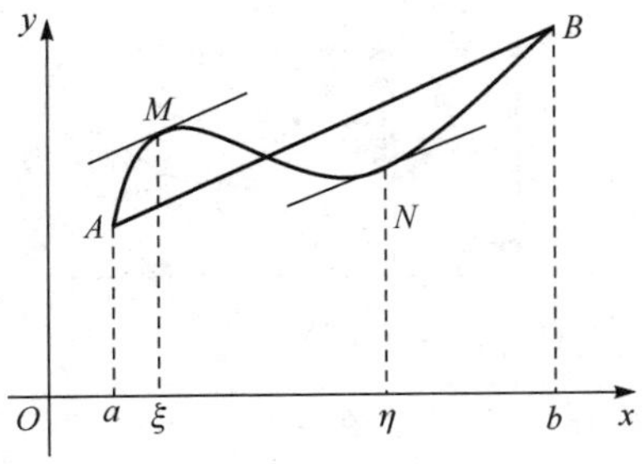

图 3.3

这个结果就是拉格朗日中值定理.

定理 3.2 若函数 $f(x)$满足：

(1) 在闭区间$[a,b]$上连续；

(2) 在开区间(a,b)内可导，

则在(a,b)内至少存在一点 ξ,使得

$$f'(\xi)=\frac{f(b)-f(a)}{b-a}. \tag{3-1}$$

式(3-1)称为**拉格朗日中值公式**.

设 $x,x+\Delta x\in(a,b)$,对函数 $y=f(x)$在区间$[x,x+\Delta x]$(或$[x+\Delta x,x]$)上应用拉格朗日中值定理,得

$$f(x+\Delta x)-f(x)=f'(\xi)\Delta x,$$

ξ在 x 与 $x+\Delta x$ 之间.

令 $\xi=x+\theta\Delta x,0<\theta<1$. 于是有

$$f(x+\Delta x)-f(x)=f'(x+\theta\Delta x)\Delta x \tag{3-2}$$

或

$$\Delta y=f'(x+\theta\Delta x)\Delta x. \tag{3-3}$$

式(3-2)或(3-3)给出了自变量的有限增量 Δx 与对应函数增量 Δy 之间的准确关系式,因此拉格朗日中值公式也称**有限增量公式**. 请与微分的近似等式 $\Delta y\approx f'(x)\Delta x$ 作比较.

注 把 $f(a)=f(b)$代入拉格朗日中值公式(3-1),得 $f'(\xi)=0$. 这是罗尔中值定理的结论,也就是说罗尔中值定理是拉格朗日中值定理的特殊情况.

拉格朗日中值定理的两个条件缺少一个,则结论就不一定成立.

在拉格朗日中值公式(3-1)中,如果将 y 看作物体的位移,自变量 x 看作时间,则$\frac{f(b)-f(a)}{b-a}$表示在时间间隔$[a,b]$内物体的平均速度,而 $f'(\xi)$表示物体某一时刻的瞬时速度,此时拉格朗日中值公式(3-1)的意义:在一个时间段内,至少有某个时刻,变速运动物体的瞬时速度与这段时间内的平均速度相等.

高速公路上的“区间测速”就是拉格朗日中值公式的实际运用. 在高速公路的某一路段上,布设两个相邻的测速点,通过测量车辆经过前后两个测速点的时间来计算车辆在该路段的平均行驶速度,并依据该路段上的限速标准判定车辆是否超速. 若某车的平均速度超过最高限速(如 120km/h),则可以断定此车在该路段至少超速一次.

推论 3.1　如果函数 $y=f(x)$ 在区间 I 上的导数恒为零，那么该函数在区间 I 上是一个常数.

证　在区间 I 上任取两点 x_1,x_2，不妨设 $x_1<x_2$. 由拉格朗日中值定理，有

$$f(x_2)-f(x_1)=f'(\xi)(x_2-x_1).$$

因为 $f'(\xi)=0$，所以 $f(x_2)-f(x_1)=0$，即 $f(x_2)=f(x_1)$. 由 x_1,x_2 的任意性，则 $f(x)$ 在区间 I 上是一个常数.

推论 3.2　如果函数 $f(x)$ 与 $g(x)$ 在区间 I 上可导，且在区间 I 上 $f'(x)\equiv g'(x)$，则 $f(x)$ 与 $g(x)$ 至多相差一个常数 C.

证　设 $\varphi(x)=f(x)-g(x)$. 由于在区间 I 上

$$\varphi'(x)=f'(x)-g'(x)\equiv 0,$$

因此，由推论 3.1 得 $\varphi(x)=C$，即 $f(x)-g(x)=C$.

例 3.4　设 $f(x)$ 在区间 $[a,b]$ 上连续，在 (a,b) 内可导，证明：在 (a,b) 内至少存在一点 ξ，使

$$\frac{bf(b)-af(a)}{b-a}=f(\xi)+\xi f'(\xi).$$

证　令 $F(x)=xf(x)$，显然，$F(x)$ 在 $[a,b]$ 上满足拉格朗日中值定理的条件，于是有

$$\frac{F(b)-F(a)}{b-a}=F'(\xi),$$

其中，$\xi\in(a,b)$. 而 $F'(x)=f(x)+xf'(x)$，即

$$\frac{bf(b)-af(a)}{b-a}=f(\xi)+\xi f'(\xi).$$

例 3.5　设 $0<a<b$，证明 $\frac{1}{b}<\frac{\ln b-\ln a}{b-a}<\frac{1}{a}$.

证　令 $f(x)=\ln x$.

由于 $f(x)=\ln x$ 在 $[a,b]$ 上连续，在 (a,b) 内可导，且 $f'(\xi)=\frac{1}{\xi}(0<a<\xi<b)$. 由拉格朗日中值定理，有

$$\frac{1}{\xi}=\frac{f(b)-f(a)}{b-a}.$$

因为 $0<a<\xi<b$，故 $\frac{1}{b}<\frac{1}{\xi}<\frac{1}{a}$，于是

$$\frac{1}{b}<\frac{\ln b-\ln a}{b-a}<\frac{1}{a}.$$

例 3.6　证明 $8\sin^4 x+4\cos 2x-\cos 4x=3$，其中 $x\in(-\infty,+\infty)$.

证　令 $f(x)=8\sin^4 x+4\cos 2x-\cos 4x$. 对于 $x\in(-\infty,+\infty)$，

$$\begin{aligned} f'(x) &= 32\sin^3 x\cos x - 8\sin 2x + 4\sin 4x \\ &= 16\sin^2 x\sin 2x - 8\sin 2x + 8\sin 2x\cos 2x \\ &= 8(2\sin^2 x - 1 + \cos 2x)\sin 2x \equiv 0, \end{aligned}$$

由推论 3.1，$f(x)$为常数. 又 $f(0)=3$，于是 $f(x)=3$，即

$$8\sin^4 x + 4\cos 2x - \cos 4x = 3.$$

3.1.4 柯西(Cauchy)中值定理

在图 3.4 中，若将曲线用参数形式表示，

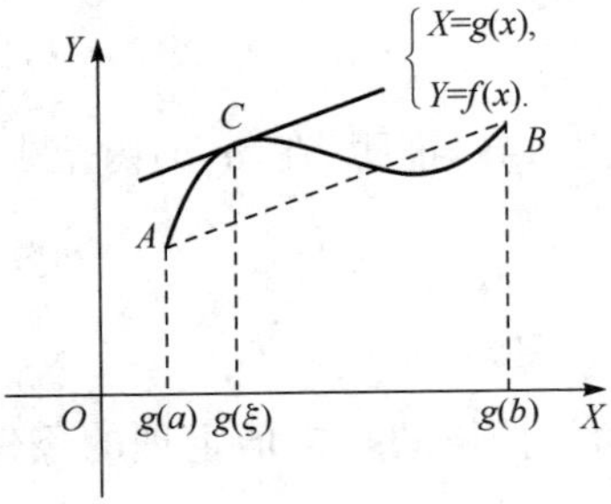

图 3.4

$$\begin{cases} X = g(x), \\ Y = f(x), \end{cases} \quad x \in [a, b],$$

参数 a, b 分别对应于点 A 与 B，那么直线 AB 的斜率为

$$\frac{f(b)-f(a)}{g(b)-g(a)},$$

而在 C 处切线的斜率为$\dfrac{f'(\xi)}{g'(\xi)}$，于是就有

$$\frac{f'(\xi)}{g'(\xi)} = \frac{f(b)-f(a)}{g(b)-g(a)}.$$

定理 3.3 设函数 $f(x)$和 $g(x)$在$[a,b]$上连续，在(a,b)内可导，且在(a,b)内 $g'(x)$不为零，则那么至少存在一点 $\xi \in (a,b)$，使得

$$\frac{f'(\xi)}{g'(\xi)} = \frac{f(b)-f(a)}{g(b)-g(a)}. \tag{3-4}$$

式(3-4)称为**柯西中值公式**. 容易看出，当 $g(x)=x$ 时，柯西中值公式就是拉格朗日中值公式，也就是说，拉格朗日中值定理是柯西中值定理的特殊情况.

习题 3.1

1. 验证罗尔中值定理对函数 $y=\ln\sin x$ 在区间$\left[\dfrac{\pi}{6}, \dfrac{5\pi}{6}\right]$上成立.

2. 设函数 $f(x)=x(x-1)(x-2)(x+1)(x+2)$，不用求导数，证明 $f'(x)=0$ 的根全为实数，并指出它们所在的区间.

3. 设 $f(x)$在$[0,\pi]$上可导，证明存在一点 $\xi \in (0,\pi)$，使得

$$f'(\xi)\sin\xi + f(\xi)\cos\xi = 0.$$

4. 用拉格朗日中值定理证明：若 $f(x)$在$[0,+\infty)$上连续，且当 $x>0$ 时，$f'(x)>0$，而 $f(0)=0$，则当 $x>0$ 时，$f(x)>0$.

5. 设 $f(x)$在$[a,b]$内可导，且 $f'(x)\equiv C$，其中 C 为常数，证明 $f(x)=Cx+D$(D 为常数).

6. 证明：$\arcsin x+\arccos x=\frac{\pi}{2}\quad(-1\leqslant x\leqslant 1)$.

7. 证明下列不等式：

(1) $|\sin a-\sin b|\leqslant|a-b|$；

(2) 当 $x>1$ 时，$e^x>ex$；

(3) 当 $0<a<b$ 时，$\frac{b-a}{1+b^2}<\arctan b-\arctan a<\frac{b-a}{1+a^2}$；

(4) 当 $x>0$ 时，$\frac{x}{1+x}<\ln(1+x)<x$；

(5) 当 $0<a<b,n>1$ 时，$na^{n-1}(b-a)<b^n-a^n<nb^{n-1}(b-a)$.

8. 证明方程 $x^3-3x+1=0$ 在 $(0,1)$ 内只有一个实根.

3.2 洛必达法则

第 1 章曾经讨论过 $\frac{0}{0}$，$\frac{\infty}{\infty}$ 型等未定式的极限，这类极限一般都需要运用因式分解、变量代换、无穷小量的等价替换等方法求得. 本节将以导数为工具，给出计算未定式极限的一般方法——洛必达(L'Hospital)法则. 该法则可由柯西中值定理推出.

3.2.1 洛必达法则

定理 3.4 若函数 $f(x)$ 和 $g(x)$ 满足下列条件：

(1) 当 $x\to x_0$ 时，$f(x)\to 0$ 且 $g(x)\to 0$，或者 $f(x)\to\infty$ 且 $g(x)\to\infty$；

(2) 在点 x_0 的某去心邻域内，$f(x)$ 和 $g(x)$ 都可导，且 $g'(x)\neq 0$；

(3) $\lim\limits_{x\to x_0}\frac{f'(x)}{g'(x)}=A$ (或∞)，

则

$$\lim_{x\to x_0}\frac{f(x)}{g(x)}=\lim_{x\to x_0}\frac{f'(x)}{g'(x)}.$$

定理 3.4 称为**洛必达法则**.

注 定理 3.4 中，$x\to x_0$ 改为 $x\to x_0^+$，$x\to x_0^-$，或 $x\to\infty$，$x\to-\infty$，$x\to+\infty$ 等极限过程，其结论仍然成立.

例 3.7 求 $\lim\limits_{x\to 0}\frac{a^x-b^x}{x}\ (a,b>0)$.

解 当 $x\to 0$ 时，分子分母都趋近于零，即该极限为 $\frac{0}{0}$ 型未定式，且

$$\lim_{x\to 0}\frac{(a^x-b^x)'}{x'}=\lim_{x\to 0}\frac{a^x\ln a-b^x\ln b}{1}=\ln a-\ln b=\ln\frac{a}{b}.$$

由洛必达法则,有

$$\lim_{x\to 0}\frac{a^x-b^x}{x}=\lim_{x\to 0}\frac{(a^x-b^x)'}{x'}=\ln\frac{a}{b}.$$

例 3.8 求$\lim\limits_{x\to a}\dfrac{\sin x-\sin a}{x-a}$.

解 该极限为$\dfrac{0}{0}$型未定式. 由洛必达法则,有

$$\lim_{x\to a}\frac{\sin x-\sin a}{x-a}=\lim_{x\to a}\frac{\cos x}{1}=\cos a.$$

例 3.9 求 $\lim\limits_{x\to\frac{\pi}{2}^-}\dfrac{\ln\left(\frac{\pi}{2}-x\right)}{\tan x}$.

解 该极限为$\dfrac{\infty}{\infty}$型未定式. 由洛必达法则,有

$$\lim_{x\to\frac{\pi}{2}^-}\frac{\ln\left(\frac{\pi}{2}-x\right)}{\tan x}=\lim_{x\to\frac{\pi}{2}^-}\frac{\frac{1}{\frac{\pi}{2}-x}(-1)}{\sec^2 x}=\lim_{x\to\frac{\pi}{2}^-}\frac{\cos^2 x}{x-\frac{\pi}{2}}=\lim_{x\to\frac{\pi}{2}^-}\frac{2\cos x(-\sin x)}{1}=0.$$

例 3.10 求$\lim\limits_{x\to 1}\dfrac{2x^3-6x+4}{x^3-x^2-x+1}$.

解 该极限为$\dfrac{0}{0}$型未定式. 由洛必达法则,有

$$\lim_{x\to 1}\frac{2x^3-6x+4}{x^3-x^2-x+1}=\lim_{x\to 1}\frac{6x^2-6}{3x^2-2x-1}=\lim_{x\to 1}\frac{12x}{6x-2}=\frac{12}{4}=3.$$

例 3.11 求 $\lim\limits_{x\to 0^+}\dfrac{\ln\cot x}{\ln x}$.

解 该极限为$\dfrac{\infty}{\infty}$型未定式. 由洛必达法则,有

$$\lim_{x\to 0^+}\frac{\ln\cot x}{\ln x}=\lim_{x\to 0^+}\frac{\frac{1}{\cot x}(-\csc^2 x)}{\frac{1}{x}}=\lim_{x\to 0^+}\frac{-x}{\sin x\cos x}=-1.$$

例 3.12 求 $\lim\limits_{x\to+\infty}\dfrac{x}{\ln^n x}$($n$ 为正整数).

解　该极限为$\frac{\infty}{\infty}$型未定式. 运用n次洛必达法则,有

$$\lim_{x\to+\infty}\frac{x}{\ln^n x}=\lim_{x\to+\infty}\frac{1}{n(\ln^{n-1}x)\cdot\frac{1}{x}}=\lim_{x\to+\infty}\frac{x}{n(\ln^{n-1}x)}=\lim_{x\to+\infty}\frac{1}{n(n-1)(\ln^{n-2}x)\cdot\frac{1}{x}}$$

$$=\lim_{x\to+\infty}\frac{x}{n(n-1)(\ln^{n-2}x)}=\cdots=\lim_{x\to+\infty}\frac{x}{n!}=+\infty.$$

例 3.13　求$\lim\limits_{x\to+\infty}\frac{x^n}{e^{\lambda x}}$($n$为正整数,$\lambda>0$).

解　该极限为$\frac{\infty}{\infty}$型未定式. 运用n次洛必达法则,有

$$\lim_{x\to+\infty}\frac{x^n}{e^{\lambda x}}=\lim_{x\to+\infty}\frac{nx^{n-1}}{\lambda e^{\lambda x}}=\lim_{x\to+\infty}\frac{n(n-1)x^{n-2}}{\lambda^2 e^{\lambda x}}=\cdots=\lim_{x\to+\infty}\frac{n!}{\lambda^n e^{\lambda x}}=0.$$

注　当$x\to+\infty$时,对数函数$\ln x$、幂函数x^n、指数函数$e^{\lambda x}$($\lambda>0$)都是无穷大量,但它们随着自变量x的增大速度不一样. 由例3.12和例3.13可知,幂函数增大的速度比对数函数快,而指数函数增大的速度又比幂函数快.

3.2.2　其他类型的未定式

极限的未定式除了$\frac{0}{0}$,$\frac{\infty}{\infty}$,还有形如$0\cdot\infty$,$\infty-\infty$,1^∞,∞^0,0^0等类型,它们都可以转化为$\frac{0}{0}$或$\frac{\infty}{\infty}$型. 其中$0\cdot\infty$和$\infty-\infty$型可通过恒等变形转化为$\frac{0}{0}$或$\frac{\infty}{\infty}$型未定式,而1^∞,∞^0,0^0型可通过取对数化成$0\cdot\infty$型未定式.

例 3.14　求$\lim\limits_{x\to0^+}x^2\ln x$.

解　该极限为$0\cdot\infty$型未定式. 将x^2变形为$\frac{1}{x^{-2}}$,使极限化为$\frac{\infty}{\infty}$型未定式,有

$$\lim_{x\to0^+}x^2\ln x=\lim_{x\to0^+}\frac{\ln x}{x^{-2}}=\lim_{x\to0^+}\frac{\frac{1}{x}}{-2x^{-3}}=-\frac{1}{2}\lim_{x\to0^+}x^2=0.$$

例 3.15　求$\lim\limits_{x\to1}\left(\frac{2}{x^2-1}-\frac{1}{x-1}\right)$.

解　该极限为$\infty-\infty$型未定式. 将函数通分,将极限化为$\frac{0}{0}$型未定式,有

$$\lim_{x\to1}\left(\frac{2}{x^2-1}-\frac{1}{x-1}\right)=\lim_{x\to1}\frac{2-(x+1)}{x^2-1}=\lim_{x\to1}\frac{-1}{2x}=-\frac{1}{2}.$$

例 3.16 求 $\lim\limits_{x\to 0^+} x^x$.

解 该极限为 0^0 型未定式. 将函数取对数，将极限化为 $0\cdot\infty$ 型未定式，再进一步化为 $\frac{\infty}{\infty}$ 型未定式.

方法一 设 $A=\lim\limits_{x\to 0^+} x^x$，则

$$\ln A=\ln(\lim_{x\to 0^+} x^x)=\lim_{x\to 0^+}\ln(x^x)=\lim_{x\to 0^+} x\ln x,$$

于是

$$\ln A=\lim_{x\to 0^+} x\ln x=\lim_{x\to 0^+}\frac{\ln x}{x^{-1}}=\lim_{x\to 0^+}\frac{\frac{1}{x}}{-x^{-2}}=\lim_{x\to 0^+}(-x)=0,$$

从而 $A=e^0=1$，即 $\lim\limits_{x\to 0^+} x^x=1$.

方法二 因 $\lim\limits_{x\to 0^+} x^x=\lim\limits_{x\to 0^+} e^{\ln x^x}=\lim\limits_{x\to 0^+} e^{x\ln x}=e^{\lim\limits_{x\to 0^+} x\ln x}$，而

$$\lim_{x\to 0^+} x\ln x=\lim_{x\to 0^+}\frac{\ln x}{x^{-1}}=\lim_{x\to 0^+}\frac{\frac{1}{x}}{-x^{-2}}=\lim_{x\to 0^+}(-x)=0,$$

故 $\lim\limits_{x\to 0^+} x^x=e^0=1$.

例 3.17 求 $\lim\limits_{x\to +\infty}\left(\frac{2}{\pi}\arctan x\right)^x$.

解 该极限为 1^∞ 型未定式.

设 $A=\lim\limits_{x\to +\infty}\left(\frac{2}{\pi}\arctan x\right)^x$，则

$$\ln A=\lim_{x\to +\infty}\left[\ln\left(\frac{2}{\pi}\arctan x\right)^x\right]=\lim_{x\to +\infty}\left[x\ln\left(\frac{2}{\pi}\arctan x\right)\right],$$

于是

$$\begin{aligned}\ln A&=\lim_{x\to +\infty}\left[x\ln\left(\frac{2}{\pi}\arctan x\right)\right]=\lim_{x\to +\infty}\frac{\ln\left(\frac{2}{\pi}\arctan x\right)}{x^{-1}}\\&=\lim_{x\to +\infty}\frac{\ln\frac{2}{\pi}+\ln\arctan x}{\frac{1}{x}}=\lim_{x\to +\infty}\frac{\frac{1}{\arctan x}\cdot\frac{1}{1+x^2}}{-\frac{1}{x^2}}\\&=\lim_{x\to +\infty}\frac{-x^2}{1+x^2}\cdot\frac{1}{\arctan x}=-\frac{2}{\pi}.\end{aligned}$$

从而 $A=e^{-\frac{2}{\pi}}$，即 $\lim\limits_{x\to +\infty}\left(\frac{2}{\pi}\arctan x\right)^x=e^{-\frac{2}{\pi}}$.

3.2.3　需要注意的问题

在运用洛必达法则的时候，一定要注意洛必达法则的适用条件：

(1) 所求的极限$\lim\frac{f(x)}{g(x)}$必须是$\frac{0}{0}$或$\frac{\infty}{\infty}$型未定式，非$\frac{0}{0}$或$\frac{\infty}{\infty}$型未定式不能运用洛必达法则.

例如，$\lim\limits_{x\to 0}\frac{x}{1+\sin x}$既非$\frac{0}{0}$又非$\frac{\infty}{\infty}$型未定式，如果运用洛必达法则，则有下述错误的结论：

$$\lim_{x\to 0}\frac{x}{1+\sin x}=\lim_{x\to 0}\frac{1}{\cos x}=1.$$

事实上，$\lim\limits_{x\to 0}\frac{x}{1+\sin x}=\frac{0}{1}=0$.

(2) 当导数之比的极限$\lim\frac{f'(x)}{g'(x)}=A$(或$\infty$)时，所求极限与导数之比的极限相等，即

$$\lim\frac{f(x)}{g(x)}=\lim\frac{f'(x)}{g'(x)}=A(\text{或}\infty).$$

而当导数之比的极限$\lim\frac{f'(x)}{g'(x)}$不存在(**没有稳定的趋势**)时，则不能断言所求极限$\lim\frac{f(x)}{g(x)}$也不存在，因为此时不满足洛必达法则的第 3 个条件，所以不能使用洛必达法则计算极限.

例如，对于$\lim\limits_{x\to\infty}\frac{x+\sin x}{x-\sin x}$，因为

$$\lim_{x\to\infty}\frac{f'(x)}{g'(x)}=\lim_{x\to\infty}\frac{(x+\sin x)'}{(x-\sin x)'}=\lim_{x\to\infty}\frac{1+\cos x}{1-\cos x},$$

即$\lim\limits_{x\to\infty}\frac{f'(x)}{g'(x)}$不存在，故不能运用洛必达法则.

正确的解法：将所求极限的分子、分母同除以 x，有

$$\lim_{x\to\infty}\frac{x+\sin x}{x-\sin x}=\lim_{x\to\infty}\frac{1+\frac{\sin x}{x}}{1-\frac{\sin x}{x}}=1.$$

(3) 还需要注意,虽然洛必达法则是求未定式极限的好方法,但未必是最简单或最有效的方法. 在很多情况下,要与其他方法综合运用.

例 3.18 求 $\lim\limits_{x\to+\infty}\dfrac{e^x+e^{-x}}{e^x-e^{-x}}$.

解 该极限为$\dfrac{\infty}{\infty}$型未定式. 由洛必达法则,有

$$\lim_{x\to+\infty}\frac{e^x+e^{-x}}{e^x-e^{-x}}=\lim_{x\to+\infty}\frac{e^x-e^{-x}}{e^x+e^{-x}}=\lim_{x\to+\infty}\frac{e^x+e^{-x}}{e^x-e^{-x}}=\cdots.$$

可见,该极限运用洛必达法则出现了分子、分母循环交替的情况,无法求得结果. 而将分子分母同除以 e^x,则有

$$\lim_{x\to+\infty}\frac{e^x+e^{-x}}{e^x-e^{-x}}=\lim_{x\to+\infty}\frac{1+e^{-2x}}{1-e^{-2x}}=\frac{1+0}{1-0}=1.$$

例 3.19 求$\lim\limits_{x\to0}\dfrac{e^{-\frac{1}{x^2}}}{x^{100}}$.

解 该极限为$\dfrac{0}{0}$型未定式. 若直接运用洛必达法则,有

$$\lim_{x\to0}\frac{e^{-\frac{1}{x^2}}}{x^{100}}=\lim_{x\to0}\frac{e^{-\frac{1}{x^2}}\cdot\dfrac{2}{x^3}}{100x^{99}}=\lim_{x\to0}\frac{2e^{-\frac{1}{x^2}}}{100x^{102}}=\cdots.$$

可见,运用洛必达法则将使极限更加复杂. 但若令$\dfrac{1}{x^2}=t$,则 $x\to0$ 时,$t\to+\infty$,故有

$$\lim_{x\to0}\frac{e^{-\frac{1}{x^2}}}{x^{100}}=\lim_{t\to+\infty}\frac{t^{50}}{e^t}=\lim_{t\to+\infty}\frac{50t^{49}}{e^t}=\cdots=\lim_{t\to+\infty}\frac{50!}{e^t}=0.$$

例 3.20 求$\lim\limits_{x\to0}\dfrac{x-\arctan x}{(e^x-1)\sin x^2}$.

解 该极限为$\dfrac{0}{0}$型未定式. 首先利用等价无穷小量简化极限.

由于当 $x\to0$ 时,$(e^x-1)\sin x^2\sim x^3$,因此

$$\lim_{x\to0}\frac{x-\arctan x}{(e^x-1)\sin x^2}=\lim_{x\to0}\frac{x-\arctan x}{x^3}=\lim_{x\to0}\frac{1-\dfrac{1}{1+x^2}}{3x^2}=\lim_{x\to0}\frac{1}{3(1+x^2)}=\frac{1}{3}.$$

例 3.21 求$\lim\limits_{x\to\infty}x^{\frac{3}{2}}(\sqrt{x+2}-2\sqrt{x+1}+\sqrt{x})$.

解 令 $t=\dfrac{1}{x}$,则

$$\lim_{x\to\infty}x^{\frac{3}{2}}(\sqrt{x+2}-2\sqrt{x+1}+\sqrt{x})=\lim_{t\to0}\frac{\sqrt{1+2t}-2\sqrt{1+t}+1}{t^2}$$

$$=\lim_{t\to0}\frac{(1+2t)^{-\frac{1}{2}}-(1+t)^{-\frac{1}{2}}}{2t}$$

$$=\lim_{t\to0}\frac{-(1+2t)^{-\frac{3}{2}}+\frac{1}{2}(1+t)^{-\frac{3}{2}}}{2}=-\frac{1}{4}.$$

习题 3.2

1. 用洛必达法则求下列极限：

(1) $\lim\limits_{x\to0}\frac{\tan2x}{\sin3x}$；

(2) $\lim\limits_{x\to2}\frac{2^x-x^2}{x-2}$；

(3) $\lim\limits_{x\to0}\frac{x-x\cos x}{x-\sin x}$；

(4) $\lim\limits_{x\to0}\frac{x-\arcsin x}{\sin^3 x}$；

(5) $\lim\limits_{x\to0}\frac{e^x-\sin x-1}{(\arcsin x)^2}$；

(6) $\lim\limits_{x\to\frac{\pi}{2}^-}\frac{\tan x-6}{\sec x+8}$；

(7) $\lim\limits_{x\to0^+}\frac{\ln\tan7x}{\ln\tan2x}$；

(8) $\lim\limits_{x\to0}\frac{\ln(1+x+x^2)}{\sec x-\cos x}$；

(9) $\lim\limits_{x\to+\infty}x(e^{\frac{1}{x}}-1)$；

(10) $\lim\limits_{x\to1}\left(\frac{1}{\ln x}-\frac{x}{x-1}\right)$；

(11) $\lim\limits_{x\to0}\frac{(1+x)^{\frac{1}{x}}-e}{x}$；

(12) $\lim\limits_{x\to0}\left(\frac{1+x}{1-e^{-x}}-\frac{1}{x}\right)$；

(13) $\lim\limits_{x\to1}x^{\frac{1}{x-1}}$；

(14) $\lim\limits_{x\to\frac{\pi}{2}^-}(\tan x)^{\sin2x}$；

(15) $\lim\limits_{x\to+\infty}\left(\frac{\pi}{2}-\arctan x\right)^{\frac{1}{x}}$；

(16) $\lim\limits_{x\to+\infty}\frac{x^3+x^2+1}{2^x+x^3}(\sin x+\cos x)$.

2. 下列极限能否应用洛必达法则？为什么？

(1) $\lim\limits_{x\to\infty}\frac{x+\sin x}{x}$；

(2) $\lim\limits_{x\to0}\frac{x^2\sin\frac{1}{x}}{\sin x}$；

(3) $\lim\limits_{x\to1}\frac{(x^2-1)\sin x}{\ln(1+\sin x)}$；

(4) $\lim\limits_{x\to+\infty}\frac{\sqrt{1+x^2}}{x}$.

3. 已知 $f(x)$有一阶连续的导数，$f(0)=f'(0)=1$，求$\lim\limits_{x\to0}\frac{f(\sin x)-1}{\ln f(x)}$.

4. 确定 a,b 的值，使$\lim\limits_{x\to0}\left(\frac{\sin3x}{x^3}+\frac{a}{x^2}+b\right)=0$.

3.3　泰 勒 公 式

多项式函数是一种简单的函数，且在其定义域内具有任意阶导数. 在理论分析和近似计算中,用多项式函数来表达复杂函数不失为一个好的思路.

由微分的定义,若 $f(x)$在某一点 x_0 处可微分,则

$$f(x)=f(x_0)+f'(x_0)(x-x_0)+o(x-x_0).$$

上式表明,在点 x_0 附近,可以用一次多项式 $f(x_0)+f'(x_0)(x-x_0)$近似表达函数 $f(x)$. 该多项式虽然计算简单且表达简明,但是逼近精度不高,其误差为$(x-x_0)$的高阶无穷小量. 是否可以考虑用二次或高于二次的多项式去逼近 $f(x)$,从而获得更高的精度呢? 考虑用如下 n 次多项式 $p_n(x)$逼近 $f(x)$:

$$p_n(x)=a_0+a_1(x-x_0)+a_2(x-x_0)^2+\cdots+a_n(x-x_0)^n. \tag{3-5}$$

既然用 $p_n(x)$来逼近 $f(x)$,那么就要求两者在点 x_0 附近具有某些相同或相近的性质,自然会要求它们在点 x_0 处的函数值及各阶导数相等,即

$$f^{(k)}(x_0)=p_n^{(k)}(x_0),\quad k=0,1,2,\cdots,n.$$

求 $p_n(x)$的各阶导数:

$$p_n'(x)=a_1+2a_2(x-x_0)^1+\cdots+na_n(x-x_0)^{n-1};$$

$$p_n''(x)=1\cdot 2a_2+2\cdot 3a_3(x-x_0)+\cdots+(n-1)na_n(x-x_0)^{n-2};$$

$$\cdots\cdots$$

$$p_n^{(n)}(x)=1\cdot 2\cdot 3\cdot\cdots\cdot(n-1)na_n=n!\,a_n.$$

故 $p_n(x_0)=a_0, p_n'(x_0)=a_1, p_n''(x_0)=2!\,a_2,\cdots, p_n^{(n)}(x_0)=n!\,a_n$. 从而

$$a_0=f(x_0),\quad a_1=\frac{f'(x_0)}{1!},\quad a_2=\frac{f''(x_0)}{2!},\quad \cdots,\quad a_n=\frac{f^{(n)}(x_0)}{n!}.$$

于是式(3-5)可写为

$$p_n(x)=f(x_0)+f'(x_0)(x-x_0)+\frac{f''(x_0)}{2!}(x-x_0)^2+\cdots+\frac{f^{(n)}(x_0)}{n!}(x-x_0)^n.$$

因此,有如下定义.

定义 3.1 设 $f(x)$在包含 x_0 的某区间内具有 n 阶导数,称

$$p_n(x)=f(x_0)+f'(x_0)(x-x_0)+\frac{f''(x_0)}{2!}(x-x_0)^2+\cdots+\frac{f^{(n)}(x_0)}{n!}(x-x_0)^n \tag{3-6}$$

为 $f(x)$在点 x_0 处关于$(x-x_0)$的 n **阶泰勒**(Taylor)**多项式**.

3.3.1 带有拉格朗日余项的泰勒公式

如上所述,对于任意一个函数 $f(x)$,只要它在某点 x_0 处存在直到 n 阶的导数,总可以写出 $f(x)$在点 x_0 处关于 $x-x_0$ 的 n 阶泰勒多项式 $p_n(x)$.

但 $p_n(x)$不一定等于 $f(x)$. 如果 $p_n(x)$不等于 $f(x)$,则用 $p_n(x)$近似表示 $f(x)$所产生的误差是多少呢? 泰勒中值定理回答了这个问题.

定理 3.5(泰勒中值定理)　若函数 $f(x)$在包含 x_0 的某开区间(a,b)内存在直到 $n+1$ 阶导数,则对任意的 $x\in(a,b)$,有

$$f(x)=f(x_0)+f'(x_0)(x-x_0)+\frac{f''(x_0)}{2!}(x-x_0)^2+\cdots+\frac{f^{(n)}(x_0)}{n!}(x-x_0)^n+R_n(x),\tag{3-7}$$

其中

$$R_n(x)=\frac{f^{(n+1)}(\xi)}{(n+1)!}(x-x_0)^{n+1},\tag{3-8}$$

ξ是 x 与 x_0 之间的一点.

式(3-7)称为 $f(x)$在 x_0 处关于 $x-x_0$ 的 n 阶**泰勒公式**,而 $R_n(x)$称为**拉格朗日余项**,所以式(3-7)称为**带有拉格朗日余项的泰勒公式**.

显然,$n=0$ 时的泰勒公式就是拉格朗日中值公式:

$$f(x)=f(x_0)+f'(\xi)(x-x_0)\quad(\xi\text{介于}x_0\text{与}x\text{之间}).$$

在式(3-7)中,当 $x_0=0$ 时,

$$f(x)=f(0)+f'(0)x+\frac{f''(0)}{2!}x^2+\cdots+\frac{f^{(n)}(0)}{n!}x^n+\frac{f^{(n+1)}(\xi)}{(n+1)!}x^{n+1},\tag{3-9}$$

ξ介于 0 与 x 之间.

式(3-9)也可以写成

$$f(x)=f(0)+f'(0)x+\frac{f''(0)}{2!}x^2+\cdots+\frac{f^{(n)}(0)}{n!}x^n+\frac{f^{(n+1)}(\theta x)}{(n+1)!}x^{n+1},\quad\theta\in(0,1).$$

式(3-9)称为带有拉格朗日余项的**麦克劳林**(Maclaurin)**公式**.

例 3.22　写出函数 $f(x)=e^x$ 的带有拉格朗日余项的 n 阶麦克劳林公式.

解　因 $f^{(k)}(x)=e^x$,故 $f^{(k)}(0)=1,k=0,1,2,\cdots,n$. 代入式(3-9)得

$$e^x=1+x+\frac{1}{2!}x^2+\cdots+\frac{1}{n!}x^n+\frac{e^{\theta x}}{(n+1)!}x^{n+1},\quad\theta\in(0,1).$$

例 3.23　写出函数 $f(x)=\cos x$ 的带有拉格朗日余项的 n 阶麦克劳林公式.

解　由于 $f^{(k)}(x)=\cos\left(x+\frac{k\pi}{2}\right)$,因此

$$f^{(k)}(0)=\cos\frac{k\pi}{2},\quad f^{(2k-1)}(0)=0,\quad f^{(2k)}(0)=(-1)^k,\quad k=1,2,\cdots,n.$$

代入式(3-9)得

$$\cos x=1-\frac{x^2}{2!}+\frac{x^4}{4!}+\cdots+(-1)^m\frac{x^{2m}}{(2m)!}+(-1)^{n+1}\frac{\cos\theta x}{(2n+2)!}x^{2n+2},\quad\theta\in(0,1).$$

3.3.2 带有佩亚诺余项的泰勒公式

对于拉格朗日余项 $R_n(x)=\frac{f^{(n+1)}(\xi)}{(n+1)!}(x-x_0)^{n+1}$，若 $f(x)$ 的 $(n+1)$ 阶导数有界，即存在 $M>0$，使 $|f^{(n+1)}(x)|\leqslant M$，此时有

$$\left|\frac{R_n(x)}{(x-x_0)^n}\right|=\left|\frac{f^{(n+1)}(\xi)}{(n+1)!}(x-x_0)\right|\leqslant\frac{M}{(n+1)!}|x-x_0|.$$

当 $x\to x_0$ 时，$\left|\frac{R_n(x)}{(x-x_0)^n}\right|\to 0$，故可记

$$R_n(x)=o[(x-x_0)^n]. \tag{3-10}$$

式(3-10)称为**佩亚诺**(Penao)**余项**. 定理 3.5 便可表述为如下定理.

定理 3.6 若函数 $f(x)$ 在包含 x_0 的某开区间 (a,b) 内存在直到 $n+1$ 阶导数，且 $f(x)$ 的 $n+1$ 阶导数 $f^{(n+1)}(x)$ 在 (a,b) 内有界，则对任意的 $x\in(a,b)$，有

$$f(x)=f(x_0)+f'(x_0)(x-x_0)+\frac{f''(x_0)}{2!}(x-x_0)^2+\cdots+\frac{f^{(n)}(x_0)}{n!}(x-x_0)^n+o[(x-x_0)^n]. \tag{3-11}$$

式(3-11)称为**带有佩亚诺余项的泰勒公式**.

常见的带有佩亚诺余项的麦克劳林公式有

(1) $e^x=1+x+\frac{x^2}{2!}+\cdots+\frac{x^n}{n!}+o(x^n)$；

(2) $\sin x=x-\frac{x^3}{3!}+\frac{x^5}{5!}+\cdots+(-1)^{m-1}\frac{x^{2m-1}}{(2m-1)!}+o(x^{2m})$；

(3) $\cos x=1-\frac{x^2}{2!}+\frac{x^4}{4!}+\cdots+(-1)^m\frac{x^{2m}}{(2m)!}+o(x^{2m+1})$；

(4) $\ln(1+x)=x-\frac{x^2}{2}+\frac{x^3}{3}+\cdots+(-1)^{n-1}\frac{x^n}{n}+o(x^n)$；

(5) $(1+x)^\alpha=1+\alpha x+\frac{\alpha(\alpha-1)}{2!}x^2+\cdots+\frac{\alpha(\alpha-1)\cdots(\alpha-n+1)}{n!}x^n+o(x^n)$；

(6) $\frac{1}{1-x}=1+x+x^2+\cdots+x^n+o(x^n)$.

计算某些极限时，将函数展开成带有佩亚诺余项的泰勒公式会比较方便.

例 3.24 求极限 $\lim\limits_{x\to 0}\frac{\cos x-e^{-\frac{x^2}{2}}}{x^4}$.

解　因极限式中分母为 x^4，写出 $\cos x, e^{-\frac{x^2}{2}}$ 的带有佩亚诺余项四阶麦克劳林公式：

$$\cos x=1-\frac{x^2}{2}+\frac{x^4}{24}+o(x^5),\quad e^{-\frac{x^2}{2}}=1-\frac{x^2}{2}+\frac{x^4}{8}+o(x^5),$$

从而 $\cos x-e^{-\frac{x^2}{2}}=-\frac{x^4}{12}+o(x^5)$，故

$$\lim_{x\to 0}\frac{\cos x-e^{-\frac{x^2}{2}}}{x^4}=\lim_{x\to 0}\frac{-\frac{1}{12}x^4+o(x^5)}{x^4}=-\frac{1}{12}.$$

本题也可以用洛必达法则来求解，但过程会较为烦琐.

用泰勒公式求极限时要注意合理确定展开式的阶数，一般应使减式与被减式、分子与分母具有相同的次数.

例 3.25　求极限 $\lim_{x\to 0}\frac{x(e^x+e^{-x}-2)}{x-\sin x}$.

解　若将 $\sin x$ 展开至 x 的三次幂，则 e^x, e^{-x} 只需展开至 x 的二次幂，即

$$\sin x=x-\frac{x^3}{3!}+o(x^3),$$

$$e^x=1+\frac{x}{1!}+\frac{x^2}{2!}+o(x^2),\quad e^{-x}=1-\frac{x}{1!}+\frac{x^2}{2!}+o(x^2).$$

从而

$$\lim_{x\to 0}\frac{x(e^x+e^{-x}-2)}{x-\sin x}=\lim_{x\to 0}\frac{x^3+o(x^3)}{\frac{x^3}{3!}+o(x^3)}=6.$$

在利用等价无穷小量的替换方法求极限时，我们要求"乘除的函数可以替换，而加减的函数不能随意替换"，这是为什么？

比如极限 $\lim_{x\to 0}\frac{\tan x-\sin x}{x^2\sin x}$，分母中的 $\sin x$ 可以用 x 替换，而分子中的 $\tan x, \sin x$ 为什么不能用 x 替换？

写出 $\tan x, \sin x$ 的三阶带有佩亚诺余项的麦克劳林公式：

$$\tan x=x+\frac{x^3}{3}+o(x^3),\quad \sin x=x-\frac{x^3}{3!}+o(x^3),$$

可见 $\tan x-\sin x=\frac{x^3}{2}+o(x^3)$，从而

$$\lim_{x\to 0}\frac{\tan x-\sin x}{\frac{x^3}{2}}=1,$$

即 $\tan x-\sin x$ 与$\dfrac{x^3}{2}$等价,故可以用$\dfrac{x^3}{2}$来代替 $\tan x-\sin x$.

若将 $\tan x,\sin x$ 用 x 替换,则相当于用 0 来替换 $\tan x-\sin x$,结论必然是错误的.

习题 3.3

1. 设 $f(x)$在 $x=x_0$ 的邻域内有连续的二阶导数,证明

$$\lim_{h\to 0}\frac{f(x_0+h)+f(x_0-h)-2f(x_0)}{h^2}=f''(x_0).$$

2. 按 $x-4$ 的乘幂展开多项式 $x^4-5x^3+x^2-3x+4$.

3. 写出 $f(x)=\dfrac{1}{1+x}$带有拉格朗日余项的麦克劳林公式.

4. 写出函数 $f(x)=\ln x$ 在 $x_0=2$ 处的带有佩亚诺余项的 n 阶泰勒公式.

5. 利用麦克劳林公式求极限$\lim\limits_{x\to 0}\dfrac{\sin x-x\cos x}{\sin^3 x}$.

3.4 函数的单调性与极值

3.4.1 函数的单调性

第 1 章介绍了函数在区间上单调性的定义,并对基本初等函数的单调性进行了直观分析.然而对于一般函数而言,其单调性比较复杂,需要借助于导数来讨论.

在第 2 章中我们看到,函数的单调性与函数的导数之间有着密切的联系.从几何直观来看,如果函数 $y=f(x)$在$[a,b]$上单调增加(单调减少),则曲线 $y=f(x)$上各点处切线的斜率是非负的(非正的),即 $f'(x)\geqslant 0$($f'(x)\leqslant 0$).如图 3.5 所示.

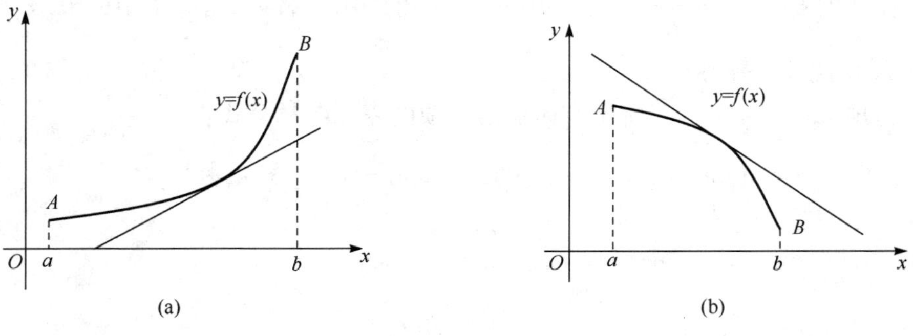

图 3.5

反过来，若已知函数导数的符号，能不能用它判别函数的单调性呢？答案是肯定的.

定理 3.7(函数单调性判定法) 设函数 $y=f(x)$ 在 $[a,b]$ 上连续，在 (a,b) 内可导.

(1) 若在 (a,b) 内 $f'(x)>0$，则 $y=f(x)$ 在 $[a,b]$ 上单调增加；

(2) 若在 (a,b) 内 $f'(x)<0$，则 $y=f(x)$ 在 $[a,b]$ 上单调减少.

证 在 $[a,b]$ 上任取两点 x_1,x_2 且 $x_1<x_2$，则 $f(x)$ 在区间 $[x_1,x_2]$ 满足拉格朗日中值定理，故存在一点 $\xi\in(x_1,x_2)$，使得

$$f(x_2)-f(x_1)=f'(\xi)(x_2-x_1).$$

(1) 若在 (a,b) 内 $f'(x)>0$，则 $f'(\xi)>0$. 又 $x_2-x_1>0$，故由上式得 $f(x_2)-f(x_1)>0$，即 $f(x_2)>f(x_1)$. 所以 $f(x)$ 在 (a,b) 内单调增加；

(2) 若在 (a,b) 内 $f'(x)<0$，则 $f'(\xi)<0$. 又 $x_2-x_1>0$，故由上式得 $f(x_2)-f(x_1)<0$，即 $f(x_2)<f(x_1)$. 所以 $f(x)$ 在 (a,b) 内单调减少.

注 1 在定理 3.7 中，把闭区间换成其他各种区间(包括无穷区间)，结论仍然成立.

注 2 如果在区间 (a,b) 内 $f'(x)\geqslant 0$(或 $f'(x)\leqslant 0$)，但等号只在个别点处成立，则 $f(x)$ 在 (a,b) 内仍是单调增加(或单调减少)的.

例 3.26 讨论函数 $f(x)=x-\sin x$ 在区间 $[-\pi,\pi]$ 上的单调性.

解 当 $x\in[-\pi,\pi]$ 时，

$$f'(x)=1-\cos x\geqslant 0,$$

仅在驻点 $x=0$ 处，$f'(x)=0$.

故函数 $f(x)=x-\sin x$ 在区间 $[-\pi,\pi]$ 上单调增加(图 3.6).

例 3.27 讨论函数 $y=x^2$ 的单调性.

解 函数的定义域为 $(-\infty,+\infty)$，由 $y'=2x$ 得驻点为 $x=0$.

当 $x>0$ 时，$y'>0$，因此 $y=x^2$ 在 $[0,+\infty)$ 上单调增加；

当 $x<0$ 时，$y'<0$，因此 $y=x^2$ 在 $(-\infty,0]$ 上单调减少.

本题中，驻点 $x=0$ 是 $y=x^2$ 的**单调区间的分界点**.

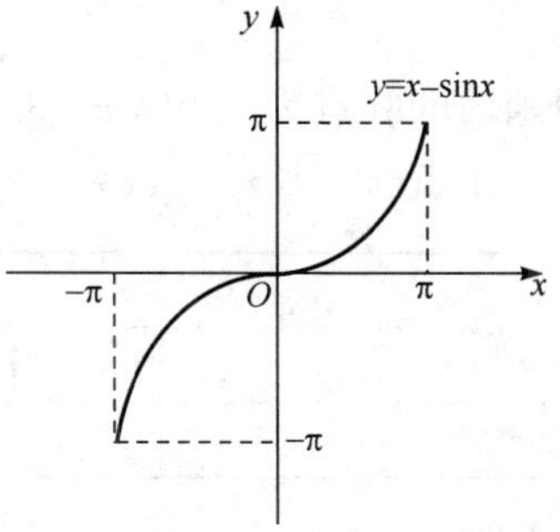

图 3.6

讨论函数的单调性，即是找出函数的单调区间. 显然只要找到函数单调区间的分界点即可.

由例 3.26 和例 3.27 可见，驻点有可能是函数单调区间的分界点.

除此之外,导数不存在的点也可能是单调区间的分界点.例如,$f(x)=|x|$在点 $x=0$ 处不可导,而 $x=0$ 是单调区间的分界点,因为 $f(x)$在$(-\infty,0)$内单调减少,在$(0,+\infty)$内单调增加.

根据定理 3.7,除了函数的驻点和不可导点以外,其他的点(即导数不等于 0)不是单调区间的分界点.

因此,只要用驻点及不可导点去划分函数的定义区间,然后判别 $f'(x)$在各个区间的符号,便可决定函数在定义区间上的单调性.

例 3.28 讨论函数 $f(x)=3x-x^3$ 的单调性.

解 $f(x)=3x-x^3$ 的定义域为$(-\infty,+\infty)$.因为

$$f'(x)=3-3x^2=3(1+x)(1-x),$$

所以函数的驻点为 $x=-1,x=1$.

用点 $x=-1,x=1$ 划分定义域$(-\infty,+\infty)$,然后在各个子区间上讨论函数的单调性,列表如下:

x	$(-\infty,-1)$	-1	$(-1,1)$	1	$(1,+\infty)$
$f'(x)$	$-$	0	$+$	0	$-$
$f(x)$	↘		↗		↘

可见,函数 $f(x)$在$(-\infty,-1]\cup[1,+\infty)$上单调减少,在$(-1,1)$内单调增加.

例 3.29 求函数 $f(x)=\dfrac{x^3}{(x-1)^2}$的单调区间.

解 函数的定义域为$(-\infty,1)\cup(1,+\infty)$.因为

$$f'(x)=\frac{x^2(x-3)}{(x-1)^3},$$

则函数的驻点为 $x=0,x=3$,不可导点为 $x=1$,

用点 $x=0,x=1,x=3$ 划分定义区间$(-\infty,1)\cup(1,+\infty)$,列表如下:

x	$(-\infty,0)$	0	$(0,1)$	1	$(1,3)$	3	$(3,+\infty)$
$f'(x)$	$+$	0	$+$	不存在	$-$	0	$+$
$f(x)$	↗		↗		↘		↗

可见,函数的单调增加区间为$(-\infty,1)$,$(0,1)$和$(3,+\infty)$,而单调减少区间为$(1,3)$.

利用函数的单调性可以证明某些不等式.

例 3.30 证明:当$0<x<\dfrac{\pi}{2}$时,$x-\tan x<0$.

证　令 $f(x)=x-\tan x$，则当 $0<x<\frac{\pi}{2}$ 时，

$$f'(x)=1-\sec^2 x=-\tan^2 x<0,$$

所以 $f(x)$ 在区间 $\left(0,\frac{\pi}{2}\right)$ 上单调减少，

由于 $f(0)=0$，故 $f(x)<f(0)=0$，即 $x-\tan x<0$.

例 3.31　证明：当 $x>0$ 时，$\ln(1+x)>\frac{\arctan x}{1+x}$.

证　令 $f(x)=(1+x)\ln(1+x)-\arctan x$，则当 $x>0$ 时，

$$f'(x)=\ln(1+x)+1-\frac{1}{1+x^2}>0,$$

即 $x>0$ 时，$f(x)$ 单调增加.

由于 $f(0)=0$，故 $f(x)>f(0)=0$，即

$$f(x)=(1+x)\ln(1+x)-\arctan x>0,$$

从而 $x>0$ 时，$\ln(1+x)>\frac{\arctan x}{(1+x)}$.

例 3.32　证明：当 $x>0$ 时，$e^x>1+x+\frac{x^2}{2}$.

证　设 $f(x)=e^x-1-x-\frac{x^2}{2}$. 则

$$f'(x)=e^x-1-x,\quad f''(x)=e^x-1.$$

当 $x>0$ 时，$f''(x)>0$，因此 $f'(x)$ 在 $(0,+\infty)$ 内单调增加. 而 $f'(0)=0$，所以当 $x>0$ 时，$f'(x)>f'(0)=0$；

因为当 $x>0$ 时，$f'(x)>0$，即 $f(x)$ 在 $(0,+\infty)$ 内单调增加. 而 $f(0)=0$，所以当 $x>0$ 时，$f(x)>f(0)=0$，即 $e^x-1-x-\frac{x^2}{2}>0$，故 $e^x>1+x+\frac{x^2}{2}$.

例 3.33　证明方程 $x^5-5x+1=0$ 有且仅有一个小于 1 的正实根.

证　**存在性**　(同例 3.3).

唯一性　因为 $f'(x)=5x^4-5=5(x^4-1)$，当 $0<x<1$ 时，$f'(x)<0$，故函数 $f(x)$ 在区间 $(0,1)$ 内严格单调减少，因而至多有一个零点.

于是，方程 $x^5-5x+1=0$ 有且仅有一个小于 1 的正实根.

3.4.2　函数的极值

定义 3.2　设 $f(x)$ 在点 x_0 的某邻域 $U(x_0,\delta)$ 内有定义.

(1) 若对任意 $x\in\mathring{U}(x_0,\delta)$，有 $f(x)<f(x_0)$，则称函数 $f(x)$ 在点 x_0 取得极

大值 $f(x_0)$. 点 x_0 称为**极大值点**.

(2) 若对任意 $x\in\mathring{U}(x_0,\delta)$,有 $f(x)>f(x_0)$,则称函数 $f(x)$ 在点 x_0 取得**极小值** $f(x_0)$. 点 x_0 称为**极小值点**.

函数的极大值与极小值统称为函数的**极值**,使函数取得极值的点称为**极值点**.

函数的极值是局部性的概念,函数在局部范围内的最大值和最小值就是函数的极大值和极小值. 如果 $f(x_0)$ 是函数 $f(x)$ 的一个极大值,那只是就 x_0 附近的一个局部范围来说,$f(x_0)$ 是 $f(x)$ 的一个最大值;但就 $f(x)$ 的整个定义域来说,$f(x_0)$ 不一定是最大值,极小值也是如此.

由此可见,函数的极大值不一定大于极小值. 如图 3.7 所示,在闭区间 $[a,b]$ 上,函数 $f(x)$ 有两个极大值 $f(x_2)$,$f(x_4)$,三个极小值 $f(x_1)$,$f(x_3)$,$f(x_5)$. 其中极大值 $f(x_2)$ 小于极小值 $f(x_5)$. 就整个区间 $[a,b]$ 来说,极小值 $f(x_1)$ 同时是最小值,任意一个极大值都不是最大值.

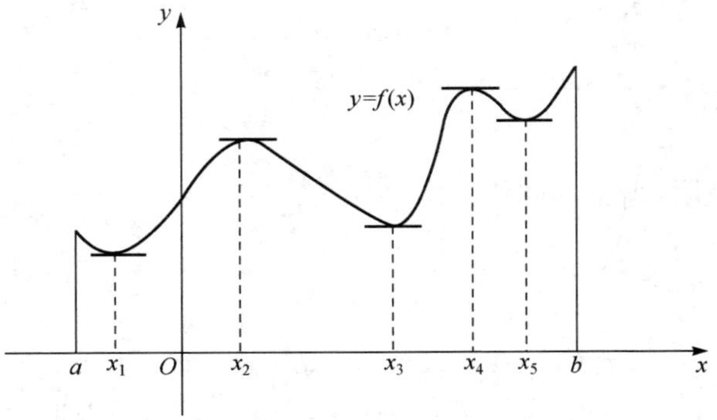

图 3.7

由极值点的定义可见,若点 x_0 是函数 $f(x)$ 的极小值点,则在点 x_0 的某个左去心邻域 $(x_0-\delta,x_0)$ 内,$f(x)$ 单调减少,而在点 x_0 的某个右去心邻域 $(x_0,x_0+\delta)$ 内,$f(x)$ 单调增加,也就是说,$f(x)$ 的极小值点是函数 $f(x)$ 的**单调区间的分界点**. 极大值点也是如此. 我们已经知道,函数 $f(x)$ 的单调区间的分界点只有函数 $f(x)$ 的驻点或不可导点,因而函数 $f(x)$ 的极值点也只能是函数 $f(x)$ 的驻点或不可导点. 于是有如下定理.

定理 3.8(极值存在的必要条件) 若函数 $f(x)$ 在点 x_0 处取得极值,则点 x_0 必是函数 $f(x)$ 的驻点或不可导点.

虽然函数 $f(x)$ 的极值点必定是它的驻点或不可导点,但是反过来,函数的驻点或不可导点却不一定是极值点. 例如,函数 $f(x)=x^3$ 的驻点 $x=0$ 不是函数的极值点,函数 $f(x)=\sqrt[3]{x}$ 的不可导点 $x=0$ 也不是函数的极值点. 因此,函数的驻点或不可导点只是函数可能的极值点. 因此,当求出了函数的驻点或不可导点后,还需要对这些点是不是极值点作进一步判定.

因为极值点是函数 $f(x)$的单调区间的分界点,所以对于某个求得的驻点或不可导点 x_0,只需判定其左右两侧附近函数的单调性.若单调性相反,则必是极值点,否则,不是极值点.于是由导数符号与函数单调性的关系,有如下判定定理.

定理 3.9(第一充分条件)　设函数 $f(x)$在点 x_0 的某个去心邻域 $\mathring{U}(x_0,\delta)$可导.

(1) 如果当 $x<x_0$ 时,$f'(x)>0$;当 $x>x_0$ 时,$f'(x)<0$,则 $f(x)$在点 x_0 处取得极大值;

(2) 如果当 $x<x_0$ 时,$f'(x)<0$;当 $x>x_0$ 时,$f'(x)>0$,则 $f(x)$在点 x_0 处取得极小值;

(3) 如果在该去心邻域内,$f'(x)$的符号保持不变,则 $f(x)$在点 x_0 处没有极值.

综上所述,**用一阶导数求函数 $f(x)$极值的步骤如下**:

(1) 由 $f'(x)$求出函数 $f(x)$的驻点及不可导点;

(2) 把驻点、不可导点从小到大排序,作为分界点将 $f(x)$的定义区间划分为若干子区间;

(3) 由定理 3.9 确定子区间的分界点是否为极值点,以及为何种极值点,并求出极值.

例 3.34　求函数 $f(x)=3x-x^3$ 的极值.

解　$f(x)=3x-x^3$ 的定义域为$(-\infty,+\infty)$.因为

$$f'(x)=3-3x^2=3(1+x)(1-x),$$

即函数的驻点为 $x=-1,x=1$.

用点 $x=-1,x=1$ 划分定义域$(-\infty,+\infty)$,然后在各个子区间上讨论函数的单调性,进而确定极值点并求出极值.列表如下:

x	$(-\infty,-1)$	-1	$(-1,1)$	1	$(1,+\infty)$
$f'(x)$	$-$	0	$+$	0	$-$
$f(x)$	↘	极小值-2	↗	极大值 2	↘

可见,$x=-1$ 为极小值点,$x=1$ 为极大值点;极小值 $f(-1)=-2$,极大值 $f(1)=2$.

例 3.35　求函数 $f(x)=\dfrac{x^3}{(x-1)^2}$的极值.

解　函数的定义域为$(-\infty,1)\cup(1,+\infty)$.因为

$$f'(x)=\frac{x^2(x-3)}{(x-1)^3},$$

则函数的驻点为 $x=0$，$x=3$，不可导点为 $x=1$，

用点 $x=0$，$x=1$，$x=3$ 划分定义区间 $(-\infty,1)\cup(1,+\infty)$，列表如下：

x	$(-\infty,0)$	0	$(0,1)$	1	$(1,3)$	3	$(3,+\infty)$
$f'(x)$	+	0	+	不存在	−	0	+
$f(x)$	↗	无极值	↗	无定义	↘	极小值 $\frac{27}{4}$	↗

可见，$x=3$ 为极小值点，极小值 $f(3)=\frac{27}{4}$. $x=0$ 不是极值点，而函数在点 $x=1$ 处无定义.

例 3.36 求函数 $f(x)=x-\frac{3}{2}x^{\frac{2}{3}}$ 的极值.

解 函数的定义域为 $(-\infty,+\infty)$. 因为

$$f'(x)=1-x^{-\frac{1}{3}}=1-\frac{1}{\sqrt[3]{x}},$$

令 $f'(x)=0$ 得驻点 $x=1$. 而 $x=0$ 为不可导点.

用点 $x=0$，$x=1$ 划分定义区间 $(-\infty,+\infty)$，列表如下：

x	$(-\infty,0)$	0	$(0,1)$	1	$(1,+\infty)$
$f'(x)$	+	不存在	−	0	+
$f(x)$	↗	极大值 0	↘	极小值 $-\frac{1}{2}$	↗

可见，$f(x)$ 在 $x=0$ 处取得极大值 0，在 $x=1$ 处取得极小值 $-\frac{1}{2}$.

如果函数 $f(x)$ 在驻点处的二阶导数存在且不为零时，也可以利用以下定理来判定 $f(x)$ 在驻点处的极值.

定理 3.10(第二充分条件) 设函数 $f(x)$ 在点 x_0 处具有二阶导数且 $f'(x_0)=0$，$f''(x_0)\neq 0$，那么

(1) 当 $f''(x_0)<0$ 时，函数 $f(x)$ 在点 x_0 处取得极大值；

(2) 当 $f''(x_0)>0$ 时，函数 $f(x)$ 在点 x_0 处取得极小值.

证 (1) 由于 $f''(x_0)<0$，即

$$f''(x_0)=\lim_{x\to x_0}\frac{f'(x)-f'(x_0)}{x-x_0}<0,$$

于是，由函数的局部保号性，当 x 在 x_0 的足够小的去心邻域内时，有

$$\frac{f'(x)-f'(x_0)}{x-x_0}<0.$$

因 $f'(x_0)=0$，所以

$$\frac{f'(x)}{x-x_0}<0.$$

可见，当 $x<x_0$ 时，$f'(x)>0$；当 $x>x_0$ 时，$f'(x)<0$. 于是由定理 3.10，$f(x)$ 在点 x_0 处取得极大值.

类似地可证明(2).

若 $f''(x_0)=0$，则无法用定理 3.10 判定 $f(x)$ 在点 x_0 处极值的情况. 此时需要用定理 3.9 来判别.

例 3.37　求函数 $f(x)=\sin^2 x+\cos x$ 的极值.

解　由于所给的函数是周期为 $T=2\pi$ 的周期函数，故只需要在区间 $[0,2\pi]$ 上讨论函数的极值. 由于

$$f'(x)=\sin x(2\cos x-1),$$

令 $f'(x)=0$，得驻点 $x=0,\pi,\frac{\pi}{3},\frac{5\pi}{3}$.

因 $f''(x)=2\cos 2x-\cos x$，则

$$f''(0)=1>0,\quad f''(\pi)=3>0,\quad f''\left(\frac{\pi}{3}\right)=-\frac{3}{2}<0,\quad f''\left(\frac{5\pi}{3}\right)=-\frac{3}{2}<0.$$

所以函数的极小值为 $f(0)=1$，$f(\pi)=-1$，极大值为 $f\left(\frac{\pi}{3}\right)=\frac{5}{4}$，$f\left(\frac{5\pi}{3}\right)=\frac{5}{4}$.

例 3.38　求函数 $f(x)=(x^2-1)^3+1$ 的极值.

解　因

$$f'(x)=6x(x^2-1)^2,$$

令 $f'(x)=0$，得驻点 $x_1=-1$，$x_2=0$，$x_3=1$. 由于

$$f''(x)=6(x^2-1)(5x^2-1),$$

于是 $f''(0)=6>0$，故 $f(x)$ 在 $x=0$ 处取得极小值，极小值为 $f(0)=0$.

因为 $f''(-1)=f''(1)=0$，无法用定理 3.10 进行判定.

利用定理 3.9，有

x	$(-\infty,-1)$	-1	$(-1,0)$	0	$(0,1)$	1	$(1,+\infty)$
$f'(x)$	$-$	0	$-$	0	$+$	0	$+$
$f(x)$	↘	无极值	↘	极小值 0	↗	无极值	↗

即，$f(x)$ 在 $x=\pm 1$ 处没有极值，只在 $x=0$ 处取得极小值，极小值为 0.

3.4.3 函数的最大值和最小值

在生产实践及科学实验中,常遇到在某种条件下,如何解决“投入最少”“成本最低”“效益最大”“利润最高”等问题.这类问题在数学上常常归结为求函数的最大值或最小值问题.

3.4.3.1 闭区间上连续函数的最大值和最小值

由闭区间上连续函数的性质可知,如果函数 $f(x)$在闭区间$[a,b]$上连续,则$f(x)$在$[a,b]$上必有最大值和最小值.而连续函数在闭区间$[a,b]$上的最大值和最小值仅可能在区间内的极值点和区间的端点处取得.因此,为了求出函数在闭区间$[a,b]$上的取大值与最小值,可先求出函数在$[a,b]$内的一切可能的极值点处的函数值(即所有驻点和导数不存在的点的函数值)和区间端点处的函数值 $f(a)$,$f(b)$,然后比较这些函数值的大小,其中最大的就是最大值,最小的就是最小值.

例 3.39 求函数 $f(x)=(x-1)\sqrt[3]{x^2}$在$\left[-1,\dfrac{1}{2}\right]$上的最大值和最小值.

解 因 $f'(x)=\dfrac{5x-2}{3\sqrt[3]{x}}$,所以函数的驻点为 $x=\dfrac{2}{5}$,不可导点为 $x=0$.

由于

$$f(-1)=-2,\quad f\left(\frac{1}{2}\right)=-\frac{1}{4}\sqrt[3]{2},\quad f(0)=0,\quad f\left(\frac{2}{5}\right)=-\frac{3}{5}\sqrt[3]{\frac{4}{25}},$$

所以,函数的最大值是 $f(0)=0$,最小值是 $f(-1)=-2$.

3.4.3.2 一般区间上连续函数的最大值和最小值

若 $f(x)$在一个区间内(开区间,闭区间或无穷区间)只有一个极大值点,而无极小值点,则该极大值点一定是最大值点(图 3.8(a)).对于极小值点也可做出同样的结论(图 3.8(b)).

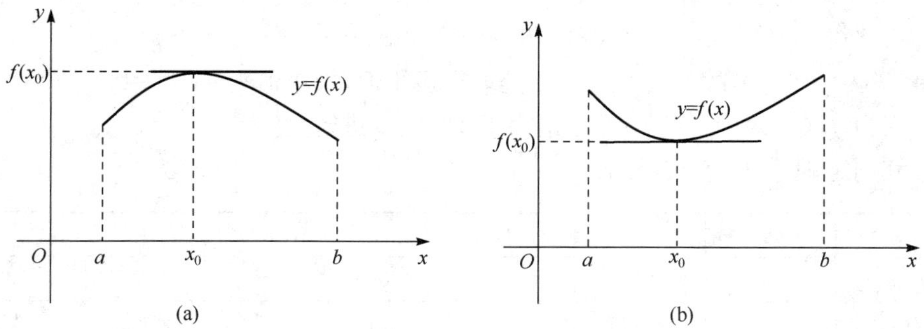

图 3.8

例 3.40　求函数 $f(x)=\frac{1}{x}+\frac{1}{1-x}$在(0,1)内的最大值或最小值.

解　$f'(x)=-\frac{1}{x^2}+\frac{1}{(1-x)^2}=\frac{2x-1}{x^2(1-x^2)}$.

令 $f'(x)=0$,在(0,1)内,得$x=\frac{1}{2}$.

当$0<x<\frac{1}{2}$时,$f'(x)<0$;当$\frac{1}{2}<x<1$时,$f'(x)>0$,故 $f(x)$在 $x=\frac{1}{2}$处取得极小值.

因在(0,1)内,函数 $f(x)$仅有一个极值点且为极小值点,故在点 $x=\frac{1}{2}$处取得最小值 $f\left(\frac{1}{2}\right)=4$.

例 3.41　求函数 $f(x)=\frac{x}{x^2+1}$在$(0,+\infty)$内的最大值或最小值.

解　$f'(x)=\frac{1-x^2}{(x^2+1)^2}$,令 $f'(x)=0$,得 $x=1$.

又 $f''(x)=\frac{2x^3-6x}{(x^2+1)^3}$,则 $f''(1)=\frac{2-6}{(1+1)^3}=-\frac{1}{2}<0$. 由极值存在的第二充分条件,$f(x)$在 $x=1$ 处取得极大值.

由于 $x=1$ 是 $f(x)$在区间$(0,+\infty)$内的唯一极值点且为极大值点,因此,$f(1)=\frac{1}{2}$就是函数 $f(x)$在$(0,+\infty)$内的最大值.

3.4.3.3　应用问题

在实际问题中,往往根据问题的性质就可以断定可导函数 $f(x)$确有最大值或最小值,而且一定在定义区间内取得,这时如果 $f(x)$在定义区间内只有一个驻点 x_0,则不必讨论 $f(x_0)$是否为极值,就可以断定 $f(x_0)$是最大值或最小值.

例 3.42　要做一个容积为 V 的圆柱形罐头筒,假定筒体壁厚一定,问怎样设计才能使用料最省?

解　要使用料最省,应使罐头筒的表面积最小. 设罐头筒的底半径为 r,高为 h,则它的侧面积为 $2\pi rh$,底面积为 πr^2,因此总的表面积为

$$S=2\pi r^2+2\pi rh.$$

由于体积 $V=\pi r^2 h$,则 $h=\frac{V}{\pi r^2}$,所以

$$S=2\pi r^2+\frac{2V}{r},\quad r\in(0,+\infty).$$

由$\dfrac{dS}{dr}=4\pi r-\dfrac{2V}{r^2}=\dfrac{2(2\pi r^3-V)}{r^2}$,令$\dfrac{dS}{dr}=0$,得 $r=\sqrt[3]{\dfrac{V}{2\pi}}$.

由于该实际问题必有最小值,且函数 S 在定义区间$(0,+\infty)$内有唯一的驻点 $r=\sqrt[3]{\dfrac{V}{2\pi}}$. 因此 $r=\sqrt[3]{\dfrac{V}{2\pi}}$是该问题的最小值点. 这时相应的高为

$$h=\frac{V}{\pi r^2}=\frac{V}{\pi\left(\sqrt[3]{\dfrac{V}{2\pi}}\right)^2}=2\sqrt[3]{\frac{V}{2\pi}}=2r.$$

即:当罐头筒的高和底直径相等时,所用材料最省.

例 3.43 设某工厂每月产量为 x 吨时,总成本函数(单位:元)为 $C(x)=\dfrac{1}{4}x^2+8x+4900$,求最小平均成本.

解 平均成本为$\overline{C}(x)=\dfrac{C(x)}{x}=\dfrac{1}{4}x+8+\dfrac{4900}{x}$.

因 $\overline{C}'(x)=\dfrac{1}{4}-\dfrac{4900}{x^2}$,令 $\overline{C}'(x)=0$,得驻点 $x=140$.

而该实际问题必有最小值,且函数有唯一的驻点. 故 $x=140$ 是$\overline{C}(x)$的最小值点. 因此,当月产量为 140 吨时,平均成本最小,其最小平均成本为

$$\overline{C}(140)=\frac{1}{4}\cdot 140+8+\frac{4900}{140}=78(\text{元}).$$

例 3.44 已知某厂生产 x 件产品的成本(单位:元)为

$$C(x)=25000+200x+\frac{x^2}{40},$$

问若每件产品的出厂价为 500 元,要使利润最大,应生产多少件产品?

解 因为每件产品的出厂价为 500 元,则总收入为 $R(x)=500x$,故总利润为

$$\begin{aligned}L(x)=R(x)-C(x)&=500x-\left(25000+200x+\frac{x^2}{40}\right)\\&=-25000+300x-\frac{x^2}{40}.\end{aligned}$$

因 $L'(x)=\dfrac{6000-x}{20}$,令 $L'(x)=0$,得 $x=6000$.

由于 $x=6000$ 是 $L(x)$唯一的驻点,故 $x=6000$ 为 $L(x)$的最大值点. 所以生产产品 6000 件时利润最大.

习题 3.4

1. 下面命题正确吗? 为什么?

(1) 若当 $x>0$ 时，$f'(x)>g'(x)$，则当 $x>0$ 时，$f(x)>g(x)$；

(2) 若 $f(0)>g(0)$，且当 $x>0$ 时，$f'(x)>g'(x)$，则当 $x>0$ 时，$f(x)>g(x)$；

(3) 若 $f(b)=0$，$f'(x)<0(a<x<b)$，则 $f(x)>0(a<x<b)$；

(4) 若 $f(b)=g(b)$，$f'(x)<g'(x)(a<x<b)$，则 $f(x)>g(x)$；

(5) 极值点一定是函数的驻点，驻点也一定是极值点；

(6) 若 $f(x_1)$ 和 $f(x_2)$ 分别是函数 $f(x)$ 在 (a,b) 上的极大值和极小值，则 $f(x_1)>f(x_2)$；

(7) 若 $f'(x_0)=0$，$f''(x_0)=0$，则 $f(x)$ 在点 x_0 处没有极值.

2. 确定下列函数的单调区间和极值：

(1) $f(x)=2x^3-6x^2-18x-7$；　(2) $f(x)=2x+\dfrac{8}{x}\quad(x>0)$；

(3) $f(x)=x-e^x$；　(4) $f(x)=\dfrac{2x}{1+x^2}$；

(5) $f(x)=x-2\sin x\quad(0\leqslant x\leqslant 2\pi)$；　(6) $f(x)=2x^2-\ln x$.

3. 证明下列不等式：

(1) 当 $x>0$ 时，$1+x\ln(x+\sqrt{1+x^2})>\sqrt{1+x^2}$；

(2) 当 $0<x<\dfrac{\pi}{2}$ 时，$\sin x+\tan x>2x$；

(3) 当 $0<x<1$ 时，$x-\ln x>1$；

(4) 当 $x>0$ 时，$\sin x>x-\dfrac{x^3}{6}$.

4. 证明方程 $\sin x=x$ 只有一个实根.

5. 若在 $(-\infty,+\infty)$ 上 $f''(x)>0$，$f(0)<0$，证明 $F(x)=\dfrac{f(x)}{x}$ 在区间 $(-\infty,0)$ 和 $(0,+\infty)$ 上单调增加.

6. 设函数 $f(x)=a\ln x+bx^2+x$ 在点 $x_1=1$，$x_2=2$ 处取得极值，试确定 a，b 的值，问此时 $f(x)$ 在点 x_1 和 x_2 处是取极大值还是极小值？

7. 证明：如果函数 $y=ax^3+bx^2+cx+d$ 满足条件 $b^2-3ac<0$，则该函数无极值.

8. a 为何值时，函数 $f(x)=a\sin x+\dfrac{1}{3}\sin 3x$ 在 $x=\dfrac{\pi}{3}$ 处取得极值？求出此极值.

9. 求下列函数在给定区间上的最大值和最小值：

(1) $y=\dfrac{1}{3}x^3-2x^2+5$，$[-2,2]$；　(2) $y=x+2\sqrt{x}$，$[0,4]$；

(3) $y=x^{\frac{2}{3}}$，$(-\infty,+\infty)$；　(4) $y=\ln(x^2+1)$，$[-1,2]$；

(5) $y=\sqrt{x}\ln x$，$(0,+\infty)$；　(6) $y=\dfrac{x^2}{1+x}$，$\left[-\dfrac{1}{2},1\right]$；

(7) $y=x^2-\dfrac{54}{x}$，$(-\infty,0)$；　(8) $y=x^2e^{-x^2}$，$(-\infty,+\infty)$.

10. 从一块边长为 a 的正方形铁皮的各角上截去相等的方块，把四边折起来做成一个无盖的方盒. 为了使这个方盒的容积最大，问应该截去的每个方块的边长是多少？

11. 某风景区欲制订门票价格.据估计,若门票价格为每人 20 元,平均每天将有 1000 名游客;门票价格每降低 1 元,游客将增加 100 人.试确定使门票收入最多的门票价格.

12. 生产某种商品 x 个单位的利润(单位:元)是

$$L(x)=5000+x-0.00001x^2.$$

问生产多少个单位商品时,获得的利润最大,最大利润是多少?

13. 一房地产公司有 50 套公寓要出租.当月租金定为 1000 元时,公寓会全部租出去.当月租金每增加 50 元时,就会多一套公寓租不出去.若租出去的公寓每月需花费 100 元的维修费.试问房租定为多少可获最大收入?

3.5 曲线的凹凸、拐点与渐近线

3.5.1 曲线的凹凸与拐点

3.4 节研究了函数的单调性.函数的单调性反映了函数曲线的上升或下降.但是,曲线在上升或下降的过程中,还有一个弯曲方向的问题——曲线的凸凹性.

观察图 3.9 中的两条曲线弧 $\overset{\frown}{AB}$,$\overset{\frown}{CD}$,它们都是单调增加的,然而图(a)中弧 $\overset{\frown}{AB}$ 是凸的,而图(b)中弧 $\overset{\frown}{CD}$ 是凹的.

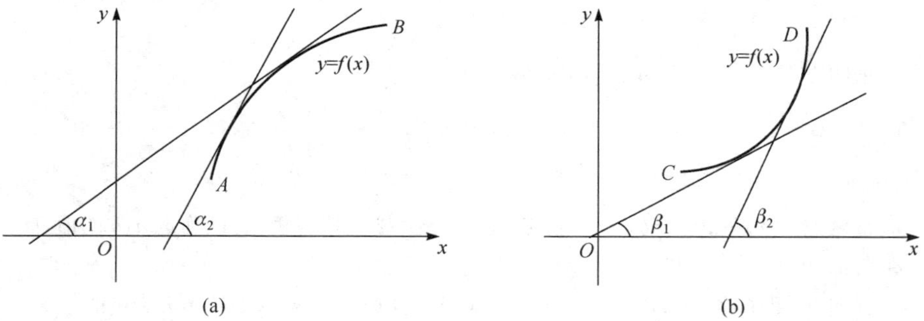

图 3.9

观察图 3.10,对于图(a)中的凸弧和图(b)中凹弧来说,若连接弧上的任意两点,则凸弧和凹弧的弦的中点位置与弧上相应的点位置正好相反.由此,关于函数的凹凸性可定义如下.

定义 3.3 设 $f(x)$在(a,b)内连续,若对(a,b)内任意两点 x_1,x_2,恒有

$$f\left(\frac{x_1+x_2}{2}\right)>\frac{f(x_1)+f(x_2)}{2},$$

则称 $f(x)$在(a,b)内的图形是**凸**的;若恒有

$$f\left(\frac{x_1+x_2}{2}\right)<\frac{f(x_1)+f(x_2)}{2},$$

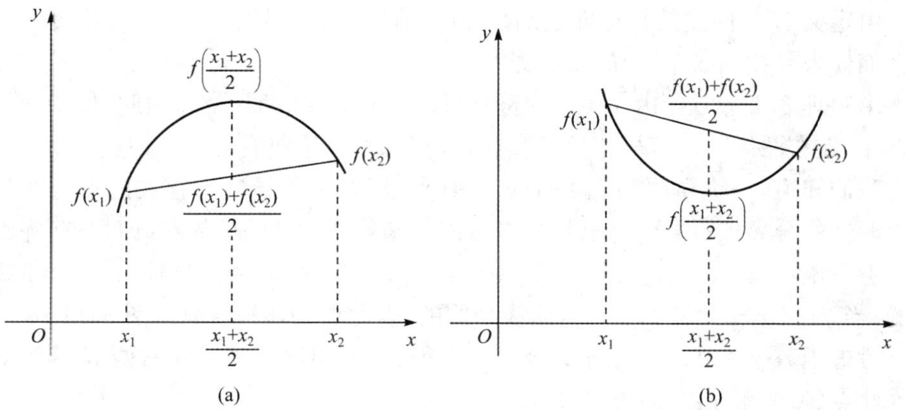

图 3.10

则称 $f(x)$在(a,b)内的图形是**凹**的.

若 $f(x)$在(a,b)内的图形是凹的,则称区间(a,b)为 $f(x)$的**凹区间**,反之称为**凸区间**. 凹区间、凸区间统称为函数的**凹凸区间**.

从几何上看,凸弧的切线总在曲线的上方,凹弧的切线总在曲线的下方(图 3.9).

进一步观察图 3.9,从几何上看,图(a)中,凸弧$\overset{\frown}{AB}$的切线的倾角随着自变量 x 的增加而变小,即切线的斜率随着自变量 x 的增加而减少,故 $f'(x)$是单调减少的. 如果 $f''(x)$存在,则 $f''(x)<0$;而图(b)中,凹弧$\overset{\frown}{CD}$的切线的倾角随着自变量 x 的增加而增大,即切线的斜率随着自变量 x 的增加而增加,故 $f'(x)$是单调增加的. 如果 $f''(x)$存在,则 $f''(x)>0$. 因此,对于二阶可导的函数来说,利用二阶导数的符号可以判定曲线的凹凸性.

定理 3.11　设函数 $y=f(x)$在(a,b)内具有二阶导数. 在区间(a,b)内

(1) 若 $f''(x)<0$,则曲线 $f(x)$在(a,b)内是凸的;

(2) 若 $f''(x)>0$,则曲线 $f(x)$在(a,b)内是凹的.

例 3.45　判断曲线 $y=\dfrac{1}{x}$的凸凹性.

解　函数 $y=\dfrac{1}{x}$的定义域为$(-\infty,0)\cup(0,+\infty)$. 因为

$$y'=-\frac{1}{x^2},\quad y''=\frac{2}{x^3},$$

所以,当 $x\in(-\infty,0)$时,$y''<0$. 因此,当 $x\in(-\infty,0)$时,曲线是凸的. 当 $x\in(0,+\infty)$时,$y''>0$. 因此,当 $x\in(0,+\infty)$时,曲线是凹的.

定义 3.4　若函数 $f(x)$在点 x_0 处连续并且在其左右邻域上凸凹性相反,则点$(x_0,f(x_0))$称为曲线 $f(x)$的**拐点**.

由定义 3.4,曲线的拐点即是函数曲线凸凹性的分界点.

如何来寻找曲线 $f(x)$的拐点呢?

由定理 3.11 知道,由 $f''(x)$的符号可以判断曲线的凹凸性.因此,如果 $f''(x)$在点 x_0 左右两侧附近符号相反,则点$(x_0,f(x_0))$就是曲线的一个拐点.

我们知道,一阶导数等于 0 的点(即驻点)以及一阶导数不存在的点可能是函数单调性的分界点;那么,什么样的点可能是函数凸凹性的分界点(即拐点)呢?

考虑函数 $y=x^3$,$y''=6x$.令 $y''=0$ 得 $x=0$.当 $x\in(-\infty,0)$时,$y''<0$,曲线是凸的;当 $x\in(0,+\infty)$时,$y''>0$,曲线是凹的.因此点$(0,0)$是拐点(图 3.11).

考虑函数 $y=x^4$,$y''=12x^2$.令 $y''=0$ 得 $x=0$.但在 $x=0$ 左右两侧都有 $y''>0$,因此点$(0,0)$不是拐点(图 3.12).

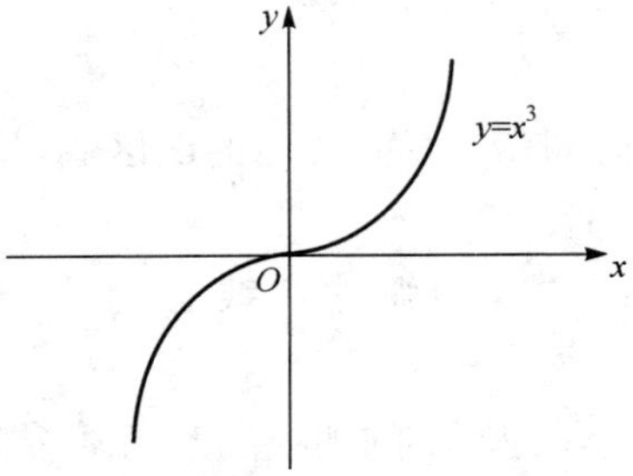

图 3.11

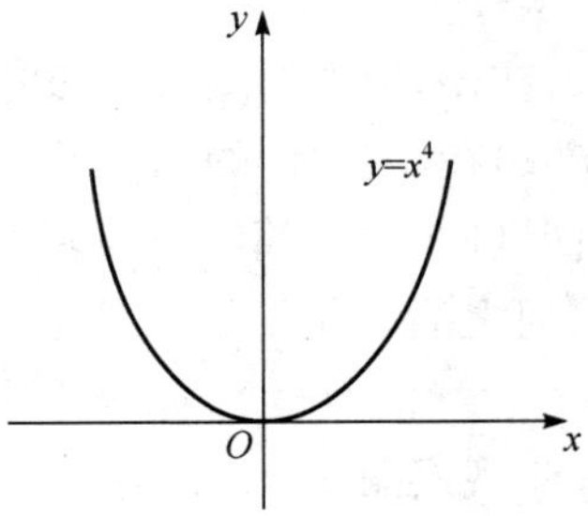

图 3.12

考虑函数 $y=x^{\frac{1}{3}}$,$y''=-\dfrac{2}{9}x^{-\frac{5}{3}}$.$x=0$ 时二阶导数不存在.当 $x\in(-\infty,0)$时,$y''>0$,曲线是凹的;当 $x\in(0,+\infty)$时,$y''<0$,曲线是凸的.因此点$(0,0)$是拐点(图 3.13);

考虑函数 $y=x^{\frac{2}{3}}$,$y''=-\dfrac{2}{9}x^{-\frac{4}{3}}$.$x=0$ 时二阶导数不存在.但在 $x=0$ 左右两侧都有 $y''<0$,因此点$(0,0)$不是拐点(图 3.14).

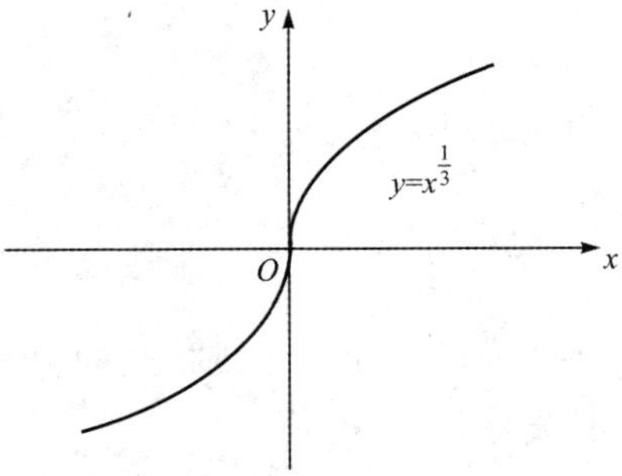

图 3.13

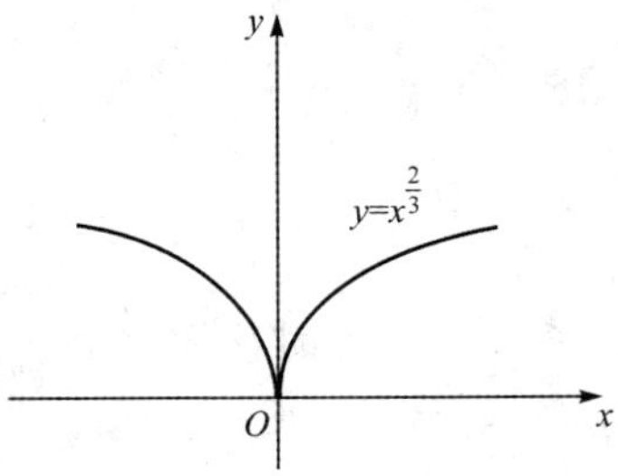

图 3.14

综上所述，在函数曲线上，横坐标满足二阶导数为 0 的点以及二阶导数不存在的点都可能是拐点.

因此，可以按下列步骤求出某区间上的连续曲线 $f(x)$ 的拐点：

(1) 求 $f''(x)$；

(2) 求出使 $f''(x)=0$ 的点以及使 $f''(x)$ 不存在的点；

(3) 对于(2)中的每一个点 x_0，检查在 x_0 左右两侧邻近 $f''(x)$ 的符号. 若两侧符号相反，则点 $(x_0, f(x_0))$ 是拐点，若符号相同，则点 $(x_0, f(x_0))$ 不是拐点.

例 3.46　求曲线 $f(x)=(x-2)\sqrt[3]{x^2}$ 的凸凹区间及拐点.

解　$f'(x)=\frac{5}{3}x^{\frac{2}{3}}-\frac{4}{3}x^{-\frac{1}{3}}$，　$f''(x)=\frac{10}{9}x^{-\frac{1}{3}}+\frac{4}{9}x^{-\frac{4}{3}}=\frac{2(5x+2)}{9x\sqrt[3]{x}}$.

显然，当 $x=-\frac{2}{5}$ 时 $f''(x)=0$，而 $x=0$ 为 $f''(x)$ 不存在的点.

用 $x=-\frac{2}{5}$，$x=0$ 将定义区间 $(-\infty,+\infty)$ 分成三个子区间，在这三个区间上讨论 $f''(x)$ 的符号，确定函数的凹凸性和拐点. 列表如下：

x	$\left(-\infty,-\frac{2}{5}\right)$	$-\frac{2}{5}$	$\left(-\frac{2}{5},0\right)$	0	$(0,+\infty)$
$f''(x)$	$-$	0	$+$	不存在	$+$
$f(x)$	凸	拐点	凹	非拐点	凹

所以，曲线 $f(x)$ 的凸区间是 $\left(-\infty,-\frac{2}{5}\right)$，凹区间是 $\left(-\frac{2}{5},0\right)$，$(0,+\infty)$；点 $\left(-\frac{2}{5},-\frac{12}{5}\sqrt[3]{\frac{4}{25}}\right)$ 是拐点.

例 3.47　求曲线 $\begin{cases}x=t^2,\\ y=3t+t^3\end{cases}$ 的拐点.

解　$\frac{dy}{dx}=\frac{(3t+t^3)'}{(t^2)'}=\frac{3+3t^2}{2t}$，　$\frac{d^2y}{dx^2}=\frac{\left(\frac{3+3t^2}{2t}\right)'}{(t^2)'}=\frac{3(t+1)(t-1)}{4t^3}$.

显然，当 $t=\pm1$ 时 $\frac{d^2y}{dx^2}=0$，而 $t=0$ 时 $\frac{d^2y}{dx^2}$ 不存在. 而 $t=\pm1$ 对应点 $x=1$，$t=0$ 对应点 $x=0$.

用 $t=\pm1$，$t=0$ 将 $(-\infty,+\infty)$ 分成四个子区间. 列表如下：

t	$(-\infty,-1)$	-1	$(-1,0)$	0	$(0,1)$	1	$(1,+\infty)$
x	$(1,+\infty)$	1	$(0,1)$	0	$(0,1)$	1	$(1,+\infty)$
$\frac{d^2y}{dx^2}$	$-$	0	$+$	不存在	$-$	0	$+$
y	凸	拐点	凹	端点	凸	拐点	凹

所以,曲线的拐点是$(1,-4)$和$(1,4)$.

例 3.48 设点$(1,3)$是曲线 $y=x^3+ax^2+bx+14$ 的拐点,求 a 和 b 值.

解 由于点$(1,3)$在曲线 $y=x^3+ax^2+bx+14$ 上,故

$$a+b+12=0.$$

因为 $y''=6x+2a$,而点$(1,3)$是拐点,故二阶导数在 $x=1$ 处的值为 0,即

$$6+2a=0.$$

于是 $a=-3,b=-9$.

例 3.49 利用函数的凹凸性证明

$$\frac{1}{2}(x^n+y^n)>\left(\frac{x+y}{2}\right)^n \quad (x>0,y>0,x\neq y,n>1).$$

证 设 $f(t)=t^n$,则 $f'(t)=nt^{n-1}$,$f''(t)=n(n-1)t^{n-2}$.

因为当 $t>0$ 时,$f''(t)>0$,所以曲线 $f(t)=t^n$ 在区间$(0,+\infty)$内是凹的.由定义 3.3,对任意的 $x>0,y>0,x\neq y$ 有

$$\frac{1}{2}[f(x)+f(y)]>f\left(\frac{x+y}{2}\right),$$

即$\frac{1}{2}(x^n+y^n)>\left(\frac{x+y}{2}\right)^n$.

例 3.50 利用函数的凹凸性证明

$$1+x\ln(x+\sqrt{1+x^2})\geqslant\sqrt{1+x^2} \quad (-\infty<x<+\infty).$$

证 令 $f(x)=1+x\ln(x+\sqrt{1+x^2})-\sqrt{1+x^2}$,则

$$f''(x)=\frac{1}{\sqrt{1+x^2}}>0.$$

即函数 $f(x)$是凹的. 由定义 3.3,对任意的 x_1,x_2,有

$$f\left(\frac{x_1+x_2}{2}\right)<\frac{f(x_1)+f(x_2)}{2}.$$

取 $x_1=x,x_2=-x$,则上式为

$$\frac{f(x)+f(-x)}{2}>f(0).$$

而 $f(x)$是偶函数,即 $f(-x)=f(x)$. 因 $f(0)=0$,故

$$f(x)\geqslant 0,\quad -\infty<x<+\infty.$$

3.5.2 曲线的渐近线

有些函数的定义域或值域是无穷区间，如双曲线，抛物线等，其函数曲线向无穷远处延伸，有些曲线会呈现出越来越接近某一直线的形态，则该直线称为曲线的渐近线.

定义 3.5　如果曲线上一动点沿曲线趋于无穷远时，动点与某一直线的距离趋于零，则称此直线为曲线的一条**渐近线**.

当然，并不是所有曲线都有渐近线，如抛物线就不会与某一直线无限靠近.

渐近线有如下三种情形.

3.5.2.1 垂直渐近线

对于曲线 $y=f(x)$，如果

$$\lim_{x\to a^+}f(x)=\infty \quad 或 \quad \lim_{x\to a^-}f(x)=\infty,$$

则 $x=a$ 为曲线 $y=f(x)$ 的**垂直渐近线**.

注　当 $x=a$ 为函数 $y=f(x)$ 的无穷间断点时，$x=a$ 为曲线 $y=f(x)$ 的垂直渐近线.

例 3.51　求曲线 $f(x)=\dfrac{1}{x(x-1)}$ 的垂直渐近线.

解　因为

$$\lim_{x\to 0}\frac{1}{x(x-1)}=\infty,\quad \lim_{x\to 1}\frac{1}{x(x-1)}=\infty,$$

所以，$x=0$ 和 $x=1$ 是曲线的两条垂直渐近线.

3.5.2.2 水平渐近线

对于曲线 $y=f(x)$，如果

$$\lim_{x\to+\infty}f(x)=b \quad 或 \quad \lim_{x\to-\infty}f(x)=b,$$

则 $y=b$ 是曲线 $y=f(x)$ 的一条**水平渐近线**.

值得注意的是，只有当函数的定义域是一个无穷区间时，其曲线才可能存在水平渐近线，且一条曲线的水平渐近线至多有两条.

例如，对于函数 $f(x)=\dfrac{\sin x}{x}$，由于 $\lim\limits_{x\to\infty}\dfrac{\sin x}{x}=0$，所以，$y=0$ 是曲线 $f(x)=\dfrac{\sin x}{x}$ 的水平渐近线.

又如，对于函数 $f(x)=\arctan x$，由于 $\lim\limits_{x\to-\infty}\arctan x=-\dfrac{\pi}{2}$，$\lim\limits_{x\to+\infty}\arctan x=\dfrac{\pi}{2}$，

故 $y=-\frac{\pi}{2}$和 $y=\frac{\pi}{2}$为曲线 $f(x)=\arctan x$ 的两条水平渐近线.

3.5.2.3 斜渐近线

对于曲线 $y=f(x)$,如果

$$\lim_{x\to+\infty}\frac{f(x)}{x}=a\neq 0,\quad \lim_{x\to+\infty}[f(x)-ax]=b$$

或

$$\lim_{x\to-\infty}\frac{f(x)}{x}=a\neq 0,\quad \lim_{x\to-\infty}[f(x)-ax]=b,$$

则 $y=ax+b$ 是曲线 $y=f(x)$的一条斜渐近线.

与水平渐近线类似,当函数的定义域为无穷区间时,曲线才可能有斜渐近线,一条曲线至多有两条斜渐近线.

例 3.52 求曲线 $f(x)=\frac{x^2}{x-1}$的渐近线.

解 由于$\lim\limits_{x\to1}\frac{x^2}{x-1}=\infty$,故 $x=1$ 为该曲线的一条垂直渐近线.

又因为

$$\lim_{x\to\infty}\frac{f(x)}{x}=\lim_{x\to\infty}\frac{x}{x-1}=1=a,$$

$$\lim_{x\to\infty}[f(x)-ax]=\lim_{x\to\infty}\left(\frac{x^2}{x-1}-x\right)=\lim_{x\to\infty}\frac{x}{x-1}=1=b,$$

故 $y=x+1$ 为曲线的斜渐近线.

3.5.3 函数图形的描绘

利用函数的一阶和二阶导数,可以确定函数的单调区间及极值、凹凸区间及拐点,从而对函数所表示的曲线性态(曲线的升降趋势和弯曲情况)有定性的认识,再借助函数的其他性态:奇偶性、周期性以及渐近线等,就可以很容易地画出函数的图形.

函数作图的一般步骤如下:

第一步 确定函数 $y=f(x)$的定义域,判定函数的奇偶性、周期性等;

第二步 求出方程 $f'(x)=0$ 和 $f''(x)=0$ 在函数定义区间内的全部实根,以及 $f'(x)$和 $f''(x)$不存在的点,并用这些点把函数的定义区间划分成部分区间,确定函数在这些区间上的单调性、极值、凹凸性及拐点;

第三步 确定函数图形的水平、垂直和斜渐近线以及其他变化趋势.

第四步 以第二步中得到的点为基础,适当补充一些特殊点,联结这些点作出函数 $y=f(x)$的图形.

例 3.53 描绘函数 $f(x)=\dfrac{1}{\sqrt{2\pi}}e^{-\frac{x^2}{2}}$ 的图形.

解 (1) 函数 $f(x)=\dfrac{1}{\sqrt{2\pi}}e^{-\frac{x^2}{2}}$ 的定义域为$(-\infty,+\infty)$. 由于

$$f(-x)=\frac{1}{\sqrt{2\pi}}e^{-\frac{(-x)^2}{2}}=\frac{1}{\sqrt{2\pi}}e^{-\frac{x^2}{2}}=f(x),$$

所以 $f(x)$是偶函数,它的图形关于 y 轴对称. 因此可以只讨论$[0,+\infty)$上该函数的图形.

(2) 求出函数的一阶、二阶导数:

$$f'(x)=-\frac{x}{\sqrt{2\pi}}e^{-\frac{x^2}{2}},\quad f''(x)=(x^2-1)\frac{1}{\sqrt{2\pi}}e^{-\frac{x^2}{2}}.$$

在$[0,+\infty)$上,方程 $f'(x)=0$ 的根为 $x=0$;方程 $f''(x)=0$ 的根为 $x=1$. 用点 $x=1$ 把$[0,+\infty)$划分成两个区间$[0,1]$和$[1,+\infty)$. 列表如下:

x	0	$(0,1)$	1	$(1,+\infty)$
$f'(x)$	0	$-$	$-\dfrac{1}{\sqrt{2\pi e}}$	$-$
$f''(x)$	$-\dfrac{1}{\sqrt{2\pi}}$	$-$	0	$+$
$f(x)$	极大值$\dfrac{1}{\sqrt{2\pi}}$	↘凸	拐点$\left(1,\dfrac{1}{\sqrt{2\pi e}}\right)$	↘凹

(3) 由于 $\lim\limits_{x\to+\infty}f(x)=0$,所以曲线有一条水平渐近线 $y=0$.

(4) 计算出 $f(0)=\dfrac{1}{\sqrt{2\pi}}$,$f(1)=\dfrac{1}{\sqrt{2\pi e}}$. 从而得到图形上的点 $C\left(0,\dfrac{1}{\sqrt{2\pi}}\right)$和拐点 A,画出函数 $y=\dfrac{1}{\sqrt{2\pi}}e^{-\frac{x^2}{2}}$ 在$[0,+\infty)$上的图形. 利用对称性,便可得到函数在$(-\infty,0]$上的图形(图 3.15).

该函数是概率论和数理统计中非常重要的函数.

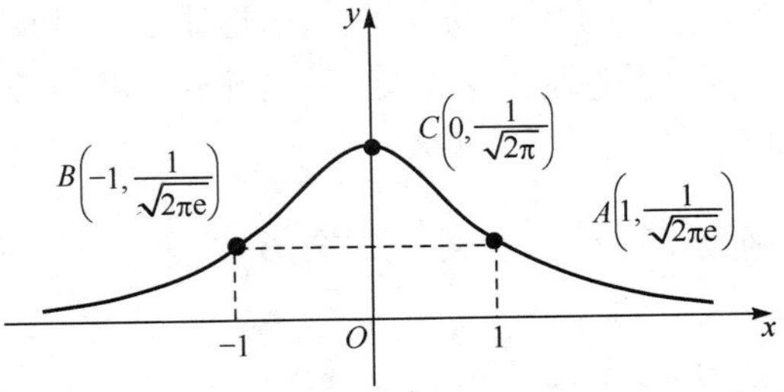

图 3.15

例 3.54 描绘函数 $y=f(x)=\dfrac{(x-3)^2}{4(x-1)}$ 的图形.

解 函数的定义域为 $(-\infty,1)\cup(1,+\infty)$.

(1) 求出一阶导数和二阶导数等于零及不存在的点.

$$y'=\frac{(x-3)(x+1)}{4\,(x-1)^2},\quad y''=\frac{2}{(x-1)^3},$$

令 $y'=0$,得 $x=-1,3$. 而且 $x=1$ 为一、二阶导数不存在的点.

(2) 确定曲线的单调区间和凹凸区间.

用一阶导数为零和不存在的点以及二阶导数不存在的点把函数的定义域划分为四个子区间:$(-\infty,-1)$,$(-1,1)$,$(1,3)$,$(3,+\infty)$. 列表如下:

x	$(-\infty,-1)$	-1	$(-1,1)$	1	$(1,3)$	3	$(3,+\infty)$
$f'(x)$	+	0	−	不存在	−	0	+
$f''(x)$	−	$-\frac{1}{4}$	−	不存在	+	$\frac{1}{4}$	+
$f(x)$	↗凸	极大值−2	↘凸	非拐点	↘凹	极小值 0	↗凹

(3) 求渐近线.

因为 $\lim\limits_{x\to1}f(x)=\infty$,所以 $x=1$ 为曲线的垂直渐近线. 又因为

$$k=\lim_{x\to\infty}\frac{f(x)}{x}=\frac{1}{4},\quad b=\lim_{x\to\infty}\left[f(x)-\frac{1}{4}x\right]=\lim_{x\to\infty}\frac{-5x+9}{4(x-1)}=-\frac{5}{4},$$

故曲线的斜渐近线为 $y=\frac{1}{4}x-\frac{5}{4}$.

(4) 画出特殊点 $\left(0,-\frac{9}{4}\right)$,极大值点 $(-1,-2)$,极小值点 $(3,0)$,画出曲线的图形如图 3.16 所示.

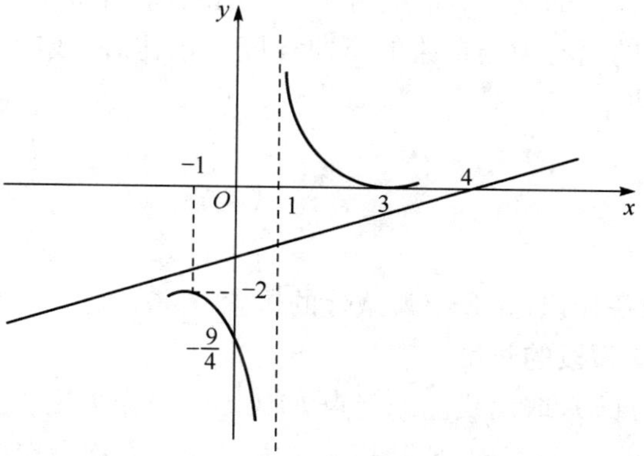

图 3.16

习题 3.5

1. 求下列函数的拐点及凸凹区间：

(1) $y=x^2-x^3$；　　(2) $y=3x^5-5x^3$；

(3) $y=(x+1)^4+e^x$；　　(4) $y=\ln(x^3+1)$.

2. 证明曲线 $y=\dfrac{x-1}{x^2+1}$ 有三个拐点位于同一直线上.

3. a 及 b 为何值时，点(1,3)是曲线 $y=ax^3+bx^2$ 的拐点？

4. 试确定 $y=k(x^2-3)^2$ 中 k 的值，使曲线拐点处的法线通过原点.

5. 利用函数图形的凹凸性，证明下列不等式：

(1) $\dfrac{e^x+e^y}{2}>e^{\frac{x+y}{2}}$　$(x\neq y)$；

(2) $x\ln x+y\ln y>(x+y)\ln\dfrac{x+y}{2}$　$(x>0,y>0,x\neq y)$.

6. 求下列曲线的渐近线：

(1) $y=\ln x$；　　(2) $y=1+e^{\frac{1}{x}}$；

(3) $y=\dfrac{x^3}{(x-1)^2}$；　　(4) $y=1+\dfrac{(1-2x)}{x^2}$.

7. 作出下列函数的图形：

(1) $y=2x^3-3x^2$；　　(2) $y=\dfrac{x^2}{x-2}$.

3.6　平面曲线的曲率

曲线的弯曲程度是曲线的又一几何特征. 在许多工程技术问题中，常常需要研究这一问题. 例如在材料力学中，梁在外力(载荷)的作用下会产生弯曲变形，断裂往往发生在弯曲度最大的地方;高速公路在转弯的路段常常设有限速或危险提示,因为车辆转弯产生的离心力与道路的弯曲程度成正比.曲线的弯曲程度反映到数学中,就是曲线的曲率.

3.6.1 弧微分

作为曲率的预备知识,先介绍弧微分的概念.

3.6.1.1 有向弧段的长度

给定曲线 $y=f(x)$,取曲线上一定点 $M_0(x_0,y_0)$作为度量弧长的基点.规定:依 x 增大的方向为曲线的正向.这种规定了方向的曲线称为**有向曲线**.

对曲线上任一点 $M(x,y)$,弧段$\overset{\frown}{M_0M}$是**有向弧段**,它的值(长度)s 规定如下:

(1) s 的绝对值$|s|$等于该弧段的长度;

(2) 当有向弧段$\overset{\frown}{M_0M}$的方向与曲线正向一致时,$s>0$;相反时,$s<0$(图 3.17).

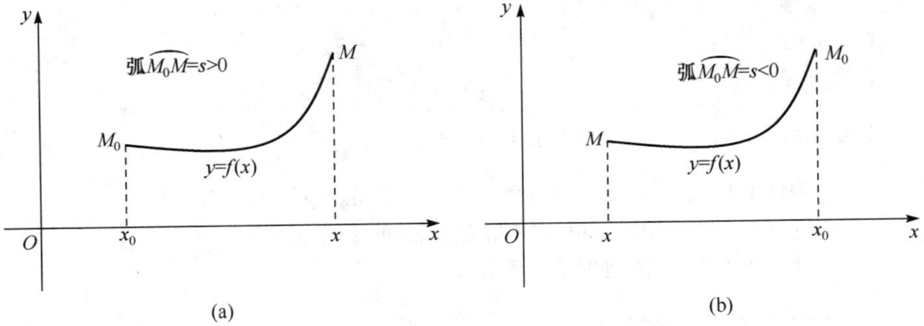

图 3.17

有向弧段$\overset{\frown}{M_0M}$简称弧 s.显然,弧 s 是 x 的函数,即 $s=s(x)$,而且是 x 的单调增加函数.

3.6.1.2 弧微分

下面来求 $s=s(x)$的导数和微分.

如图 3.18 所示,设 $x,x+\Delta x$ 为(a,b)内邻近的两点,它们对应于曲线 $y=f(x)$上的点分别为 M 与 M',则弧 s 的相应的增量 Δs 为

$$\Delta s=\overset{\frown}{M_0M'}-\overset{\frown}{M_0M}=\overset{\frown}{MM'},$$

于是

$$\begin{aligned}\left(\frac{\Delta s}{\Delta x}\right)^2&=\left(\frac{\overset{\frown}{MM'}}{\Delta x}\right)^2=\left(\frac{\overset{\frown}{MM'}}{\overline{MM'}}\right)^2\frac{(\overline{MM'})^2}{(\Delta x)^2}\\&=\left(\frac{\overset{\frown}{MM'}}{\overline{MM'}}\right)^2\frac{(\Delta x)^2+(\Delta y)^2}{(\Delta x)^2}\end{aligned}$$

$$=\left(\frac{\widehat{MM'}}{\overline{MM'}}\right)^2\left[1+\left(\frac{\Delta y}{\Delta x}\right)^2\right].$$

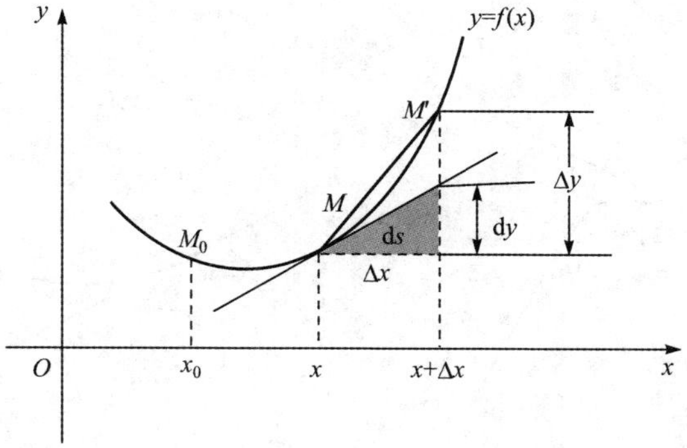

图 3.18

因为当 $\Delta x\to 0$ 时，$M'\to M$，$\left(\frac{\widehat{MM'}}{\overline{MM'}}\right)^2\to 1$，$\frac{\Delta y}{\Delta x}\to y'$，$\frac{\Delta s}{\Delta x}\to\frac{\mathrm{d}s}{\mathrm{d}x}$，故

$$\left(\frac{\mathrm{d}s}{\mathrm{d}x}\right)^2=1+(y')^2 \quad \text{或} \quad \frac{\mathrm{d}s}{\mathrm{d}x}=\pm\sqrt{1+(y')^2}.$$

因 $s=s(x)$ 是 x 的单调增函数，有 $\frac{\mathrm{d}s}{\mathrm{d}x}>0$，于是

$$\frac{\mathrm{d}s}{\mathrm{d}x}=\sqrt{1+(y')^2}$$

或

$$\mathrm{d}s=\sqrt{1+(y')^2}\,\mathrm{d}x. \tag{3-12}$$

这就是直角坐标系下的**弧微分公式**.

由此可得

$$\mathrm{d}s=\sqrt{(\mathrm{d}x)^2+(\mathrm{d}y)^2}. \tag{3-13}$$

这里，$\mathrm{d}x$，$\mathrm{d}y$，$\mathrm{d}s$ 构成一个直角三角形，称为**微分三角形**(图 3.18 阴影部分).

定义了有向曲线以后，将弧长 s 看成 x 的函数，弧微分就是弧长 s 关于变量 x 的微分.

3.6.2　曲率及其计算

3.6.2.1　曲率的定义

我们直观地感觉到，直线是不弯曲的，半径较小的圆的圆弧比半径较大的圆的圆弧的弯曲程度大，抛物线在顶点附近的弯曲程度比其他部位的弯曲程度大. 那么曲线弧的弯曲程度与哪些因素有关呢?

观察图 3.19 和图 3.20.

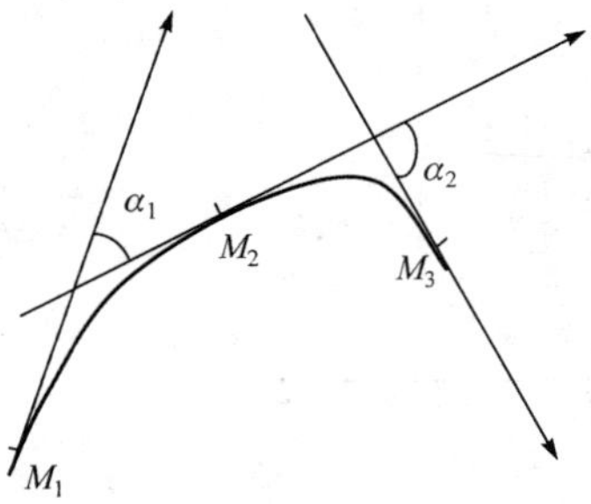

图 3.19

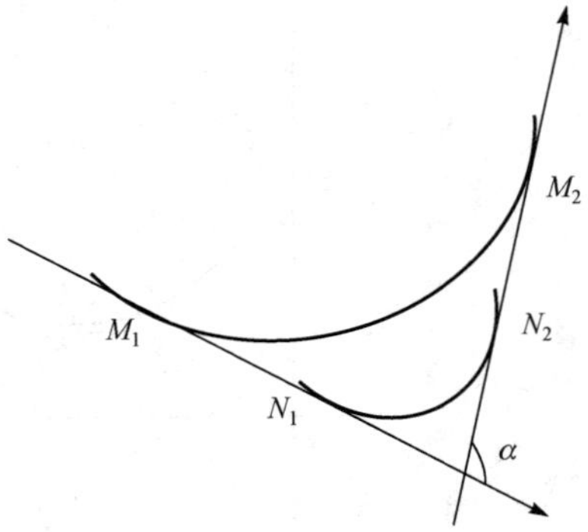

图 3.20

在图 3.19 中,弧段$\overset{\frown}{M_1M_2}$比较平直,当动点沿这段弧从 M_1 移动到 M_2 时,切线转过的角度 α_1 较小,而弧段$\overset{\frown}{M_2M_3}$弯曲得比较厉害,角 α_2 较大. 由此可见,曲线的弯曲程度与弧段的切线转角成正比.

在图 3.20 中,尽管两个弧段$\overset{\frown}{M_1M_2}$及$\overset{\frown}{N_1N_2}$的切线转过的角度相同,但两个弧段的弯曲程度不同,短的弧段$\overset{\frown}{N_1N_2}$比长的弧段$\overset{\frown}{M_1M_2}$弯曲得厉害些. 由此可见,曲线的弯曲程度与弧段的长度成反比.

由此,引入曲率的概念.

设曲线 C 是光滑的,在曲线 C 上选定一点 M_0 作为度量弧 s 的基点. 点 M 处切线倾角为 α,M'处切线的倾斜角为 $\alpha+\Delta\alpha$,$\Delta\alpha$ 为切线转角. 设$\overset{\frown}{M_0M}=s$,$\overset{\frown}{M_0M'}=s+\Delta s$,所以$\overset{\frown}{MM'}$的长度为 $|\Delta s|$,从点 M 到点 M'切线的转角为 $|\Delta\alpha|$(图 3.21). 称单位弧段上切线的转角 $\left|\dfrac{\Delta\alpha}{\Delta s}\right|$ 为弧段$\overset{\frown}{MM'}$的**平均曲率**,记为 $\overline{K}$,即

$$\overline{K}=\left|\frac{\Delta\alpha}{\Delta s}\right|. \tag{3-14}$$

如果当 M'沿曲线趋向于 M 时,平均曲率 $\overline{K}$ 的极限存在,那么这个极限就称为曲线在点 M 处的**曲率**,**记为** K,即

$$K=\lim_{\Delta s\to 0}\left|\frac{\Delta\alpha}{\Delta s}\right|=\left|\frac{d\alpha}{ds}\right|. \tag{3-15}$$

例如,直线上每点处的切线倾斜角都一样,即 $\Delta\alpha=0$,故直线上每点处的曲率都为零.

对于半径为 R 的圆周来讲,我们知道圆上一点 M 到圆上另外一点 M'处的转

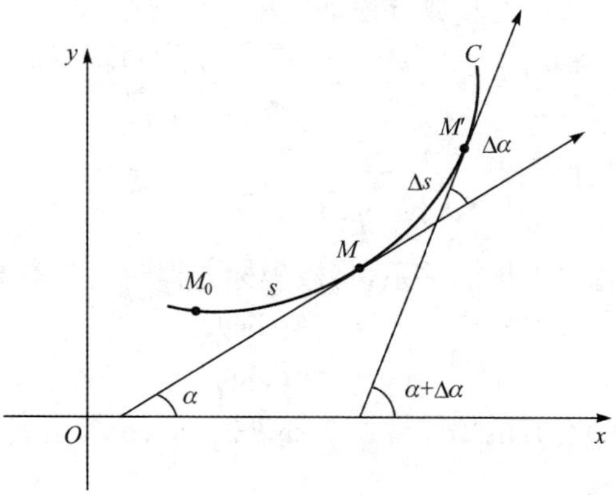

图 3.21

角 $\Delta\alpha$ 与圆弧$\widehat{MM'}$的中心角相等，于是弧$\widehat{MM'}$的长度 $\Delta s=R\Delta\alpha$，故$\dfrac{\Delta\alpha}{\Delta s}=\dfrac{1}{R}$，于是

$$K=\lim_{\Delta s\to 0}\left|\frac{\Delta\alpha}{\Delta s}\right|=\frac{1}{R},$$

这表明，圆周上各点处的曲率 K 等于半径 R 的倒数. 半径越小，曲率越大，弯曲得越厉害.

3.6.2.2　曲率的计算

假设曲线 C 的方程是 $y=f(x)$，且 $f(x)$具有二阶导数，由导数的几何意义知 $y'=\tan\alpha$，α 为切线的倾斜角. 故

$$\alpha=\arctan y',$$

$$\mathrm{d}\alpha=\mathrm{d}(\arctan y')=\frac{1}{1+(y')^2}\mathrm{d}y'=\frac{y''}{1+(y')^2}\mathrm{d}x.$$

由式(3-12)知，$\mathrm{d}s=\sqrt{1+(y')^2}\,\mathrm{d}x$，从而得曲线在点 $M(x,y)$处的曲率公式

$$K=\left|\frac{\mathrm{d}\alpha}{\mathrm{d}s}\right|=\frac{|y''|}{[1+(y')^2]^{\frac{3}{2}}}. \tag{3-16}$$

如果曲线 C 由参数方程

$$\begin{cases}x=\varphi(t),\\ y=\psi(t)\end{cases}$$

给出，因为 $\mathrm{d}x=\varphi'(t)\mathrm{d}t$，$\mathrm{d}y=\psi'(t)\mathrm{d}t$，由式(3-13)，得参数方程下的弧微分公式

$$\mathrm{d}s=\sqrt{[\varphi'(t)]^2+[\psi'(t)]^2}\,\mathrm{d}t. \tag{3-17}$$

而利用参数方程确定的函数的求导法，先求得

$$y'=\frac{\psi'(t)}{\varphi'(t)},\quad y''=\frac{\left[\dfrac{\psi'(t)}{\varphi'(t)}\right]'}{[\varphi(t)]'}=\frac{\psi''(t)\varphi'(t)-\varphi''(t)\psi'(t)}{[\varphi'(t)]^3},$$

再将 y',y'' 代入式(3-16),得参数方程下曲率的计算公式

$$K=\frac{|\psi''(t)\varphi'(t)-\varphi''(t)\psi'(t)|}{\{[\varphi'(t)]^2+[\psi'(t)]^2\}^{\frac{3}{2}}}. \tag{3-18}$$

若曲线 C 由极坐标方程

$$r=r(\theta)$$

给出,根据极坐标与直角坐标的关系,将极坐标方程转化为参数方程

$$\begin{cases}x=r(\theta)\cos\theta,\\ y=r(\theta)\sin\theta.\end{cases}$$

因为 $dx=r'(\theta)\cos\theta-r(\theta)\sin\theta, dy=r'(\theta)\sin\theta+r(\theta)\cos\theta$,由式(3-13),得极坐标系下的弧微分公式

$$ds=\sqrt{[r(\theta)]^2+[r'(\theta)]^2}\,d\theta. \tag{3-19}$$

而利用参数方程确定的函数的求导法,先求得

$$y'=\frac{r'(\theta)\sin\theta+r(\theta)\cos\theta}{r'(\theta)\cos\theta-r(\theta)\sin\theta},$$

$$y''=\frac{\left[\dfrac{r'(\theta)\sin\theta+r(\theta)\cos\theta}{r'(\theta)\cos\theta-r(\theta)\sin\theta}\right]'}{[r(\theta)\cos\theta]'}=\frac{r^2(\theta)+2[r'(\theta)]^2-r''(\theta)r(\theta)}{[r'(\theta)\cos\theta-r(\theta)\sin\theta]^3},$$

再将 y',y'' 代入式(3-16),得极坐标方程下曲率的计算公式

$$K=\frac{|r^2(\theta)+2[r'(\theta)]^2-r''(\theta)r(\theta)|}{\{r^2(\theta)+[r'(\theta)]^2\}^{\frac{3}{2}}}. \tag{3-20}$$

例 3.55 计算曲线 $y=\tan x$ 在点 $\left(\frac{\pi}{4},1\right)$ 处的曲率.

解 因为

$$y'=\sec^2x,\quad y''=2\sec^2x\tan x,$$

得 $y'|_{x=\frac{\pi}{4}}=2, y''|_{x=\frac{\pi}{4}}=4$,代入公式(3-16)得点 $\left(\frac{\pi}{4},1\right)$ 处的曲率为

$$K=\frac{|y''|}{[1+(y')^2]^{\frac{3}{2}}}=\frac{4\sqrt{5}}{25}.$$

例 3.56 求椭圆 $\begin{cases}x=a\cos t,\\ y=b\sin t\end{cases}$ $(a>b>0, 0\leqslant t\leqslant 2\pi)$ 上点的曲率的最大与最小值.

解 由于

$$\frac{dx}{dt}=-a\sin t,\quad \frac{d^2x}{dt^2}=-a\cos t,\quad \frac{dy}{dt}=b\cos t,\quad \frac{d^2y}{dt^2}=-b\sin t.$$

代入公式(3-18),得

$$K=\frac{|(-b\sin t)(-a\sin t)-(-a\cos t)(b\cos t)|}{[(-a\sin t)^2+(b\cos t)^2]^{\frac{3}{2}}}=\frac{ab}{[b^2+(a^2-b^2)\sin^2 t]^{\frac{3}{2}}}.$$

因分子为常数，所以当分母最小(最大)时，曲率 K 最大(最小).

令 $f(t)=b^2+(a^2-b^2)\sin^2 t,0\leqslant t\leqslant 2\pi$. 由于

$$f'(t)=2(a^2-b^2)\sin t\cos t=(a^2-b^2)\sin 2t,$$

得 $f(t)$ 的驻点 $t=0,t=\frac{\pi}{2},t=\pi,t=\frac{3\pi}{2},t=2\pi$. 而

$$f(0)=b^2,\quad f\left(\frac{\pi}{2}\right)=a^2,\quad f(\pi)=b^2,\quad f\left(\frac{3\pi}{2}\right)=a^2,\quad f(2\pi)=b^2,$$

且 $a>b$，则 $f(t)$ 在区间 $[0,2\pi]$ 上的最大值为 $f\left(\frac{\pi}{2}\right)=f\left(\frac{3\pi}{2}\right)=a^2$，最小值为 $f(0)=f(\pi)=f(2\pi)=b^2$. 于是

当 $t=0,\pi,2\pi$ 时，曲率 K 有最大值 $\frac{a}{b^2}$；当 $t=\frac{\pi}{2},\frac{3\pi}{2}$ 时，曲率 K 有最小值 $\frac{b}{a^2}$.

这表明，椭圆在长轴的两个端点处曲率最大，在短轴的两个端点处曲率最小.

3.6.3　曲率圆与曲率半径

若曲线 C 在某一点 M 处的曲率 $K\neq 0$，令 $\rho=\frac{1}{K}$，在点 M 处作曲线 C 的法线，并在法线上曲线凹的一侧取一点 D，使 $|DM|=\rho=\frac{1}{K}$，以 D 为圆心，ρ 为半径作一个圆(图 3.22)，此圆称为曲线在点 M 处的**曲率圆**，圆心 D 称为曲线在点 M 处的**曲率中心**，半径 ρ 称为曲线在点 M 处的**曲率半径**.

由上述定义可知，曲线在点 M 点处的曲率半径公式为

$$\rho=\frac{1}{K}=\frac{[1+(y')^2]^{\frac{3}{2}}}{|y''|}\quad (K\neq 0).$$

这表明，曲率与曲率半径互为倒数. 曲率半径越小，曲线在该点处的曲率就越大.

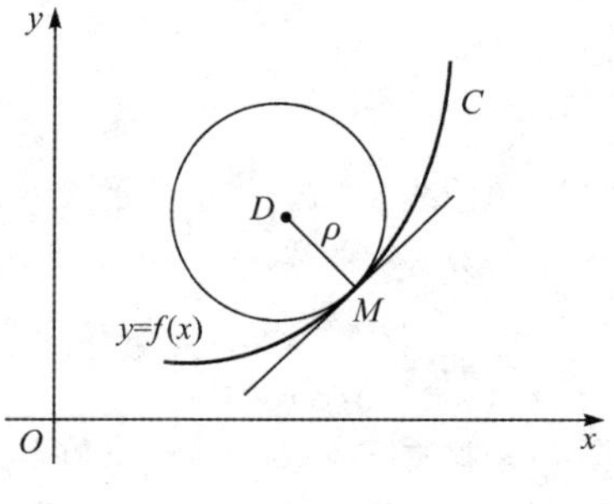

图 3.22

由曲率圆的定义，在点 M 处，曲率圆与曲线 C 具有相同的切线和曲率，而且在点 M 邻近，两者具有相同的凹凸性. 所以在实际问题中，在 M 点处的一段曲线可以用点 M 的曲率圆的一段圆弧来近似替代，以使问题简化.

可以求得曲线在点 $M(x,y)$ 处的曲率中心 $D(\alpha,\beta)$ 的坐标为

$$\begin{cases}\alpha=x-\dfrac{y'[1+(y')^2]}{y''},\\ \beta=y+\dfrac{1+(y')^2}{y''}.\end{cases} \tag{3-21}$$

例 3.57 设一工件内表面的截线为椭圆 $\dfrac{x^2}{a^2}+\dfrac{y^2}{b^2}=1(a>b>0)$(图 3.23),现要磨削其内表面以达到要求的光洁度,问选用直径多大的旋转磨具比较合适?

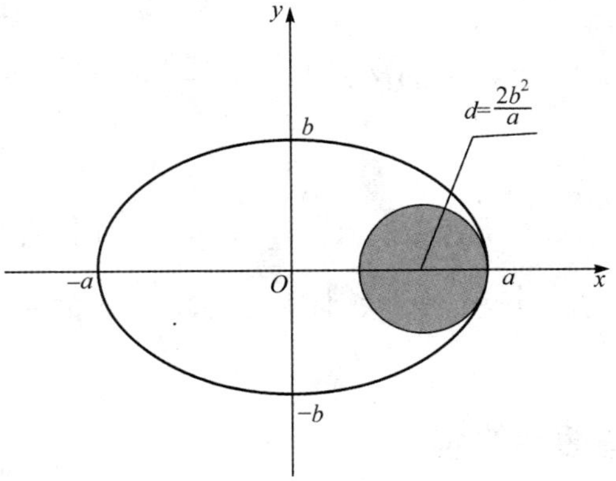

图 3.23

解 为了保证磨削的精度,旋转磨具的半径应小于或等于工件表面截线上各点处曲率半径的最小值.

由例 3.47,椭圆上长轴的两个端点处曲率最大,从而曲率半径最小,这时 $\rho=\dfrac{1}{K}=\dfrac{b^2}{a}$,所以选用的旋转磨具的直径不超过 $d=2\rho=\dfrac{2b^2}{a}$ 比较合适.

习题 3.6

1. 求曲线 $y=x^3+2x+1$ 的弧微分.
2. 计算等双曲线 $xy=1$ 在点(1,1)处的曲率.
3. 求曲线 $\begin{cases}x=t^2,\\ y=3t+t^3\end{cases}$ 在 $t=1$ 处的曲率.
4. 求抛物线 $y=x^2-4x+3$ 在其顶点处的曲率及曲率半径.
5. 对数曲线 $y=\ln x$ 上哪一点处的曲率半径最小?求出该点处的曲率半径.
6. 设工件内表面的截线为抛物线 $y=0.4x^2$,现要用砂轮磨削其内表面,问选择多大的砂轮才比较合适?

综合练习题三

一、判断题(将√或×填入相应的括号内)

(　　)1. 若在(a,b)内,$f'(x)\equiv g'(x)$,则在(a,b)内 $f(x)\equiv g(x)$;

(　　)2. 如果 a,b 是方程 $f(x)=0$ 的两个根,$f(x)$在$[a,b]$上连续,在(a,b)内可导,那么方程 $f'(x)=0$ 在(a,b)内至多有一个根;

(　　)3. 设 $f(x)$在$[a,b]$上连续,在(a,b)内可导且 $f'(x)>0$,若 $f(a)\cdot f(b)<0$,那么方程 $f(x)=0$ 在(a,b)内至少有一个根;

(　　)4. 设$\lim\limits_{x\to x_0}f(x)=\lim\limits_{x\to x_0}g(x)=\infty$且$\lim\limits_{x\to x_0}\dfrac{f'(x)}{g'(x)}=\infty$,则$\lim\limits_{x\to x_0}\dfrac{f(x)}{g(x)}=\infty$;

(　　)5. 当 $x>a$ 时 $f'(x)>0$,则 $f(x)$在$[a,+\infty)$上单调增加;

(　　)6. 设 $f(x)$在$[a,b]$上连续,在(a,b)内可导,若在(a,b)内 $f'(x)<0$ 且 $f(b)>0$,则在$[a,b]$上 $f(x)>0$;

(　　)7. 若 x_0 是函数 $f(x)$的极值点,则 $f'(x_0)=0$ 或 $f'(x_0)$不存在;

(　　)8. 若 $f'(x)$在点 x_0 处左右两侧附近的符号相反,则点$(x_0,f(x_0))$是函数 $f(x)$的拐点;

(　　)9. 闭区间$[a,b]$上的连续函数的最大值和最小值只可能在极值点和区间端点处取得;

(　　)10. 设 $f(x)$在(a,b)内二阶可导且有唯一的驻点 x_0 满足 $f''(x)<0$,则点 x_0 一定是 $f(x)$在(a,b)内的最大值点.

二、单项选择题(将正确选项的序号填入括号内)

1. 设 $f(x)=(x^2-1)(x^2-16)$,则 $f'(x)=0$ 有(　　).

(A) 一个实根;　(B) 两个实根;　(C) 三个实根;　(D) 四个实根.

2. $f(x)$在$[-1,1]$上连续,在$(-1,1)$上可导,且$|f'(x)|\leqslant M$,$f(0)=0$,则对于任一 $x\in[-1,1]$,必有(　　).

(A) $|f(x)|=M$;　(B) $|f(x)|<M$;

(C) $|f(x)|\leqslant M$;　(D) $|f(x)|\geqslant M$.

3. 下列求极限问题能使用洛必达法则的有(　　).

(A) $\lim\limits_{x\to 0}\dfrac{x^2\sin\dfrac{1}{x}}{\sin x}$;　(B) $\lim\limits_{x\to+\infty}x\left(\dfrac{\pi}{2}-\arctan x\right)$;

(C) $\lim\limits_{x\to+\infty}\dfrac{x-\sin x}{x+\sin x}$;　(D) $\lim\limits_{x\to 0}\dfrac{1-\cos x}{1+x^2}$.

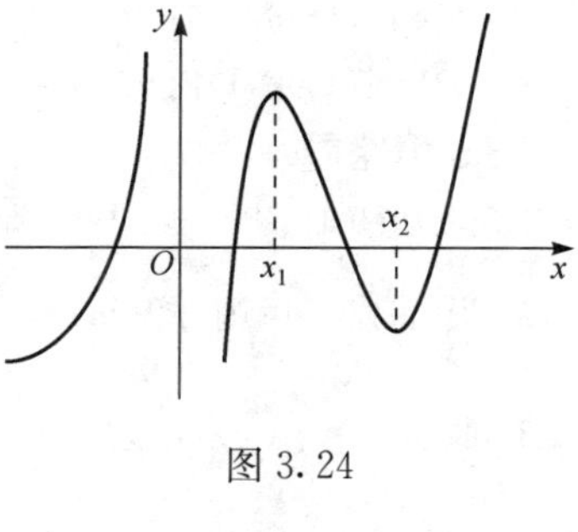

图 3.24

4. 设函数 $f(x)$在定义域内可导,其图形如图 3.24 所示,则导函数 $f'(x)$的图形为(　　).

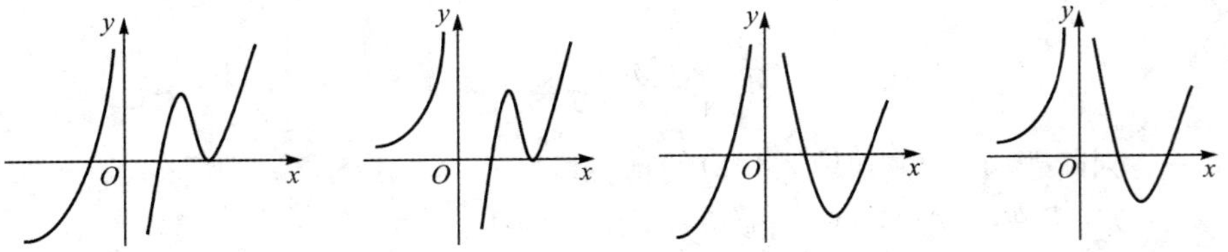

(A) (B) (C) (D)

5. 设在区间[0,1]上 $f''(x)>0$,则以下结论正确的是(　　).

(A) $f'(1)<f'(0)<f(1)-f(0)$;　　(B) $f'(0)<f'(1)<f(1)-f(0)$;

(C) $f'(0)<f(0)-f(1)<f'(1)$;　　(D) $f'(0)<f(1)-f(0)<f'(1)$.

6. 设函数 $y=f(x)$满足方程 $f''(x)-f'(x)+5f(x)=0$,若 $f(x_0)>0$,$f'(x_0)=0$,则函数 $f(x)$在点 x_0 处(　　).

(A) 取极小值;　　(B) 取极大值;

(C) 附近单调增加;　　(D) 附近单调减少.

7. 设 $y=f(x)$二阶可导,且 $f'(x)<0$,$f''(x)<0$,又 $\Delta y=f(x+\Delta x)-f(x)$,$\mathrm{d}y=f'(x)\Delta x$,则当 $\Delta x>0$ 时,有(　　).

(A) $\Delta y>\mathrm{d}y>0$;　　(B) $\Delta y<\mathrm{d}y<0$;

(C) $\mathrm{d}y>\Delta y>0$;　　(D) $\mathrm{d}y<\Delta y<0$.

8. 设$\lim\limits_{x\to a}\dfrac{f(x)-f(a)}{(x-a)^2}=-1$,则在点 $x=a$ 处(　　).

(A) $f(x)$可导且 $f'(a)\neq 0$;　　(B) $f(x)$取得极大值;

(C) $f(x)$取得极小值;　　(D) $f(x)$不可导.

9. 若 $f(x)=-f(-x)$,且在$(0,+\infty)$内 $f'(x)>0$,$f''(x)>0$,则在$(-\infty,0)$内(　　).

(A) $f'(x)<0,f''(x)<0$;　　(B) $f'(x)<0,f''(x)>0$;

(C) $f'(x)>0,f''(x)<0$;　　(D) $f'(x)>0,f''(x)>0$.

10. 已知 $f(x)$在$(1-\delta,1+\delta)$内具有二阶导数,$f'(x)$单调减少,且 $f(1)=f'(1)=1$,则(　　).

(A) 在$(1-\delta,1)$和$(1,1+\delta)$内 $f(x)<x$;

(B) 在$(1-\delta,1)$和$(1,1+\delta)$内 $f(x)>x$;

(C) 在$(1-\delta,1)$内 $f(x)<x$,在$(1,1+\delta)$内 $f(x)>x$;

(D) 在$(1-\delta,1)$内 $f(x)>x$,在$(1,1+\delta)$内 $f(x)<x$.

三、填空题

1. 设 $x\to 0$ 时,$\mathrm{e}^{\tan x}-\mathrm{e}^x$ 与 x^n 是同阶无穷小量,则 $n=$__________;

2. 设常数 $k>0$,则方程 $\ln x-\dfrac{x}{\mathrm{e}}+k=0$ 在$(0,+\infty)$内根的个数为__________;

3. 曲线 $y=f(x)$经过原点,且在点$(x,f(x))$处切线的斜率为 $-2x$,则 $\lim\limits_{x\to 0}\dfrac{f(-2x)}{x^2}$ $=$__________;

4. 设函数 $y=f(x)$在$(-\infty,+\infty)$上连续,其导函数的图形如图 3.25 所示,则 $f(x)$的单调减少区间为__________,单调增加区间为__________,极大值点为__________,极小值点为__________.

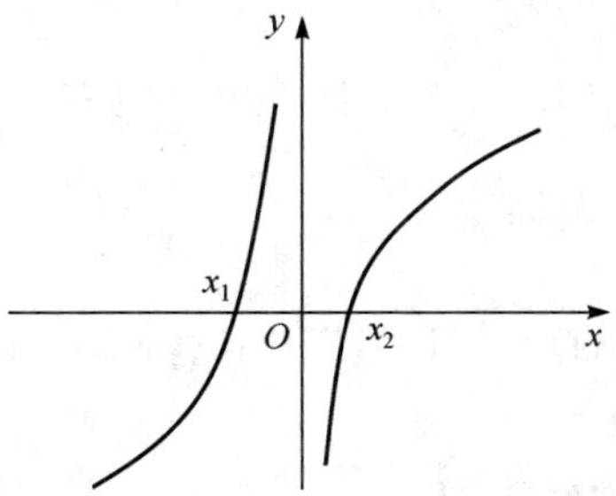

图 3.25

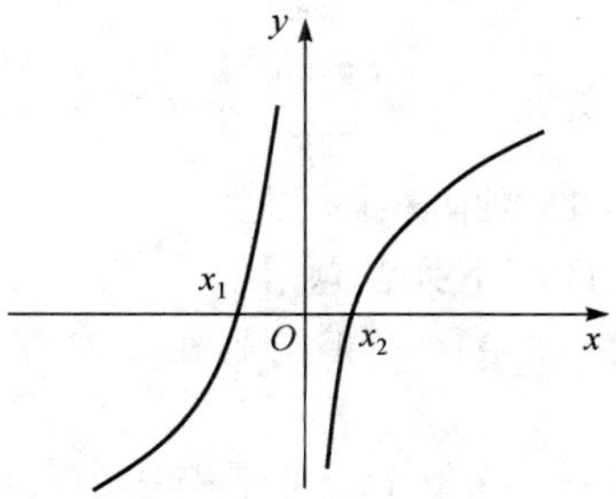

图 3.26

5. 函数 $y=f(x)$在$(-\infty,+\infty)$上可导,其二阶导函数图形如图 3.26 所示,则 $f(x)$的图形在区间__________是凸的,在区间__________是凹的,拐点为__________;

6. 已知曲线 $y=mx^3+\frac{9}{2}x^2$ 的一个拐点处的切线为 $9x-2y=3$,则 $m=$__________;

7. 点(1,2)是曲线 $y=(x-a)^3+b$ 的拐点,则 $a=$__________,$b=$__________;

8. 曲线 $y=\dfrac{1+e^{-x^2}}{1-e^{-x^2}}$的水平渐近线是__________,垂直渐近线是__________;

9. 曲线 $y=(2x-1)e^{\frac{1}{x}}$ 的斜渐近线是__________;

10. 在闭区间$[-2,2]$上,函数$|x^3-3x|$的最大值是__________,最小值是__________.

四、求下列极限

1. $\lim\limits_{x\to 1}\dfrac{x-x^x}{1-x+\ln x}$;

2. $\lim\limits_{x\to 0}\left(\dfrac{1}{x^2}-\dfrac{1}{x\tan x}\right)$;

3. $\lim\limits_{x\to+\infty}(e^x+x)^{\frac{1}{x}}$;

4. $\lim\limits_{x\to+\infty}\left(1+\dfrac{3}{x}-\dfrac{5}{x^2}\right)^x$.

五、证明不等式

1. 当 $x>1$ 时,$\dfrac{\ln(1+x)}{\ln x}>\dfrac{x}{1+x}$;

2. 当 $x>0$ 时,$\ln\left(1+\dfrac{1}{x}\right)>\dfrac{1}{1+x}$.

六、计算下列各题

1. 设 $F(x)=\begin{cases}\dfrac{g(x-1)}{x-1}, & x\neq 1,\\ 0, & x=1\end{cases}$ 且 $g(0)=g'(0)=0$,$g''(x)$连续,$g''(0)=2$,求 $F'(1)$.

2. 已知 $f(x)$三次可微,且 $f(0)=0$,$f'''(0)=6$,$f''(0)=0$,$f'(0)=1$,求$\lim\limits_{x\to 0}\dfrac{f(x)-x}{x^3}$.

3. 已知 $f(x)=x^3+ax^2+bx$ 在点 $x=1$ 处有极值-2,确定系数 a,b,并求出 $f(x)$所有的极大值与极小值.

4. 在曲线 $y=1-x^2(x>0)$ 上求一点 P,使曲线在该点处的切线与两坐标轴所围成的三角形面积最小.

5. 求摆线 $\begin{cases} x=a(t-\sin t), \\ y=a(1-\cos t) \end{cases}$ $(a>0,0\leqslant t\leqslant 2\pi)$ 在任意一点处的曲率和曲率半径. t 为何值时曲率最小,此时的曲率半径是多少?

七、证明下列各题

1. 设 $f(x)$ 在 $[0,1]$ 上连续,在 $(0,1)$ 内可导,且 $f(1)=0$,证明:存在点 $\xi\in(0,1)$,使 $nf(\xi)+\xi f'(\xi)=0$.

2. 设 $f(x)$ 在 $[0,1]$ 上可导,且 $0<f(x)<1$,对 $(0,1)$ 内所有 x,$f'(x)\neq 1$. 证明:方程 $f(x)=x$ 在 $(0,1)$ 内有且仅有一个实根.

第4章 积 分

前面我们学习了一元函数微分学. 微分学的基本问题是研究如何求已知函数的导数或微分. 但在实际问题中,往往会遇到与之相反的问题,例如:已知变速直线运动的速度求路程;已知曲线每一点的斜率求曲线的方程等. 这类逆问题就是积分学所研究的问题. 本章将学习一元函数的积分学:不定积分、定积分. 首先由几何学与力学问题引入定积分的概念,然后讨论定积分与不定积分的关系、积分方法,最后介绍广义积分和 Γ 函数.

4.1 定积分的概念与性质

4.1.1 定积分问题举例

4.1.1.1 曲边梯形的面积

设 $y=f(x)$ 是闭区间 $[a,b]$ 上的非负连续函数. 由曲线 $y=f(x)$,直线 $x=a$, $x=b$ 及 x 轴所围成的图形称为**曲边梯形**(图 4.1),曲线 $y=f(x)$ 称为曲边梯形的**曲边**. 求该曲边梯形的面积 A.

显然,该曲边梯形不是规范的梯形,其面积无法直接按梯形的面积公式去计算. 如果把区间 $[a,b]$ 分成许多小区间,那么每一个小区间对应的小曲边梯形都可以近似地看作是以该区间上某一点的函数值为高的矩形,从而所有小矩形面积之和就近似于该曲边梯形的面积. 如果将区间 $[a,b]$ 无限细分下去,即让每个小区间的长度都趋于零,这时所有小矩形面积之和的极限就可定义为该曲边梯形的面积.

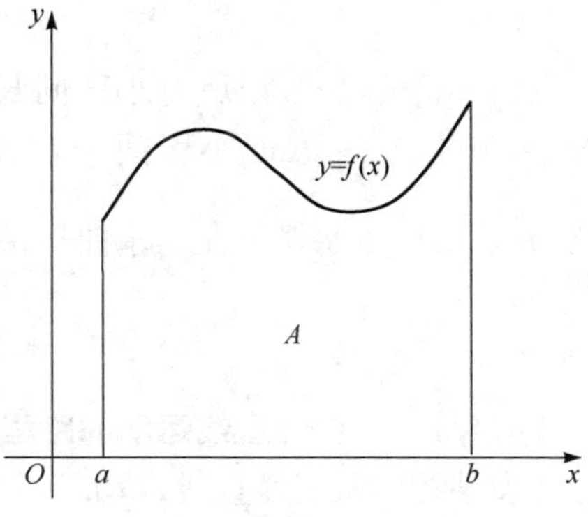

图 4.1

具体做法如下(如图 4.2 所示).

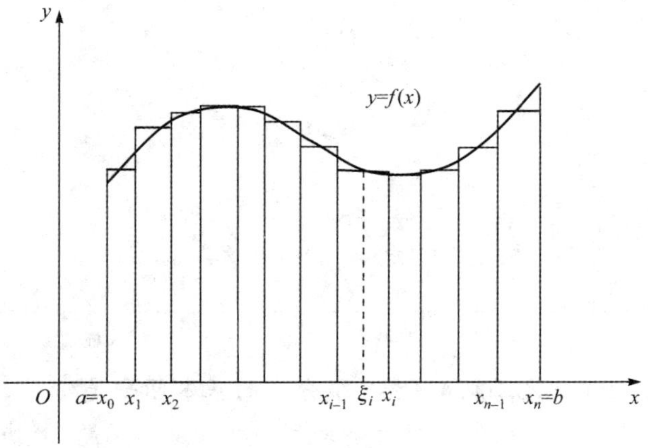

图 4.2

(1) **分割** 在区间$[a,b]$内任意插入 $n-1$ 个分点

$$a=x_0<x_1<x_2<\cdots<x_{i-1}<x_i<\cdots<x_{n-1}<x_n=b,$$

把区间$[a,b]$分成 n 个小区间

$$[x_0,x_1],[x_1,x_2],\cdots,[x_{i-1},x_i],\cdots,[x_{n-1},x_n].$$

然后过各个分点作垂直于 x 轴的直线,将曲边梯形分割成 n 个小曲边梯形. 为方便起见,第 i 个小区间$[x_{i-1},x_i]$的长度记为 $\Delta x_i=x_i-x_{i-1}(i=1,2,\cdots,n)$,各小曲边梯形的面积记为 $\Delta A_i(i=1,2,\cdots,n)$.

(2) **近似** 在每个小区间$[x_{i-1},x_i]$上任取一点 $\xi_i(x_{i-1}\leqslant\xi_i\leqslant x_i)$,以 $f(\xi_i)$为高作一个底边长为 Δx_i 的小矩形,其面积为 $f(\xi_i)\Delta x_i$,该面积近似于其对应的第 i 个小曲边梯形的面积,即 $\Delta A_i\approx f(\xi_i)\Delta x_i(i=1,2,\cdots,n)$.

(3) **求和** 把 n 个小矩形的面积加起来,就得到曲边梯形面积 A 的近似值:

$$A=\sum_{i=1}^{n}\Delta A_i\approx\sum_{i=1}^{n}f(\xi_i)\Delta x_i.$$

(4) **取极限** 记所有小区间长度的最大值为 λ,即 $\lambda=\max\{\Delta x_1,\Delta x_2,\cdots,\Delta x_n\}$,则当 $\lambda\to0$(即小区间个数无限增多且小区间长度无限缩小)时,和式 $\sum\limits_{i=1}^{n}f(\xi_i)\Delta x_i$ 的极限便是所求曲边梯形面积 A 的精确值,即

$$A=\lim_{\lambda\to0}\sum_{i=1}^{n}f(\xi_i)\Delta x_i.$$

4.1.1.2 变速直线运动的路程

设某物体做变速直线运动. 已知速度 $v=v(t)$是时间间隔$[a,b]$上的连续函数,求在这段时间间隔内物体所经过的路程 S.

因物体做变速运动,不能用匀速直线运动的公式 $S=vt$ 来计算路程 S. 然而,

速度函数 $v=v(t)$ 是连续变化的，故在很短的时间段内，速度变化微小，近似于匀速，从而可用匀速运动近似代替变速运动.

（1）**分割**　将时间 t 的变化区间 $[a,b]$ 用 $n-1$ 个分点

$$a=t_0<t_1<t_2<\cdots<t_{n-1}<t_n=b$$

分成 n 个小区间，其第 i 个区间 $[t_{i-1},t_i]$ 的长度记为 $\Delta t_i=t_i-t_{i-1}(i=1,2,\cdots,n)$.

（2）**近似**　在第 i 个小时间段 $[t_{i-1},t_i]$ 内，以任一时刻 $\xi_i(t_{i-1}\leqslant\xi_i\leqslant t_i)$ 处的速度 $v(\xi_i)$ 近似代替 $[t_{i-1},t_i]$ 上各个时刻的速度，则物体在时间段 $[t_{i-1},t_i]$ 内所经过的路程 ΔS_i 的近似值为

$$\Delta S_i\approx v(\xi_i)\Delta t_i\quad(i=1,2,\cdots,n).$$

（3）**求和**　$S=\sum\limits_{i=1}^{n}\Delta S_i\approx\sum\limits_{i=1}^{n}v(\xi_i)\Delta t_i.$

（4）**取极限**　令 $\lambda=\max\{\Delta t_1,\Delta t_2,\cdots,\Delta t_n\}$，则当 $\lambda\to0$ 时，和式 $\sum\limits_{i=1}^{n}v(\xi_i)\Delta t_i$ 的极限便是所求路程 S 的精确值，即

$$S=\lim_{\lambda\to0}\sum_{i=1}^{n}v(\xi_i)\Delta t_i.$$

上述两个实例，一个是几何问题，另一个是物理问题，两者意义完全不同. 但从最后的结果来看，都是相同结构的和式的极限，并且解决问题的过程也是类似的，概括起来都是：分割、近似、求和、取极限. 在实际生活中，还有许多问题也可以归结为这样的情形. 我们抛开这些问题的实际意义，抓住它们的共同本质并加以抽象概括，即有定积分的定义.

4.1.2　定积分的定义

定义 4.1　设函数 $y=f(x)$ 在闭区间 $[a,b]$ 上有界. 在 $[a,b]$ 内任意插入 $n-1$ 个分点

$$a=x_0<x_1<x_2<\cdots<x_{n-1}<x_n=b,$$

将 $[a,b]$ 分成 n 个小区间 $[x_0,x_1],[x_1,x_2],\cdots,[x_{n-1},x_n]$，各个小区间 $[x_{i-1},x_i]$ 的长度依次记为 $\Delta x_i=x_i-x_{i-1}(i=1,2,\cdots,n)$.

在每个小区间 $[x_{i-1},x_i]$ 上任取一点 $\xi_i(x_{i-1}\leqslant\xi_i\leqslant x_i)$，作乘积 $f(\xi_i)\Delta x_i(i=1,2,\cdots,n)$. 并作出和式

$$\sum_{i=1}^{n}f(\xi_i)\Delta x_i,$$

记 $\lambda=\max\{\Delta x_1,\Delta x_2,\cdots,\Delta x_n\}$.

如果不论对区间 $[a,b]$ 怎样划分，也不论点 ξ_i 在小区间 $[x_{i-1},x_i]$ 上如何选取，

只要当$\lambda \to 0$时,和式$\sum\limits_{i=1}^{n} f(\xi_i)\Delta x_i$总趋于确定的极限值$I$,则称函数$f(x)$在$[a,b]$上**可积**,并称极限值$I$为函数$f(x)$在$[a,b]$上的**定积分**,记作$\int_a^b f(x)\mathrm{d}x$,即

$$\int_a^b f(x)\mathrm{d}x = \lim_{\lambda \to 0}\sum_{i=1}^{n} f(\xi_i)\Delta x_i, \tag{4-1}$$

其中,符号"$\int$"称为**积分号**,$f(x)$称为**被积函数**,$f(x)\mathrm{d}x$称为**积分表达式**,x称为**积分变量**,a称为**积分下限**,b称为**积分上限**,$[a,b]$称为**积分区间**.

注 1 由定积分的定义可知,$\int_a^b f(x)\mathrm{d}x$是一个确定的数,它的值只与被积函数$f(x)$以及积分区间$[a,b]$有关,而与区间$[a,b]$的分法、ξ_i在$[x_{i-1},x_i]$中的取法以及积分变量的记号都没有关系,即

$$\int_a^b f(x)\mathrm{d}x = \int_a^b f(t)\mathrm{d}t = \int_a^b f(u)\mathrm{d}u.$$

注 2 定义中要求下限a小于上限b,为计算方便起见,允许$b \leqslant a$,并规定

$$\int_a^b f(x)\mathrm{d}x = -\int_b^a f(x)\mathrm{d}x \quad 及 \quad \int_a^a f(x)\mathrm{d}x = 0.$$

注 3 根据定积分的定义,前面两个引例可分别表述如下:

由曲线$y = f(x)(f(x) \geqslant 0)$,直线$x = a, x = b$及$x$轴所围成的曲边梯形的面积为$A = \int_a^b f(x)\mathrm{d}x$.

以速度$v = v(t)(v(t) \geqslant 0)$作变速直线运动的物体在时间间隔$[a,b]$内所经过的路程为$S = \int_a^b v(t)\mathrm{d}t$.

关于函数$f(x)$在$[a,b]$上可积的条件,我们不作深入讨论,仅给出以下结论.

定理 4.1(可积的充分条件) 若$f(x)$在闭区间$[a,b]$上满足下列条件之一:

(1) $f(x)$在$[a,b]$上连续;

(2) $f(x)$在$[a,b]$上有界且只有有限个第一类间断点;

(3) $f(x)$在$[a,b]$上单调有界,

则$f(x)$在$[a,b]$上一定可积.

定理 4.2(可积的必要条件) 若函数$f(x)$在闭区间$[a,b]$上可积,则函数$f(x)$在$[a,b]$上有界.

例 4.1 利用定积分的定义计算定积分$\int_0^1 x\mathrm{d}x$.

解 因为被积函数$f(x) = x$在积分区间$[0,1]$上连续,而连续函数是可积的,所以定积分$\int_0^1 x\mathrm{d}x$的数值与区间$[0,1]$的分法及点ξ_i的取法无关. 为便于计算,

不妨把区间$[0,1]$进行 n 等分，并取 ξ_i 为小区间$[x_{i-1},x_i]=\left[\frac{i-1}{n},\frac{i}{n}\right]$的右端点 $\frac{i}{n}$，$i=1,2,\cdots,n$. 这样每个小区间$[x_{i-1},x_i]$的长度为 $\Delta x_i=\frac{1}{n}$，$\xi_i=\frac{i}{n}$，$i=1,2,\cdots,n$. 于是得和式

$$\sum_{i=1}^{n}f(\xi_i)\Delta x_i=\sum_{i=1}^{n}\xi_i\Delta x_i=\sum_{i=1}^{n}\frac{i}{n}\cdot\frac{1}{n}=\frac{1}{n^2}\sum_{i=1}^{n}i=\frac{n(n+1)}{2n^2},$$

当 $\lambda\to 0$，亦即 $n\to+\infty$ 时，有

$$\int_0^1 x\mathrm{d}x=\lim_{\lambda\to 0}\sum_{i=1}^{n}f(\xi_i)\Delta x_i=\lim_{n\to+\infty}\sum_{i=1}^{n}f(\xi_i)\Delta x_i=\lim_{n\to+\infty}\frac{n(n+1)}{2n^2}=\frac{1}{2}.$$

例 4.2　利用定积分表示下列极限：

(1) $\lim\limits_{n\to+\infty}\left(\frac{1}{n+1}+\frac{1}{n+2}+\cdots+\frac{1}{n+n}\right)$；　　(2) $\lim\limits_{n\to+\infty}\frac{1^p+2^p+\cdots+n^p}{n^{p+1}}$.

解　(1) $\lim\limits_{n\to+\infty}\left(\frac{1}{n+1}+\frac{1}{n+2}+\cdots+\frac{1}{n+n}\right)$

$$=\lim_{n\to+\infty}\left(\frac{1}{1+\frac{1}{n}}+\frac{1}{1+\frac{2}{n}}+\cdots+\frac{1}{1+\frac{n}{n}}\right)\cdot\frac{1}{n}$$

$$=\lim_{n\to+\infty}\sum_{i=1}^{n}\frac{1}{1+\frac{i}{n}}\cdot\frac{1}{n}=\int_0^1\frac{1}{1+x}\mathrm{d}x.$$

(2) $\lim\limits_{n\to+\infty}\frac{1^p+2^p+\cdots+n^p}{n^{p+1}}=\lim\limits_{n\to+\infty}\sum\limits_{i=1}^{n}\left(\frac{i}{n}\right)^p\cdot\frac{1}{n}=\int_0^1 x^p\mathrm{d}x.$

例 4.2 告诉我们，用定积分可以计算一类无穷项和式的极限，这一做法的要点：在和式中分离出一个因子$\frac{1}{n}$，它相当于式(4-1)中的 Δx_i.

4.1.3　定积分的几何意义

由曲边梯形的面积问题和定积分的定义，我们有：

(1) 若在区间$[a,b]$上 $f(x)\geqslant 0$ 则定积分$\int_a^b f(x)\mathrm{d}x$ 就是曲线 $y=f(x)$ 在区间$[a,b]$上的曲边梯形的面积 A，即$\int_a^b f(x)\mathrm{d}x=A$.

例如，图 4.3 中(a)，(b)阴影部分的面积分别为

$$\int_a^b x\mathrm{d}x=\frac{1}{2}(b^2-a^2),\quad \int_{-R}^{R}\sqrt{R^2-x^2}\mathrm{d}x=\frac{\pi}{2}R^2.$$

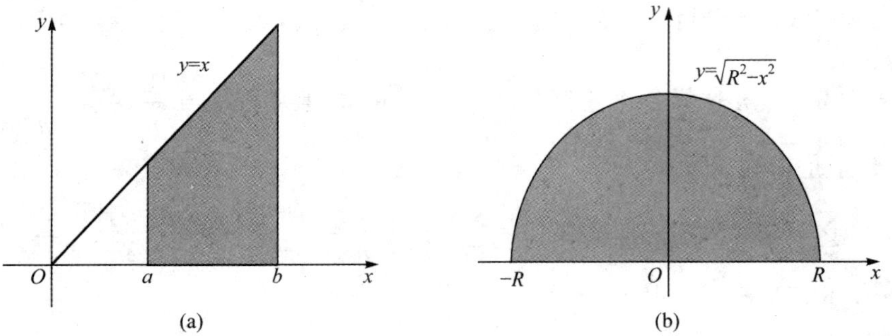

图 4.3

(2) 若在$[a,b]$上$f(x)\leqslant 0$,即$f(\xi_i)\leqslant 0$,从而$\sum_{i=1}^{n} f(\xi_i)\Delta x_i\leqslant 0$,故$\int_a^b f(x)\mathrm{d}x\leqslant 0$.此时$-\int_a^b f(x)\mathrm{d}x$与曲线$y=f(x)$在区间$[a,b]$上的曲边梯形的面积$A$相等(图 4.4),即

$$-\int_a^b f(x)\mathrm{d}x = A \Rightarrow \int_a^b f(x)\mathrm{d}x = -A.$$

(3) 若在$[a,b]$上$f(x)$有正有负,则$\int_a^b f(x)\mathrm{d}x$表示区间$[a,b]$上位于x轴上方的图形面积减去x轴下方的图形面积.对于图 4.5,有

$$\int_a^b f(x)\mathrm{d}x = \int_a^{x_1} f(x)\mathrm{d}x + \int_{x_1}^{x_2} f(x)\mathrm{d}x + \int_{x_2}^{b} f(x)\mathrm{d}x = -A_1 + A_2 - A_3.$$

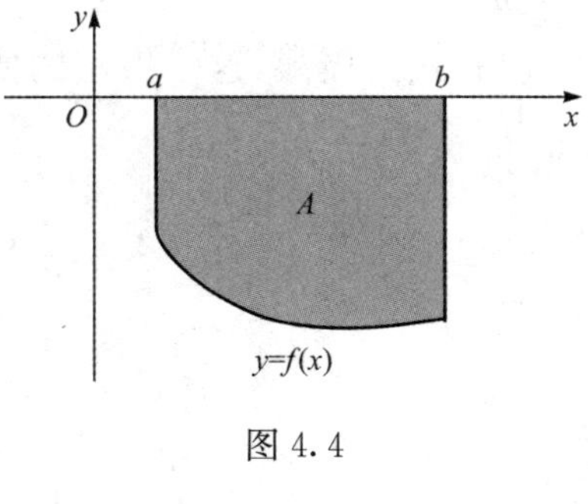

图 4.4

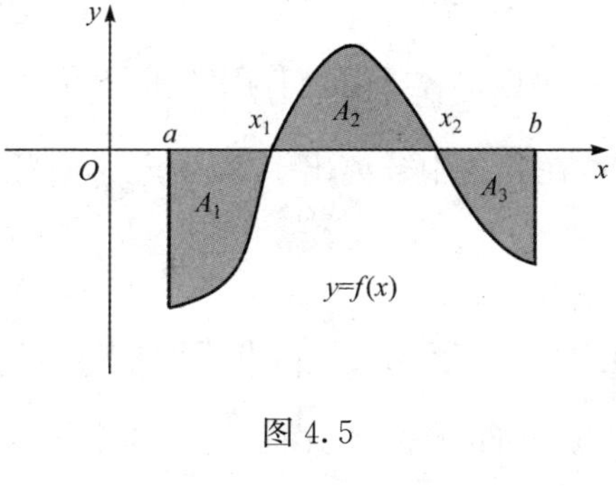

图 4.5

4.1.4 定积分的性质

性质 4.1 被积函数中的常数因子可以提到积分号外面,即

$$\int_a^b kf(x)\mathrm{d}x = k\int_a^b f(x)\mathrm{d}x \quad (k\text{ 为常数}).$$

证 $\int_a^b kf(x)\mathrm{d}x = \lim_{\lambda\to 0}\sum_{i=1}^n kf(\xi_i)\Delta x_i = k\lim_{\lambda\to 0}\sum_{i=1}^n f(\xi_i)\Delta x_i = k\int_a^b f(x)\mathrm{d}x.$

性质 4.2 函数的和(差)的定积分等于定积分的和(差),即

$$\int_a^b [f(x)\pm g(x)]\mathrm{d}x = \int_a^b f(x)\mathrm{d}x \pm \int_a^b g(x)\mathrm{d}x.$$

证

$$\begin{aligned}\int_a^b [f(x)\pm g(x)]\mathrm{d}x &= \lim_{\lambda\to 0}\sum_{i=1}^n [f(\xi_i)\pm g(\xi_i)]\Delta x_i \\ &= \lim_{\lambda\to 0}\sum_{i=1}^n f(\xi_i)\Delta x_i \pm \lim_{\lambda\to 0}\sum_{i=1}^n g(\xi_i)\Delta x_i \\ &= \int_a^b f(x)\mathrm{d}x \pm \int_a^b g(x)\mathrm{d}x.\end{aligned}$$

注 性质 4.1 和性质 4.2 说明定积分的运算具有**线性性质**,即对于函数 $f(x)$,$g(x)$及常数 k,l,有

$$\int_a^b [kf(x)\pm lg(x)]\mathrm{d}x = k\int_a^b f(x)\mathrm{d}x \pm l\int_a^b g(x)\mathrm{d}x.$$

性质 4.3 对于任意三个实数 a,b,c,恒有

$$\int_a^b f(x)\mathrm{d}x = \int_a^c f(x)\mathrm{d}x + \int_c^b f(x)\mathrm{d}x.$$

证 当 $a<c<b$ 时,因为函数 $f(x)$在$[a,b]$上可积,所以无论对$[a,b]$怎样划分,和式的极限总是不变的. 因此在划分区间时,可以使 c 永远是一个分点,那么$[a,b]$上的积分和等于$[a,c]$上的积分和加上$[c,b]$上的积分和,即

$$\sum_{[a,b]} f(\xi_i)\Delta x_i = \sum_{[a,c]} f(\xi_i)\Delta x_i + \sum_{[c,b]} f(\xi_i)\Delta x_i,$$

令 $\lambda\to 0$,上式两端取极限,得

$$\int_a^b f(x)\mathrm{d}x = \int_a^c f(x)\mathrm{d}x + \int_c^b f(x)\mathrm{d}x;$$

同理,当 $c<a<b$ 时,

$$\int_c^b f(x)\mathrm{d}x = \int_c^a f(x)\mathrm{d}x + \int_a^b f(x)\mathrm{d}x,$$

所以$\int_a^b f(x)\mathrm{d}x = \int_c^b f(x)\mathrm{d}x - \int_c^a f(x)\mathrm{d}x = \int_a^c f(x)\mathrm{d}x + \int_c^b f(x)\mathrm{d}x.$

其他情形仿此可证.

注 性质 4.3 表明,定积分对于积分区间具有**可加性**.

性质 4.4 如果在$[a,b]$上 $f(x)\equiv 1$,则

$$\int_a^b f(x)\mathrm{d}x = \int_a^b \mathrm{d}x = b-a.$$

证 因为 $f(x)\equiv 1$,所以 $f(\xi_i)\equiv 1(i=1,2,\cdots,n)$. 故

$$\sum_{i=1}^n f(\xi_i)\Delta x_i = \sum_{i=1}^n \Delta x_i = b-a,$$

于是$\lim_{\lambda\to 0}\sum_{i=1}^n f(\xi_i)\Delta x_i = \lim_{\lambda\to 0}(b-a) = b-a.$

该性质也可用定积分的几何意义来证明.

性质 4.5 如果在$[a,b]$上$f(x)\geqslant 0$,则$\int_a^b f(x)\mathrm{d}x\geqslant 0(a<b)$.

证 因为$f(x)\geqslant 0$,所以$f(\xi_i)\geqslant 0(i=1,2,\cdots,n)$,又$\Delta x_i\geqslant 0$,所以$\sum_{i=1}^{n}f(\xi_i)\Delta x_i\geqslant 0$.于是

$$\int_a^b f(x)\mathrm{d}x=\lim_{\lambda\to 0}\sum_{i=1}^{n}f(\xi_i)\Delta x_i\geqslant 0.$$

推论 4.1 如果在$[a,b]$上$f(x)\leqslant 0$,则$\int_a^b f(x)\mathrm{d}x\leqslant 0$.

推论 4.2 如果在$[a,b]$上$f(x)\leqslant g(x)$,则$\int_a^b f(x)\mathrm{d}x\leqslant\int_a^b g(x)\mathrm{d}x$.

证 因为在$[a,b]$上$f(x)\leqslant g(x)$,则$f(x)-g(x)\leqslant 0$,由推论 4.1,$\int_a^b[f(x)-g(x)]\mathrm{d}x\leqslant 0$.故由性质 4.2,得

$$\int_a^b f(x)\mathrm{d}x\leqslant\int_a^b g(x)\mathrm{d}x.$$

推论 4.3 $\left|\int_a^b f(x)\mathrm{d}x\right|\leqslant\int_a^b|f(x)|\mathrm{d}x(a<b)$.

证 因为$-|f(x)|\leqslant f(x)\leqslant|f(x)|$,由推论 4.2 得

$$-\int_a^b|f(x)|\mathrm{d}x\leqslant\int_a^b f(x)\mathrm{d}x\leqslant\int_a^b|f(x)|\mathrm{d}x,$$

即$\left|\int_a^b f(x)\mathrm{d}x\right|\leqslant\int_a^b|f(x)|\mathrm{d}x$.

例 4.3 比较$\int_0^{-2}\mathrm{e}^x\mathrm{d}x$和$\int_0^{-2}x\mathrm{d}x$的大小.

解 当$x\in[-2,0]$时,$\mathrm{e}^x>x$,由推论 4.2 有$\int_{-2}^0\mathrm{e}^x\mathrm{d}x>\int_{-2}^0 x\mathrm{d}x$,于是$\int_0^{-2}\mathrm{e}^x\mathrm{d}x<\int_0^{-2}x\mathrm{d}x$.

性质 4.6 设M,m分别是函数$f(x)$在区间$[a,b]$上的最大值与最小值,则

$$m(b-a)\leqslant\int_a^b f(x)\mathrm{d}x\leqslant M(b-a).$$

证 因为$m\leqslant f(x)\leqslant M$,由推论 4.2,得

$$\int_a^b m\mathrm{d}x\leqslant\int_a^b f(x)\mathrm{d}x\leqslant\int_a^b M\mathrm{d}x.$$

再由性质 4.4,则有$m(b-a)\leqslant\int_a^b f(x)\mathrm{d}x\leqslant M(b-a)$.

例 4.4 估计定积分$\int_0^1(\mathrm{e}^{x^2}-\arctan x^2)\mathrm{d}x$的值.

解 令 $f(x)=e^{x^2}-\arctan x^2$，则 $f'(x)=2x\left(e^{x^2}-\frac{1}{1+x^4}\right)$. 因在区间[0,1]上，$f'(x)\geqslant 0$，即 $f(x)$ 在[0,1]上单调增加，故 $1=f(0)\leqslant f(x)\leqslant f(1)=e-\frac{\pi}{4}$，于是

$$\int_0^1 1\mathrm{d}x\leqslant\int_0^1 f(x)\mathrm{d}x\leqslant\int_0^1\left(e-\frac{\pi}{4}\right)\mathrm{d}x,$$

即 $1\leqslant\int_0^1(e^{x^2}-\arctan x^2)\mathrm{d}x\leqslant e-\frac{\pi}{4}$.

性质 4.7(积分中值定理) 设函数 $f(x)$ 在 $[a,b]$ 上连续，则在 $[a,b]$ 上至少存在一点 ξ，使得

$$\int_a^b f(x)\mathrm{d}x=f(\xi)(b-a)\quad(a\leqslant\xi\leqslant b).\tag{4-2}$$

式(4-2)叫做**积分中值公式**.

证 因为 $f(x)$ 在 $[a,b]$ 上连续，所以 $f(x)$ 在 $[a,b]$ 上一定有最小值 m 和最大值 M. 由性质 4.6 得 $m(b-a)\leqslant\int_a^b f(x)\mathrm{d}x\leqslant M(b-a)$，即

$$m\leqslant\frac{1}{b-a}\int_a^b f(x)\mathrm{d}x\leqslant M.$$

这表明，$\frac{1}{b-a}\int_a^b f(x)\mathrm{d}x$ 是介于 $f(x)$ 的最小值与最大值之间的一个数，根据闭区间上连续函数的介值定理，在 $[a,b]$ 上至少存在一点 $\xi\in[a,b]$，使得 $f(\xi)=\frac{1}{b-a}\int_a^b f(x)\mathrm{d}x$ 成立，即

$$\int_a^b f(x)\mathrm{d}x=f(\xi)(b-a).$$

积分中值定理的几何解释：在区间 $[a,b]$ 上至少存在一点 ξ，使得以区间 $[a,b]$ 为底，曲线 $y=f(x)$ 为曲边的曲边梯形的面积等于与之同一底边而高为 $f(\xi)$ 的一个矩形的面积(图 4.6). 并称

$$\frac{1}{b-a}\int_a^b f(x)\mathrm{d}x$$

为函数 $y=f(x)$ 在区间 $[a,b]$ 上的**平均值**.

这是有限个数的算术平均值概念的推广. 积分中值定理说明了 $[a,b]$ 上的连续函数必能取到它在区间上的平均值.

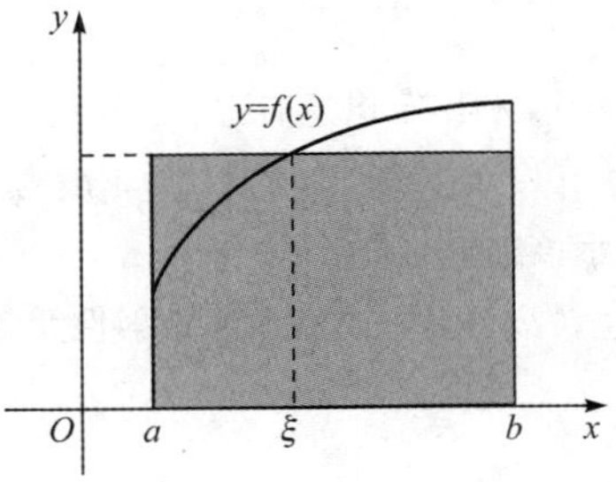

图 4.6

例 4.5 设 $f(x)$ 在[0,1]上连续，在(0,1)内可导，且

$$f(0)=3\int_{\frac{2}{3}}^{1}f(x)\mathrm{d}x,$$

证明:在(0,1)内有一点 c,使 $f'(c)=0$.

证 因为 $f(x)$ 在 $\left[\frac{2}{3},1\right]$ 上连续,根据积分中值定理,至少存在一点 $\xi\in\left[\frac{2}{3},1\right]$,使得

$$f(\xi)=\frac{1}{1-\frac{2}{3}}\int_{\frac{2}{3}}^{1}f(x)\mathrm{d}x=3\int_{\frac{2}{3}}^{1}f(x)\mathrm{d}x=f(0).$$

显然 $f(x)$ 在 $[0,\xi]$ 上满足罗尔中值定理,故一定存在一点 $c\in(0,\xi)$,使得 $f'(c)=0$.

这时 $0<c<\xi<1$,所以在(0,1)内有一点 c,使 $f'(c)=0$.

例 4.6(血液中的药物水平) 医药制造者研制开发了一种缓释药物胶丸.经测定,人的血管里该药物的含量(单位:mg)符合模型

$$N(t)=30t^{\frac{18}{7}}-240t^{\frac{11}{7}}+480t^{\frac{4}{7}}.$$

式中 t 是时间(单位:小时),且 $0\leqslant t\leqslant 4$. 求患者服药后的前 4 小时,其血管中药物含量的平均值.

解 该问题归结为:求函数 $N(t)$ 在时间区间 $[0,4]$ 上的平均值.由积分中值公式,$N(t)$ 在 $[0,4]$ 上的平均值

$$\mu=\frac{1}{4-0}\int_{0}^{4}N(t)\mathrm{d}t,$$

即

$$\mu=\frac{1}{4}\int_{0}^{4}(30t^{\frac{18}{7}}-240t^{\frac{11}{7}}+480t^{\frac{4}{7}})\mathrm{d}t(\mathrm{mg}).$$

习题 4.1

1. 利用定积分描述下列问题:

(1) 某长度为 l 的细竿,密度为 $\rho=\rho(x)$,x 为细竿上任意一点到确定端点的距离,用定积分表示该细竿的质量 m;

(2) 用定积分表示某放射性元素在以速度 $v=v(t)$ 衰变时,从时刻 a 到时刻 b 所分解的元素

质量 m.

2. 利用定积分的定义计算下列定积分：

(1) $\int_a^b x^2 \mathrm{d}x \quad (a<b)$；　　(2) $\int_0^1 \mathrm{e}^x \mathrm{d}x$.

3. 利用定积分表示下列极限：

(1) $\lim\limits_{x\to+\infty}\left(\frac{1}{\sqrt{n^2+1^2}}+\frac{1}{\sqrt{n^2+2^2}}+\cdots+\frac{1}{\sqrt{n^2+n^2}}\right)$；　　(2) $\lim\limits_{x\to+\infty}\frac{1}{n}\sum_{i=1}^{n}\sin\frac{i\pi}{n}$.

4. 利用定积分的几何意义计算下列积分：

(1) $\int_0^1 2x\mathrm{d}x$；　　(2) $\int_0^1 \sqrt{1-x^2}\,\mathrm{d}x$；　　(3) $\int_{-\pi}^{\pi}\sin x\mathrm{d}x$.

5. 利用定积分性质，比较下列定积分的大小：

(1) $\int_0^1 x\mathrm{d}x$，$\int_0^1 x^2\mathrm{d}x$，$\int_0^1 x^3\mathrm{d}x$；

(2) $\int_3^4 \ln x\mathrm{d}x$，$\int_3^4 \ln^2 x\mathrm{d}x$，$\int_3^4 \ln^3 x\mathrm{d}x$；

(3) $\int_0^1 x\mathrm{d}x$，$\int_0^1 \ln(1+x)\mathrm{d}x$；

(4) $\int_0^1 \mathrm{e}^x\mathrm{d}x$，$\int_0^1 (1+x)\mathrm{d}x$.

6. 估计下列各积分的值：

(1) $\int_{\frac{1}{2}}^1 x^4\mathrm{d}x$；　　(2) $\int_{\frac{\pi}{4}}^{\frac{\pi}{3}} \frac{1}{1+\sin^2 x}\mathrm{d}x$.

7. 设 $f(x)$ 可导，且 $\lim\limits_{x\to+\infty} f(x)=1$，求 $\lim\limits_{x\to+\infty}\int_x^{x+2} t\sin\frac{3}{t}f(t)\mathrm{d}t$.

8. 证明：$\int_1^2 \sqrt{x+1}\mathrm{d}x \geqslant \sqrt{2}$.

4.2　原函数与微积分基本定理

定积分是一种特殊结构的和式的极限. 从理论上讲，可以通过求和式的极限来确定定积分的值，但实际运算起来却比较烦琐，有时甚至无法计算. 本节将以原函数以及变上限积分为基础，引入微积分基本定理，建立积分与微分之间的联系，给出计算定积分的一个简便可行的公式——牛顿(Newton)-莱布尼茨(Leibniz)公式.

4.2.1　原函数

定义 4.2　设函数 $f(x)$与 $F(x)$在某一区间 I 上有定义，若对于任意 $x\in I$ 都有

$$F'(x)=f(x) \quad 或 \quad \mathrm{d}F(x)=f(x)\mathrm{d}x,$$

则称函数 $F(x)$为 $f(x)$在区间 I 上的**原函数**.

例如，因为$(-\cos x)'=\sin x$，所以$-\cos x$ 是 $\sin x$ 在$(-\infty,+\infty)$上的一个原函数. 而对于任意常数 C，$(-\cos x+C)'=\sin x$，所以$-\cos x+C$ 也是 $\sin x$ 在

$(-\infty,+\infty)$上的原函数.

由此可见,若 $F(x)$是 $f(x)$的一个原函数,则 $F(x)+C$(其中 C 为任意常数)也是 $f(x)$的原函数. 那么 $F(x)+C$ 是否涵盖了 $f(x)$的全部原函数呢? 答案是肯定的.

定理 4.3 如果 $F(x)$是函数 $f(x)$的一个原函数,则 $f(x)$的全体原函数为形如 $F(x)+C$(C 为任意常数)的函数族所组成.

证 设 $G(x)$是 $f(x)$的另一原函数,于是有 $G'(x)=F'(x)=f(x)$,从而

$$[G(x)-F(x)]'=G'(x)-F'(x)=f(x)-f(x)\equiv 0.$$

根据拉格朗日中值定理之推论 1 知,$G(x)-F(x)=C$,即

$$G(x)=F(x)+C.$$

这表明 $f(x)$的任一原函数均能表示成 $F(x)+C$ 的形式.

例 4.7 求 $f(x)=e^{2x}$的原函数.

解 因为$\left(\frac{1}{2}e^{2x}\right)'=e^{2x}$,则 $f(x)=e^{2x}$的原函数为 $F(x)=\frac{1}{2}e^{2x}+C$,C 为任意常数.

注 1 如果 $F(x)$是 $f(x)$的一个原函数,则 $f(x)$的全体原函数为函数族

$$\{F(x)+C \mid C\text{ 为任意常数}\}.$$

注 2 定理 4.3 表明,$f(x)$的任意两个原函数之间仅相差一个常数.

例 4.8 证明 $\arcsin(2x-1)$,$\arccos(1-2x)$都是$\frac{1}{\sqrt{x-x^2}}$的原函数.

证 因为

$$[\arcsin(2x-1)]'=\frac{1}{\sqrt{1-(2x-1)^2}}\cdot 2=\frac{1}{\sqrt{x-x^2}};$$

$$[\arccos(1-2x)]'=-\frac{1}{\sqrt{1-(1-2x)^2}}\cdot(-2)=\frac{1}{\sqrt{x-x^2}}.$$

故 $\arcsin(2x-1)$,$\arccos(1-2x)$都是$\frac{1}{\sqrt{x-x^2}}$的原函数.

显然

$$\arcsin(2x-1)=\arccos(1-2x)-\frac{\pi}{2},$$

即两者仅相差一个常数.

什么样的函数一定会有原函数呢?

定理 4.4(原函数存在定理) 如果函数 $f(x)$在区间 I 上连续,那么在区间 I 上存在可导函数 $F(x)$,使对任一 $x\in I$ 都有

$$F'(x)=f(x).$$

注 1 定理 4.4 说明,连续函数一定有原函数,且原函数也是连续的. 因为初

等函数在其定义区间上连续，所以初等函数在其定义区间上存在原函数.

注2 虽然初等函数在其定义区间上有原函数，但其原函数不一定是初等函数. 例如，函数 e^{-x^2} 在其定义区间$(-\infty,+\infty)$上连续，故存在原函数，但其原函数无法用初等函数表示.

注3 函数在某区间连续是函数在该区间上存在原函数的充分条件，并非必要条件. 一个函数如果存在间断点，那么该函数在其间断点所在的区间上就不一定存在原函数. 可以证明：

(1) 若函数 $f(x)$在区间$[a,b]$上含有第一类间断点或无穷间断点，则 $f(x)$在$[a,b]$上不存在原函数；

(2) 若函数 $f(x)$在区间$[a,b]$上含有间断点但存在原函数，则间断点必是第二类的. 该问题的研究已超出本书范围，在此仅举出两个例子作为说明.

(i) 函数

$$f(x)=\begin{cases}3x^2+1, & x>0,\\ 2x, & x\leqslant 0\end{cases}$$

在点 $x=0$ 处间断，点 $x=0$ 为第一类间断点. 该函数在包含点 $x=0$ 的任何区间上都没有原函数，而在其连续区间$(-\infty,0)$及$(0,+\infty)$上分别存在原函数 x^2+C，x^3+x+C，C 为任意常数.

(ii) 函数

$$g(x)=\begin{cases}2x\sin\dfrac{1}{x}-\cos\dfrac{1}{x}, & x\neq 0,\\ 0, & x=0\end{cases}$$

在点 $x=0$ 处间断，点 $x=0$ 为第二类间断点. $g(x)$存在原函数，它的一个原函数为

$$G(x)=\begin{cases}x^2\sin\dfrac{1}{x}, & x\neq 0,\\ 0, & x=0.\end{cases}$$

4.2.2 积分上限的函数及其导数

设函数 $f(x)$在区间$[a,b]$上连续，x 为$[a,b]$上任一点，考察 $f(x)$在部分区间$[a,x]$上的定积分

$$\int_a^x f(t)\,\mathrm{d}t.$$

由于 $f(t)$ 在$[a,x]$上连续，所以定积分$\int_a^x f(t)\,\mathrm{d}t$ 一定存在；而且随着积分上限 x 的变化，$\int_a^x f(t)\,\mathrm{d}t$ 的值也随之变化，因此$\int_a^x f(t)\,\mathrm{d}t$ 是**积分上限 x 的函数**，也称其为**变上限的定积分**，记为 $\Phi(x)$，即

$$\Phi(x)=\int_a^x f(t)\mathrm{d}t \quad (a\leqslant x\leqslant b). \tag{4-3}$$

从几何上看,函数$\Phi(x)$表示区间$[a,x]$上曲边梯形的面积(图 4.7 中的阴影部分).

变上限的定积分函数有以下重要性质.

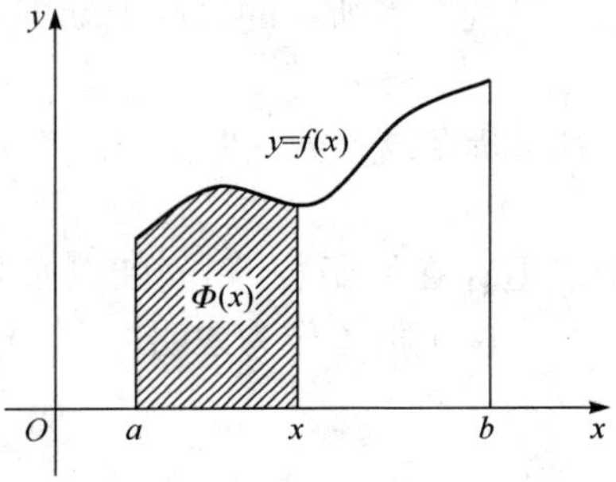

图 4.7

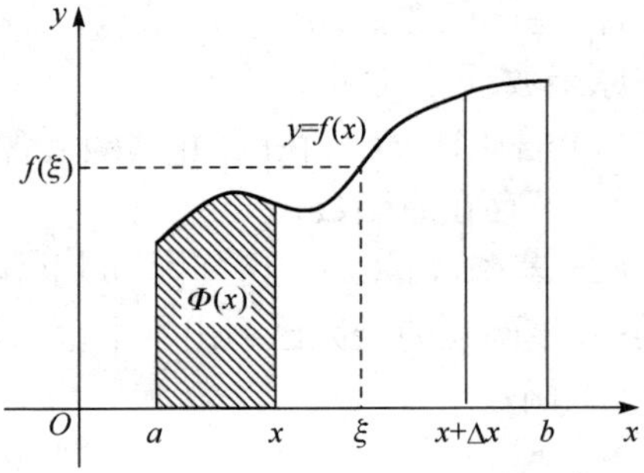

图 4.8

定理 4.5 如果函数 $f(x)$在$[a,b]$上连续,则积分上限的函数

$$\Phi(x)=\int_a^x f(t)\mathrm{d}t$$

在$[a,b]$上可导,且有

$$\Phi'(x)=\left(\int_a^x f(t)\mathrm{d}t\right)'_x=\frac{\mathrm{d}}{\mathrm{d}x}\int_a^x f(t)\mathrm{d}t=f(x). \tag{4-4}$$

证 如图 4.8 所示,设 x 为$[a,b]$上任一点,给 x 以增量 Δx,则函数 $\Phi(x)$的相应增量为

$$\begin{aligned}\Delta\Phi(x)&=\Phi(x+\Delta x)-\Phi(x)=\int_a^{x+\Delta x}f(t)\mathrm{d}t-\int_a^x f(t)\mathrm{d}t\\&=\int_a^x f(t)\mathrm{d}t+\int_x^{x+\Delta x}f(t)\mathrm{d}t-\int_a^x f(t)\mathrm{d}t=\int_x^{x+\Delta x}f(t)\mathrm{d}t.\end{aligned}$$

由定积分中值定理,得

$$\Delta\Phi(x)=\int_x^{x+\Delta x}f(t)\mathrm{d}t=f(\xi)\Delta x,$$

其中 ξ 在 x 和 $x+\Delta x$ 之间. 用 Δx 除以上式两端,得

$$\frac{\Delta\Phi(x)}{\Delta x}=f(\xi).$$

由于 $y=f(x)$在$[a,b]$上连续,而 $\Delta x\to 0$,$\xi\to x$,因此$\lim\limits_{\Delta x\to 0}f(\xi)\to f(x)$. 故

$$\Phi'(x)=\lim_{\Delta x\to 0}\frac{\Delta\Phi(x)}{\Delta x}=\lim_{\Delta x\to 0}f(\xi)=f(x).$$

即 $\Phi'(x)=f(x)$.

推论 4.4　如果函数 $f(x)$ 在闭区间 $[a,b]$ 上连续，则函数 $\Phi(x)=\int_a^x f(t)\mathrm{d}t$ 为 $f(x)$ 在 $[a,b]$ 上的一个原函数.

推论 4.5　设函数 $f(x)$ 在 $[a,b]$ 上连续，$\varphi(x)$ 在 $[a,b]$ 上可导，则

$$\left(\int_a^{\varphi(x)} f(t)\mathrm{d}t\right)_x'=\frac{\mathrm{d}}{\mathrm{d}x}\int_a^{\varphi(x)} f(t)\mathrm{d}t=f[\varphi(x)]\cdot\varphi'(x). \tag{4-5}$$

证　令 $\Phi(x)=\int_a^x f(t)\mathrm{d}t$，则 $\Phi[\varphi(x)]=\int_a^{\varphi(x)} f(t)\mathrm{d}t$，即 $\int_a^{\varphi(x)} f(t)\mathrm{d}t$ 是 x 的复合函数. 由复合函数的求导法则，有

$$\begin{aligned}\{\Phi[\varphi(x)]\}_x'&=\{\Phi[\varphi(x)]\}_{\varphi(x)}'\cdot\varphi'(x)=\left[\int_a^{\varphi(x)} f(t)\mathrm{d}t\right]_{\varphi(x)}'\cdot\varphi'(x)\\&=f[\varphi(x)]\cdot\varphi'(x).\end{aligned}$$

例 4.9　求下列各导数：

(1) $\dfrac{\mathrm{d}}{\mathrm{d}x}\int_1^x \mathrm{e}^{-t^2}\mathrm{d}t$；　　(2) $\dfrac{\mathrm{d}}{\mathrm{d}x}\int_0^{x^2}\sqrt{1+t^2}\mathrm{d}t$.

解　(1) 由公式(4-4)，$\dfrac{\mathrm{d}}{\mathrm{d}x}\int_1^x \mathrm{e}^{-t^2}\mathrm{d}t=\mathrm{e}^{-x^2}$；

(2) 由公式(4-5)，$\dfrac{\mathrm{d}}{\mathrm{d}x}\int_0^{x^2}\sqrt{1+t^2}\mathrm{d}t=\sqrt{1+(x^2)^2}\cdot(x^2)'=2x\sqrt{1+x^4}$.

例 4.10　求下列各导数：

(1) $\dfrac{\mathrm{d}}{\mathrm{d}x}\int_{2x}^0 \ln(1+t^2)\mathrm{d}t$；　　(2) $\dfrac{\mathrm{d}}{\mathrm{d}x}\int_{\mathrm{e}^x}^{2x}\sin t^2\mathrm{d}t$.

解　(1)
$$\begin{aligned}\frac{\mathrm{d}}{\mathrm{d}x}\int_{2x}^0 \ln(1+t^2)\mathrm{d}t&=\frac{\mathrm{d}}{\mathrm{d}x}\left[-\int_0^{2x}\ln(1+t^2)\mathrm{d}t\right]=-\frac{\mathrm{d}}{\mathrm{d}x}\int_0^{2x}\ln(1+t^2)\mathrm{d}t\\&=-\ln[1+(2x)^2]\cdot(2x)'=-2\ln(1+4x^2)；\end{aligned}$$

(2)
$$\begin{aligned}\frac{\mathrm{d}}{\mathrm{d}x}\int_{\mathrm{e}^x}^{2x}\sin t^2\mathrm{d}t&=\frac{\mathrm{d}}{\mathrm{d}x}\left(\int_{\mathrm{e}^x}^0\sin t^2\mathrm{d}t+\int_0^{2x}\sin t^2\mathrm{d}t\right)=\frac{\mathrm{d}}{\mathrm{d}x}\int_{\mathrm{e}^x}^0\sin t^2\mathrm{d}t+\frac{\mathrm{d}}{\mathrm{d}x}\int_0^{2x}\sin t^2\mathrm{d}t\\&=\frac{\mathrm{d}}{\mathrm{d}x}\left(-\int_0^{\mathrm{e}^x}\sin t^2\mathrm{d}t\right)+\frac{\mathrm{d}}{\mathrm{d}x}\int_0^{2x}\sin t^2\mathrm{d}t\\&=-\sin(\mathrm{e}^x)^2\cdot(\mathrm{e}^x)'+\sin(2x)^2\cdot(2x)'\\&=-\mathrm{e}^x\sin\mathrm{e}^{2x}+2\sin4x^2.\end{aligned}$$

例 4.11　求极限 $\lim\limits_{x\to0}\dfrac{x^2-\int_0^{x^2}\cos t^2\mathrm{d}t}{\sin^{10}x}$.

解　该极限是 $\dfrac{0}{0}$ 型未定式. 应用洛必达法则，得

$$\lim_{x\to 0}\frac{x^2-\int_0^{x^2}\cos t^2\,\mathrm{d}t}{\sin^{10}x}=\lim_{x\to 0}\frac{x^2-\int_0^{x^2}\cos t^2\,\mathrm{d}t}{x^{10}}=\lim_{x\to 0}\frac{\left(x^2-\int_0^{x^2}\cos t^2\,\mathrm{d}t\right)'}{(x^{10})'}$$
$$=\lim_{x\to 0}\frac{2x-2x\cos x^4}{10x^9}=\lim_{x\to 0}\frac{1-\cos x^4}{5x^8}$$
$$=\lim_{x\to 0}\frac{(1-\cos x^4)'}{(5x^8)'}=\lim_{x\to 0}\frac{4x^3\cdot\sin x^4}{40x^7}=\frac{1}{10}.$$

例 4.12 $I_1(x)=\int_a^{x^2}xf(t)\,\mathrm{d}t$,$I_2(x)=x\int_a^{x^2}f(x)\,\mathrm{d}x$,$I_3(x)=\int_a^{x^2}xf(x)\,\mathrm{d}x$三者之间有何区别?当 $f(x)$ 连续时,如何求它们的导数?

解 这里应首先分清两种变量:积分变量与上限变量.

在 $I_1(x)$中,t 是积分变量,x 是上限变量.相对于 t 而言,x 是常数,故 x 可以提到积分号外面去:

$$I_1(x)=\int_a^{x^2}xf(t)\,\mathrm{d}t=x\int_a^{x^2}f(t)\,\mathrm{d}t;$$

由于定积分的值与积分变量无关,故

$$I_2(x)=x\int_a^{x^2}f(x)\,\mathrm{d}x=x\int_a^{x^2}f(t)\,\mathrm{d}t.$$

因此 $I_1(x)$与 $I_2(x)$表示同一个函数.

同样,由于定积分的值与积分变量无关,$I_3(x)$可表示为

$$I_3(x)=\int_a^{x^2}xf(x)\,\mathrm{d}x=\int_a^{x^2}tf(t)\,\mathrm{d}t,$$

显然它不等于 $I_1(x)=\int_a^{x^2}xf(t)\,\mathrm{d}t$. 由于 $I_2(x)=I_1(x)$,自然 $I_3(x)$ 也不等于 $I_2(x)$.

根据定理 4.5,

$$\frac{\mathrm{d}}{\mathrm{d}x}I_1(x)=\frac{\mathrm{d}}{\mathrm{d}x}\left[x\cdot\int_a^{x^2}f(t)\,\mathrm{d}t\right]$$
$$=(x)'\cdot\int_a^{x^2}f(t)\,\mathrm{d}t+x\cdot f(x^2)\cdot(x^2)'=\int_a^{x^2}f(t)\,\mathrm{d}t+2x^2f(x^2).$$

$$\frac{\mathrm{d}}{\mathrm{d}x}I_3(x)=\frac{\mathrm{d}}{\mathrm{d}x}\int_a^{x^2}tf(t)\,\mathrm{d}t=x^2f(x^2)\cdot(x^2)'=2x^3f(x^2).$$

例 4.13 设 $f(x)$ 是$(0,+\infty)$ 上的连续函数,$F(x)=\frac{1}{x}\int_0^x f(t)\,\mathrm{d}t$.若 $f(x)$ 为单调增加函数,证明 $F(x)$ 也为$(0,+\infty)$ 上的单调增加函数.

证 由于

$$F'(x)=\frac{\mathrm{d}}{\mathrm{d}x}\left(\frac{1}{x}\int_0^x f(t)\,\mathrm{d}t\right)=\frac{xf(x)-\int_0^x f(t)\,\mathrm{d}t}{x^2},$$

由积分中值定理,有$\int_0^x f(t)\mathrm{d}t=(x-0)f(\xi)$,其中$0\leqslant\xi\leqslant x$,故

$$F'(x)=\frac{xf(x)-xf(\xi)}{x^2}=\frac{f(x)-f(\xi)}{x}.$$

因$f(x)$为单调增加函数,因此$f(x)-f(\xi)\geqslant 0$,故$F'(x)\geqslant 0$,即$F(x)$也为$(0,+\infty)$上的单调增加函数.

4.2.3 牛顿-莱布尼茨公式

定理 4.6(微积分基本定理) 设$f(x)$是闭区间$[a,b]$上的连续函数,$F(x)$是$f(x)$是$[a,b]$上的一个原函数,则

$$\int_a^b f(x)\mathrm{d}x=F(b)-F(a).$$

证 已知$F(x)$是$f(x)$的一个原函数,由定理4.5知,$\Phi(x)=\int_a^x f(t)\mathrm{d}t$也是$f(x)$的一个原函数,故两个原函数之间仅差一个常数$C$,所以

$$\int_a^x f(t)\mathrm{d}t=F(x)+C\quad(a\leqslant x\leqslant b).\tag{4-6}$$

在式(4-6)中,令$x=a$得$C=-F(a)$,代入式(4-6),得

$$\int_a^x f(t)\mathrm{d}t=F(x)-F(a).\tag{4-7}$$

在式(4-7)中,令$x=b$,并把积分变量t换成x,便得

$$\int_a^b f(x)\mathrm{d}x=F(b)-F(a).$$

该公式叫做**牛顿-莱布尼茨公式**.它将定积分的计算转化为求被积函数的原函数问题,极大地简化了定积分的计算.

牛顿-莱布尼茨公式进一步揭示了定积分与原函数之间的关系,它将定积分与导数(或微分)紧密联系在一起,通常称其为**微积分基本公式**.

为简单起见,通常把$F(b)-F(a)$记为$[F(x)]_a^b$或$F(x)\big|_a^b$,于是牛顿-莱布尼茨公式又可写成

$$\int_a^b f(x)\mathrm{d}x=[F(x)]_a^b\quad 或\quad \int_a^b f(x)\mathrm{d}x=F(x)\big|_a^b.$$

例 4.14 计算$\int_{-1}^1\frac{\mathrm{d}x}{1+x^2}$.

解 由于$\arctan x$是$\frac{1}{1+x^2}$的一个原函数,所以

$$\int_{-1}^1\frac{\mathrm{d}x}{1+x^2}=[\arctan x]_{-1}^1=\frac{\pi}{4}-\left(-\frac{\pi}{4}\right)=\frac{\pi}{2}.$$

例 4.15 计算$\int_{-2}^{-1}\frac{\mathrm{d}x}{x}$.

解 当$x>0$时,$(\ln x)'=\frac{1}{x}$;当$x<0$时,$[\ln(-x)]'=\frac{1}{-x}(-1)=\frac{1}{x}$,故$\frac{1}{x}$的一个原函数为$\ln|x|$.所以

$$\int_{-2}^{-1}\frac{\mathrm{d}x}{x}=[\ln|x|]_{-2}^{-1}=\ln|-1|-\ln|-2|=-\ln 2.$$

例 4.16 计算$\int_{0}^{\pi}\sqrt{1+\cos 2x}\mathrm{d}x$.

解
$$\begin{aligned}\int_{0}^{\pi}\sqrt{1+\cos 2x}\mathrm{d}x&=\int_{0}^{\pi}\sqrt{2\cos^2 x}\mathrm{d}x=\sqrt{2}\int_{0}^{\pi}|\cos x|\mathrm{d}x\\&=\sqrt{2}\int_{0}^{\frac{\pi}{2}}\cos x\mathrm{d}x+\sqrt{2}\int_{\frac{\pi}{2}}^{\pi}(-\cos x)\mathrm{d}x\\&=\sqrt{2}\,[\sin x]_{0}^{\frac{\pi}{2}}-\sqrt{2}\,[\sin x]_{\frac{\pi}{2}}^{\pi}=2\sqrt{2}.\end{aligned}$$

例 4.17 设$f(x)=\begin{cases}x+1, & x\geqslant 1,\\ \frac{1}{2}x^2, & x<1,\end{cases}$计算$\int_{0}^{2}f(x)\mathrm{d}x$.

解 $\int_{0}^{2}f(x)\mathrm{d}x=\int_{0}^{1}\frac{1}{2}x^2\mathrm{d}x+\int_{1}^{2}(x+1)\mathrm{d}x=\left[\frac{1}{6}x^3\right]_{0}^{1}+\left[\frac{1}{2}x^2+x\right]_{1}^{2}=\frac{8}{3}.$

例 4.18 计算$\int_{-1}^{3}\operatorname{sgn}x\mathrm{d}x$.

解 $\int_{-1}^{3}\operatorname{sgn}x\mathrm{d}x=\int_{-1}^{0}(-1)\mathrm{d}x+\int_{0}^{3}1\mathrm{d}x=[-x]_{-1}^{0}+[x]_{0}^{3}=2.$

例 4.19 设$f(x)=x^2-x\int_{0}^{2}f(x)\mathrm{d}x+2\int_{0}^{1}f(x)\mathrm{d}x$,求$f(x)$.

解 设$\int_{0}^{2}f(x)\mathrm{d}x=a$,$\int_{0}^{1}f(x)\mathrm{d}x=b$,$a,b$是与$x$无关的常数,则

$$f(x)=x^2-ax+2b,$$

于是

$$a=\int_{0}^{2}f(x)\mathrm{d}x=\int_{0}^{2}(x^2-ax+2b)\mathrm{d}x=\left[\frac{1}{3}x^3-\frac{1}{2}ax^2+2bx\right]_{0}^{2}=\frac{8}{3}-2a+4b,$$

$$b=\int_{0}^{1}f(x)\mathrm{d}x=\int_{0}^{1}(x^2-ax+2b)\mathrm{d}x=\left[\frac{1}{3}x^3-\frac{1}{2}ax^2+2bx\right]_{0}^{1}=\frac{1}{3}-\frac{a}{2}+2b.$$

解以上两式,得$a=\frac{4}{3}$,$b=\frac{1}{3}$,从而$f(x)=x^2-\frac{4}{3}x+\frac{2}{3}$.

例 4.20　设

$$f(x)=\begin{cases}\dfrac{1}{2}\sin x, & x\in[0,\pi],\\ 0, & x\in(-\infty,0)\cup(\pi,+\infty),\end{cases}$$

求 $\Phi(x)=\int_0^x f(t)\mathrm{d}t$ 在 $(-\infty,+\infty)$ 上的表达式.

解　用点 $x=0,x=\pi$ 将 $(-\infty,+\infty)$ 划分成三个区间 $(-\infty,0)$, $[0,\pi]$, $(\pi,+\infty)$.

当 $x\in(-\infty,0)$ 时, $\Phi(x)=\int_0^x f(t)\mathrm{d}t=\int_0^x 0\mathrm{d}t=0$;

当 $x\in[0,\pi]$ 时, $\Phi(x)=\int_0^x f(t)\mathrm{d}t=\int_0^x \dfrac{1}{2}\sin t\mathrm{d}t=\dfrac{1-\cos x}{2}$;

当 $x\in(\pi,+\infty)$ 时, $\Phi(x)=\int_0^x f(t)\mathrm{d}t=\int_0^\pi f(t)\mathrm{d}t+\int_\pi^x f(t)\mathrm{d}t$

$$=\int_0^\pi \frac{1}{2}\sin t\mathrm{d}t+\int_\pi^x 0\mathrm{d}t=\int_0^\pi \frac{1}{2}\sin t\mathrm{d}t=1.$$

即
$$\Phi(x)=\begin{cases}0, & x\in(-\infty,0),\\ \dfrac{1-\cos x}{2}, & x\in[0,\pi],\\ 1, & x\in(\pi,+\infty).\end{cases}$$

习题 4.2

1. 计算下列导数：

(1) $\dfrac{\mathrm{d}}{\mathrm{d}x}\int_0^x \sin(3t-t^2)\mathrm{d}t$;　　(2) $\dfrac{\mathrm{d}}{\mathrm{d}x}\int_x^0 \tan(1-t^3)\mathrm{d}t$;

(3) $\dfrac{\mathrm{d}}{\mathrm{d}x}\int_0^{x^3} \ln(1+t)\mathrm{d}t$;　　(4) $\dfrac{\mathrm{d}}{\mathrm{d}x}\int_{\sin x}^{\cos x} \mathrm{e}^{t^2}\mathrm{d}t$.

2. 计算由参数表示式 $x=\int_1^t u\ln u\mathrm{d}u, y=\int_t^1 u^2\ln u\mathrm{d}u\ (t>0)$ 所确定的函数 y 对 x 的导数.

3. 求由 $\int_0^y \mathrm{e}^{t^2}\mathrm{d}t+\int_0^x \cos t^2\mathrm{d}t=x^2$ 所确定的隐函数 $y=y(x)$ 的导数 $\dfrac{\mathrm{d}y}{\mathrm{d}x}$.

4. 求下列极限：

(1) $\lim\limits_{x\to0}\dfrac{\int_{\cos x}^1(1-t^2)\mathrm{d}t}{x^4}$;　　(2) $\lim\limits_{x\to0}\dfrac{\int_0^x \tan^3 t\mathrm{d}t}{\int_0^{x^2}\sin t\mathrm{d}t}$.

5. 设 $f(x)$ 在 $[a,b]$ 上连续, 且 $f(x)>0$, $F(x)=\int_a^x f(t)\mathrm{d}t+\int_b^x \dfrac{1}{f(t)}\mathrm{d}t$, 证明 $F(x)=0$ 在 (a,b) 内有唯一实根.

6. 设 $f(x)$在$[a,b]$上连续,在(a,b)内可导,且 $f'(x)\leqslant 0$.令

$$F(x)=\frac{1}{x-a}\int_a^x f(t)\mathrm{d}t$$

证明在(a,b)内 $F'(x)\leqslant 0$.

7. 计算下列定积分:

(1) $\int_0^1 \mathrm{e}^x \mathrm{d}x$; (2) $\int_1^{\sqrt{3}} \frac{1}{1+x^2}\mathrm{d}x$;

(3) $\int_1^2 \frac{1}{x}\mathrm{d}x$; (4) $\int_0^{2\pi} |\sin x|\mathrm{d}x$.

(5) $\int_{-\mathrm{e}-1}^{-2} \frac{1}{1+x}\mathrm{d}x$; (6) $\int_{-2}^{2} \max\{x,x^2\}\mathrm{d}x$;

(7) $\int_{-1}^{2} |x|\operatorname{sgn}(x-1)\mathrm{d}x$;

(8) $\int_0^{\mathrm{e}} f(x)\mathrm{d}x$,其中 $f(x)=\begin{cases}2-x^2, & 0\leqslant x\leqslant 1,\\ \frac{1}{x}, & 1<x\leqslant \mathrm{e}.\end{cases}$

8. 求下列图形的面积:

(1) 由 $y=x^2$ 和 $x=y^2$ 所围成的平面图形的面积;

(2) 由正弦曲线 $y=\sin x$ 在区间$[0,\pi]$上与 x 轴所围成的平面图形的面积.

9. 设 $f(x)$ 具有连续的导函数,计算$\frac{\mathrm{d}}{\mathrm{d}x}\int_0^x (x-t)f'(t)\mathrm{d}t$.

10. 求函数 $F(x)=\int_0^x t(t-4)\mathrm{d}t$ 在闭区间$[-1,5]$上的最大值与最小值.

11. 设 $f(x)=\begin{cases}x^2, & x\in[0,1],\\ x, & x\in[1,2],\end{cases}$ 求 $\Phi(x)=\int_0^x f(t)\mathrm{d}t$ 在$[1,2]$上的表达式.

12. 判断函数 $F(x)=\begin{cases}x^3+x+1, & x>0,\\ x^2, & x\leqslant 0\end{cases}$ 是否是函数 $f(x)=\begin{cases}3x^2+1 & x>0,\\ 2x, & x\leqslant 0\end{cases}$ 在$(-\infty,+\infty)$上的原函数?为什么?

4.3 不定积分的概念

4.3.1 不定积分的定义

根据牛顿-莱布尼茨公式,求函数 $f(x)$在区间$[a,b]$上的定积分,只需求出 $f(x)$在区间$[a,b]$上的一个原函数 $F(x)$,然后计算原函数 $F(x)$在$[a,b]$上的增量 $F(b)-F(a)$即可.因此,计算定积分的关键是求原函数.

为此,引入如下定义:

定义 4.3 在区间 I 上,如果函数 $F(x)$ 是 $f(x)$ 的一个原函数,那么 $f(x)$ 的全体原函数 $F(x)+C$ 称为 $f(x)$ 在区间 I 上的**不定积分**,用记号$\int f(x)\mathrm{d}x$ 表示,即

$$\int f(x)\mathrm{d}x = F(x) + C. \tag{4-8}$$

其中符号"$\int$"称为**积分号**，$f(x)$ 称为**被积函数**，$f(x)\mathrm{d}x$ 称为**积分表达式**，x 称为**积分变量**.

由定义 4.3 可知，$f(x)$的不定积分实际上就是 $f(x)$的全体原函数，因此，只要求出 $f(x)$的一个原函数 $F(x)$，再加上任意常数 C，就得到 $f(x)$的不定积分.

例 4.21　设 μ 是不等于 -1 的实常数，求$\int x^{\mu}\mathrm{d}x$.

解　因为

$$\left(\frac{1}{\mu+1}x^{\mu+1}\right)' = x^{\mu},$$

即$\frac{1}{\mu+1}x^{\mu+1}$是 x^{μ} 的一个原函数，故

$$\int x^{\mu}\mathrm{d}x = \frac{1}{\mu+1}x^{\mu+1} + C.$$

例 4.22　求$\int a^x\mathrm{d}x$.

解　由于$\left(\frac{1}{\ln a}a^x\right)' = a^x$，所以

$$\int a^x\mathrm{d}x = \frac{1}{\ln a}a^x + C.$$

例 4.23　求$\int \sin x\mathrm{d}x$.

解　由于$(-\cos x)' = \sin x$，所以

$$\int \sin x\mathrm{d}x = -\cos x + C.$$

4.3.2　不定积分与微分的关系

由不定积分的定义

$$F'(x) = f(x) \Leftrightarrow \int f(x)\mathrm{d}x = F(x) + C,$$

所以有

$$\left(\int f(x)\mathrm{d}x\right)' = (F(x) + C)' = F'(x) = f(x);$$

$$\int F'(x)\mathrm{d}x = \int f(x)\mathrm{d}x = F(x) + C.$$

因此有以下结论：

(1) $\left(\int f(x)\mathrm{d}x\right)' = f(x)$ 或 $\mathrm{d}\int f(x)\mathrm{d}x = f(x)\mathrm{d}x$;

(2) $\int F'(x)\mathrm{d}x = F(x) + C$ 或 $\int \mathrm{d}F(x) = F(x) + C$.

显然，**导数(或微分)与积分是互逆运算**. 如果对一个函数先求不定积分，再求导数或微分，则两者作用相互抵消；如果对一个函数先求导数或微分，后求不定积分，则结果相差一个任意常数.

于是，由微分与积分的互逆关系，可得如下基本积分公式：

(1) $\int k\mathrm{d}x = kx + C$ (k 是常数)；

(2) $\int x^{\mu}\mathrm{d}x = \dfrac{1}{\mu+1}x^{\mu+1} + C$ ($\mu \neq -1$)；

(3) $\int \dfrac{1}{x}\mathrm{d}x = \ln|x| + C$;

(4) $\int a^x\mathrm{d}x = \dfrac{a^x}{\ln a} + C$，特别地，$\int \mathrm{e}^x\mathrm{d}x = \mathrm{e}^x + C$;

(5) $\int \sin x\mathrm{d}x = -\cos x + C$;

(6) $\int \cos x\mathrm{d}x = \sin x + C$;

(7) $\int \sec^2 x\mathrm{d}x = \int \dfrac{1}{\cos^2 x}\mathrm{d}x = \tan x + C$;

(8) $\int \csc^2 x\mathrm{d}x = \int \dfrac{1}{\sin^2 x}\mathrm{d}x = -\cot x + C$;

(9) $\int \sec x\tan x\mathrm{d}x = \sec x + C$;

(10) $\int \csc x\cot x\mathrm{d}x = -\csc x + C$;

(11) $\int \dfrac{1}{1+x^2}\mathrm{d}x = \arctan x + C$;

(12) $\int \dfrac{1}{\sqrt{1-x^2}}\mathrm{d}x = \arcsin x + C$.

以上基本积分公式是计算积分的基础，必须熟记.

例 4.24 一物体由静止开始运动，经 t(s)后的速度为 t^2(m/s)，求在 3s 后物体离开出发点的距离.

解 设物体位移 s 与时间 t 的函数关系为 $s=s(t)$，依题意，物体的瞬时速度 $v=v(t)=t^2$，且 $s(0)=0$. 因为

$$s'(t)=v(t)=t^2,$$

故

$$s(t)=\int v(t)\mathrm{d}t=\int t^2\mathrm{d}t=\frac{1}{3}t^3+C.$$

又因为 $s(0)=0$，即 $s(0)=\frac{1}{3}\cdot 0^3+C=0$，故 $C=0$，于是

$$s(t)=\frac{1}{3}t^3.$$

当 $t=3$ 时，$s(3)=\frac{1}{3}\cdot 3^3=9\mathrm{m}$. 即在 3s 后物体离开出发点的距离为 9m.

4.3.3　不定积分的性质

性质 4.8　设函数 $f(x)$ 的原函数存在，k 为非零常数，则

$$\int kf(x)\mathrm{d}x=k\int f(x)\mathrm{d}x\quad(k\neq 0).$$

证　由不定积分的定义，因为

$$\left[k\int f(x)\mathrm{d}x\right]'=k\left[\int f(x)\mathrm{d}x\right]'=kf(x),$$

所以

$$\int kf(x)\mathrm{d}x=k\int f(x)\mathrm{d}x.$$

性质 4.9　设函数 $f(x)$，$g(x)$ 存在原函数，则

$$\int[f(x)+g(x)]\mathrm{d}x=\int f(x)\mathrm{d}x+\int g(x)\mathrm{d}x,$$

即函数和的不定积分等于不定积分的和.

该性质可推广到有限个函数的代数和的积分，即**有限个函数的代数和的不定积分，等于各个函数的不定积分的代数和**，即

$$\int[f_1(x)\pm f_2(x)\pm\cdots\pm f_n(x)]\mathrm{d}x=\int f_1(x)\mathrm{d}x\pm\int f_2(x)\mathrm{d}x\pm\cdots\pm\int f_n(x)\mathrm{d}x.$$

注　不定积分只有加减、数乘运算，没有乘法和除法运算.

4.3.4　不定积分的几何意义

函数 $f(x)$ 的原函数 $F(x)$ 的图形称为 $f(x)$ 的**积分曲线**.

由于 $\int f(x)\mathrm{d}x=F(x)+C$，所以不定积分 $\int f(x)\mathrm{d}x$ 在几何上表示积分曲线族.

这族曲线中的任何一条曲线都可由另一条曲线沿 y 轴向上或向下平移得到.

而且,因为$[F(x)+C]'=f(x)$,所以在积分曲线族横坐标相同的点 x 处作切线,这些切线是彼此平行的(图 4.9),它们的斜率都是 $f(x)$.

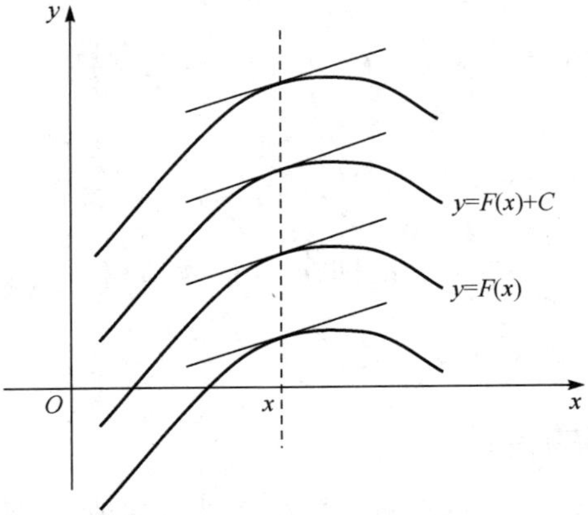

图 4.9

例 4.25 求通过点(2,5),且其上任一点(x,y)处的斜率为$-x+2$ 的曲线方程.

解 设所求曲线方程为 $y=f(x)$,由题设条件知

$$f'(x)=-x+2 \text{ 且 } f(2)=5.$$

因为

$$y=\int(-x+2)\mathrm{d}x=-\frac{1}{2}x^2+2x+C,$$

故任一点(x,y)处的斜率为$-x+2$ 的积分曲线族为

$$y=-\frac{1}{2}x^2+2x+C.$$

因 $f(2)=5$,则 $5=-\frac{1}{2}2^2+2\cdot 2+C$,从而 $C=3$,因此所求曲线为

$$y=-\frac{1}{2}x^2+2x+3.$$

4.3.5 不定积分的直接积分法

运用基本积分公式和积分性质来计算积分的方法称为**直接积分法**.

例 4.26 求$\int\left(2\sin x+\frac{3}{x}-\frac{1}{\sqrt{1-x^2}}+6\mathrm{e}^x-1\right)\mathrm{d}x$.

解 $\int\left(2\sin x+\dfrac{3}{x}-\dfrac{1}{\sqrt{1-x^2}}+6\mathrm{e}^x-1\right)\mathrm{d}x$

$=2\int\sin x\mathrm{d}x+3\int\dfrac{1}{x}\mathrm{d}x-\int\dfrac{1}{\sqrt{1-x^2}}\mathrm{d}x+6\int\mathrm{e}^x\mathrm{d}x-\int1\mathrm{d}x$

$=-2\cos x+3\ln|x|-\arcsin x+6\mathrm{e}^x-x+C.$

例 4.27 求$\int(1+\sqrt{x})^2\mathrm{d}x$.

解 $\int(1+\sqrt{x})^2\mathrm{d}x=\int(1+2\sqrt{x}+x)\mathrm{d}x=\int\mathrm{d}x+2\int x^{\frac{1}{2}}\mathrm{d}x+\int x\mathrm{d}x$

$=x+\dfrac{4}{3}x^{\frac{3}{2}}+\dfrac{1}{2}x^2+C.$

例 4.28 求$\int2^{x+1}\mathrm{e}^x\mathrm{d}x$.

解 $\int2^{x+1}\mathrm{e}^x\mathrm{d}x=2\int2^x\mathrm{e}^x\mathrm{d}x=2\int(2\mathrm{e})^x\mathrm{d}x=\dfrac{2}{\ln(2\mathrm{e})}(2\mathrm{e})^x+C.$

例 4.29 求$\int\dfrac{x^2}{x^2+1}\mathrm{d}x$.

解 $\int\dfrac{x^2}{x^2+1}\mathrm{d}x=\int\dfrac{(x^2+1)-1}{x^2+1}\mathrm{d}x=\int\left(1-\dfrac{1}{x^2+1}\right)\mathrm{d}x=x-\arctan x+C.$

例 4.30 求$\int\tan^2x\mathrm{d}x$.

解 $\int\tan^2x\mathrm{d}x=\int(\sec^2x-1)\mathrm{d}x=\tan x-x+C.$

例 4.31 求$\int\dfrac{1}{\sin^2x\cos^2x}\mathrm{d}x$.

解 $\int\dfrac{1}{\sin^2x\cos^2x}\mathrm{d}x=\int\dfrac{\sin^2x+\cos^2x}{\sin^2x\cos^2x}\mathrm{d}x=\int\dfrac{1}{\cos^2x}\mathrm{d}x+\int\dfrac{1}{\sin^2x}\mathrm{d}x$

$=\tan x-\cot x+C.$

例 4.32 若$\int f(x)\mathrm{d}x=x^2+C$,求$\int xf(1-x^2)\mathrm{d}x$.

解 $\int f(x)\mathrm{d}x=x^2+C$ 两端对 x 求导,得 $f(x)=2x$,于是 $f(1-x^2)=2(1-x^2)$,从而

$\int xf(1-x^2)\mathrm{d}x=\int2x(1-x^2)\mathrm{d}x=\int(2x-2x^3)\mathrm{d}x=x^2-\dfrac{1}{2}x^4+C.$

例 4.33 计算$\int_0^{\frac{\pi}{2}}\sin^2\dfrac{x}{2}\mathrm{d}x$.

解 因为

$$\int \sin^2 \frac{x}{2}\mathrm{d}x = \frac{1}{2}\int(1-\cos x)\mathrm{d}x = \frac{1}{2}(x-\sin x)+C.$$

所以

$$\int_0^{\frac{\pi}{2}} \sin^2 \frac{x}{2}\mathrm{d}x = \left[\frac{1}{2}(x-\sin x)\right]_0^{\frac{\pi}{2}} = \frac{1}{2}\left(\frac{\pi}{2}-1\right)=\frac{\pi-2}{4}.$$

注 利用直接积分法计算积分时,常常需要对被积函数作一定的恒等变形.

习题 4.3

1. 一曲线通过点$(\mathrm{e}^2,3)$,且在任一点处的切线的斜率等于该点横坐标的倒数,求该曲线的方程.

2. 用直接积分法求下列不定积分:

(1) $\int \sqrt{x}(x^2-5)\mathrm{d}x$;

(2) $\int \frac{\sqrt{x}-x+x^2\mathrm{e}^x}{x^2}\mathrm{d}x$;

(3) $\int \frac{(x-1)^3}{x^2}\mathrm{d}x$;

(4) $\int (1-\sqrt{x})\left(\frac{1}{\sqrt{x}}+x\right)\mathrm{d}x$;

(5) $\int \left(\sqrt{\frac{1-x}{1+x}}+\sqrt{\frac{1+x}{1-x}}\right)\mathrm{d}x$;

(6) $\int \frac{1+2x^2}{x^2(1+x^2)}\mathrm{d}x$;

(7) $\int \frac{x^4}{1+x^2}\mathrm{d}x$;

(8) $\int \frac{2x^4+2x^2+3}{x^2+1}\mathrm{d}x$;

(9) $\int \frac{1}{x^6+x^4}\mathrm{d}x$;

(10) $\int (2^x+3^x)^2\mathrm{d}x$;

(11) $\int \frac{2^{x+1}-5^{x-1}}{10^x}\mathrm{d}x$;

(12) $\int \cot^2 x\mathrm{d}x$;

(13) $\int \cos^2 \frac{x}{2}\mathrm{d}x$;

(14) $\int \frac{\mathrm{d}x}{1+\cos 2x}$;

(15) $\int \frac{\cos 2x}{\cos x-\sin x}\mathrm{d}x$;

(16) $\int \cos\theta(\tan\theta+\sec\theta)\mathrm{d}\theta$.

3. 已知 $f'(\sin^2 x)=\cos^2 x$,求 $f(x)$.

4. 填括号,使下列各等式成立:

(1) $\mathrm{d}x=(\quad)\mathrm{d}(7x-3)$;

(2) $x^3\mathrm{d}x=(\quad)\mathrm{d}(3x^4-2)$;

(3) $x\mathrm{d}x=(\quad)\mathrm{d}(1-x^2)$;

(4) $\frac{1}{1+9x^2}\mathrm{d}x=(\quad)\mathrm{d}(\arctan 3x)$;

(5) $\cos(\omega t+\varphi)\mathrm{d}t=\mathrm{d}(\quad)$;

(6) $\mathrm{e}^{kx}\mathrm{d}x=\mathrm{d}(\quad)$;

(7) $\frac{x}{\sqrt{x^2+a^2}}\mathrm{d}x=\mathrm{d}(\quad)$;

(8) $\sin x\cos x\mathrm{d}x=\mathrm{d}(\quad)$.

4.4 不定积分的换元积分法

利用直接积分法所能计算的不定积分是非常有限的.因此,有必要研究求不定积分的其他方法.由复合函数的微分法可推得一种十分重要的积分方法——换元积分法.

4.4.1 第一类换元积分法

已知$\int f(x)\mathrm{d}x = F(x)+C$,考虑复合函数的积分

$$\int f[\varphi(x)]\psi(x)\mathrm{d}x. \tag{4-9}$$

在上述积分的被积表达式中,若$\psi(x)\mathrm{d}x=\mathrm{d}\varphi(x)$,即$\int\psi(x)\mathrm{d}x=\varphi(x)+C$,则有

$$\int f[\varphi(x)]\psi(x)\mathrm{d}x=\int f[\varphi(x)]\mathrm{d}\varphi(x),$$

再令$\varphi(x)=u$,则

$$\int f[\varphi(x)]\mathrm{d}\varphi(x)=\int f(u)\mathrm{d}u.$$

因$\int f(x)\mathrm{d}x=F(x)+C$,则

$$\int f(u)\mathrm{d}u=F(u)+C\xlongequal{u=\varphi(x)}F[\varphi(x)]+C,$$

即

$$\int f[\varphi(x)]\psi(x)\mathrm{d}x=\int f[\varphi(x)]\mathrm{d}\varphi(x)=\int f(u)\mathrm{d}u=F[\varphi(x)]+C. \tag{4-10}$$

从上述过程可见,当积分$\int f[\varphi(x)]\psi(x)\mathrm{d}x$不易计算时,可实施如下步骤求出积分:

第一步 求被积函数中的部分函数$\psi(x)$的积分,即$\int\psi(x)\mathrm{d}x=\varphi(x)+C$,将所求积分化为$\int f[\varphi(x)]\mathrm{d}\varphi(x)$;

第二步 作代换$u=\varphi(x)$,将积分化为$\int f(u)\mathrm{d}u$,求得$\int f(u)\mathrm{d}u=F(u)+C$;

第三步 将$u=\varphi(x)$回代,得到所求积分$\int f[\varphi(x)]\psi(x)\mathrm{d}x=F[\varphi(x)]+C$.

由于该积分过程使用了变量代换$u=\varphi(x)$,因此该积分方法被称为**第一类换元积分法**.而且这一积分方法的关键在于第一步,求出原积分表达式中的部分函数$\psi(x)$的不定积分$\varphi(x)+C$,或者说,将被积表达式中的$\psi(x)\mathrm{d}x$通过"凑微分"化为$\mathrm{d}\varphi(x)$,从而将所求积分转化为新的积分形式$\int f(u)\mathrm{d}u$,因此第一类换元积分法也

被称为**“凑微分法”**. 而新积分$\int f(u)\mathrm{d}u$或者是积分公式,或者能够用直接积分法求解.

例 4.34 求$\int 2x\mathrm{e}^{x^2+1}\mathrm{d}x$.

解 因$2x=(x^2+1)'$,亦即$2x\mathrm{d}x=\mathrm{d}(x^2+1)$,故

$$\int 2x\mathrm{e}^{x^2+1}\mathrm{d}x=\int \mathrm{e}^{x^2+1}\cdot 2x\mathrm{d}x=\int \mathrm{e}^{x^2+1}\mathrm{d}(x^2+1)\xlongequal{u=x^2+1}\int \mathrm{e}^u\mathrm{d}u$$
$$=\mathrm{e}^u+C=\mathrm{e}^{x^2+1}+C.$$

例 4.35 求$\int (3x-2)^{11}\mathrm{d}x$.

解 因为$(3x-2)'=3$,即$3\mathrm{d}x=\mathrm{d}(3x-2)$,$\mathrm{d}x=\frac{1}{3}\mathrm{d}(3x-2)$,故

$$\int (3x-2)^{11}\mathrm{d}x=\int (3x-2)^{11}\cdot\frac{1}{3}\mathrm{d}(3x-2)=\frac{1}{3}\int (3x-2)^{11}\mathrm{d}(3x-2).$$

作变量代换$u=3x-2$,则

$$\int (3x-2)^{11}\mathrm{d}x=\frac{1}{3}\int (3x-2)^{11}\mathrm{d}(3x-2)=\frac{1}{3}\int u^{11}\mathrm{d}u=\frac{1}{36}u^{12}+C,$$

再以$u=3x-2$代入,即得

$$\int (3x-2)^{11}\mathrm{d}x=\frac{1}{36}(3x-2)^{12}+C.$$

解题熟练后,不用写出变量代换式,可直接凑微分求出结果.

例 4.36 求$\int\frac{1}{2x+3}\mathrm{d}x$.

解 $$\int\frac{1}{2x+3}\mathrm{d}x=\int\frac{1}{2x+3}\mathrm{d}\left[\frac{1}{2}(2x+3)\right]=\frac{1}{2}\int\frac{1}{2x+3}\mathrm{d}(2x+3)$$
$$=\frac{1}{2}\ln|2x+3|+C.$$

注 1 若积分形如$\int f(ax+b)\mathrm{d}x$,凑微分$\mathrm{d}x=\frac{1}{a}\mathrm{d}(ax+b)$,可将其化为

$$\int f(ax+b)\mathrm{d}x=\int f(ax+b)\cdot\frac{1}{a}\mathrm{d}(ax+b)$$
$$=\frac{1}{a}\int f(ax+b)\mathrm{d}(ax+b)\xlongequal{u=ax+b}\frac{1}{a}\int f(u)\mathrm{d}u.$$

例 4.37 求$\int x\sin(x^2)\mathrm{d}x$.

解 $$\int x\sin(x^2)\mathrm{d}x=\int\sin(x^2)\cdot x\mathrm{d}x=\int\sin(x^2)\cdot\frac{1}{2}\mathrm{d}(x^2)$$

$$=\frac{1}{2}\int\sin(x^2)\mathrm{d}(x^2)=-\frac{1}{2}\cos(x^2)+C.$$

例 4.38 求$\int\frac{3x^3}{1-x^4}\mathrm{d}x$.

解 $$\int\frac{3x^3}{1-x^4}\mathrm{d}x=\int\frac{1}{1-x^4}\cdot 3x^3\mathrm{d}x=-\frac{3}{4}\int\frac{1}{1-x^4}\mathrm{d}(1-x^4)$$
$$=-\frac{3}{4}\ln|1-x^4|+C.$$

注 2 若积分形如$\int f(ax^k+b)\cdot x^{k-1}\mathrm{d}x$,其中$a,b,k$为常数,$a\neq 0,k\neq 0$,凑微分$x^{k-1}\mathrm{d}x=\frac{1}{ak}\mathrm{d}(ax^k+b)$,可将其化为

$$\int f(ax^k+b)\cdot x^{k-1}\mathrm{d}x=\int f(ax^k+b)\cdot\frac{1}{ak}\mathrm{d}(ax^k+b)$$
$$=\frac{1}{ak}\int f(ax^k+b)\mathrm{d}(ax^k+b)\xlongequal{u=ax^k+b}\frac{1}{ak}\int f(u)\mathrm{d}u.$$

例 4.39 求$\int\frac{1}{a^2+x^2}\mathrm{d}x$.

解 $$\int\frac{1}{a^2+x^2}\mathrm{d}x=\frac{1}{a^2}\int\frac{1}{1+\left(\frac{x}{a}\right)^2}\mathrm{d}x=\frac{1}{a^2}\int\frac{1}{1+\left(\frac{x}{a}\right)^2}\cdot a\mathrm{d}\left(\frac{x}{a}\right)$$
$$=\frac{1}{a}\int\frac{1}{1+\left(\frac{x}{a}\right)^2}\cdot\mathrm{d}\left(\frac{x}{a}\right)=\frac{1}{a}\arctan\frac{x}{a}+C.$$

例 4.40 求$\int\frac{1}{\sqrt{a^2-x^2}}\mathrm{d}x\quad(a>0)$.

解 $$\int\frac{1}{\sqrt{a^2-x^2}}\mathrm{d}x=\int\frac{\frac{1}{a}}{\sqrt{1-\left(\frac{x}{a}\right)^2}}\mathrm{d}x=\int\frac{1}{\sqrt{1-\left(\frac{x}{a}\right)^2}}\cdot\frac{1}{a}\mathrm{d}x$$
$$=\int\frac{1}{\sqrt{1-\left(\frac{x}{a}\right)^2}}\mathrm{d}\left(\frac{x}{a}\right)=\arcsin\frac{x}{a}+C.$$

例 4.41 求$\int\frac{1}{x^2-a^2}\mathrm{d}x$.

解 $$\int\frac{1}{x^2-a^2}\mathrm{d}x=\int\frac{1}{(x-a)(x+a)}\mathrm{d}x=\frac{1}{2a}\int\left(\frac{1}{x-a}-\frac{1}{x+a}\right)\mathrm{d}x$$

$$=\frac{1}{2a}\left(\int\frac{1}{x-a}\mathrm{d}x-\int\frac{1}{x+a}\mathrm{d}x\right)$$

$$=\frac{1}{2a}\left[\int\frac{1}{x-a}\mathrm{d}(x-a)-\int\frac{1}{x+a}\mathrm{d}(x+a)\right]$$

$$=\frac{1}{2a}(\ln|x-a|-\ln|x+a|)+C=\frac{1}{2a}\ln\left|\frac{x-a}{x+a}\right|+C.$$

同理$\int\frac{1}{a^2-x^2}\mathrm{d}x=\frac{1}{2a}\ln\left|\frac{a+x}{a-x}\right|+C.$

例 4.42 求$\int\frac{1}{x^2+4x+29}\mathrm{d}x.$

解 $\int\frac{1}{x^2+4x+29}\mathrm{d}x=\int\frac{1}{(x+2)^2+5^2}\mathrm{d}(x+2)\xlongequal{\text{由例 4.39}}\frac{1}{5}\arctan\frac{x+2}{5}+C.$

例 4.43 求$\int\sin^3x\cos^4x\mathrm{d}x.$

解 $\int\sin^3x\cos^4x\mathrm{d}x=\int\sin^2x\cos^4x\cdot\sin x\mathrm{d}x=\int(1-\cos^2x)\cos^4x\mathrm{d}(-\cos x)$

$$=-\int(1-\cos^2x)\cos^4x\mathrm{d}(\cos x)=-\int(\cos^4x-\cos^6x)\mathrm{d}(\cos x)$$

$$=-\frac{1}{5}\cos^5x+\frac{1}{7}\cos^7x+C.$$

例 4.44 求$\int\cos^3x\mathrm{d}x.$

解 $\int\cos^3x\mathrm{d}x=\int\cos^2x\cdot\cos x\mathrm{d}x=\int(1-\sin^2x)\mathrm{d}(\sin x)=\sin x-\frac{1}{3}\sin^3x+C.$

例 4.45 求$\int\sin^2x\cos^4x\mathrm{d}x.$

解 $\int\sin^2x\cos^4x\mathrm{d}x=\int\left(\frac{1-\cos2x}{2}\right)\left(\frac{1+\cos2x}{2}\right)^2\mathrm{d}x$

$$=\frac{1}{8}\int(1+\cos2x-\cos^22x-\cos^32x)\mathrm{d}x$$

$$=\frac{1}{8}\int(\cos2x-\cos^32x)\mathrm{d}x+\frac{1}{8}\int(1-\cos^22x)\mathrm{d}x$$

$$=\frac{1}{8}\int(1-\cos^22x)\cdot\cos2x\mathrm{d}x+\frac{1}{8}\int\sin^22x\mathrm{d}x$$

$$=\frac{1}{16}\int\sin^22x\mathrm{d}(\sin2x)+\frac{1}{16}\int(1-\cos4x)\mathrm{d}x$$

$$=\frac{1}{48}\sin^32x+\frac{x}{16}-\frac{1}{64}\sin4x+C.$$

注3 对于形如$\int \sin^m x\cos^n x\mathrm{d}x(m,n\in\mathbf{N})$的积分，当$m,n$中至少有一个为奇数时，从奇次幂函数中分离出一个函数凑微分，并借助公式$\sin^2 x+\cos^2 x=1$将被积函数转化为同一类型的函数；当m,n都为偶数时，需利用公式$\cos^2 x=\frac{1}{2}(1+\cos 2x)$，$\sin^2 x=\frac{1}{2}(1-\cos 2x)$将被积函数化成$\cos 2x$的多项式，然后求解.

例 4.46 求$\int \cos 2x\cos 4x\mathrm{d}x$.

解
$$\int \cos 2x\cos 4x\mathrm{d}x=\frac{1}{2}\int(\cos 2x+\cos 6x)\mathrm{d}x$$
$$=\frac{1}{2}\int\cos 2x\mathrm{d}x+\frac{1}{2}\int\cos 6x\mathrm{d}x=\frac{1}{4}\sin 2x+\frac{1}{12}\sin 6x+C.$$

例 4.47 求$\int \tan x\mathrm{d}x$.

解
$$\int \tan x\mathrm{d}x=\int\frac{\sin x}{\cos x}\mathrm{d}x=\int\frac{1}{\cos x}\cdot\sin x\mathrm{d}x=\int\frac{1}{\cos x}\mathrm{d}(-\cos x)$$
$$=-\int\frac{1}{\cos x}\mathrm{d}\cos x=-\ln|\cos x|+C.$$

例 4.48 求$\int \tan^4 x\sec^2 x\mathrm{d}x$.

解
$$\int \tan^4 x\sec^2 x\mathrm{d}x=\int\tan^4 x\mathrm{d}\tan x=\frac{1}{5}\tan^5 x+C.$$

例 4.49 求$\int \tan^3 x\sec^3 x\mathrm{d}x$.

解
$$\int \tan^3 x\sec^3 x\mathrm{d}x=\int\tan^2 x\sec^2 x\cdot(\tan x\sec x)\mathrm{d}x$$
$$=\int\tan^2 x\sec^2 x\mathrm{d}(\sec x)=\int(\sec^2 x-1)\sec^2 x\mathrm{d}(\sec x)$$
$$=\int(\sec^4 x-\sec^2 x)\mathrm{d}(\sec x)$$
$$=\frac{1}{5}\sec^5 x-\frac{1}{3}\sec^3 x+C.$$

例 4.50 求$\int \tan^3 x\mathrm{d}x$.

解
$$\int \tan^3 x\mathrm{d}x=\int\tan x(\sec^2 x-1)\mathrm{d}x=\int(\tan x\sec^2 x-\tan x)\mathrm{d}x$$
$$=\int\tan x\sec^2 x\mathrm{d}x-\int\tan x\mathrm{d}x$$

$$=\int \tan x \mathrm{d}(\tan x)-\int \tan x \mathrm{d}x=\frac{1}{2}\tan^2 x+\ln|\cos x|+C.$$

例 4.51 求$\int \csc x \mathrm{d}x$.

解 $\int \csc x \mathrm{d}x=\int \frac{1}{\sin x}\mathrm{d}x=\int \frac{1}{2\sin\frac{x}{2}\cos\frac{x}{2}}\mathrm{d}x=\int \frac{1}{\tan\frac{x}{2}\cos^2\frac{x}{2}}\mathrm{d}\left(\frac{x}{2}\right)$

$$=\int \frac{\mathrm{d}\left(\tan\frac{x}{2}\right)}{\tan\frac{x}{2}}=\ln\left|\tan\frac{x}{2}\right|+C.$$

因为

$$\tan\frac{x}{2}=\frac{\sin\frac{x}{2}}{\cos\frac{x}{2}}=\frac{2\sin^2\frac{x}{2}}{\sin x}=\frac{1-\cos x}{\sin x}=\csc x-\cot x,$$

故

$$\int \csc x \mathrm{d}x=\ln|\csc x-\cot x|+C.$$

例 4.52 求$\int \sec x \mathrm{d}x$.

解 **方法一** $\int \sec x \mathrm{d}x=\int \frac{1}{\cos x}\mathrm{d}x=\int \frac{\cos x}{\cos^2 x}\mathrm{d}x=\int \frac{1}{\cos^2 x}\cdot\cos x \mathrm{d}x$

$$=\int \frac{1}{1-\sin^2 x}\mathrm{d}\sin x \xlongequal{\text{由例 4.41}} \frac{1}{2}\ln\left|\frac{1+\sin x}{1-\sin x}\right|+C.$$

方法二 $\int \sec x \mathrm{d}x=\int \frac{\sec x(\sec x+\tan x)}{\sec x+\tan x}\mathrm{d}x$

$$=\int \frac{\sec^2 x+\sec x\tan x}{\sec x+\tan x}\mathrm{d}x=\int \frac{\mathrm{d}(\sec x+\tan x)}{\sec x+\tan x}$$

$$=\ln|\sec x+\tan x|+C.$$

方法三 利用例 4.51 的结论,有

$$\int \sec x \mathrm{d}x=\int \frac{1}{\cos x}\mathrm{d}x=\int \frac{\mathrm{d}\left(x+\frac{\pi}{2}\right)}{\sin\left(x+\frac{\pi}{2}\right)}$$

$$=\int \csc\left(x+\frac{\pi}{2}\right)\mathrm{d}\left(x+\frac{\pi}{2}\right)=\ln\left|\csc\left(x+\frac{\pi}{2}\right)-\cot\left(x+\frac{\pi}{2}\right)\right|+C$$

$$=\ln|\sec x+\tan x|+C.$$

上述两种积分结果只是形式上的不同.

同一个积分,由于积分过程或采用的积分公式不尽相同,在最终积分结果 $F(x)+C$ 中,原函数 $F(x)$ 的表达式有可能不同. 但它们之间只是相差一个常数.

例 4.53　求 $\int \frac{1}{\sqrt{x}(1+x)}\mathrm{d}x$.

解

$$\begin{aligned}\int \frac{1}{\sqrt{x}(1+x)}\mathrm{d}x &= \int \frac{1}{(1+x)}\cdot\frac{1}{\sqrt{x}}\mathrm{d}x = \int \frac{1}{1+(\sqrt{x})^2}\cdot\frac{1}{\sqrt{x}}\mathrm{d}x \\ &= \int \frac{1}{1+(\sqrt{x})^2}\cdot 2\mathrm{d}\sqrt{x} = 2\int \frac{1}{1+(\sqrt{x})^2}\cdot\mathrm{d}\sqrt{x} \\ &= 2\arctan\sqrt{x}+C.\end{aligned}$$

例 4.54　求 $\int \frac{1}{x^2}\cos\frac{1}{x}\mathrm{d}x$.

解

$$\begin{aligned}\int \frac{1}{x^2}\cos\frac{1}{x}\mathrm{d}x &= \int\cos\frac{1}{x}\cdot\frac{1}{x^2}\mathrm{d}x = \int\cos\frac{1}{x}\mathrm{d}\left(-\frac{1}{x}\right) = -\int\cos\frac{1}{x}\mathrm{d}\left(\frac{1}{x}\right) \\ &= -\sin\frac{1}{x}+C.\end{aligned}$$

例 4.55　求 $\int \frac{1}{x\sqrt{x^2-1}}\mathrm{d}x$.

解

$$\begin{aligned}\int \frac{1}{x\sqrt{x^2-1}}\mathrm{d}x &= \int \frac{1}{x^2\sqrt{1-\left(\frac{1}{x}\right)^2}}\mathrm{d}x = \int \frac{1}{\sqrt{1-\left(\frac{1}{x}\right)^2}}\cdot\frac{1}{x^2}\mathrm{d}x \\ &= -\int \frac{1}{\sqrt{1-\left(\frac{1}{x}\right)^2}}\cdot\mathrm{d}\left(\frac{1}{x}\right) = -\arcsin\frac{1}{x}+C.\end{aligned}$$

例 4.56　求 $\int \frac{1}{x(1+3\ln x)}\mathrm{d}x$.

解

$$\begin{aligned}\int \frac{1}{x(1+3\ln x)}\mathrm{d}x &= \int \frac{1}{1+3\ln x}\cdot\frac{1}{x}\mathrm{d}x = \frac{1}{3}\int \frac{1}{1+3\ln x}\cdot\mathrm{d}(1+3\ln x) \\ &= \frac{1}{3}\ln|1+3\ln x|+C.\end{aligned}$$

例 4.57　求 $\int \mathrm{e}^{\mathrm{e}^x+x}\mathrm{d}x$.

解　$\int \mathrm{e}^{\mathrm{e}^x+x}\mathrm{d}x = \int \mathrm{e}^{\mathrm{e}^x}\cdot\mathrm{e}^x\mathrm{d}x = \int \mathrm{e}^{\mathrm{e}^x}\,\mathrm{d}\mathrm{e}^x = \mathrm{e}^{\mathrm{e}^x}+C.$

例 4.58　求 $\int \frac{\sqrt{1+2\arctan x}}{1+x^2}\mathrm{d}x$.

解 $$\int \frac{\sqrt{1+2\arctan x}}{1+x^2}\mathrm{d}x = \int \sqrt{1+2\arctan x}\cdot\frac{1}{1+x^2}\mathrm{d}x$$
$$=\int \sqrt{1+2\arctan x}\,\mathrm{d}(\arctan x)$$
$$=\frac{1}{3}(1+2\arctan x)^{\frac{3}{2}}+C.$$

例 4.59 求$\int \frac{\ln\tan x}{\cos x\sin x}\mathrm{d}x$.

解 $$\int \frac{\ln\tan x}{\cos x\sin x}\mathrm{d}x = \int \frac{\cos x\ln\tan x}{\cos^2 x\sin x}\mathrm{d}x = \int \frac{\cos x\ln\tan x}{\sin x}\cdot\frac{1}{\cos^2 x}\mathrm{d}x$$
$$=\int \frac{\ln\tan x}{\tan x}\mathrm{d}(\tan x) = \int \ln\tan x\cdot\frac{1}{\tan x}\mathrm{d}(\tan x)$$
$$=\int \ln\tan x\,\mathrm{d}(\ln\tan x) = \frac{1}{2}(\ln\tan x)^2+C.$$

例 4.60 若$\int f(x)\mathrm{d}x = F(x)+C$,求$\int \mathrm{e}^{-x}f(\mathrm{e}^{-x})\mathrm{d}x$.

解 因为$\int f(x)\mathrm{d}x = F(x)+C$,所以
$$\int \mathrm{e}^{-x}f(\mathrm{e}^{-x})\mathrm{d}x = -\int f(\mathrm{e}^{-x})\mathrm{d}(\mathrm{e}^{-x}) = -F(\mathrm{e}^{-x})+C.$$

由以上例题可以看出,在运用换元积分法时,有时需要对被积函数作适当的运算或变形,然后再凑微分.这往往需要一定的技巧,也无一般规律可循.因此,要掌握换元法,除了要熟悉一些典型的例子之外,还要多练习、勤总结.

下面给出几种常见的凑微分形式:

(1) $\int f(ax+b)\mathrm{d}x = \frac{1}{a}\int f(ax+b)\mathrm{d}(ax+b)\ (a\neq 0)$;

(2) $\int f(ax^n+b)x^{n-1}\mathrm{d}x = \frac{1}{na}\int f(ax^n+b)\mathrm{d}(ax^n+b)\ (a\neq 0)$;

(3) $\int f(\ln x)\cdot\frac{\mathrm{d}x}{x} = \int f(\ln x)\mathrm{d}(\ln x)$;

(4) $\int f\left(\frac{1}{x}\right)\cdot\frac{\mathrm{d}x}{x^2} = -\int f\left(\frac{1}{x}\right)\mathrm{d}\left(\frac{1}{x}\right)$;

(5) $\int f(\mathrm{e}^x)\mathrm{e}^x\mathrm{d}x = \int f(\mathrm{e}^x)\mathrm{d}(\mathrm{e}^x)$;

(6) $\int f(\sqrt{x})\cdot\frac{\mathrm{d}x}{\sqrt{x}} = 2\int f(\sqrt{x})\mathrm{d}\sqrt{x}$;

(7) $\int f(\sin x)\cos x\mathrm{d}x = \int f(\sin x)\mathrm{d}(\sin x)$;

(8) $\int f(\cos x)\sin x\mathrm{d}x=-\int f(\cos x)\mathrm{d}(\cos x)$；

(9) $\int f(\tan x)\sec^2 x\mathrm{d}x=\int f(\tan x)\mathrm{d}(\tan x)$；

(10) $\int f(\cot x)\csc^2 x\mathrm{d}x=-\int f(\cot x)\mathrm{d}(\cot x)$；

(11) $\int f(\arcsin x)\dfrac{\mathrm{d}x}{\sqrt{1-x^2}}=\int f(\arcsin x)\mathrm{d}(\arcsin x)$；

(12) $\int f(\arctan x)\dfrac{\mathrm{d}x}{1+x^2}=\int f(\arctan x)\mathrm{d}(\arctan x)$.

4.4.2 第二类换元积分法

第一类换元积分法是将积分$\int f[\varphi(x)]\mathrm{d}\varphi(x)$中的$\varphi(x)$用一个新的变量$u$替换，从而使原不定积分化为容易计算的积分$\int f(u)\mathrm{d}u$.

反之，当$\int f(x)\mathrm{d}x$难求而$\int f[\varphi(t)]\mathrm{d}\varphi(t)$易求时，同样可以通过变量代换$x=\varphi(t)$，将$\int f(x)\mathrm{d}x$转化为关于变量$t$的不定积分$\int f[\varphi(t)]\mathrm{d}\varphi(t)=\int g(t)\mathrm{d}t$，从而简化积分计算.这样的换元是直接令所求积分$\int f(x)\mathrm{d}x$的积分变量$x$为$\varphi(t)$，故称为直接换元法，也称为第二类换元积分法.

第二类换元积分法常用的代换有三角代换、根式代换、倒代换等，主要解决以下类型积分的计算.

类型 1　当被积函数中含有$\sqrt{a^2-x^2}$，$\sqrt{x^2-a^2}$，$\sqrt{a^2+x^2}$($a>0$)时，可分别通过三角代换$x=a\sin t$，$x=a\sec t$，$x=a\tan t$，将原积分化作三角有理函数的积分.这类代换称为**三角代换**.

例 4.61　求$\int\sqrt{a^2-x^2}\mathrm{d}x\quad(a>0)$.

解　令$x=a\sin t$，$t\in\left[-\dfrac{\pi}{2},\dfrac{\pi}{2}\right]$，则

$$\sqrt{a^2-x^2}=\sqrt{a^2-a^2\sin^2 t}=a\cos t,\quad \mathrm{d}x=a\cos t\mathrm{d}t,$$

于是

$$\int\sqrt{a^2-x^2}\mathrm{d}x=\int a\cos t\cdot a\cos t\mathrm{d}t=a^2\int\cos^2 t\mathrm{d}t$$

$$= a^2\int\left(\frac{1}{2}+\frac{1}{2}\cos 2t\right)\mathrm{d}t = \frac{a^2}{2}t+\frac{a^2}{4}\sin 2t + C.$$

为了把变量还原为 x,根据 $\sin t=\dfrac{x}{a}$作辅助三角形,如图 4.10,则

$$\cos t=\frac{\sqrt{a^2-x^2}}{a},\quad \sin 2t=2\sin t\cos t=2\cdot\frac{x}{a}\cdot\frac{\sqrt{a^2-x^2}}{a},\quad t=\arcsin\frac{x}{a},$$

从而

$$\int\sqrt{a^2-x^2}\,\mathrm{d}x=\frac{a^2}{2}\arcsin\frac{x}{a}+\frac{x}{2}\sqrt{a^2-x^2}+C.$$

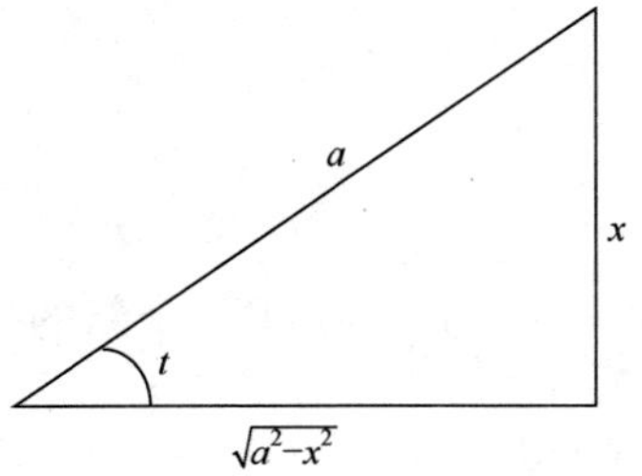

图 4.10

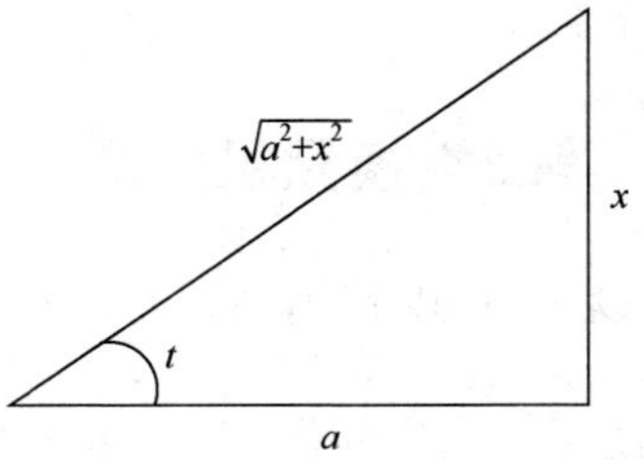

图 4.11

例 4.62 求$\displaystyle\int\frac{\mathrm{d}x}{\sqrt{x^2+a^2}}\quad(a>0)$.

解 令 $x=a\tan t, t\in\left(-\dfrac{\pi}{2},\dfrac{\pi}{2}\right)$,则$\sqrt{x^2+a^2}=a\sec t, \mathrm{d}x=a\sec^2 t\mathrm{d}t$,

于是

$$\int\frac{\mathrm{d}x}{\sqrt{x^2+a^2}}=\int\frac{a\sec^2 t}{a\sec t}\mathrm{d}t=\int\sec t\mathrm{d}t.$$

由例 4.52 得

$$\int\frac{\mathrm{d}x}{\sqrt{x^2+a^2}}=\ln|\sec t+\tan t|+C.$$

将变量还原为 x. 根据 $\tan t=\dfrac{x}{a}$作辅助三角形(图 4.11),则

$$\sec t=\frac{\sqrt{a^2+x^2}}{a},$$

且因 $\sec t+\tan t>0$,于是

$$\int\frac{\mathrm{d}x}{\sqrt{x^2+a^2}}=\ln\left(\frac{x}{a}+\frac{\sqrt{x^2+a^2}}{a}\right)+C_1=\ln(x+\sqrt{x^2+a^2})+C,$$

其中 $C=C_1-\ln a$.

例 4.63　求 $\int \frac{\mathrm{d}x}{\sqrt{x^2-a^2}} \quad (a>0)$.

解　被积函数的定义域为 $(-\infty,-a)\cup(a,+\infty)$.

当 $x\in(a,+\infty)$ 时,令 $x=a\sec t, t\in\left(0,\frac{\pi}{2}\right)$,则

$$\sqrt{x^2-a^2}=\sqrt{a^2\sec^2 t-a^2}=a\sqrt{\sec^2 t-1}=a\tan t,\quad \mathrm{d}x=a\sec t\tan t\mathrm{d}t,$$

于是

$$\int\frac{\mathrm{d}x}{\sqrt{x^2-a^2}}=\int\frac{a\sec t\tan t}{a\tan t}\mathrm{d}t=\int\sec t\mathrm{d}t=\ln(\sec t+\tan t)+C.$$

根据 $\sec t=\frac{x}{a}$ 作辅助三角形(图 4.12),则

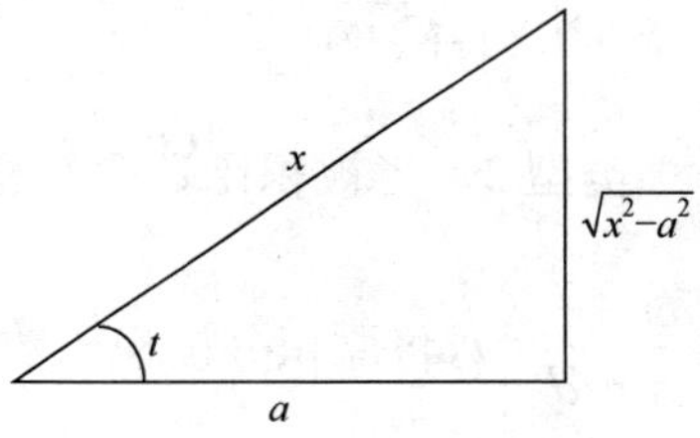

图 4.12

$\tan t=\frac{\sqrt{x^2-a^2}}{a}$,因此

$$\begin{aligned}\int\frac{\mathrm{d}x}{\sqrt{x^2-a^2}}&=\ln\left|\frac{x}{a}+\frac{\sqrt{x^2-a^2}}{a}\right|+C_1\\&=\ln(x+\sqrt{x^2-a^2})+C,\end{aligned}$$

其中 $C=C_1-\ln a$.

当 $x\in(-\infty,-a)$ 时,令 $u=-x$,则 $u\in(a,+\infty)$,由上段结果,有

$$\begin{aligned}\int\frac{\mathrm{d}x}{\sqrt{x^2-a^2}}&=-\int\frac{\mathrm{d}u}{\sqrt{u^2-a^2}}=-\ln(u+\sqrt{u^2-a^2})+C_1\\&=-\ln(-x+\sqrt{x^2-a^2})+C_1\\&=\ln\frac{-x-\sqrt{x^2-a^2}}{a^2}+C_1\\&=\ln(-x-\sqrt{x^2-a^2})+C,\end{aligned}$$

其中 $C=C_1-2\ln a$.

合并以上结果,得

$$\int\frac{\mathrm{d}x}{\sqrt{x^2-a^2}}=\ln\left|x+\sqrt{x^2-a^2}\right|+C.$$

例 4.64　$\int\frac{x^2}{(1+x^2)^2}\mathrm{d}x$.

解　令 $x=\tan t, t\in\left(-\frac{\pi}{2},\frac{\pi}{2}\right)$,则 $(1+x^2)^2=(1+\tan^2 x)^2=\sec^4 t$, $\mathrm{d}x=\sec^2 t\mathrm{d}t$,于是

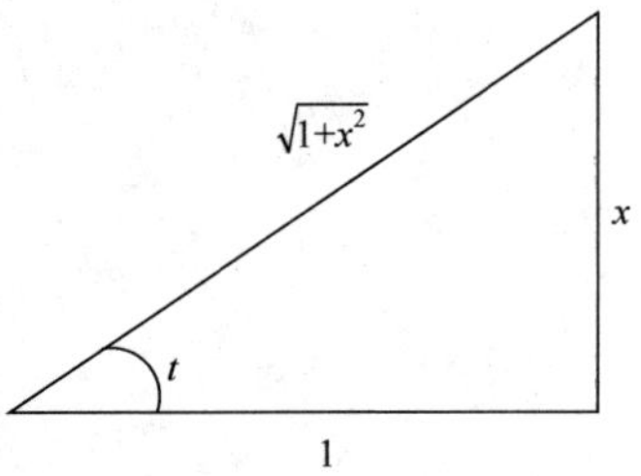

图 4.13

$$\int \frac{x^2}{(1+x^2)^2}\mathrm{d}x = \int \frac{\tan^2 t \sec^2 t}{\sec^4 t}\mathrm{d}t = \int \sin^2 t\mathrm{d}t$$
$$= \frac{1}{2}\int (1-\cos 2t)\mathrm{d}t$$
$$= \frac{t}{2} - \frac{1}{4}\sin 2t + C.$$

根据 $\tan t = x$ 作辅助三角形(图 4.13),则

$$\sin t = \frac{x}{\sqrt{1+x^2}},\quad \cos t = \frac{1}{\sqrt{1+x^2}},\quad 且\ t = \arctan x,$$

于是

$$\int \frac{x^2}{(1+x^2)^2}\mathrm{d}x = \frac{t}{2} - \frac{1}{4}\sin 2t + C = \frac{1}{2}\arctan x - \frac{x}{2(1+x^2)} + C.$$

类型 2 当被积函数含有根式 $\sqrt[n]{ax+b}$ 或 $\sqrt[n]{\frac{ax+b}{cx+d}}$ 时,常用代换 $\sqrt[n]{ax+b}=t$ 或 $\sqrt[n]{\frac{ax+b}{cx+d}}=t$,将原积分被积函数中的根式去掉.

例 4.65 求 $\int \frac{1}{1+\sqrt[3]{x+2}}\mathrm{d}x$.

解 令 $\sqrt[3]{x+2}=t$,则 $x=t^3-2$, $\mathrm{d}x=3t^2\mathrm{d}t$,于是

$$\int \frac{1}{1+\sqrt[3]{x+2}}\mathrm{d}x = \int \frac{3t^2}{1+t}\mathrm{d}t = 3\int \frac{(t^2-1)+1}{1+t}\mathrm{d}t$$
$$= 3\int (t-1)\mathrm{d}t + 3\int \frac{1}{1+t}\mathrm{d}t$$
$$= \frac{3}{2}t^2 - 3t + 3\ln|1+t| + C$$
$$= \frac{3}{2}\sqrt[3]{(x+2)^2} - 3\sqrt[3]{x+2} + 3\ln\left|1+\sqrt[3]{x+2}\right| + C.$$

例 4.66 求 $\int \frac{1}{\sqrt{x}+\sqrt[3]{x}}\mathrm{d}x$.

解 为了同时去掉被积函数中的两个根式,取 3 和 2 的最小公倍数 6,作变量代换 $\sqrt[6]{x}=t$,则 $x=t^6$, $\mathrm{d}x=6t^5$,于是

$$\int \frac{1}{\sqrt{x}+\sqrt[3]{x}}\mathrm{d}x = \int \frac{6t^5}{t^3+t^2}\mathrm{d}t = 6\int \frac{t^3}{t+1}\mathrm{d}t = 6\int \frac{(t^3+1)-1}{t+1}\mathrm{d}t$$
$$= 6\int \left(t^2 - t + 1 - \frac{1}{t+1}\right)\mathrm{d}t$$

$$=6\left(\frac{t^3}{3}-\frac{t^2}{2}+t-\ln|t+1|\right)+C$$

$$=2\sqrt{x}-3\sqrt[3]{x}+6\sqrt[6]{x}-6\ln(\sqrt[6]{x}+1)+C.$$

例 4.67 求$\int \frac{1}{x}\sqrt{\frac{1+x}{x}}\mathrm{d}x$.

解 令$\sqrt{\frac{1+x}{x}}=u$,则 $x=\frac{1}{u^2-1}$,$\mathrm{d}x=-\frac{2u}{(u^2-1)^2}\mathrm{d}u$,于是

$$\int \frac{1}{x}\sqrt{\frac{1+x}{x}}\mathrm{d}x=\int (u^2-1)u\cdot\frac{-2u}{(u^2-1)^2}\mathrm{d}u=-2\int\frac{u^2}{u^2-1}\mathrm{d}u$$

$$=-2\int\frac{(u^2-1)+1}{u^2-1}\mathrm{d}u$$

$$=-2\int\left(1+\frac{1}{u^2-1}\right)\mathrm{d}u=-2u-\ln\left|\frac{u-1}{u+1}\right|+C$$

$$=-2u+2\ln(u+1)-\ln|u^2-1|+C$$

$$=-2\sqrt{\frac{1+x}{x}}+2\ln\left(\sqrt{\frac{1+x}{x}}+1\right)+\ln|x|+C.$$

例 4.68 求$\int\frac{1}{\sqrt[3]{(x+1)^2(x-1)^4}}\mathrm{d}x$.

解 $\int\frac{1}{\sqrt[3]{(x+1)^2(x-1)^4}}\mathrm{d}x=\int\frac{1}{(x+1)(x-1)\sqrt[3]{\frac{x-1}{x+1}}}\mathrm{d}x$.

令$\sqrt[3]{\frac{x-1}{x+1}}=u$,则$\frac{x-1}{x+1}=u^3$,$x=\frac{u^3+1}{1-u^3}$,$\mathrm{d}x=\frac{6u^2}{(1-u^3)^2}\mathrm{d}u$. 于是

$$\int\frac{1}{\sqrt[3]{(x+1)^2(x-1)^4}}\mathrm{d}x=\int\frac{1}{(x^2-1)\sqrt[3]{\frac{x-1}{x+1}}}\mathrm{d}x=\frac{3}{2}\int\frac{1}{u^2}\mathrm{d}u$$

$$=-\frac{3}{2u}+C=-\frac{3}{2}\sqrt[3]{\frac{x+1}{x-1}}+C.$$

类型 3 设 m 和 n 分别为被积函数的分子和分母关于积分变量 x 的最高次幂,当 $n-m>1$ 时,用倒代换$\left(\text{即 } x=\frac{1}{t}\right)$常常可以简化积分.

例 4.69 求$\int\frac{x+1}{x^2\sqrt{x^2-1}}\mathrm{d}x$.

解 该积分可以用三角代换,但用倒代换更简便,即

$$\int \frac{x+1}{x^2\sqrt{x^2-1}}\mathrm{d}x \xlongequal{x=\frac{1}{t}} \int \frac{\frac{1}{t}+1}{\frac{1}{t^2}\sqrt{\frac{1}{t^2}-1}}\cdot\left(-\frac{1}{t^2}\right)\mathrm{d}t = -\int \frac{1+t}{\sqrt{1-t^2}}\mathrm{d}t$$

$$= -\int \frac{1}{\sqrt{1-t^2}}\mathrm{d}t + \int \frac{1}{2\sqrt{1-t^2}}\mathrm{d}(1-t^2)$$

$$= -\arcsin t + \sqrt{1-t^2} + C = \frac{\sqrt{x^2-1}}{x} - \arcsin\frac{1}{x} + C.$$

类型 4 若被积函数是由 a^x 构成的代数式,可考虑运用指数代换.

例 4.70 求 $\int \frac{2^x}{1+2^x+4^x}\mathrm{d}x$.

解 令 $2^x=t$,则 $\mathrm{d}t=\mathrm{d}(2^x)=2^x\ln 2\mathrm{d}x$,即 $\mathrm{d}x=\frac{1}{\ln 2}\cdot\frac{\mathrm{d}t}{t}$,于是

$$\int \frac{2^x}{1+2^x+4^x}\mathrm{d}x = \int \frac{t}{1+t+t^2}\cdot\frac{1}{\ln 2}\cdot\frac{\mathrm{d}t}{t} = \frac{1}{\ln 2}\int \frac{1}{1+t+t^2}\mathrm{d}t$$

$$= \frac{1}{\ln 2}\int \frac{1}{\left(t+\frac{1}{2}\right)^2+\left(\frac{\sqrt{3}}{2}\right)^2}\mathrm{d}t = \frac{1}{\ln 2}\cdot\frac{2}{\sqrt{3}}\arctan\frac{t+\frac{1}{2}}{\frac{\sqrt{3}}{2}} + C$$

$$= \frac{2\sqrt{3}}{3\ln 2}\cdot\arctan\frac{2^x+\frac{1}{2}}{\frac{\sqrt{3}}{2}} + C = \frac{2\sqrt{3}}{3\ln 2}\cdot\arctan\frac{2^{x+1}+1}{\sqrt{3}} + C.$$

例 4.71 求 $\int \frac{1}{\sqrt{1+\mathrm{e}^x}}\mathrm{d}x$.

解 令 $\sqrt{1+\mathrm{e}^x}=t$,则 $x=\ln(t^2-1)$,$\mathrm{d}x=\frac{2t}{t^2-1}\mathrm{d}t$,于是

$$\int \frac{1}{\sqrt{1+\mathrm{e}^x}}\mathrm{d}x = \int \frac{1}{t}\cdot\frac{2t}{t^2-1}\mathrm{d}t = 2\int \frac{1}{t^2-1}\mathrm{d}t = \ln\frac{t-1}{t+1} + C$$

$$= \ln\frac{\sqrt{1+\mathrm{e}^x}-1}{\sqrt{1+\mathrm{e}^x}+1} + C = 2\ln(\sqrt{1+\mathrm{e}^x}-1) - x + C.$$

例 4.72 求 $\int \frac{\mathrm{e}^x(1+\mathrm{e}^x)}{\sqrt{1-\mathrm{e}^{2x}}}\mathrm{d}x$.

解 令 $\mathrm{e}^x=\sin t$,$0<t<\frac{\pi}{2}$,则 $x=\ln\sin t$,$\mathrm{d}x=\cot t\mathrm{d}t$,于是

$$\int \frac{e^x(1+e^x)}{\sqrt{1-e^{2x}}}dx = \int \frac{\sin t(1+\sin t)}{\cos t}\cot t dt = \int (1+\sin t)dt = t - \cos t + C$$

$$= \arcsin e^x - \sqrt{1-e^{2x}} + C.$$

本节例题中,有几个结论可以直接作为公式运用(编号接 P188 基本积分公式):

(13) $\int \tan x dx = -\ln|\cos x| + C$;

(14) $\int \cot x dx = \ln|\sin x| + C$;

(15) $\int \sec x dx = \ln|\sec x + \tan x| + C$;

(16) $\int \csc x dx = \ln|\csc x - \cot x| + C$;

(17) $\int \frac{1}{a^2+x^2}dx = \frac{1}{a}\arctan\frac{x}{a} + C(a \neq 0)$;

(18) $\int \frac{1}{x^2-a^2}dx = \frac{1}{2a}\ln\left|\frac{x-a}{x+a}\right| + C(a \neq 0)$;

(19) $\int \frac{1}{\sqrt{a^2-x^2}}dx = \arcsin\frac{x}{a} + C(a \neq 0)$;

(20) $\int \sqrt{a^2-x^2}dx = \frac{x}{2}\sqrt{a^2-x^2} + \frac{a^2}{2}\arcsin\frac{x}{a} + C(a \neq 0)$;

(21) $\int \frac{1}{\sqrt{x^2+a^2}}dx = \ln(x+\sqrt{x^2+a^2}) + C$;

(22) $\int \frac{1}{\sqrt{x^2-a^2}}dx = \ln\left|x+\sqrt{x^2-a^2}\right| + C$.

例 4.73　求 $\int \frac{1}{\sqrt{1+x+x^2}}dx$.

解　$$\int \frac{1}{\sqrt{1+x+x^2}}dx = \int \frac{1}{\sqrt{\left(x+\frac{1}{2}\right)^2+\left(\frac{\sqrt{3}}{2}\right)^2}}dx$$

$$= \ln\left(x+\frac{1}{2}+\sqrt{1+x+x^2}\right) + C.$$

例 4.74　求 $\int \sqrt{5-4x-x^2}dx$.

解　$$\int \sqrt{5-4x-x^2}dx = \int \sqrt{3^2-(x+2)^2}dx$$

$$= \frac{1}{2}(x+2)\sqrt{5-4x-x^2} + \frac{9}{2}\arcsin\frac{x+2}{3} + C.$$

例 4.75 已知 $f'(e^x)=xe^{-x}$,且 $f(1)=0$,求 $f(x)$.

解 令 $e^x=u$,则 $x=\ln u$,$f'(u)=\frac{1}{u}\ln u$,于是

$$f(u)=\int f'(u)du=\int \frac{1}{u}\ln u du=\frac{1}{2}(\ln u)^2+C.$$

令 $u=1$,因 $f(1)=0$,有 $0=f(1)=\frac{1}{2}(\ln 1)^2+C=C$,即 $C=0$,所以 $f(u)=\frac{1}{2}(\ln u)^2$. 于是 $f(x)=\frac{1}{2}(\ln x)^2$.

习题 4.4

1. 用第一类换元积分法计算下列不定积分:

(1) $\int (1-x)^6 dx$;

(2) $\int \sin(3x+2)dx$;

(3) $\int \frac{dx}{\sqrt[3]{2+3x}}$;

(4) $\int \frac{dx}{1-3x}$;

(5) $\int 2xe^{x^2}dx$;

(6) $\int x(1+2x^2)^2 dx$;

(7) $\int \frac{x}{\sqrt{2-3x^2}}dx$;

(8) $\int \frac{\sin\sqrt{t}}{\sqrt{t}}dt$;

(9) $\int \frac{1}{x^2}\sin\frac{1}{x}dx$;

(10) $\int \frac{1}{x\ln x}dx$;

(11) $\int \frac{(2\ln x+5)^4}{x}dx$;

(12) $\int \frac{(\arctan x)^3}{1+x^2}dx$;

(13) $\int \frac{1+\ln x}{(x\ln x)^2}dx$;

(14) $\int \frac{dx}{1+e^{-x}}$;

(15) $\int \frac{dx}{e^x+e^{-x}}$;

(16) $\int \frac{\sin x+\cos x}{\sqrt[3]{\sin x-\cos x}}dx$;

(17) $\int \frac{dx}{\sqrt{(1-x^2)\arcsin x}}$;

(18) $\int \frac{10^{2\arccos x}}{\sqrt{1-x^2}}dx$;

(19) $\int \frac{dx}{\sqrt{-4x^2-16x-15}}$;

(20) $\int \frac{xdx}{x^4+16}$;

(21) $\int \frac{dx}{x(x+1)}$;

(22) $\int \cot x dx$;

(23) $\int \sin^3 x dx$;

(24) $\int \cos^2(\omega t+\varphi)dt$;

(25) $\int \sin^2 x\cos^3 x dx$;

(26) $\int \sin 5x\cos 3x dx$,

(27) $\int \frac{dx}{\sin x\cos x}$;

(28) $\int \tan^3 x\sec x dx$;

(29) $\int \tan^2 x \sec^2 x \mathrm{d}x$；

(30) $\int \sec^4 x \mathrm{d}x$；

(31) $\int \frac{\arctan\sqrt{x}}{\sqrt{x}(1+x)}\mathrm{d}x$；

(32) $\int \frac{x\mathrm{e}^{\sqrt{1+x^2}}}{\sqrt{1+x^2}}\mathrm{d}x$；

(33) $\int \frac{\mathrm{d}x}{x\ln x\ln\ln x}$；

(34) $\int \frac{\sqrt{1-\sqrt{x}}}{\sqrt{x}}\mathrm{d}x$；

(35) $\int \frac{x\tan\sqrt{1+x^2}}{\sqrt{1+x^2}}\mathrm{d}x$；

(36) $\int \frac{\mathrm{d}x}{\mathrm{e}^x+1}$；

(37) $\int \frac{6^x}{4^x+9^x}\mathrm{d}x$；

(38) $\int \frac{1-x}{\sqrt{9-4x^2}}\mathrm{d}x$.

2. 若$\int xf(x)\mathrm{d}x = \arcsin x + C$，求$\int \frac{1}{f(x)}\mathrm{d}x$.

3. 用第二类换元法计算下列不定积分：

(1) $\int \frac{\sqrt{x^2-9}}{x}\mathrm{d}x$；

(2) $\int \frac{x^2}{\sqrt{4-x^2}}\mathrm{d}x$；

(3) $\int \frac{\mathrm{d}x}{x^2\sqrt{4+x^2}}$；

(4) $\int \frac{\mathrm{d}x}{x^2\sqrt{x^2-1}}$；

(5) $\int \frac{\mathrm{d}x}{(x^2+9)^2}$；

(6) $\int \frac{x^3}{(1+x^2)^{\frac{3}{2}}}\mathrm{d}x$；

(7) $\int \sqrt{3-2x-x^2}\,\mathrm{d}x$；

(8) $\int \frac{1}{x^2+2x+5}\mathrm{d}x$；

(9) $\int \frac{1}{1+\sqrt{x}}\mathrm{d}x$；

(10) $\int \frac{\arctan\sqrt{x}}{\sqrt{x}(1+x)}\mathrm{d}x$；

(11) $\int \frac{\sqrt[3]{x}}{x(\sqrt{x}+\sqrt[3]{x})}\mathrm{d}x$；

(12) $\int \sqrt{\frac{1+x}{1-x}}\mathrm{d}x$；

(13) $\int \frac{1}{\mathrm{e}^x(1+\mathrm{e}^{2x})}\mathrm{d}x$；

(14) $\int \frac{1}{\sqrt{1+\mathrm{e}^{2x}}}\mathrm{d}x$；

(15) $\int \frac{(x-1)^7}{x^9}\mathrm{d}x$；

(16) $\int \frac{1}{x^2\sqrt{x^2+4}}\mathrm{d}x$.

4.5　不定积分的分部积分法及分段函数的不定积分

4.5.1　不定积分的分部积分法

换元积分法大大拓展了求解积分的范围，但对于像$\int \ln x\mathrm{d}x$，$\int \arcsin x\mathrm{d}x$，$\int \mathrm{e}^x\cos x\mathrm{d}x$ 等一些简单的积分却仍然无能为力. 为此，本节利用两个函数乘积的微分法则,给出另一种积分方法 —— **分部积分法**.

设函数 $u=u(x)$,$v=v(x)$具有连续导数,由函数乘积的微分公式,有

$$\mathrm{d}(uv)=u\mathrm{d}v+v\mathrm{d}u,$$

移项,得

$$u\mathrm{d}v=\mathrm{d}(uv)-v\mathrm{d}u,$$

对上式两边积分,得

$$\int u\mathrm{d}v = uv-\int v\mathrm{d}u. \tag{4-11}$$

式(4-11)称为**分部积分公式**.

由分部积分公式可知,若等式右端的积分$\int v\mathrm{d}u$较左端积分$\int u\mathrm{d}v$容易求出,则可借助该公式来计算积分.

分部积分法求解积分$\int f(x)\mathrm{d}x$的一般步骤为

(1) 用"凑微分"法,将所求积分$\int f(x)\mathrm{d}x$化成$\int u(x)\mathrm{d}v(x)$;

(2) 应用分部积分公式求出积分.

例 4.76 求$\int x\mathrm{e}^x\mathrm{d}x$.

解 **第一步** 凑微分,将被积函数中的 e^x 凑微分,有 $\mathrm{e}^x\mathrm{d}x=\mathrm{d}\mathrm{e}^x$,得

$$\int x\cdot\mathrm{e}^x\mathrm{d}x=\int x\,\mathrm{d}\mathrm{e}^x.$$

对应于分部积分公式(4-11),$u(x)=x$,$v(x)=\mathrm{e}^x$;

第二步 应用分部积分公式,有

$$\int x\mathrm{e}^x\mathrm{d}x=\int x\,\mathrm{d}\mathrm{e}^x=x\mathrm{e}^x-\int\mathrm{e}^x\mathrm{d}x=x\mathrm{e}^x-\mathrm{e}^x+C.$$

注 若将被积表达式中的 $x\mathrm{d}x$ 凑成 $\mathrm{d}\left(\frac{1}{2}x^2\right)$,即$\int x\mathrm{e}^x\mathrm{d}x$通过凑微分变为$\int\mathrm{e}^x\mathrm{d}\left(\frac{1}{2}x^2\right)$,应用分部积分公式则无法求出积分:

$$\int\mathrm{e}^x\mathrm{d}\left(\frac{1}{2}x^2\right)=\frac{1}{2}x^2\cdot\mathrm{e}^x-\int\frac{1}{2}x^2\mathrm{d}(\mathrm{e}^x)=\frac{1}{2}x^2\mathrm{e}^x-\frac{1}{2}\int x^2\mathrm{e}^x\mathrm{d}x.$$

显然,上式右端的积分比原积分更不易求出.

注意 恰当地选择 $u(x)$,$v(x)$是分部积分的关键. $u(x)$,$v(x)$的选择一般基于以下原则:

(1) $v(x)$容易凑出;

(2) 右端的积分$\int v\mathrm{d}u$较所求积分$\int u\mathrm{d}v$更容易求出.

例 4.77 求$\int x^2\ln x\mathrm{d}x$.

解 在被积函数中,x^2 比 $\ln x$ 的原函数容易求得,故将 x^2 凑微分,得 $x^2\mathrm{d}x=\mathrm{d}\left(\frac{1}{3}x^3\right)$,于是

$$\int x^2\ln x\mathrm{d}x=\int \ln x\cdot x^2\mathrm{d}x=\int \ln x\mathrm{d}\left(\frac{1}{3}x^3\right).$$

应用分部积分公式,有

$$\begin{aligned}\int x^2\ln x\mathrm{d}x&=\frac{1}{3}x^3\ln x-\int \frac{1}{3}x^3\mathrm{d}(\ln x)=\frac{1}{3}x^3\ln x-\frac{1}{3}\int x^2\mathrm{d}x\\&=\frac{1}{3}x^3\ln x-\frac{1}{9}x^3+C.\end{aligned}$$

例 4.78 求$\int \ln x\mathrm{d}x$.

解 被积函数只有 $\ln x$,直接应用分部积分公式,得

$$\int \ln x\mathrm{d}x=x\ln x-\int x\mathrm{d}(\ln x)=x\ln x-\int \mathrm{d}x=x\ln x-x+C.$$

例 4.79 求$\int \arccos x\mathrm{d}x$.

解 直接应用分部积分公式,得

$$\begin{aligned}\int \arccos x\mathrm{d}x&=x\arccos x+\int \frac{x}{\sqrt{1-x^2}}\mathrm{d}x=x\arccos x-\frac{1}{2}\int \frac{1}{\sqrt{1-x^2}}\mathrm{d}(1-x^2)\\&=x\arccos x-\sqrt{1-x^2}+C.\end{aligned}$$

例 4.80 求$\int x^2\cos x\mathrm{d}x$.

解 将 $\cos x$ 凑微分,得

$$\int x^2\cos x\mathrm{d}x=\int x^2\mathrm{d}(\sin x)=x^2\sin x-\int \sin x\mathrm{d}x^2=x^2\sin x-2\int x\sin x\mathrm{d}x;$$

继续对$\int x\sin x\mathrm{d}x$ 应用分部积分公式,有

$$\int x\sin x\mathrm{d}x=\int x\mathrm{d}(-\cos x)=-x\cos x-\int(-\cos x)\mathrm{d}x=-x\cos x+\sin x+C_1,$$

故

$$\begin{aligned}\int x^2\cos x\mathrm{d}x&=x^2\sin x-2\int x\sin x\mathrm{d}x=x^2\sin x-2(-x\cos x+\sin x+C_1)\\&=x^2\sin x+2x\cos x-2\sin x+C,\end{aligned}$$

这里 $C=-2C_1$.

例 4.81 求$\int \mathrm{e}^x\sin x\mathrm{d}x$.

解 $\int e^x \sin x dx = \int e^x d(-\cos x) = -e^x \cos x + \int \cos x d(e^x)$

$$= -e^x \cos x + \int e^x \cos x dx = -e^x \cos x + \int e^x d(\sin x)$$

$$= -e^x \cos x + e^x \sin x - \int e^x \sin x dx.$$

因等式右端出现了所求积分$\int e^x \sin x dx$,将其移到等号左边去,然后等号两端同除以 2,得

$$\int e^x \sin x dx = \frac{1}{2} e^x (\sin x - \cos x) + C.$$

例 4.82 求$\int \sec^3 x dx$.

解 $\int \sec^3 x dx = \int \sec x \cdot \sec^2 x dx = \int \sec x d(\tan x) = \sec x \tan x - \int \tan x d(\sec x)$

$$= \sec x \tan x - \int \tan^2 x \sec x dx = \sec x \tan x - \int (\sec^2 x - 1) \sec x dx$$

$$= \sec x \tan x - \int \sec^3 x dx + \int \sec x dx$$

$$= \sec x \tan x + \ln|\sec x + \tan x| - \int \sec^3 x dx.$$

因等式右端出现了所求积分$\int \sec^3 x dx$,将其移到等号左边去,然后等号两端同除以 2,得

$$\int \sec^3 x dx = \frac{1}{2} \sec x \tan x + \frac{1}{2} \ln|\sec x + \tan x| + C.$$

分部积分法经常需要与换元积分法结合使用.

例 4.83 求$\int \arctan \sqrt{x} dx$.

解 令$\sqrt{x}=t$,则 $x=t^2$,于是

$$\int \arctan \sqrt{x} dx = \int \arctan t d(t^2) = t^2 \arctan t - \int t^2 d(\arctan t)$$

$$= t^2 \arctan t - \int \frac{t^2}{1+t^2} dt = t^2 \arctan t - \int \frac{(1+t^2)-1}{1+t^2} dt$$

$$= t^2 \arctan t - t + \arctan t + C$$

$$= (x+1) \arctan \sqrt{x} - \sqrt{x} + C.$$

例 4.84 求$\int \frac{x \cos x}{\sin^3 x} dx$.

解 分部积分第一步骤中的"凑微分",实际上是在计算所求不定积分之前先

求一个“小积分”. 若“小积分”不易简单凑出，就需要单独去积分. 对于本题，先求不定积分$\int \frac{\cos x}{\sin^3 x}\mathrm{d}x$.

因为

$$\int \frac{\cos x}{\sin^3 x}\mathrm{d}x=\int \frac{1}{\sin^3 x}\mathrm{d}(\sin x)=-\frac{1}{2\sin^2 x}+C,$$

于是

$$\begin{aligned}\int \frac{x\cos x}{\sin^3 x}\mathrm{d}x&=\int x\mathrm{d}\left(-\frac{1}{2\sin^2 x}\right)=-\frac{x}{2\sin^2 x}+\int \frac{1}{2\sin^2 x}\mathrm{d}x\\&=-\frac{x}{2\sin^2 x}-\frac{1}{2}\cot x+C.\end{aligned}$$

例 4.85 求不定积分$I_n=\int \tan^n x\mathrm{d}x$(其中$n$为正整数,$n\geqslant 2$)的递推公式.

解
$$\begin{aligned}I_n&=\int \tan^n x\mathrm{d}x=\int \tan^{n-2}x\cdot\tan^2 x\mathrm{d}x=\int \tan^{n-2}x(\sec^2 x-1)\mathrm{d}x\\&=\int \tan^{n-2}x\sec^2 x\mathrm{d}x-\int \tan^{n-2}x\mathrm{d}x=\int \tan^{n-2}x\mathrm{d}(\tan x)-I_{n-2}\\&=\frac{\tan^{n-1}x}{n-1}-I_{n-2}.\end{aligned}$$

例 4.86 设$f(x)$的一个原函数为$\frac{\sin x}{x}$,求$\int xf'(2x)\mathrm{d}x$.

解
$$\begin{aligned}\int xf'(2x)\mathrm{d}x&=\frac{1}{2}\int x\mathrm{d}f(2x)=\frac{1}{2}xf(2x)-\frac{1}{2}\int f(2x)\mathrm{d}x\\&=\frac{1}{2}xf(2x)-\frac{1}{4}\int f(2x)\mathrm{d}(2x).\end{aligned}$$

因为$\frac{\sin x}{x}$为$f(x)$的原函数,所以$f(x)=\left(\frac{\sin x}{x}\right)'=\frac{x\cos x-\sin x}{x^2}$,于是

$$f(2x)=\frac{2x\cos(2x)-\sin(2x)}{4x^2}.$$

故

$$\begin{aligned}\int xf'(2x)\mathrm{d}x&=\frac{2x\cos(2x)-\sin(2x)}{8x}-\frac{1}{4}\cdot\frac{\sin(2x)}{2x}+C\\&=\frac{1}{4}\cos(2x)-\frac{1}{4x}\sin(2x)+C.\end{aligned}$$

4.5.2 分段函数的不定积分

例 4.87 设 $f(x)=\begin{cases}\sin 2x, & x\leqslant 0,\\ \ln(2x+1), & x>0,\end{cases}$ 求$\int f(x)\mathrm{d}x$.

解 由于连续函数必有原函数. 而 $f(x)$在$(-\infty,+\infty)$上连续,故必可积. 因 $f(x)$是分段函数,所以需要分区间求其不定积分.

当 $x\leqslant 0$ 时,$F(x)=\int f(x)\mathrm{d}x=\int \sin 2x\mathrm{d}x=-\dfrac{1}{2}\cos 2x+C_1$;

当$x>0$时,$F(x)=\int f(x)\mathrm{d}x=\int \ln(2x+1)\mathrm{d}x=x\ln(2x+1)-\int x\mathrm{d}[\ln(2x+1)]$

$$=x\ln(2x+1)-\int\frac{2x}{2x+1}\mathrm{d}x$$

$$=x\ln(2x+1)-x+\frac{1}{2}\ln(2x+1)+C_2.$$

下面确定不同区间上不定积分的积分常数 C_1,C_2 之间的关系.

由于原函数 $F(x)$可导,故必在两个区间的分界点 $x=0$ 处连续,即 $\lim\limits_{x\to 0^-}F(x)=\lim\limits_{x\to 0^+}F(x)=F(0)$,因此,得$-\dfrac{1}{2}+C_1=C_2$,从而

$$\int f(x)\mathrm{d}x=\begin{cases}-\dfrac{1}{2}\cos 2x+\dfrac{1}{2}+C, & x\leqslant 0,\\ x\ln(2x+1)-x+\dfrac{1}{2}\ln(2x+1)+C, & x>0,\end{cases}$$

其中,$C=-\dfrac{1}{2}+C_1=C_2$.

习题 4.5

1. 利用分部积分法求下列不定积分:

(1) $\int x\sin x\mathrm{d}x$;　　(2) $\int x\csc^2 x\mathrm{d}x$;

(3) $\int x^2\mathrm{e}^x\mathrm{d}x$;　　(4) $\int x^3\mathrm{e}^{-x^2}\mathrm{d}x$;

(5) $\int x^3\ln x\mathrm{d}x$;　　(6) $\int \ln(1+x^2)\mathrm{d}x$;

(7) $\int \ln^3 x\mathrm{d}x$;　　(8) $\int (\arcsin x)^2\mathrm{d}x$;

(9) $\int x\sin x\cos x\mathrm{d}x$;　　(10) $\int x^2\arctan x\mathrm{d}x$;

(11) $\int \sin(\ln x)\mathrm{d}x$；

(12) $\int \csc^3 x\mathrm{d}x$；

(13) $\int \mathrm{e}^x \sin^2 x\mathrm{d}x$；

(14) $\int \mathrm{e}^{-2x}\sin\frac{x}{2}\mathrm{d}x$；

(15) $\int \mathrm{e}^{\sqrt[3]{x}}\mathrm{d}x$；

(16) $\int \frac{\ln\ln x}{x}\mathrm{d}x$；

(17) $\int \sqrt{1-x^2}\arcsin x\mathrm{d}x$；

(18) $\int x\mathrm{e}^{x^2}(1+x^2)\mathrm{d}x$；

(19) $\int \frac{x\arctan x}{\sqrt{1+x^2}}\mathrm{d}x$；

(20) $\int \frac{x\mathrm{e}^x}{(1+x)^2}\mathrm{d}x$.

2. 已知 $f(x)$ 的一个原函数为 $(1+\sin x)\ln x$，求 $\int xf'(x)\mathrm{d}x$.

3. 证明下列递推公式：

(1) $I_n=\int x^n\mathrm{e}^x\mathrm{d}x=x^n\mathrm{e}^x-nI_{n-1}$ （n 为正整数）；

(2) $I_n=\int \cos^n x\mathrm{d}x=\frac{\cos^{n-1}\sin x}{n}+\frac{n-1}{n}I_{n-2}$ （n 为正整数）.

4.6 有理函数的不定积分

有理函数是一种特殊类型的函数. 下面讨论被积函数为有理函数以及可化为有理函数的三角函数有理式的积分方法.

4.6.1 有理函数的不定积分

两个多项式 $P(x)$，$Q(x)$ 的商所表示的函数

$$R(x)=\frac{P(x)}{Q(x)}=\frac{a_0x^n+a_1x^{n-1}+a_2x^{n-2}+\cdots+a_{n-1}x+a_n}{b_0x^m+b_1x^{m-1}+b_2x^{m-2}+\cdots+b_{m-1}x+b_m},\tag{4-12}$$

称为**有理函数**，其中 n 和 m 是非负整数；$a_0,a_1,a_2,\cdots,a_n$ 及 $b_0,b_1,b_2,\cdots,b_m$ 都是实数，并且 $a_0\neq0$，$b_0\neq0$. 通常假定分子多项式 $P(x)$ 与分母多项式 $Q(x)$ 之间没有公因式.

若分子多项式 $P(x)$ 的次数 n 小于分母多项式 $Q(x)$ 的次数 m，即 $n<m$ 时，称 $R(x)$ 为有理真分式；而当 $n\geqslant m$ 时，称其为有理假分式.

对于任一假分式，总可以利用多项式的除法，将它化为一个多项式和一个真分式之和的形式. 例如：

$$\frac{x^4+x+1}{x^2+1}=(x^2-1)+\frac{x+2}{x^2+1}.$$

多项式的积分容易求得，下面只讨论真分式的积分问题.

由多项式理论可知,多项式$Q(x)$在实数范围内总能分解成一次因式和二次质因式的乘积:

$$Q(x)=b_0(x-a)^{\alpha}\cdots(x-b)^{\beta}(x^2+px+q)^{\lambda}\cdots(x^2+rx+s)^{\mu}, \tag{4-13}$$

其中$b_0,a,\cdots,b,p,q,\cdots,r,s$为实数;$p^2-4q<0,\cdots,r^2-4s<0$;$\alpha,\cdots,\beta,\lambda,\cdots,\mu$为正整数.

在实数范围内,真分式$\dfrac{P(x)}{Q(x)}$总可以分解成部分分式之和,且具有如下对应关系:

(1) 如果$Q(x)$中有因式$(x-a)^k$,则$R(x)$的分解式中相应地有下列k个部分分式之和:

$$\frac{A_1}{(x-a)^k}+\frac{A_2}{(x-a)^{k-1}}+\cdots+\frac{A_k}{x-a},$$

其中$A_1,A_2,\cdots,A_k$都是常数.

(2) 如果$Q(x)$中有因式$(x^2+px+q)^k(p^2-4q<0)$,则$R(x)$分解的最简分式中相应地有下列k个部分分式之和:

$$\frac{M_1x+N_1}{(x^2+px+q)^k}+\frac{M_2x+N_2}{(x^2+px+q)^{k-1}}+\cdots+\frac{M_kx+N_k}{x^2+px+q},$$

其中$M_1,M_2,\cdots,M_k,N_1,N_2,\cdots,N_k$都是常数.

一般地,若多项式$Q(x)$形如式(4-13),则真分式$\dfrac{P(x)}{Q(x)}$可分解为如下部分分式之和:

$$\begin{aligned}\frac{P(x)}{Q(x)}=&\frac{A_1}{(x-a)^{\alpha}}+\frac{A_2}{(x-a)^{\alpha-1}}+\cdots+\frac{A_{\alpha}}{x-a}+\cdots\\&+\frac{B_1}{(x-b)^{\beta}}+\frac{B_2}{(x-b)^{\beta-1}}+\cdots+\frac{B_{\beta}}{x-b}+\cdots\\&+\frac{M_1x+N_1}{(x^2+px+q)^{\lambda}}+\frac{M_2x+N_2}{(x^2+px+q)^{\lambda-1}}+\cdots+\frac{M_{\lambda}x+N_{\lambda}}{x^2+px+q}+\cdots\\&+\frac{R_1x+S_1}{(x^2+rx+s)^{\mu}}+\frac{R_2x+S_2}{(x^2+rx+s)^{\mu-1}}+\cdots+\frac{R_{\mu}x+S_{\mu}}{x^2+rx+s},\end{aligned} \tag{4-14}$$

其中$A_1,A_2,\cdots,A_{\alpha},B_1,B_2,\cdots,B_{\beta},M_1,M_2,\cdots,M_{\lambda},N_1,N_2,\cdots,N_{\lambda},R_1,R_2,\cdots,R_{\mu},S_1,S_2,\cdots,S_{\mu}$都是常数.

可见在实数范围内,任何有理真分式都可以分解成下面四类简单分式之和:

(1) $\dfrac{A}{x-a}$;

(2) $\dfrac{A}{(x-a)^k}$ (k为正整数,$k\geqslant 2$);

(3) $\dfrac{Ax+B}{x^2+px+q}$ $(p^2-4q<0)$;

(4) $\dfrac{Ax+B}{(x^2+px+q)^k}$ （k 为正整数，$k\geqslant 2, p^2-4q<0$）.

因此，求有理函数的不定积分就归结为求这四类简单分式的积分.

下面讨论上述四类简单分式的积分.

(1) $\displaystyle\int\frac{A}{x-a}\mathrm{d}x = A\int\frac{1}{x-a}\mathrm{d}(x-a) = A\ln|x-a|+C$;

(2) $\displaystyle\int\frac{A}{(x-a)^k}\mathrm{d}x = A\int(x-a)^{-k}\mathrm{d}(x-a) = -\frac{A}{k-1}\cdot(x-a)^{1-k}+C$;

(3) $\displaystyle\int\frac{Ax+B}{x^2+px+q}\mathrm{d}x$ $(p^2-4q<0)$.

将分母配方，得

$$x^2+px+q=\left(x+\frac{p}{2}\right)^2+\left(\frac{4q-p^2}{4}\right)=\left(x+\frac{p}{2}\right)^2+\left(\frac{\sqrt{4q-p^2}}{2}\right)^2.$$

作变量代换 $x+\dfrac{p}{2}=\dfrac{\sqrt{4q-p^2}}{2}u$，则

$$x=\frac{\sqrt{4q-p^2}}{2}u-\frac{p}{2},\quad \mathrm{d}x=\frac{\sqrt{4q-p^2}}{2}\mathrm{d}u,\quad u=\frac{2x+p}{\sqrt{4q-p^2}},$$

于是

$$\begin{aligned}\int\frac{Ax+B}{x^2+px+q}\mathrm{d}x &= \int\frac{Ax+B}{\left(x+\frac{p}{2}\right)^2+\left(\frac{\sqrt{4q-p^2}}{2}\right)^2}\mathrm{d}x\\ &= \int\frac{A\left(\frac{\sqrt{4q-p^2}}{2}u-\frac{p}{2}\right)+B}{\frac{4q-p^2}{4}(1+u^2)}\cdot\frac{\sqrt{4q-p^2}}{2}\mathrm{d}u\\ &= A\int\frac{u}{1+u^2}\mathrm{d}u+\frac{2B-Ap}{\sqrt{4q-p^2}}\int\frac{1}{1+u^2}\mathrm{d}u\\ &= \frac{A}{2}\ln(1+u^2)+\frac{2B-Ap}{\sqrt{4q-p^2}}\arctan u+C_1\\ &= \frac{A}{2}\ln\left(1+\left(\frac{2x+p}{\sqrt{4q-p^2}}\right)^2\right)+\frac{2B-Ap}{\sqrt{4q-p^2}}\arctan\frac{2x+p}{\sqrt{4q-p^2}}+C_1\end{aligned}$$

$$= \frac{A}{2}\ln(x^2+px+q)+\frac{2B-Ap}{\sqrt{4q-p^2}}\arctan\frac{2x+p}{\sqrt{4q-p^2}}+C,$$

其中 $C=A(\ln 2-\ln\sqrt{4q-p^2})+C_1$.

(4) $\int\frac{Ax+B}{(x^2+px+q)^k}\mathrm{d}x \quad (k\geqslant 2, p^2-4q<0)$.

与(3)相同,将分母配方,并作变量代换作变量代换 $x+\frac{p}{2}=\frac{\sqrt{4q-p^2}}{2}u$,得

$$\int\frac{Ax+B}{(x^2+px+q)^k}\mathrm{d}x=\int\frac{Ax+B}{\left[\left(x+\frac{p}{2}\right)^2+\left(\frac{\sqrt{4q-p^2}}{2}\right)^2\right]^k}\mathrm{d}x$$

$$=\int\frac{A\left(\frac{\sqrt{4q-p^2}}{2}u-\frac{p}{2}\right)+B}{\left[\frac{4q-p^2}{4}(1+u^2)\right]^k}\cdot\frac{\sqrt{4q-p^2}}{2}\mathrm{d}u$$

$$=\frac{1}{2}\left(\frac{\sqrt{4q-p^2}}{2}\right)^{1-2k}\left[A\sqrt{4q-p^2}\int\frac{u\mathrm{d}u}{(1+u^2)^k}\right.$$

$$\left.+(2B-Ap)\int\frac{\mathrm{d}u}{(1+u^2)^k}\right],$$

于是

$$\int\frac{Ax+B}{(x^2+px+q)^k}\mathrm{d}x$$

$$=\frac{1}{2}\left(\frac{\sqrt{4q-p^2}}{2}\right)^{1-2k}\left[A\sqrt{4q-p^2}\int\frac{u\mathrm{d}u}{(1+u^2)^k}+(2B-Ap)\int\frac{\mathrm{d}u}{(1+u^2)^k}\right],$$

其中第一个积分

$$\int\frac{u\mathrm{d}u}{(1+u^2)^k}=\frac{1}{2}\int(1+u^2)^{-k}\mathrm{d}(1+u^2)=\frac{1}{2(1-k)}(1+u^2)^{1-k}+C;$$

第二个积分可通过建立递推公式求得.记

$$I_k=\int\frac{\mathrm{d}u}{(1+u^2)^k},$$

利用分部积分法,有

$$I_k=\int\frac{1}{(1+u^2)^k}\mathrm{d}u=\frac{u}{(1+u^2)^k}+2k\int\frac{u^2}{(1+u^2)^{k+1}}\mathrm{d}u$$

$$=\frac{u}{(1+u^2)^k}+2k\int\frac{(1+u^2)-1}{(1+u^2)^{k+1}}\mathrm{d}u$$

$$=\frac{u}{(1+u^2)^k}+2k\int\frac{1}{(1+u^2)^k}\mathrm{d}u-2k\int\frac{1}{(1+u^2)^{k+1}}\mathrm{d}u$$

$$=\frac{u}{(1+u^2)^k}+2kI_k-2kI_{k+1}.$$

整理，得

$$I_{k+1}=\frac{1}{2k}\cdot\frac{u}{(1+u^2)^k}+\frac{2k-1}{2k}I_k.$$

于是可得递推公式

$$I_k=\frac{1}{2(k-1)}\cdot\frac{u}{(1+u^2)^{k-1}}+\frac{2k-3}{2k-2}I_{k-1}. \tag{4-15}$$

利用式(4-15)，逐步递推，最终可归结为不定积分

$$I_1=\int\frac{du}{1+u^2}=\arctan u+C.$$

最后作代换 $u=\frac{2x+p}{\sqrt{4q-p^2}}$，换回原积分变量，即可求出$\int\frac{Ax+B}{(x^2+px+q)^k}dx$.

从(3)，(4)两个不定积分的积分过程可以看出，所作的变量代换实际上包含了 $x+\frac{p}{2}=\frac{\sqrt{4q-p^2}}{2}u$ 和 $u=\tan t$，因此在具体积分时可直接作代换 $x+\frac{p}{2}=\frac{\sqrt{4q-p^2}}{2}\tan t$.

例 4.88　求$\int\frac{x-1}{(x^2+2x+3)^2}dx$.

解　将被积函数的分母配方得

$$\int\frac{x-1}{(x^2+2x+3)^2}dx=\int\frac{x-1}{[(x+1)^2+(\sqrt{2})^2]^2}dx.$$

下面分两种方法计算该积分.

方法一　作变量代换 $x+1=\sqrt{2}u$，则 $dx=\sqrt{2}du$，于是

$$\int\frac{x-1}{[(x+1)^2+(\sqrt{2})^2]^2}dx=\sqrt{2}\int\frac{\sqrt{2}u-2}{[2(u^2+1)]^2}du$$

$$=\frac{1}{2}\int\frac{u}{(u^2+1)^2}du-\frac{\sqrt{2}}{2}\int\frac{du}{(u^2+1)^2}.$$

对于第一个积分，运用“凑微分”法，得

$$\int\frac{u}{(u^2+1)^2}du=\frac{1}{2}\int\frac{1}{(u^2+1)^2}d(u^2+1)=\frac{-1}{2(u^2+1)}+C_1.$$

第二个积分运用递推公式(4-15)，有

$$\int\frac{\mathrm{d}u}{(u^2+1)^2}=\frac{1}{2(2-1)}\cdot\frac{u}{(u^2+1)}+\frac{4-3}{4-2}\int\frac{\mathrm{d}u}{u^2+1}=\frac{u}{2(u^2+1)}+\frac{1}{2}\arctan u+C_2.$$

故

$$\begin{aligned}\int\frac{x-1}{[(x+1)^2+(\sqrt{2})^2]^2}\mathrm{d}x&=\frac{1}{2}\int\frac{u}{(u^2+1)^2}\mathrm{d}u-\frac{\sqrt{2}}{2}\int\frac{\mathrm{d}u}{(u^2+1)^2}\\&=\frac{1}{2}\left(\frac{-1}{2(u^2+1)}+C_1\right)-\frac{\sqrt{2}}{2}\left(\frac{u}{2(u^2+1)}+\frac{1}{2}\arctan u+C_2\right)\\&=-\frac{x+2}{2(x^2+2x+3)}-\frac{\sqrt{2}}{4}\arctan\frac{x+1}{\sqrt{2}}+C,\end{aligned}$$

其中 $C=-\frac{1}{2}C_1-\frac{\sqrt{2}}{2}C_2$.

方法二 作变量代换 $x+1=\sqrt{2}\tan t$，则 $\mathrm{d}x=\sqrt{2}\sec^2 t\mathrm{d}t$，$t=\arctan\frac{x+1}{\sqrt{2}}$，于是

$$\begin{aligned}\int\frac{x-1}{[(x+1)^2+(\sqrt{2})^2]^2}\mathrm{d}x&=\sqrt{2}\int\frac{\sqrt{2}\tan t-2}{(2\sec^2 t)^2}\sec^2 t\mathrm{d}t=\sqrt{2}\int\frac{\sqrt{2}\tan t-2}{4\sec^2 t}\mathrm{d}t\\&=\frac{1}{2}\int\sin t\cos t\mathrm{d}t-\frac{\sqrt{2}}{2}\int\cos^2 t\mathrm{d}t\\&=\frac{1}{2}\int\sin t\mathrm{d}(\sin t)-\frac{\sqrt{2}}{4}\int(1+\cos 2t)\mathrm{d}t\\&=\frac{1}{4}\sin^2 t-\frac{\sqrt{2}}{4}t-\frac{\sqrt{2}}{8}\sin 2t+C\\&=\frac{(x+1)^2}{4(x^2+2x+3)}-\frac{\sqrt{2}}{4}\arctan\frac{x+1}{\sqrt{2}}\\&\quad-\frac{(x+1)}{2(x^2+2x+3)}+C\\&=\frac{x^2-1}{4(x^2+2x+3)}-\frac{\sqrt{2}}{4}\arctan\frac{x+1}{\sqrt{2}}+C.\end{aligned}$$

例 4.89 求 $\int\frac{3x+4}{x^2+x-6}\mathrm{d}x$.

解 **第一步** 分解被积函数为部分分式之和.

由于被积函数的分母多项式 $x^2+x-6=(x-2)(x+3)$，所以被积函数可以写成

$$\frac{3x+4}{x^2+x-6}=\frac{A}{x-2}+\frac{B}{x+3}.$$

两端同乘以$(x-2)(x+3)$，消去分母，得

$$3x+4=A(x+3)+B(x-2)=(A+B)x+(3A-2B), \tag{4-16}$$

其中 A,B 为待定系数. 可以用两种方法求出待定系数.

方法一 比较式(4-16)两端 x 的同次幂项的系数，得

$$\begin{cases}3=A+B,\\4=3A-2B,\end{cases}$$

解得 $A=2,B=1$.

方法二 在式(4-16)中，代入特殊的 x 值，从而求出待定系数.

令 $x=2$，得 $A=2$；令 $x=-3$，得 $B=1$.

于是

$$\frac{3x+4}{x^2+x-6}=\frac{2}{x-2}+\frac{1}{x+3}.$$

第二步 求积分.

$$\int\frac{3x+4}{x^2+x-6}\mathrm{d}x=\int\left(\frac{2}{x-2}+\frac{1}{x+3}\right)\mathrm{d}x=2\ln|x-2|+\ln|x+3|+C.$$

例 4.90 求$\displaystyle\int\frac{1}{x(x-1)^2}\mathrm{d}x$.

解 因为$\dfrac{1}{x(x-1)^2}$可分解为

$$\frac{1}{x(x-1)^2}=\frac{A}{x}+\frac{B}{(x-1)^2}+\frac{C}{x-1},$$

其中 A,B,C 为待定系数.

两端去掉分母后，得

$$1=A(x-1)^2+Bx+Cx(x-1). \tag{4-17}$$

在式(4-9)中，令 $x=0$，得 $A=1$；令 $x=1$，得 $B=1$；把 A,B 的值代入式(4-17)，并令 $x=2$，得 $1=1+2+2C$，即 $C=-1$. 于是

$$\begin{aligned}\int\frac{1}{x(x-1)^2}\mathrm{d}x&=\int\left(\frac{1}{x}+\frac{1}{(x-1)^2}-\frac{1}{x-1}\right)\mathrm{d}x\\&=\ln|x|-\frac{1}{x-1}-\ln|x-1|+C.\end{aligned}$$

例 4.91 求$\displaystyle\int\frac{2x+2}{(x-1)(x^2+1)^2}\mathrm{d}x$.

解 设$\dfrac{2x+2}{(x-1)(x^2+1)^2}=\dfrac{A}{x-1}+\dfrac{Bx+C}{x^2+1}+\dfrac{Dx+E}{(x^2+1)^2}$，两端消去分母，得

$$\begin{aligned}2x+2&=A(x^2+1)^2+(Bx+C)(x-1)(x^2+1)+(Dx+E)(x-1)\\&=(A+B)x^4+(C-B)x^3+(2A+B-C+D)x^2+(C-B-D+E)x\end{aligned}$$

$+(A-C-E)$.

两端比较系数,得

$$\begin{cases}A+B=0,\\ C-B=0,\\ 2A+B-C+D=0,\\ -D+E-B+C=2,\\ A-E-C=2.\end{cases}$$

解方程组,得 $A=1,B=-1,C=-1,D=-2,E=0$,故

$$\int\frac{2x+2}{(x-1)(x^2+1)^2}\mathrm{d}x=\int\left(\frac{1}{x-1}-\frac{x+1}{x^2+1}-\frac{2x}{(x^2+1)^2}\right)\mathrm{d}x$$

$$=\ln|x-1|-\frac{1}{2}\ln(x^2+1)-\arctan x+\frac{1}{x^2+1}+C.$$

从理论上讲,一切有理函数的不定积分总可以用初等函数表示出来.但一般来讲,把有理分式函数分解成部分分式的积分方法,计算烦琐,工作量大.因此在实际计算中,要灵活运用不同的方法.

例 4.92 求 $\int\frac{x^2+x+2}{x^3+x^2+x+1}\mathrm{d}x$.

解 $\int\frac{x^2+x+2}{x^3+x^2+x+1}\mathrm{d}x=\int\frac{(x^2+1)+(x+1)}{(x^2+1)(x+1)}\mathrm{d}x=\int\frac{1}{x+1}\mathrm{d}x+\int\frac{1}{x^2+1}\mathrm{d}x$

$$=\ln|x+1|+\arctan x+C.$$

例 4.93 求 $\int\frac{1}{(x^2-4x+4)(x^2-4x+5)}\mathrm{d}x$.

解 $\int\frac{1}{(x^2-4x+4)(x^2-4x+5)}\mathrm{d}x=\int\frac{(x^2-4x+5)-(x^2-4x+4)}{(x^2-4x+4)(x^2-4x+5)}\mathrm{d}x$

$$=\int\frac{1}{x^2-4x+4}\mathrm{d}x-\int\frac{1}{x^2-4x+5}\mathrm{d}x$$

$$=\int\frac{1}{(x-2)^2}\mathrm{d}(x-2)$$

$$-\int\frac{1}{(x-2)^2+1}\mathrm{d}(x-2)$$

$$=-\frac{1}{x-2}-\arctan(x-2)+C.$$

例 4.94 求 $\int\frac{1}{x^4+1}\mathrm{d}x$.

解 $$\int\frac{1}{x^4+1}\mathrm{d}x=\frac{1}{2}\int\frac{x^2+1}{x^4+1}\mathrm{d}x-\frac{1}{2}\int\frac{x^2-1}{x^4+1}\mathrm{d}x$$

$$=\frac{1}{2}\int\frac{1+\frac{1}{x^2}}{x^2+\frac{1}{x^2}}\mathrm{d}x-\frac{1}{2}\int\frac{1-\frac{1}{x^2}}{x^2+\frac{1}{x^2}}\mathrm{d}x$$

$$=\frac{1}{2}\int\frac{1}{\left(x-\frac{1}{x}\right)^2+2}\mathrm{d}\left(x-\frac{1}{x}\right)-\frac{1}{2}\int\frac{1}{\left(x+\frac{1}{x}\right)^2-2}\mathrm{d}\left(x+\frac{1}{x}\right)$$

$$=\frac{1}{2\sqrt{2}}\arctan\frac{x^2-1}{\sqrt{2}x}-\frac{1}{4\sqrt{2}}\ln\left|\frac{x^2-x\sqrt{2}+1}{x^2+x\sqrt{2}+1}\right|+C.$$

4.6.2 三角函数有理式的积分

由 $u(x)$,$v(x)$及常数经过有限次四则运算所得到的函数称为关于 $u(x)$,$v(x)$的**有理式**,并用$R[u(x),v(x)]$表示.

因为所有三角函数都可以表示为 $\sin x$,$\cos x$ 的有理函数,所以下面只讨论形如$R(\sin x,\cos x)$的三角函数有理式的不定积分.

由三角学知道,$\sin x$ 和 $\cos x$ 都可以用 $\tan\frac{x}{2}$的有理式表示,因此,作变量代换$u=\tan\frac{x}{2}$,则

$$\sin x=2\sin\frac{x}{2}\cos\frac{x}{2}=\frac{2\tan\frac{x}{2}}{\sec^2\frac{x}{2}}=\frac{2\tan\frac{x}{2}}{1+\tan^2\frac{x}{2}}=\frac{2u}{1+u^2},$$

$$\cos x=\cos^2\frac{x}{2}-\sin^2\frac{x}{2}=\frac{1-\tan^2\frac{x}{2}}{\sec^2\frac{x}{2}}=\frac{1-\tan^2\frac{x}{2}}{1+\tan^2\frac{x}{2}}=\frac{1-u^2}{1+u^2}.$$

又由 $x=2\arctan u$,得 $\mathrm{d}x=\frac{2}{1+u^2}\mathrm{d}u$,于是

$$\int R(\sin x,\cos x)\mathrm{d}x=\int R\left(\frac{2u}{1+u^2},\frac{1-u^2}{1+u^2}\right)\frac{2}{1+u^2}\mathrm{d}u.$$

可见,在任何情况下,变换 $u=\tan\frac{x}{2}$ 都可以把$\int R(\sin x,\cos x)\mathrm{d}x$ 化为有理函

数的积分. 所以,称变换 $u=\tan\dfrac{x}{2}$ 为**万能代换**.

例 4.95 求 $\displaystyle\int\frac{1}{1+\sin x+\cos x}\mathrm{d}x$.

解 设 $u=\tan\dfrac{x}{2}$,则

$$\int\frac{1}{1+\sin x+\cos x}\mathrm{d}x=\int\frac{1}{1+\dfrac{2u}{1+u^2}+\dfrac{1-u^2}{1+u^2}}\cdot\frac{2}{1+u^2}\mathrm{d}u=\int\frac{1}{1+u}\mathrm{d}u$$

$$=\ln|1+u|+C=\ln\left|1+\tan\frac{x}{2}\right|+C.$$

例 4.96 求 $\displaystyle\int\frac{1+\sin x}{1-\cos x}\mathrm{d}x$.

解 设 $u=\tan\dfrac{x}{2}$,则

$$\int\frac{1+\sin x}{1-\cos x}\mathrm{d}x=\int\frac{1+\dfrac{2u}{1+u^2}}{1-\dfrac{1-u^2}{1+u^2}}\cdot\frac{2}{1+u^2}\mathrm{d}u=\int\frac{(1+u^2)+2u}{u^2(1+u^2)}\mathrm{d}u$$

$$=\int\frac{1}{u^2}\mathrm{d}u+\int\frac{2}{u(1+u^2)}\mathrm{d}u=\int\frac{1}{u^2}\mathrm{d}u+2\int\frac{(1+u^2)-u^2}{u(1+u^2)}\mathrm{d}u$$

$$=\int\frac{1}{u^2}\mathrm{d}u+2\int\frac{1}{u}\mathrm{d}u-\int\frac{2u}{1+u^2}\mathrm{d}u=-\frac{1}{u}+2\ln|u|-\ln(1+u^2)+C$$

$$=2\ln\left|\tan\frac{x}{2}\right|-\cot\frac{x}{2}-\ln\left(\sec^2\frac{x}{2}\right)+C.$$

利用代换 $u=\tan\dfrac{x}{2}$ 对三角函数有理式的不定积分虽然总是有效的,但不意味着任何场合都是简便的. 对于某一些积分,作其他代换或运用别的方法会更简便一些.

例 4.97 $\displaystyle\int\frac{1}{a^2\sin^2x+b^2\cos^2x}\mathrm{d}x\quad(ab\neq0)$.

解 由于

$$\int\frac{1}{a^2\sin^2x+b^2\cos^2x}\mathrm{d}x=\int\frac{\sec^2x}{a^2\tan^2x+b^2}\mathrm{d}x=\int\frac{1}{a^2\tan^2x+b^2}\mathrm{d}(\tan x),$$

故令 $u=\tan x$,就有

$$\int\frac{1}{a^2\sin^2x+b^2\cos^2x}\mathrm{d}x=\int\frac{1}{a^2u^2+b^2}\mathrm{d}u=\frac{1}{a}\int\frac{1}{(au)^2+b^2}\mathrm{d}(au)$$

$$=\frac{1}{ab}\arctan\frac{au}{b}+C$$
$$=\frac{1}{ab}\arctan\left(\frac{a}{b}\tan x\right)+C.$$

例 4.98　求$\int\frac{\sin x}{1+\sin x}\mathrm{d}x$.

解　$$\int\frac{\sin x}{1+\sin x}\mathrm{d}x=\int\frac{\sin x(1-\sin x)}{1-\sin^2 x}\mathrm{d}x=\int\frac{\sin x-\sin^2 x}{\cos^2 x}\mathrm{d}x$$
$$=\int\frac{\sin x}{\cos^2 x}\mathrm{d}x-\int\frac{1-\cos^2 x}{\cos^2 x}\mathrm{d}x=-\int\frac{1}{\cos^2 x}\mathrm{d}(\cos x)$$
$$-\int\frac{1}{\cos^2 x}\mathrm{d}x+\int\mathrm{d}x=\frac{1}{\cos x}-\tan x+x+C.$$

例 4.99　求$\int\frac{x+\sin x}{1+\cos x}\mathrm{d}x$.

解　$$\int\frac{x+\sin x}{1+\cos x}\mathrm{d}x=\int\frac{x+2\sin\frac{x}{2}\cos\frac{x}{2}}{2\cos^2\frac{x}{2}}\mathrm{d}x=\int\frac{x}{2\cos^2\frac{x}{2}}\mathrm{d}x+\int\tan\frac{x}{2}\mathrm{d}x$$
$$=\int x\mathrm{d}\left(\tan\frac{x}{2}\right)+\int\tan\frac{x}{2}\mathrm{d}x$$
$$=x\tan\frac{x}{2}-\int\tan\frac{x}{2}\mathrm{d}x+\int\tan\frac{x}{2}\mathrm{d}x$$
$$=x\tan\frac{x}{2}+C.$$

需要指出的是，因为初等函数在其定义区间上连续，所以根据原函数存在定理，初等函数在其定义区间上一定有原函数，但某些初等函数的原函数却不是初等函数，因此无法用有限形式来表示，我们习惯称“积不出来”. 例如：

$$\int e^{\pm x^2}\mathrm{d}x,\int\frac{e^x}{x}\mathrm{d}x,\int\frac{\mathrm{d}x}{\ln x},\int\ln(\sin x)\mathrm{d}x,\int\frac{\sin x}{x}\mathrm{d}x,\int\sin(x^2)\mathrm{d}x,\int\sqrt{1+x^4}\,\mathrm{d}x.$$

习题 4.6

1. 求下列有理函数的积分：

(1) $\int\frac{x^4+x+1}{x^2+1}\mathrm{d}x$；　　(2) $\int\frac{x+3}{x^2-5x+6}\mathrm{d}x$；

(3) $\int\frac{\mathrm{d}x}{x^2-x-12}$；　　(4) $\int\frac{\mathrm{d}x}{4x^2+4x+17}$；

(5) $\int\frac{x+1}{x^2(x^2-x+1)}\mathrm{d}x$；　　(6) $\int\frac{x+2}{(2x+1)(x^2+x+1)}\mathrm{d}x$；

(7) $\int \frac{dx}{x^4(x^2+1)}$;　　(8) $\int \frac{x^2+1}{(x^2-2x+2)^2}dx$.

2. 求下列三角函数有理式的积分：

(1) $\int \frac{1+\sin x}{\sin x(1+\cos x)}dx$;　　(2) $\int \frac{dx}{\sin x+\tan x}$;

(3) $\int \frac{dx}{2+\cos x}$;　　(4) $\int \frac{\sin x}{\sin^3 x+\cos^3 x}dx$;

(5) $\int \frac{1}{1+3\cos^2 x}dx$;　　(6) $\int \frac{dx}{\sin^3 x\cos x}$.

4.7　定积分的换元法和分部积分法

本章 4.2 节运用牛顿-莱布尼茨公式讨论了一些简单函数的定积分的计算问题. 可以看到，定积分计算的关键在于求出被积函数的原函数. 在 4.3～4.6 节我们较为系统地介绍了求不定积分的方法，其中换元积分法和分部积分法是寻求原函数的有效手段. 本节将依据定积分的特有性质，结合不定积分研究定积分的换元积分法和分部积分法，以使定积分的计算更加简便.

4.7.1　定积分的换元积分法

定理 4.7　设函数 $f(x)$在区间$[a,b]$上连续，函数 $x=\varphi(t)$在$[\alpha,\beta]$或$[\beta,\alpha]$上有连续导数，且 $\varphi(\alpha)=a$，$\varphi(\beta)=b$，则

$$\int_a^b f(x)dx=\int_\alpha^\beta f[\varphi(t)]\varphi'(t)dt. \tag{4-18}$$

证　假设 $F(x)$ 是 $f(x)$ 的一个原函数，则$\int f(x)dx=F(x)+C$，即

$$\int f(x)dx=\int f[\varphi(t)]d[\varphi(t)]=\int f[\varphi(t)]\varphi'(t)dt=F[\varphi(t)]+C,$$

于是

$$\int_a^b f(x)dx=F(b)-F(a)=F[\varphi(\beta)]-F[\varphi(\alpha)]=\int_\alpha^\beta f[\varphi(t)]\varphi'(t)dt.$$

由定理 4.7 可见：

(1) 对$\int_a^b f(x)dx$实施变量代换$x=\varphi(t)$，将原积分变量x代换成新变量t的同时，原积分上下限要换成相应于新变量 t 的积分限；

(2) 通过变量代换 $x=\varphi(t)$，求出了 $f[\varphi(t)]\varphi'(t)$的一个原函数 $F(t)$后，不必像计算不定积分那样把 $F(t)$变换成原变量 x 的函数，而只要把相应于新变量 t 的积分上、下限直接代入 $F(t)$中，然后相减即可.

例 4.100　计算$\int_0^4 \frac{1}{1+\sqrt{x}}\mathrm{d}x$.

解　令$\sqrt{x}=t$，则 $x=t^2$，$\mathrm{d}x=2t\mathrm{d}t$. 当 $x=0$ 时，$t=0$；当 $x=4$ 时，$t=2$. 于是

$$\int_0^4 \frac{1}{1+\sqrt{x}}\mathrm{d}x=\int_0^2 \frac{2t}{1+t}\mathrm{d}t=2\int_0^2\left(1-\frac{1}{1+t}\right)\mathrm{d}t=2\left[t-\ln|1+t|\right]_0^2=4-2\ln 3.$$

例 4.101　计算$\int_0^a \frac{1}{\sqrt{x^2+a^2}}\mathrm{d}x\quad(a>0)$.

解　令 $x=a\tan t\left(0\leqslant t\leqslant\frac{\pi}{4}\right)$，则 $\mathrm{d}x=a\sec^2 t\mathrm{d}t$.

当 x 从 0 变到 a 时，t 从 0 变到$\frac{\pi}{4}$. 于是

$$\int_0^a \frac{1}{\sqrt{x^2+a^2}}\mathrm{d}x=\int_0^{\frac{\pi}{4}}\frac{a\sec^2 t}{a\sec t}\mathrm{d}t=\int_0^{\frac{\pi}{4}}\sec t\mathrm{d}t=\left[\ln|\sec t+\tan t|\right]_0^{\frac{\pi}{4}}=\ln(1+\sqrt{2}).$$

计算定积分时，若采用凑微分法，则积分限不需要改变.

例 4.102　计算$\int_0^{\ln 2}\mathrm{e}^x\sqrt{\mathrm{e}^x-1}\mathrm{d}x$.

解　$\int_0^{\ln 2}\mathrm{e}^x\sqrt{\mathrm{e}^x-1}\mathrm{d}x=\int_0^{\ln 2}\sqrt{\mathrm{e}^x-1}\mathrm{d}(\mathrm{e}^x-1)=\left[\frac{2}{3}(\mathrm{e}^x-1)^{\frac{3}{2}}\right]_0^{\ln 2}=\frac{2}{3}.$

例 4.103　设函数 $f(x)$在对称区间$[-a,a]$上连续，证明：

(1) 若 $f(x)$ 是$[-a,a]$上的偶函数，则$\int_{-a}^a f(x)\mathrm{d}x=2\int_0^a f(x)\mathrm{d}x$；

(2) 若 $f(x)$ 是$[-a,a]$上的奇函数，则$\int_{-a}^a f(x)\mathrm{d}x=0$.

证　因为

$$\int_{-a}^a f(x)\mathrm{d}x=\int_{-a}^0 f(x)\mathrm{d}x+\int_0^a f(x)\mathrm{d}x,$$

对积分$\int_{-a}^0 f(x)\mathrm{d}x$ 作变量代换 $x=-t$，则

$$\int_{-a}^0 f(x)\mathrm{d}x=\int_a^0 f(-t)\mathrm{d}(-t)=-\int_a^0 f(-t)\mathrm{d}t=\int_0^a f(-t)\mathrm{d}t=\int_0^a f(-x)\mathrm{d}x.$$

于是

$$\int_{-a}^a f(x)\mathrm{d}x=\int_0^a[f(-x)+f(x)]\mathrm{d}x.\tag{4-19}$$

(1) 若 $f(x)$为偶函数，则 $f(-x)=f(x)$，$f(x)+f(-x)=2f(x)$，从而

$$\int_{-a}^a f(x)\mathrm{d}x=2\int_0^a f(x)\mathrm{d}x.$$

(2) 若 $f(x)$ 为奇函数,则 $f(-x)=-f(x)$,$f(x)+f(-x)=0$,从而

$$\int_{-a}^{a} f(x)\mathrm{d}x = 0.$$

例 4.104 计算 $\int_{-2}^{2} \frac{|x|+x}{2+x^2}\mathrm{d}x$.

解 因为

$$\int_{-2}^{2} \frac{|x|+x}{2+x^2}\mathrm{d}x = \int_{-2}^{2} \frac{|x|}{2+x^2}\mathrm{d}x + \int_{-2}^{2} \frac{x}{2+x^2}\mathrm{d}x.$$

上式右端第一个积分的被积函数 $\frac{|x|}{2+x^2}$ 为偶函数,第二个积分的被积函数 $\frac{x}{2+x^2}$ 为奇函数,故

$$\begin{aligned}\int_{-2}^{2} \frac{|x|+x}{2+x^2}\mathrm{d}x &= 2\int_{0}^{2} \frac{|x|}{2+x^2}\mathrm{d}x + 0 = 2\int_{0}^{2} \frac{x}{2+x^2}\mathrm{d}x + 0 \\ &= \int_{0}^{2} \frac{1}{2+x^2}\mathrm{d}(2+x^2) = \left[\ln(2+x^2)\right]_0^2 = \ln 3.\end{aligned}$$

例 4.105 计算 $\int_{-\frac{\pi}{4}}^{\frac{\pi}{4}} \frac{1}{1+\sin x}\mathrm{d}x$.

解 因被积函数不是奇函数也不是偶函数,不能使用例 4.103 的结论. 然而利用式(4-19),即

$$\int_{-a}^{a} f(x)\mathrm{d}x = \int_{0}^{a} [f(-x)+f(x)]\mathrm{d}x,$$

则有

$$\begin{aligned}\int_{-\frac{\pi}{4}}^{\frac{\pi}{4}} \frac{1}{1+\sin x}\mathrm{d}x &= \int_{0}^{\frac{\pi}{4}} \left(\frac{1}{1+\sin x} + \frac{1}{1-\sin x}\right)\mathrm{d}x = \int_{0}^{\frac{\pi}{4}} \frac{2}{1-\sin^2 x}\mathrm{d}x \\ &= 2\int_{0}^{\frac{\pi}{4}} \sec^2 x\mathrm{d}x = 2\left[\tan x\right]_0^{\frac{\pi}{4}} = 2.\end{aligned}$$

例 4.106 证明:若 $f(x)$ 在区间 $\left[0,\frac{\pi}{2}\right]$ 上连续,则

$$\int_{0}^{\frac{\pi}{2}} f(\sin x)\mathrm{d}x = \int_{0}^{\frac{\pi}{2}} f(\cos x)\mathrm{d}x.$$

证 设 $x=\frac{\pi}{2}-t$,则 $\mathrm{d}x=-\mathrm{d}t$. 当 $x=0$ 时,$t=\frac{\pi}{2}$;当 $x=\frac{\pi}{2}$ 时,$t=0$. 于是

$$\int_{0}^{\frac{\pi}{2}} f(\sin x)\mathrm{d}x = -\int_{\frac{\pi}{2}}^{0} f\left[\sin\left(\frac{\pi}{2}-t\right)\right]\mathrm{d}t = \int_{0}^{\frac{\pi}{2}} f(\cos t)\mathrm{d}t = \int_{0}^{\frac{\pi}{2}} f(\cos x)\mathrm{d}x.$$

对于形如 $f(\sin x,\cos x)$ 的被积函数在区间 $\left[0,\frac{\pi}{2}\right]$ 的定积分,可利用例 4.106

的结论，将 $\sin x$ 与 $\cos x$ 互换，有时会给计算带来方便.

例 4.107 计算 $I=\int_0^{\frac{\pi}{2}}\dfrac{\sin x-\cos x}{6-\sin^5 x-\cos^5 x}\mathrm{d}x$.

解 由例 4.106 的结论，将被积函数中的 $\sin x$ 与 $\cos x$ 互换，得

$$I=\int_0^{\frac{\pi}{2}}\frac{\sin x-\cos x}{6-\sin^5 x-\cos^5 x}\mathrm{d}x=\int_0^{\frac{\pi}{2}}\frac{\cos x-\sin x}{6-\cos^5 x-\sin^5 x}\mathrm{d}x=-I,$$

即 $I=-I$，因而 $I=0$.

例 4.108 计算 $I=\int_0^1\dfrac{\ln(1+x)}{1+x^2}\mathrm{d}x$.

解 令 $x=\tan t$，则 $\mathrm{d}x=\sec^2 t\mathrm{d}t$. 当 x 从 0 变到 1 时，t 从 0 变到$\dfrac{\pi}{4}$. 于是

$$\begin{aligned}I&=\int_0^1\frac{\ln(1+x)}{1+x^2}\mathrm{d}x=\int_0^{\frac{\pi}{4}}\ln(1+\tan t)\mathrm{d}t=\int_0^{\frac{\pi}{4}}\ln\frac{\cos t+\sin t}{\cos t}\mathrm{d}t\\&=\int_0^{\frac{\pi}{4}}\ln\frac{\sqrt{2}\cos\left(\frac{\pi}{4}-t\right)}{\cos t}\mathrm{d}t\\&=\int_0^{\frac{\pi}{4}}\ln\sqrt{2}\mathrm{d}t+\int_0^{\frac{\pi}{4}}\ln\cos\left(\frac{\pi}{4}-t\right)\mathrm{d}t-\int_0^{\frac{\pi}{4}}\ln\cos t\mathrm{d}t.\end{aligned}$$

对上式右端第二个积分作变换 $u=\dfrac{\pi}{4}-t$，有

$$\int_0^{\frac{\pi}{4}}\ln\cos\left(\frac{\pi}{4}-t\right)\mathrm{d}t=-\int_{\frac{\pi}{4}}^0\ln\cos u\mathrm{d}u=\int_0^{\frac{\pi}{4}}\ln\cos u\mathrm{d}u,$$

它与上面第三个积分相消，故得

$$I=\int_0^{\frac{\pi}{4}}\ln\sqrt{2}\mathrm{d}t=\frac{\pi}{8}\ln 2.$$

事实上，例 4.108 中被积函数的原函数无法用初等函数表示，因此不能直接使用牛顿-莱布尼茨公式. 有时我们可以利用定积分的换元法，消去其中无法求出原函数的部分，最终求得结果.

例 4.109 求 $I=\int_a^x tf(x-t)\mathrm{d}t$ 的导数$\dfrac{\mathrm{d}I}{\mathrm{d}x}$.

解 因被积函数中含有 x，首先令 $x-t=u$ 消去 $f(x-t)$中的 x，则

$$I=-\int_{x-a}^0(x-u)f(u)\mathrm{d}u=\int_0^{x-a}(x-u)f(u)\mathrm{d}u=x\int_0^{x-a}f(u)\mathrm{d}u-\int_0^{x-a}uf(u)\mathrm{d}u,$$

从而

$$\frac{\mathrm{d}I}{\mathrm{d}x}=\int_0^{x-a}f(u)\mathrm{d}u+xf(x-a)-(x-a)f(x-a)=\int_0^{x-a}f(u)\mathrm{d}u+af(x-a).$$

4.7.2 定积分的分部积分法

定理 4.8 若 $u=u(x)$,$v=v(x)$为$[a,b]$上的连续可微函数,则

$$\int_a^b u(x)v'(x)\mathrm{d}x=[u(x)v(x)]_a^b-\int_a^b u'(x)v(x)\mathrm{d}x. \tag{4-20}$$

证 因为$u(x)v(x)$是$u'(x)v(x)+u(x)v'(x)$在$[a,b]$上的一个原函数,则

$$\begin{aligned}\int_a^b u(x)v'(x)\mathrm{d}x+\int_a^b u'(x)v(x)\mathrm{d}x&=\int_a^b[u(x)v'(x)+u'(x)v(x)]\mathrm{d}x\\&=[u(x)v(x)]_a^b,\end{aligned}$$

移项后即得式(4-20).

为方便起见,式(4-20)常写成

$$\int_a^b u(x)\mathrm{d}v(x)=[u(x)v(x)]_a^b-\int_a^b v(x)\mathrm{d}u(x). \tag{4-21}$$

例 4.110 计算$\int_0^{\pi}x\cos x\mathrm{d}x$.

解 $$\begin{aligned}\int_0^{\pi}x\cos x\mathrm{d}x&=\int_0^{\pi}x\mathrm{d}(\sin x)\\&=[x\sin x]_0^{\pi}-\int_0^{\pi}\sin x\mathrm{d}x=-\int_0^{\pi}\sin x\mathrm{d}x=[\cos x]_0^{\pi}=-2.\end{aligned}$$

例 4.111 计算$\int_{\frac{1}{e}}^{e}|\ln x|\mathrm{d}x$.

解 $$\begin{aligned}\int_{\frac{1}{e}}^{e}|\ln x|\mathrm{d}x&=\int_{\frac{1}{e}}^{1}(-\ln x)\mathrm{d}x+\int_1^{e}\ln x\mathrm{d}x=[-x\ln x]_{\frac{1}{e}}^{1}\\&\quad+\int_{\frac{1}{e}}^{1}\mathrm{d}x+[x\ln x]_1^{e}-\int_1^{e}\mathrm{d}x\\&=-\frac{1}{e}+\left(1-\frac{1}{e}\right)+e-(e-1)=2-\frac{2}{e}.\end{aligned}$$

例 4.112 计算$\int_0^1 e^{\sqrt{x}}\mathrm{d}x$.

解 令$t=\sqrt{x}(t>0)$,则$x=t^2$,$\mathrm{d}x=2t\mathrm{d}t$. 当$x$从0变到1时,$t$从0变到1,因此有

$$\begin{aligned}\int_0^1 e^{\sqrt{x}}\mathrm{d}x&=2\int_0^1 te^t\mathrm{d}t=[2te^t]_0^1-2\int_0^1 e^t\mathrm{d}t\\&=2e-[2e^t]_0^1=2e-2(e-1)=2.\end{aligned}$$

例 4.113 设$f(x)=\int_1^{x^2}\frac{\sin t}{t}\mathrm{d}t$,求$\int_0^1 xf(x)\mathrm{d}x$.

解 因$f(1)=0$,$f'(x)=\frac{\sin x^2}{x^2}\cdot 2x=\frac{2\sin x^2}{x}$,则

$$\int_0^1 xf(x)\mathrm{d}x = \int_0^1 f(x)\mathrm{d}\left(\frac{x^2}{2}\right) = \left[\frac{x^2}{2}f(x)\right]_0^1 - \int_0^1 \frac{x^2}{2}\cdot\frac{2\sin x^2}{x}\mathrm{d}x$$

$$= -\int_0^1 x\sin x^2\mathrm{d}x = \frac{1}{2}\left[\cos x^2\right]_0^1 = \frac{1}{2}(\cos 1 - 1).$$

例 4.114 证明:若 $f(x)$在区间$[0,\pi]$上连续,则

$$\int_0^\pi xf(\sin x)\mathrm{d}x = \frac{\pi}{2}\int_0^\pi f(\sin x)\mathrm{d}x.$$

证 设 $x=\pi-t$,则 $\mathrm{d}x=-\mathrm{d}t$. 当 $x=0$ 时,$t=\pi$;当 $x=\pi$ 时,$t=0$. 于是

$$\begin{aligned}\int_0^\pi xf(\sin x)\mathrm{d}x &= -\int_\pi^0 (\pi-t)f[\sin(\pi-t)]\mathrm{d}t \\ &= \int_0^\pi (\pi-t)f(\sin t)\mathrm{d}t \\ &= \pi\int_0^\pi f(\sin t)\mathrm{d}t - \int_0^\pi tf(\sin t)\mathrm{d}t \\ &= \pi\int_0^\pi f(\sin x)\mathrm{d}x - \int_0^\pi xf(\sin x)\mathrm{d}x.\end{aligned}$$

所以 $\int_0^\pi xf(\sin x)\mathrm{d}x = \frac{\pi}{2}\int_0^\pi f(\sin x)\mathrm{d}x$.

例 4.115 求 $I_n = \int_0^{\frac{\pi}{2}} \cos^n x\mathrm{d}x$ (n 为大于 1 的正整数).

解 当 $n\geqslant 2$ 时,

$$\begin{aligned}I_n &= \int_0^{\frac{\pi}{2}} \cos^n x\mathrm{d}x = \int_0^{\frac{\pi}{2}} \cos^{n-1}x\cdot\cos x\mathrm{d}x = \int_0^{\frac{\pi}{2}} \cos^{n-1}x\mathrm{d}(\sin x) \\ &= \left[\sin x\cos^{n-1}x\right]_0^{\frac{\pi}{2}} + (n-1)\int_0^{\frac{\pi}{2}} \sin^2 x\cos^{n-2}x\mathrm{d}x \\ &= (n-1)\int_0^{\frac{\pi}{2}} (1-\cos^2 x)\cos^{n-2}x\mathrm{d}x \\ &= (n-1)\int_0^{\frac{\pi}{2}} \cos^{n-2}x\mathrm{d}x - (n-1)\int_0^{\frac{\pi}{2}} \cos^n x\mathrm{d}x \\ &= (n-1)I_{n-2} - (n-1)I_n.\end{aligned}$$

移项,得

$$I_n = \frac{n-1}{n}I_{n-2}. \tag{4-22}$$

式(4-22)即为积分 I_n 关于下标的**递推公式**.

连续使用公式(4-22)可使$\cos^n x$ 的幂次 n 逐渐降低. 当 n 为奇数时,可降到 1,当 n 为偶数时,可降到 0. 而 $I_1 = \int_0^{\frac{\pi}{2}}\cos x\mathrm{d}x = 1$,$I_0 = \int_0^{\frac{\pi}{2}}\mathrm{d}x = \frac{\pi}{2}$,因此

$$I_n=\int_0^{\frac{\pi}{2}}\cos^n x\,dx=\begin{cases}\dfrac{n-1}{n}\cdot\dfrac{n-3}{n-2}\cdot\dfrac{n-5}{n-4}\cdot\cdots\cdot\dfrac{4}{5}\cdot\dfrac{2}{3}\cdot 1 & (n\text{ 为大于 1 的正奇数}),\\ \dfrac{n-1}{n}\cdot\dfrac{n-3}{n-2}\cdot\dfrac{n-5}{n-4}\cdot\cdots\cdot\dfrac{3}{4}\cdot\dfrac{1}{2}\cdot\dfrac{\pi}{2} & (n\text{ 为正偶数}).\end{cases}\tag{4-23}$$

若对$\int_0^{\frac{\pi}{2}}\cos^n x\,dx$作变量代换$x=\dfrac{\pi}{2}-t$,则有

$$\int_0^{\frac{\pi}{2}}\cos^n x\,dx=\int_{\frac{\pi}{2}}^0\cos^n\left(\frac{\pi}{2}-t\right)(-dt)=\int_0^{\frac{\pi}{2}}\sin^n t\,dt=\int_0^{\frac{\pi}{2}}\sin^n x\,dx,$$

因此$\int_0^{\frac{\pi}{2}}\cos^n x\,dx$与$\int_0^{\frac{\pi}{2}}\sin^n x\,dx$有相同的计算结果.

运用式(4-23),可求得

$$\int_0^{\frac{\pi}{2}}\cos^6 x\,dx=\int_0^{\frac{\pi}{2}}\sin^6 x\,dx=\frac{5}{6}\cdot\frac{3}{4}\cdot\frac{1}{2}\cdot\frac{\pi}{2}=\frac{5}{32}\pi,$$

$$\int_0^{\frac{\pi}{2}}\cos^7 x\,dx=\int_0^{\frac{\pi}{2}}\sin^7 x\,dx=\frac{6}{7}\cdot\frac{4}{5}\cdot\frac{2}{3}\cdot 1=\frac{16}{35}.$$

习题 4.7

1. 计算下列定积分:

(1) $\int_0^1(2+3x)^3dx$;

(2) $\int_1^{e^2}\dfrac{dx}{x\sqrt{1+\ln x}}$;

(3) $\int_0^{\pi}\sqrt{\sin^3 x-\sin^5 x}\,dx$;

(4) $\int_1^4\dfrac{1}{x+\sqrt{x}}dx$;

(5) $\int_0^4\dfrac{x+2}{\sqrt{2x+1}}dx$;

(6) $\int_0^{\sqrt{2}}\sqrt{2-x^2}\,dx$;

(7) $\int_{\ln 3}^{\ln 8}\sqrt{1+e^x}\,dx$;

(8) $\int_{\frac{1}{\sqrt{2}}}^1\dfrac{\sqrt{1-x^2}}{x^2}dx$;

(9) $\int_0^2\dfrac{x}{(x^2-2x+2)^2}dx$;

(10) $\int_0^{\frac{\pi}{2}}\cos x\cos 2x\,dx$;

(11) $\int_0^{\frac{\pi}{4}}\dfrac{x}{\cos 2x+1}dx$;

(12) $\int_0^{\frac{\pi}{2}}\dfrac{\cos x}{\cos x+\sin x}dx$.

2. 利用函数的奇偶性计算下列积分:

(1) $\int_{-\pi}^{\pi}x^6\sin x\,dx$;

(2) $\int_{-\frac{1}{2}}^{\frac{1}{2}}\dfrac{(\arcsin x)^2}{\sqrt{1-x^2}}dx$;

(3) $\int_{-5}^5\dfrac{x^4\sin x}{x^4+2x^2+1}dx$;

(4) $\int_{-\frac{\pi}{2}}^{\frac{\pi}{2}}|\sin x|\,dx$;

(5) $\int_{-1}^1\dfrac{1+\sin x}{1+x^2}dx$;

(6) $\int_{-1}^1(|x|+x)e^{-|x|}dx$.

3. 证明下列等式：

(1) $\int_0^1 x^m (1-x)^n \mathrm{d}x = \int_0^1 x^n (1-x)^m \mathrm{d}x \quad (m>0, n>0)$；

(2) $\int_a^b f(x)\mathrm{d}x = \int_a^b f(a+b-x)\mathrm{d}x$；

(3) $\int_0^a f(x^2)\mathrm{d}x = \frac{1}{2}\int_{-a}^a f(x^2)\mathrm{d}x$.

4. (1) 设 $f(x)$是以 T 为周期的连续函数，证明：对于任意的实数 a，均有

$$\int_a^{a+T} f(x)\mathrm{d}x = \int_0^T f(x)\mathrm{d}x.$$

(2) 计算$\int_0^{100\pi} \sqrt{1-\cos 2x}\mathrm{d}x$.

5. 计算下列定积分.

(1) $\int_0^1 x\mathrm{e}^x \mathrm{d}x$；

(2) $\int_1^{\mathrm{e}} \frac{\ln x}{\sqrt{x}}\mathrm{d}x$；

(3) $\int_1^{\mathrm{e}} x\ln x\mathrm{d}x$；

(4) $\int_0^{\sqrt{3}} \arctan x\mathrm{d}x$；

(5) $\int_0^1 x\arctan x\mathrm{d}x$；

(6) $\int_0^{\pi} (x\sin x)^2 \mathrm{d}x$；

(7) $\int_1^{16} \arctan\sqrt{\sqrt{x}-1}\mathrm{d}x$；

(8) $\int_0^{\frac{\pi}{2}} \mathrm{e}^x \sin x\mathrm{d}x$；

(9) $\int_1^{\mathrm{e}} \sin(\ln x)\mathrm{d}x$；

(10) $\int_{-\frac{\pi}{2}}^{\frac{\pi}{2}} \cos^8 x\mathrm{d}x$.

6. 求连续函数 $f(x)$，使它满足$\int_0^1 f(tx)\mathrm{d}t = f(x) + x\sin x$.

7. 已知 $f(x) = \int_1^{x^2} \mathrm{e}^{-t^2}\mathrm{d}t$，求$\int_0^1 xf(x)\mathrm{d}x$.

8. 设$\int_0^2 f(x)\mathrm{d}x = 1$，且 $f(2) = \frac{1}{2}$，$f'(2) = 0$，求$\int_0^1 x^2 f''(2x)\mathrm{d}x$.

9. 设函数 $f(x)$ 在区间$[0,1]$上连续，证明$\int_0^1 \left[\int_0^x f(t)\mathrm{d}t\right]\mathrm{d}x = \int_0^1 (1-x)f(x)\mathrm{d}x$.

4.8　广义积分与 Γ 函数

前面讨论的定积分，其积分区间为有限区间且被积函数在积分区间上有界. 但在许多实际问题中，常常会遇到积分区间为无穷区间或被积函数为无界函数的积分，这些已不再属于定积分的范畴了，称这样的积分为**广义积分**或**反常积分**.

4.8.1　无穷区间上的广义积分

定义 4.4　设函数 $f(x)$定义在无穷区间$[a, +\infty)$上，且在任何有限区间

$[a,b]$上可积. 若极限

$$\lim_{b\to+\infty}\int_a^b f(x)\mathrm{d}x \tag{4-24}$$

存在,则称极限(4-24)为函数 $f(x)$在$[a,+\infty)$上的**广义积分**,记作

$$\int_a^{+\infty} f(x)\mathrm{d}x=\lim_{b\to+\infty}\int_a^b f(x)\mathrm{d}x.$$

并称$\int_a^{+\infty} f(x)\mathrm{d}x$ **收敛**. 若极限(4-24) 不存在,则称$\int_a^{+\infty} f(x)\mathrm{d}x$ **发散**.

类似地,可定义函数 $f(x)$在$(-\infty,b]$上的广义积分:

$$\int_{-\infty}^b f(x)\mathrm{d}x=\lim_{a\to-\infty}\int_a^b f(x)\mathrm{d}x. \tag{4-25}$$

对于函数 $f(x)$在$(-\infty,+\infty)$上的广义积分,可定义为

$$\int_{-\infty}^{+\infty} f(x)\mathrm{d}x=\int_{-\infty}^c f(x)\mathrm{d}x+\int_c^{+\infty} f(x)\mathrm{d}x=\lim_{a\to-\infty}\int_a^c f(x)\mathrm{d}x+\lim_{b\to+\infty}\int_c^b f(x)\mathrm{d}x, \tag{4-26}$$

其中 c 为任意常数. 当且仅当右端两个广义积分都收敛时,$\int_{-\infty}^{+\infty} f(x)\mathrm{d}x$ 才是收敛的.

例 4.116 计算广义积分$\int_{-\infty}^{+\infty}\frac{1}{x^2+2x+2}\mathrm{d}x$.

解

$$\begin{aligned}\int_{-\infty}^{+\infty}\frac{1}{x^2+2x+2}\mathrm{d}x&=\int_{-\infty}^{0}\frac{1}{(x+1)^2+1}\mathrm{d}x+\int_{0}^{+\infty}\frac{1}{(x+1)^2+1}\mathrm{d}x\\&=\lim_{a\to-\infty}\int_a^0\frac{1}{(x+1)^2+1}\mathrm{d}x+\lim_{b\to+\infty}\int_0^b\frac{1}{(x+1)^2+1}\mathrm{d}x\\&=\lim_{a\to-\infty}[\arctan(x+1)]_a^0+\lim_{b\to+\infty}[\arctan(x+1)]_0^b\\&=\lim_{a\to-\infty}\left[\frac{\pi}{4}-\arctan(a+1)\right]+\lim_{b\to+\infty}\left[\arctan(b+1)-\frac{\pi}{4}\right]\\&=\left(\frac{\pi}{4}+\frac{\pi}{2}\right)+\left(\frac{\pi}{2}-\frac{\pi}{4}\right)=\pi.\end{aligned}$$

设 $F(x)$为 $f(x)$的原函数,如果$\lim\limits_{b\to+\infty}F(b)$存在,记此极限为 $F(+\infty)$,此时广义积分(4-24)可记为

$$\int_a^{+\infty} f(x)\mathrm{d}x=\lim_{b\to+\infty}\int_a^b f(x)\mathrm{d}x=\lim_{b\to+\infty}[F(x)]_a^b=F(+\infty)-F(a)=[F(x)]_a^{+\infty}.$$

对于无穷区间$(-\infty,b)$及$(-\infty,+\infty)$上的广义积分也可采用类似记号,如例 4.116 可写为

$$\int_{-\infty}^{+\infty}\frac{1}{x^2+2x+2}\mathrm{d}x=[\arctan(x+1)]_{-\infty}^{+\infty}=\frac{\pi}{2}-\left(-\frac{\pi}{2}\right)=\pi.$$

例 4.117　计算广义积分$\int_0^{+\infty} t\mathrm{e}^{-t}\mathrm{d}t$.

解　$\int_0^{+\infty} t\mathrm{e}^{-t}\mathrm{d}t = \int_0^{+\infty} t\mathrm{d}(-\mathrm{e}^{-t}) = [-t\mathrm{e}^{-t}]_0^{+\infty} + \int_0^{+\infty} \mathrm{e}^{-t}\mathrm{d}t = [-\mathrm{e}^{-t}]_0^{+\infty} = 1.$

注　$[-t\mathrm{e}^{-t}]_0^{+\infty} = \lim\limits_{t\to+\infty}(-t\mathrm{e}^{-t}) - (-0\cdot\mathrm{e}^{-0}) = \lim\limits_{t\to+\infty}(-t\mathrm{e}^{-t}) = -\lim\limits_{t\to+\infty}\frac{t}{\mathrm{e}^t}$

$$\xlongequal{\text{洛必达法则}} -\lim_{t\to+\infty}\frac{1}{\mathrm{e}^t} = 0.$$

例 4.118　计算广义积分$\int_1^{+\infty}\frac{1}{x(x^2+1)}\mathrm{d}x$.

解　$$\int_1^{+\infty}\frac{1}{x(x^2+1)}\mathrm{d}x = \int_1^{+\infty}\left(\frac{1}{x} - \frac{x}{x^2+1}\right)\mathrm{d}x = \left[\ln x - \frac{1}{2}\ln(x^2+1)\right]_1^{+\infty}$$

$$= \left[\ln\frac{x}{\sqrt{x^2+1}}\right]_1^{+\infty} = 0 - \ln\frac{1}{\sqrt{2}} = \frac{1}{2}\ln 2.$$

注　本题中,$\int_1^{+\infty}\left(\frac{1}{x} - \frac{x}{x^2+1}\right)\mathrm{d}x$不可拆开写成$\int_1^{+\infty}\frac{1}{x}\mathrm{d}x - \int_1^{+\infty}\frac{x}{x^2+1}\mathrm{d}x$,因为这两个积分都是发散的,为 $\infty-\infty$ 型,因此应将其作为一个整体来计算.

例 4.119　证明广义积分$\int_1^{+\infty}\frac{1}{x^p}\mathrm{d}x$ 当 $p>1$ 时收敛,当 $p\leqslant 1$ 时发散.

证　当 $p=1$ 时,$\int_1^{+\infty}\frac{1}{x}\mathrm{d}x = [\ln x]_1^{+\infty} = +\infty$;

当 $p\neq 1$ 时,$\int_1^{+\infty}\frac{1}{x^p}\mathrm{d}x = \left[\frac{x^{1-p}}{1-p}\right]_1^{+\infty} = \begin{cases} +\infty, & p<1, \\ \frac{1}{p-1}, & p>1. \end{cases}$

因此,当 $p>1$ 时,广义积分收敛,其值等于$\frac{1}{p-1}$;当 $p\leqslant 1$ 时,广义积分发散.

4.8.2　无界函数的广义积分

定义 4.5　设函数 $f(x)$在区间$(a,b]$上连续,而$\lim\limits_{x\to a^+}f(x)=\infty$. 若对任意小的正数 $\varepsilon>0$,极限

$$\lim_{\varepsilon\to 0^+}\int_{a+\varepsilon}^b f(x)\mathrm{d}x \quad (a+\varepsilon<b) \tag{4-27}$$

存在,则称极限(4-27) 为函数 $f(x)$ 在$(a,b]$ 上的**广义积分**,记作$\int_a^b f(x)\mathrm{d}x$,即

$$\int_a^b f(x)\mathrm{d}x = \lim_{\varepsilon\to 0^+}\int_{a+\varepsilon}^b f(x)\mathrm{d}x. \tag{4-28}$$

这时也称广义积分$\int_a^b f(x)\mathrm{d}x$ **收敛**.如果极限(4-27) 不存在，则称广义积分$\int_a^b f(x)\mathrm{d}x$ **发散**.

注 在定义 4.5 中,被积函数 $f(x)$在点 a 的近旁是无界的,即点 a 为 $f(x)$的无穷间断点,习惯上也称其为**瑕点**,故无界函数的广义积分也称为**瑕积分**.

类似地,若 $f(x)$在$[a,b)$上连续,$\lim\limits_{x\to b^-}f(x)=\infty$,则定义广义积分

$$\int_a^b f(x)\mathrm{d}x = \lim_{\varepsilon\to 0^+}\int_a^{b-\varepsilon} f(x)\mathrm{d}x \quad (\varepsilon > 0, a < b-\varepsilon). \tag{4-29}$$

若 $f(x)$在$[a,b]$上除点 $x=c(a<c<b)$外连续,$\lim\limits_{x\to c}f(x)=\infty$,则定义广义积分

$$\int_a^b f(x)\mathrm{d}x = \int_a^c f(x)\mathrm{d}x + \int_c^b f(x)\mathrm{d}x.$$

当且仅当右端两个广义积分都收敛时,$\int_a^b f(x)\mathrm{d}x$ 才是收敛的.

例 4.120 计算广义积分$\int_0^1 \frac{1}{\sqrt{1-x^2}}\mathrm{d}x$.

解 因为$\lim\limits_{x\to 1^-}\frac{1}{\sqrt{1-x^2}}=+\infty$,所以 $x=1$ 为被积函数的瑕点. 于是

$$\int_0^1 \frac{1}{\sqrt{1-x^2}}\mathrm{d}x = \lim_{\varepsilon\to 0^+}\int_0^{1-\varepsilon}\frac{1}{\sqrt{1-x^2}}\mathrm{d}x = \lim_{\varepsilon\to 0^+}[\arcsin x]_0^{1-\varepsilon}$$

$$= \lim_{\varepsilon\to 0^+}\arcsin(1-\varepsilon) = \frac{\pi}{2}.$$

计算无界函数的广义积分,也可以借助于牛顿-莱布尼茨公式.

设 $x=a$ 为 $f(x)$ 的瑕点,即 $\lim\limits_{x\to a^+}f(x)=\infty$,若在$(a,b]$ 上 $F'(x)=f(x)$,则广义积分$\int_a^b f(x)\mathrm{d}x = \lim\limits_{\varepsilon\to 0^+}[F(x)]_{a+\varepsilon}^b$ 也可以写成

$$\int_a^b f(x)\mathrm{d}x = [F(x)]_a^b,$$

这时的 $F(a)$应理解为 $\lim\limits_{x\to a^+}F(x)$.

设 $x=b$ 为 $f(x)$ 的瑕点,即 $\lim\limits_{x\to b^-}f(x)=\infty$,且在$[a,b)$ 上 $F'(x)=f(x)$,则广义积分$\int_a^b f(x)\mathrm{d}x = \lim\limits_{\varepsilon\to 0^+}[F(x)]_a^{b-\varepsilon}$ 也可以写成

$$\int_a^b f(x)\mathrm{d}x = [F(x)]_a^b,$$

这时的 $F(b)$应理解为 $\lim\limits_{x\to b^-}F(x)$.

例 4.121　计算广义积分$\int_0^2 \frac{1}{(x-1)^2}dx$.

解　由于 $x=1$ 为被积函数的瑕点,因此

$$\int_0^2 \frac{1}{(x-1)^2}dx=\int_0^1 \frac{1}{(x-1)^2}dx+\int_1^2 \frac{1}{(x-1)^2}dx.$$

而

$$\int_0^1 \frac{1}{(x-1)^2}dx=\left[-\frac{1}{x-1}\right]_0^1=+\infty,$$

即$\int_0^1 \frac{1}{(x-1)^2}dx$ 发散,故广义积分$\int_0^2 \frac{1}{(x-1)^2}dx$ 发散.

注意　如果没有注意到 $x=1$ 为被积函数的瑕点,而将该积分误作为定积分,就会得到如下错误的结论:

$$\int_0^2 \frac{1}{(x-1)^2}dx=\left[-\frac{1}{x-1}\right]_0^2=-1-1=-2.$$

例 4.122　证明广义积分$\int_0^1 \frac{1}{x^p}dx$ 当 $p<1$ 时收敛,当 $p\geqslant 1$ 时发散.

证　当 $p=1$ 时,

$$\int_0^1 \frac{1}{x}dx=\lim_{\varepsilon\to 0^+}\int_{0+\varepsilon}^1 \frac{1}{x}dx=\lim_{\varepsilon\to 0^+}[\ln x]_\varepsilon^1=\lim_{\varepsilon\to 0^+}(-\ln\varepsilon)=+\infty;$$

当 $p\neq 1$ 时,

$$\int_0^1 \frac{1}{x^p}dx=\lim_{\varepsilon\to 0^+}\int_{0+\varepsilon}^1 \frac{1}{x^p}dx=\lim_{\varepsilon\to 0^+}\left[\frac{x^{1-p}}{1-p}\right]_\varepsilon^1=\frac{1}{1-p}\lim_{\varepsilon\to 0^+}(1-\varepsilon^{1-p})$$

$$=\begin{cases}+\infty, & p>1,\\ \frac{1}{1-p}, & p<1.\end{cases}$$

因此,该积分当 $p<1$ 时收敛,其值为$\frac{1}{1-p}$;当 $p\geqslant 1$ 时发散.

例 4.123　计算广义积分$\int_2^{+\infty} \frac{1}{x(x-2)}dx$.

解　该积分的积分区间为无穷区间且在积分区间上被积函数有瑕点 $x=2$,故称其为**混合型广义积分**. 因此

$$\int_2^{+\infty} \frac{1}{x(x-2)}dx=\int_2^3 \frac{1}{x(x-2)}dx+\int_3^{+\infty} \frac{1}{x(x-2)}dx.$$

因

$$\int_2^3 \frac{1}{x(x-2)}dx=\frac{1}{2}\int_2^3\left(\frac{1}{x-2}-\frac{1}{x}\right)dx=\frac{1}{2}\left[\ln\frac{x-2}{x}\right]_2^3=+\infty,$$

即$\int_2^3 \frac{1}{x(x-2)}\mathrm{d}x$发散,故广义积分$\int_2^{+\infty} \frac{1}{x(x-2)}\mathrm{d}x$发散.

例 4.124 计算广义积分$\int_1^{+\infty} \frac{1}{x\sqrt{x-1}}\mathrm{d}x$.

解 该积分为混合型广义积分,其瑕点为 $x=1$.

令$\sqrt{x-1}=t$,则 $x=t^2+1$,$\mathrm{d}x=2t\mathrm{d}t$.从而

$$\int_1^{+\infty} \frac{1}{x\sqrt{x-1}}\mathrm{d}x = \int_0^{+\infty} \frac{2t}{(t^2+1)t}\mathrm{d}t = \int_0^{+\infty} \frac{2}{t^2+1}\mathrm{d}t$$

$$= 2[\arctan t]_0^{+\infty} = 2\left(\frac{\pi}{2}-0\right) = \pi.$$

4.8.3 Γ 函数

定义 4.6 广义积分

$$\Gamma(s) = \int_0^{+\infty} x^{s-1}\mathrm{e}^{-x}\mathrm{d}x \quad (s>0) \tag{4-30}$$

称为 Γ 函数.

Γ 函数主要有如下性质:

(1) $\Gamma(s)$在 $s>0$ 时是收敛的,即 $\Gamma(s)$的定义域为 $s>0$;并且 $\Gamma(s)$在其定义域内连续.

(2) **递推公式** $\Gamma(s+1)=s\Gamma(s) \quad (s>0)$.

证 $\Gamma(s+1) = \int_0^{+\infty} x^s\mathrm{e}^{-x}\mathrm{d}x = \int_0^{+\infty} x^s\mathrm{d}(-\mathrm{e}^{-x})$

$$= [-x^s\mathrm{e}^{-x}]_0^{+\infty} + s\int_0^{+\infty} x^{s-1}\mathrm{e}^{-x}\mathrm{d}x = s\int_0^{+\infty} x^{s-1}\mathrm{e}^{-x}\mathrm{d}x = s\Gamma(s).$$

特别地,当 s 为正整数 n 时,有

$$\Gamma(n+1)=n\Gamma(n)=n(n-1)\Gamma(n-1)=\cdots=n!\ \Gamma(1),$$

而 $\Gamma(1) = \int_0^{+\infty} x^0 \cdot \mathrm{e}^{-x}\mathrm{d}x = [-\mathrm{e}^{-x}]_0^{+\infty} = 1$,所以有等式

$$\Gamma(n+1)=n!.$$

(3) $\Gamma(s)\Gamma(1-s)=\dfrac{\pi}{\sin(\pi s)} \quad (0<s<1)$.

该公式称为**余元公式**. 当 $s=\dfrac{1}{2}$时,由余元公式可得,$\Gamma\left(\dfrac{1}{2}\right)=\sqrt{\pi}$.

在式(4-30)中,令 $x=u^2$,则 Γ 函数还可以表示为

$$\Gamma(s)=2\int_0^{+\infty}\mathrm{e}^{-u^2}u^{2s-1}\mathrm{d}u\quad(s>0).\tag{4-31}$$

在式(4-31)中,若令 $s=\dfrac{1}{2}$,则有

$$\int_0^{+\infty}\mathrm{e}^{-u^2}\mathrm{d}u=\frac{1}{2}\Gamma\left(\frac{1}{2}\right)=\frac{\sqrt{\pi}}{2}.$$

该积分是概率统计中常用的积分,称为**概率积分**.

习题 4.8

1. 计算下列广义积分：

(1) $\int_0^{+\infty}x\mathrm{e}^{-x^2}\mathrm{d}x$;

(2) $\int_1^{+\infty}\dfrac{\arctan x}{x^2}\mathrm{d}x$;

(3) $\int_1^{+\infty}\dfrac{1}{x^2(1+x)}\mathrm{d}x$;

(4) $\int_{-\infty}^{+\infty}\dfrac{1}{x^2+4x+9}\mathrm{d}x$;

(5) $\int_0^{+\infty}\dfrac{1}{(1+\mathrm{e}^x)^2}\mathrm{d}x$;

(6) $\int_0^1\dfrac{1}{1-x^2}\mathrm{d}x$;

(7) $\int_0^2\dfrac{1}{\sqrt{|x-1|}}\mathrm{d}x$;

(8) $\int_0^1\sin(\ln x)\mathrm{d}x$;

(9) $\int_0^2\dfrac{1}{x^2-4x+3}\mathrm{d}x$;

(10) $\int_1^{\mathrm{e}}\dfrac{1}{x\sqrt{1-(\ln x)^2}}\mathrm{d}x$;

(11) $\int_2^{+\infty}\dfrac{1}{(x+7)\sqrt{x-2}}\mathrm{d}x$;

(12) $\int_1^{+\infty}\dfrac{1}{x\sqrt{x^2-1}}\mathrm{d}x$.

2. 计算下列各题：

(1) $\dfrac{\Gamma(5)}{2\Gamma(3)}$;

(2) $\dfrac{\Gamma\left(\frac{5}{2}\right)}{\Gamma\left(\frac{1}{2}\right)}$;

(3) $\int_0^{+\infty}x^2\mathrm{e}^{-2x^2}\mathrm{d}x$;

(4) $\int_0^{+\infty}x^4\mathrm{e}^{-x}\mathrm{d}x$.

3. 设 $\lim\limits_{x\to\infty}\left(\dfrac{1+x}{x}\right)^{ax}=\int_{-\infty}^{a}t\mathrm{e}^t\mathrm{d}t$,求常数 a.

4. 设有广义积分 $\int_2^{+\infty}\dfrac{1}{x(\ln x)^k}\mathrm{d}x$,问 k 为何值时,广义积分收敛?k 为何值时,广义积分发散?又 k 为何值时,广义积分取得最小值?

5. 证明 $\int_0^{+\infty}x^n\mathrm{e}^{-x^2}\mathrm{d}x=\dfrac{n-1}{2}\int_0^{+\infty}x^{n-2}\mathrm{e}^{-x^2}\mathrm{d}x\,(n\geqslant 2)$,并计算 $\int_0^{+\infty}x^5\mathrm{e}^{-x^2}\mathrm{d}x$.

6. 证明 $\int_0^{+\infty}\dfrac{1}{1+x^4}\mathrm{d}x=\int_0^{+\infty}\dfrac{x^2}{1+x^4}\mathrm{d}x$,并计算 $\int_0^{+\infty}\dfrac{1}{1+x^4}\mathrm{d}x$.

综合练习题四

一、判断题(将√或×填入相应的括号内)

(　　)1. 若函数 $f(x)$在区间 I 上连续,则 $f(x)$必在 I 上存在原函数;

(　　)2. 若函数 $f(x)$ 在闭区间$[a,b]$上有间断点,则定积分$\int_a^b f(x)\mathrm{d}x$ 不存在;

(　　)3. 设 $F(x)$,$G(x)$都是函数 $f(x)$的原函数,则$[F(x)-G(x)]'=0$;

(　　)4. $\int kf(x)\mathrm{d}x = k\int f(x)\mathrm{d}x$,$\int_a^b kf(x)\mathrm{d}x = k\int_a^b f(x)\mathrm{d}x$,$k$ 为常数;

(　　)5. 设 $F(x)$ 是函数 $f(x)$ 的原函数,则$\int \mathrm{d}F(x) = F(x)+C$,$C$ 为任意常数;

(　　)6. $\int f'(2x)\mathrm{d}x = f(2x)+C$;

(　　)7. $\int |x|\mathrm{d}x = \frac{1}{2}x|x|+C$;

(　　)8. 设 $F(x)$ 是函数 $f(x)$ 的原函数,则$\int_a^x f(t+a)\mathrm{d}t = F(x+a)-F(2a)$;

(　　)9. 设函数 $f(x)$ 在闭区间$[a,b]$上连续,且$\int_a^b f(x)\mathrm{d}x = 0$,则在区间$[a,b]$上必有一点 x_0,使得 $f(x_0)=0$;

(　　)10. 设$\int_{-\infty}^{+\infty} f(x)\mathrm{d}x = \int_{-\infty}^{c} f(x)\mathrm{d}x+\int_{c}^{+\infty} f(x)\mathrm{d}x$,只有当$\int_{-\infty}^{c} f(x)\mathrm{d}x$ 与$\int_{c}^{+\infty} f(x)\mathrm{d}x$ 都收敛时,$\int_{-\infty}^{+\infty} f(x)\mathrm{d}x$ 才收敛.

二、单项选择题(将正确选项的序号填入括号内)

1. 设 $f(x)$的导函数是 $\sin x$,则 $f(x)$有一个原函数是(　　).

(A) $1+\sin x$;　　(B) $1-\sin x$;　　(C) $1+\cos x$;　　(D) $1-\cos x$.

2. 下列等式中,正确的是(　　).

(A) $\mathrm{d}\int f(x)\mathrm{d}x = f(x)$;　　(B) $\frac{\mathrm{d}}{\mathrm{d}x}\int f(x)\mathrm{d}x = f(x)\mathrm{d}x$;

(C) $\frac{\mathrm{d}}{\mathrm{d}x}\int f(x)\mathrm{d}x = f(x)+C$;　　(D) $\mathrm{d}\int f(x)\mathrm{d}x = f(x)\mathrm{d}x$.

3. 函数 $F(x) = \int f(2x+1)\mathrm{d}x$,则 $F'(x)$ 为(　　).

(A) $f(x)$;　　(B) $f(2x+1)$;

(C) $2f(2x+1)$;　　(D) $f(2x+1)+1$.

4. 设函数 $f(x)$ 仅在区间$[0,3]$上可积,则$\int_0^2 f(x)\mathrm{d}x=$(　　).

(A) $\int_0^{-1} f(x)\mathrm{d}x+\int_{-1}^{2} f(x)\mathrm{d}x$;　　(B) $\int_0^4 f(x)\mathrm{d}x+\int_4^2 f(x)\mathrm{d}x$;

(C) $\int_0^3 f(x)\mathrm{d}x+\int_3^2 f(x)\mathrm{d}x$;　　(D) $\int_0^1 f(x)\mathrm{d}x+\int_2^1 f(x)\mathrm{d}x$.

5. 设 $\alpha(x)=\int_0^{5x}\frac{\sin t}{t}\mathrm{d}t,\beta(x)=\int_0^{\sin x}(1+t)^{\frac{1}{t}}\mathrm{d}t$,则当 $x\to 0$ 时,$\alpha(x)$ 是 $\beta(x)$ 的(　　).

(A) 高阶无穷小;　　(B) 低阶无穷小;

(C) 同阶但不等价的无穷小;　　(D) 等价无穷小.

6. 已知$\int_0^x f(t^2)\mathrm{d}t=x^3$,则 $2\int_0^1 f(x)\mathrm{d}x=$(　　).

(A) 1;　　(B) 2;　　(C) 3;　　(D) -1.

7. 若 $f(x)$与 $g(x)$在$(-\infty,+\infty)$上皆可导,且 $f(x)<g(x)$,则必有(　　).

(A) $f(-x)>g(-x)$;　　(B) $f'(x)<g'(x)$;

(C) $\lim\limits_{x\to x_0}f(x)<\lim\limits_{x\to x_0}g(x)$;　　(D) $\int_0^x f(t)\mathrm{d}t<\int_0^x g(t)\mathrm{d}t$.

8. 设 $g(x)=\int_0^x f(t)\mathrm{d}t$,其中 $f(x)=\begin{cases}\frac{1}{2}(x^2+1), & 0\leqslant x<1,\\ \frac{1}{3}(x-1), & 1\leqslant x\leqslant 2,\end{cases}$ 则 $g(x)$ 在区间$[0,2]$内(　　).

(A) 无界;　　(B) 递减;　　(C) 不连续;　　(D) 连续.

9. 下列积分值为零的是(　　).

(A) $\int_{-\frac{\pi}{2}}^{\frac{\pi}{2}}\sin^2 x\mathrm{d}x$;　　(B) $\int_{-1}^{1}x\sin x\mathrm{d}x$;　　(C) $\int_{-1}^{1}\frac{x}{1+\cos x}\mathrm{d}x$　　(D) $\int_{-1}^{2}x\mathrm{d}x$.

10. 下列广义积分收敛的是(　　).

(A) $\int_{\mathrm{e}}^{+\infty}\frac{\ln x}{x}\mathrm{d}x$;　　(B) $\int_{\mathrm{e}}^{+\infty}\frac{1}{x\ln x}\mathrm{d}x$;　　(C) $\int_{\mathrm{e}}^{+\infty}\frac{1}{x\ln^2 x}\mathrm{d}x$;　　(D) $\int_{\mathrm{e}}^{+\infty}\frac{1}{x\sqrt{\ln x}}\mathrm{d}x$.

三、填空题

1. 已知 $f'(x^2)=\frac{1}{x}(x>0)$,且 $f(1)=2$,则 $f(x)=$____________;

2. 设积分曲线族 $y=\int f(x)\mathrm{d}x$ 中有倾角为$\frac{\pi}{3}$ 的直线,则 $f(x)=$____________;

3. 若$\int f'(x^2)\mathrm{d}x=x^4+C$,则 $f(x)=$____________;

4. 已知 e^{-x} 是 $f(x)$ 的一个原函数,则$\int xf(x)\mathrm{d}x=$____________;

5. 设 $f(x)=\frac{\mathrm{d}}{\mathrm{d}x}\int_0^x\cos(x-t)^2\mathrm{d}t$,则 $f(x)=$____________;

6. 设 $f(x)$ 有连续的导数,$f(0)=0,f'(0)\neq 0,F(x)=\int_0^x(x^2-t^2)f(t)\mathrm{d}t$,且当 $x\to 0$ 时,$F'(x)$ 与 x^k 同阶,则 k 等于____________;

7. 如果$\int_1^x f(t)\mathrm{d}t=\cos x^2-\cos 1$,则$\int_1^x\frac{1}{t^2}f\left(\frac{1}{t}\right)\mathrm{d}t=$____________;

8. 设 $f(x)$ 在$(-\infty,+\infty)$ 内具有连续的二阶导数,且 $f(0)=1,f(2)=3,f'(2)=5$,则$\int_0^1 xf''(2x)\mathrm{d}x=$____________;

9. 设 $f(x)=\int_{-1}^{x} t\mathrm{e}^{|t|}\,\mathrm{d}t$,则 $f(x)$ 在$[-1,1]$上的最小值为__________;

10. 已知 $f(x)=\begin{cases}\sqrt{x}, & x\in[0,1],\\ 0, & x\in(-\infty,0)\cup(1,+\infty),\end{cases}$ 且 $\int_{-\infty}^{+\infty} kf(x)\,\mathrm{d}x=1$,则 $k=$ __________.

四、计算下列积分

1. $\int x\sqrt[4]{2x+3}\,\mathrm{d}x$;

2. $\int \frac{2x-1}{x^2-x+3}\mathrm{d}x$;

3. $\int \frac{\ln\left(1+\frac{1}{x}\right)}{x(x+1)}\mathrm{d}x$;

4. $\int \frac{1}{\sqrt{9x^2-1}}\mathrm{d}x$;

5. $\int \frac{x^9}{(1-x^2)^6}\mathrm{d}x$;

6. $\int \frac{1}{x^8(1+x^2)}\mathrm{d}x$;

7. $\int \frac{\mathrm{e}^{2x}}{\sqrt[4]{1+\mathrm{e}^x}}\mathrm{d}x$;

8. $\int \frac{1}{\sqrt{(x-1)(2-x)}}\mathrm{d}x$;

9. $\int x^5\mathrm{e}^{x^3}\,\mathrm{d}x$;

10. $\int \ln(x+\sqrt{1+x^2})\,\mathrm{d}x$;

11. $\int \frac{\ln x}{(1+x^2)^{\frac{3}{2}}}\mathrm{d}x$;

12. $\int x^2\cos 2x\,\mathrm{d}x$;

13. $\int \frac{x^2}{1+x^2}\arctan x\,\mathrm{d}x$;

14. $\int \frac{\arctan \mathrm{e}^x}{\mathrm{e}^{2x}}\mathrm{d}x$;

15. $\int \frac{2x}{x^2-2x-5}\mathrm{d}x$;

16. $\int \frac{1}{\sqrt{x}\,(1+\sqrt[4]{x})^3}\mathrm{d}x$;

17. $\int \frac{\mathrm{d}x}{1+\sin x}$;

18. $\int \frac{1}{\sin 2x+2\sin x}\mathrm{d}x$;

19. $\int \frac{\ln x}{\sqrt{x}}\mathrm{d}x$;

20. $\int \frac{1}{x^3}2^{\frac{1}{x}}\,\mathrm{d}x$;

21. $\int \mathrm{e}^{-|x|}\,\mathrm{d}x$;

22. $\int \frac{\sin x\cos x}{\sin^4 x+\cos^4 x}\mathrm{d}x$;

23. $\int_0^1 x(1-x^4)^{\frac{3}{2}}\,\mathrm{d}x$;

24. $\int_{-\frac{\pi}{2}}^{\frac{\pi}{2}} (x^3+\sin^2 x)\cos^2 x\,\mathrm{d}x$;

25. $\int_2^3 \sqrt{\frac{3-2x}{2x-7}}\mathrm{d}x$;

26. $\int_{-1}^{1} (2x+|x|+1)^2\,\mathrm{d}x$;

27. $\int_0^{\ln 2} \mathrm{e}^{-x}\sqrt{\mathrm{e}^{2x}-1}\,\mathrm{d}x$;

28. $\int_1^0 \frac{x}{(2-x^2)\sqrt{1-x^2}}\mathrm{d}x$;

29. $\int_1^{+\infty} \frac{1}{\mathrm{e}^{1+x}+\mathrm{e}^{3-x}}\mathrm{d}x$;

30. $\int_{\frac{1}{2}}^{\frac{3}{2}} \frac{1}{\sqrt{|x-x^2|}}\mathrm{d}x$.

五、计算下列各题

1. 设 $f(\sin^2 x)=\frac{x}{\sin x}$,求积分 $\int \frac{\sqrt{x}}{\sqrt{1-x}}f(x)\,\mathrm{d}x$.

2. 已知 $f(x)=\begin{cases}x^2, & 0\leqslant x<1,\\ 1, & 1\leqslant x\leqslant 2,\end{cases}$ 设 $F(x)=\int_1^x f(t)\mathrm{d}t(0\leqslant x\leqslant 2)$，求 $F(x)$.

3. 设 $a_n=\dfrac{3}{2}\int_0^{\frac{n}{n+1}} x^{n-1}\sqrt{1+x^n}\mathrm{d}x$，求极限 $\lim\limits_{n\to+\infty} na_n$.

六、证明下列各题

1. 设 $f(x)$ 在 $(-\infty,+\infty)$ 上连续，且 $F(x)=\int_0^x f(t)\mathrm{d}t$，证明：

(1) 若 $f(x)$ 为奇函数，则 $F(x)$ 为偶函数；

(2) 若 $f(x)$ 为偶函数，则 $F(x)$ 为奇函数.

2. 证明方程 $\ln x=\dfrac{x}{\mathrm{e}}-\int_0^{\pi}\sqrt{1-\cos 2x}\mathrm{d}x$ 在区间 $(0,+\infty)$ 内只有两个不同的实根.

3. 设 $f(x)$ 在 $[0,1]$ 上可导，且满足 $f(1)-2\int_0^{\frac{1}{2}} xf(x)\mathrm{d}x=0$，证明：在 $(0,1)$ 内至少存在一点 ξ，使 $\xi f'(\xi)+f(\xi)=0$.

第 5 章　定积分的应用

本章将讨论定积分在几何、物理以及经济学等方面的一些应用.讨论这些问题的目的,不仅在于建立求解公式,更重要的是深刻领会和把握用定积分解决实际问题的基本方法——“微元法”.

5.1　微　元　法

首先回顾一下用定积分求解曲边梯形面积问题的方法和步骤.

设 $y=f(x)$ 在区间$[a,b]$上连续且 $f(x)\geqslant 0$,则以曲线 $y=f(x)$ 为曲边、$[a,b]$为底的曲边梯形的面积 A 可表示为定积分 $A=\int_a^b f(x)\mathrm{d}x$. 求面积 A 的思路是“分割、近似、求和、取极限”,即

第一步　将$[a,b]$任意分为 n 个小区间,相应地把曲边梯形分成 n 个小曲边梯形,其面积记作 $\Delta A_i(i=1,2,\cdots,n)$,则 $A=\sum_{i=1}^{n}\Delta A_i$;

第二步　计算每个小区间上面积 ΔA_i 的近似值 $\Delta A_i\approx f(\xi_i)\Delta x_i(x_{i-1}\leqslant\xi_i\leqslant x_i)$;

第三步　求和得 A 的近似值 $A\approx\sum_{i=1}^{n}f(\xi_i)\Delta x_i$;

第四步　取极限得 $A=\lim_{\lambda\to 0}\sum_{i=1}^{n}f(\xi_i)\Delta x_i=\int_a^b f(x)\mathrm{d}x$.

在该问题中,所求量 A(面积)与区间$[a,b]$有关,如果把区间$[a,b]$分成许多部分区间,那么,所求量 A 相应地分成许多部分量,而所求量等于各部分量之和,即所求量 A 对区间$[a,b]$具有可加性;同时还要注意的是,以 $f(\xi_i)\Delta x_i$ 近似代替部分量 ΔA_i 时,它们只相差一个比 Δx_i 高阶的无穷小,因此,和式 $\sum_{i=1}^{n}f(\xi_i)\Delta x_i$ 的极限就是 A 的精确值,从而 A 可以表示为定积分:

$$A=\int_a^b f(x)\mathrm{d}x.$$

还需注意到，整个过程的关键是第二步，这一步得到了近似表达式 $\Delta A_i \approx f(\xi_i)\Delta x_i$，从而确定了定积分的被积表达式. 实际上，若用$[x, x+\mathrm{d}x]$表示任一小区间，取 $\xi_i = x$，那么，在这一小区间上对应的部分量 ΔA 可近似表示为

$$\Delta A \approx f(x)\mathrm{d}x.$$

上式右边 $f(x)\mathrm{d}x$ 正好就是所得定积分的被积表达式，称之为**面积微元**，记为 $\mathrm{d}A = f(x)\mathrm{d}x$，从而有

$$A = \int_a^b \mathrm{d}A = \int_a^b f(x)\mathrm{d}x.$$

一般说来，如果实际问题中所求的量 U 满足下列三个条件，就可以考虑用定积分来表达并计算量 U，这时的量 U 称为可积量.

(1) U 是与某一个变量 x 的变化区间$[a,b]$有关的量；

(2) U 对区间$[a,b]$具有可加性，即如果把区间$[a,b]$分成许多部分区间，则 U 相应分成许多部分量，而 U 等于所有部分量之和；

(3) 在$[a,b]$的任一小区间$[x, x+\mathrm{d}x]$上，对应的部分量可近似表示为 $\Delta U \approx f(x)\mathrm{d}x$.

用定积分计算可积量 U 一般步骤为

(1) 根据问题，选取一个积分变量 x(或其他)，并确定其变化区间$[a,b]$；

(2) 在$[a,b]$中，选取代表性小区间$[x, x+\mathrm{d}x]$，求出该区间上所求量的部分量 ΔU 的近似表达式 $\mathrm{d}U = f(x)\mathrm{d}x$；

(3) 以所求量U的微元 $\mathrm{d}U = f(x)\mathrm{d}x$ 为被积表达式，在$[a,b]$上作定积分 $U = \int_a^b f(x)\mathrm{d}x$，求得 U 的值.

这种方法叫做**微元法**(也叫**元素法**). 下面将应用此方法来讨论几何、物理学中的一些问题.

5.2　定积分的几何应用

5.2.1　平面图形的面积

5.2.1.1　直角坐标系情形

(1) 设平面图形由连续曲线 $y = f_1(x)$，$y = f_2(x)$及直线 $x = a$，$x = b$ 所围成，并且在$[a,b]$上 $f_2(x) \geqslant f_1(x)$(图 5.1)，那么该图形的面积为

$$A = \int_a^b [f_2(x) - f_1(x)]\mathrm{d}x. \tag{5-1}$$

事实上，小区间$[x, x+\mathrm{d}x]$上的面积微元 $\mathrm{d}A = [f_2(x) - f_1(x)]\mathrm{d}x$，于是所求平面图形的面积为

$$A=\int_a^b[f_2(x)-f_1(x)]\mathrm{d}x.$$

(2) 设平面图形由连续曲线 $x=g_1(y)$, $x=g_2(y)$ 及直线 $y=c$, $y=d$ 所围成，并且在 $[c,d]$ 上 $g_2(y)\geqslant g_1(y)$(图 5.2)，那么该图形的面积为

$$A=\int_c^d[g_2(y)-g_1(y)]\mathrm{d}y. \tag{5-2}$$

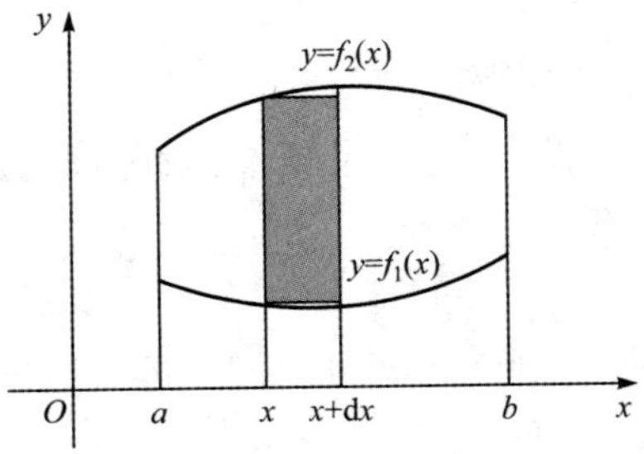

图 5.1

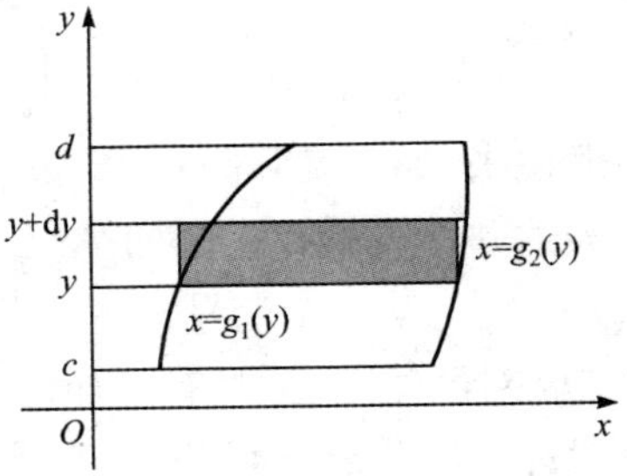

图 5.2

例 5.1 计算由两条抛物线 $y^2=x$ 和 $y=x^2$ 所围平面图形的面积.

解 **方法一** 求出这两条曲线的交点(0,0)和(1,1)，则平面图形对应于 x 轴上的区间[0,1]，即 $x\in[0,1]$. 在区间[0,1]上(图 5.3)，小区间 $[x,x+\mathrm{d}x]$ 上的面积微元

$$\mathrm{d}A=(\sqrt{x}-x^2)\mathrm{d}x,$$

于是所求平面图形的面积为

$$A=\int_0^1(\sqrt{x}-x^2)\mathrm{d}x=\left[\frac{2}{3}x^{\frac{3}{2}}-\frac{1}{3}x^3\right]_0^1=\frac{1}{3}.$$

方法二 求出两曲线的交点(0,0)和(1,1)，则平面图形对应于 y 轴上的区间[0,1]，即 $y\in[0,1]$. 在区间[0,1]上(图 5.4)，小区间 $[y,y+\mathrm{d}y]$ 上的面积微元

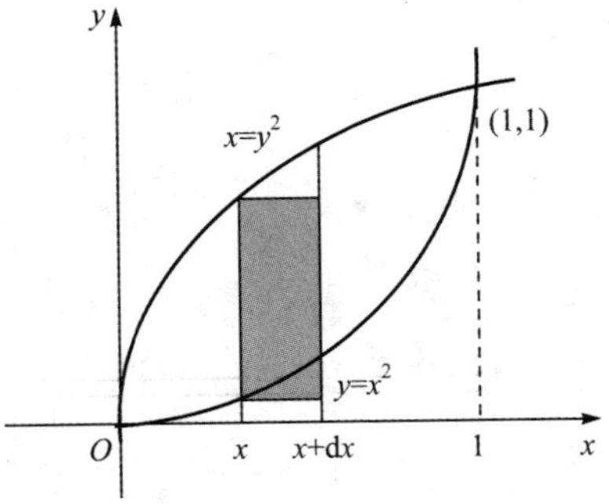

图 5.3

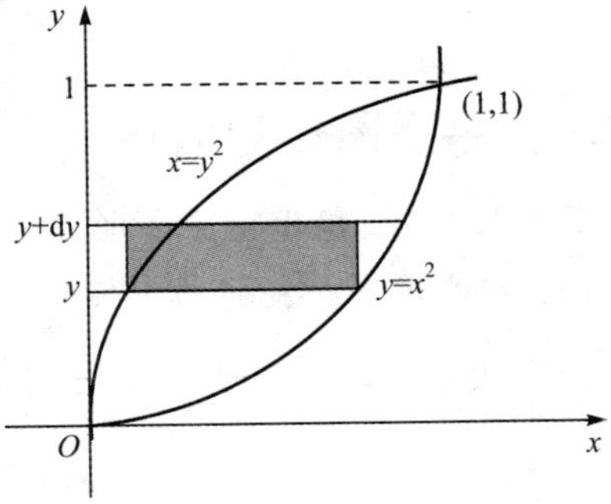

图 5.4

$$dA=(\sqrt{y}-y^2)dy,$$

于是所求平面图形的面积为

$$A=\int_0^1(\sqrt{y}-y^2)dy=\frac{1}{3}.$$

例 5.2　计算抛物线 $y^2=2x$ 与直线 $x-y=4$ 所围平面图形的面积.

解　方法一　求出两条曲线的交点(2,−2)和(8,4)，则平面图形对应于 y 轴上的区间[−2,4](图 5.5)，即 $y\in[-2,4]$. 在区间[−2,4]上，小区间$[y,y+dy]$上的面积微元

$$dA=\left(y+4-\frac{1}{2}y^2\right)dy,$$

于是所求平面图形的面积为

$$A=\int_{-2}^4\left(y+4-\frac{1}{2}y^2\right)dy=\left[\frac{y^2}{2}+4y-\frac{y^3}{6}\right]_{-2}^4=18.$$

方法二　求出两条曲线的交点(2,−2)和(8,4)，则平面图形对应于 x 轴上的区间[0,8](图 5.6)，即 $x\in[0,8]$. 其中

在区间[0,2]上，小区间$[x,x+dx]$上的面积微元

$$dA_1=[\sqrt{2x}-(-\sqrt{2x})]dx;$$

在区间[2,8]上，小区间$[x,x+dx]$上的面积微元

$$dA_2=[\sqrt{2x}-(x-4)]dx.$$

于是所求平面图形的面积为

$$\begin{aligned}A=A_1+A_2&=\int_0^2[\sqrt{2x}-(-\sqrt{2x})]dx+\int_2^8[\sqrt{2x}-(x-4)]dx\\&=2\sqrt{2}\left[\frac{2}{3}x^{\frac{3}{2}}\right]_0^2+\left[\frac{2\sqrt{2}}{3}x^{\frac{3}{2}}-\frac{1}{2}x^2+4x\right]_2^8\\&=\frac{16}{3}+\frac{38}{3}=18.\end{aligned}$$

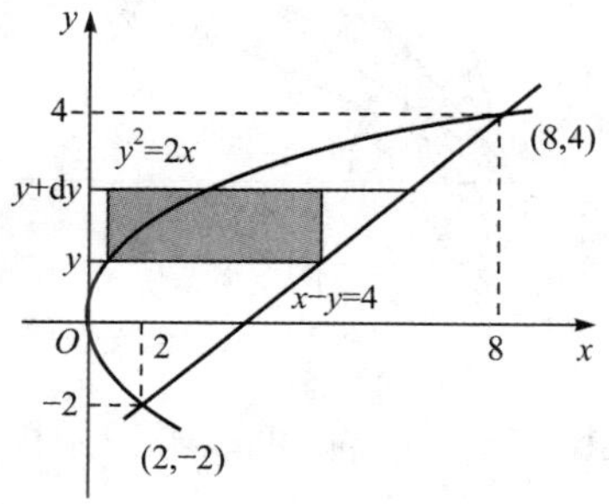

图 5.5

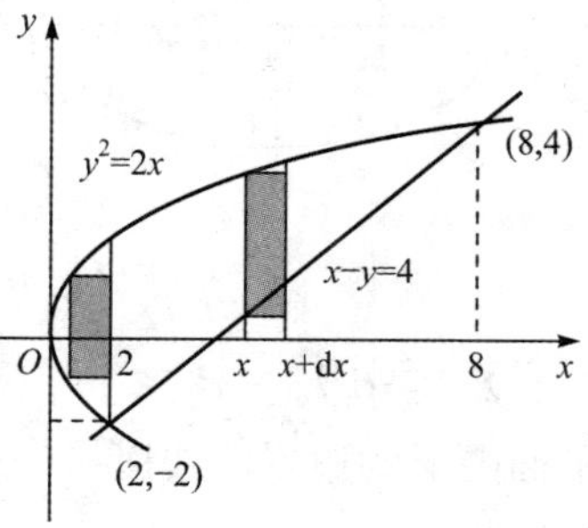

图 5.6

由例 5.2 知，对同一问题，可选取不同的积分变量进行计算，但计算的难易程度往往不同. 因此在实际计算时，应选取合适的积分变量，使计算简化.

例 5.3 求椭圆$\frac{x^2}{a^2}+\frac{y^2}{b^2}=1$所围成的图形的面积.

解 如图 5.7 所示，根据图形的对称性知，椭圆所围成的图形的面积 A 等于第一象限面积 A_0 的 4 倍，即

$$A = 4A_0 = 4\int_0^a y\mathrm{d}x.$$

为计算该积分，将$\frac{x^2}{a^2}+\frac{y^2}{b^2}=1$化为参数方程

$$\begin{cases} x=a\cos t, \\ y=b\sin t. \end{cases}$$

则 $\mathrm{d}x=-a\sin t\mathrm{d}t$，且当 x 由 0 变化到 a 时，t 由$\frac{\pi}{2}$变到 0. 故

$$A = 4\int_{\frac{\pi}{2}}^0 b\sin t(-a\sin t)\mathrm{d}t = -4ab\int_{\frac{\pi}{2}}^0 \sin^2 t\mathrm{d}t = 4ab\int_0^{\frac{\pi}{2}} \sin^2 t\mathrm{d}t = \pi ab.$$

一般地，如果曲边梯形的曲边 $y=f(x)(f(x)\geqslant 0, x\in[a,b])$ 的参数方程为

$$\begin{cases} x=\varphi(t), \\ y=\psi(t) \end{cases} \quad (t \text{ 介于 } \alpha \text{ 与 } \beta \text{ 之间}),$$

且 $\varphi(\alpha)=a, \varphi(\beta)=b, \varphi(t)$ 在$[\alpha,\beta]$(或$[\beta,\alpha]$)上具有连续导数，$y=\psi(t)$ 连续，那么曲边梯形的面积可表示为

$$A = \int_a^b f(x)\mathrm{d}x = \int_\alpha^\beta \psi(t)\varphi'(t)\mathrm{d}t. \tag{5-3}$$

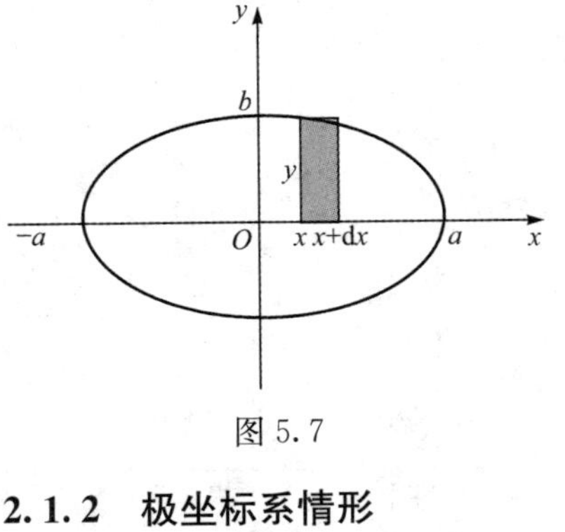

图 5.7

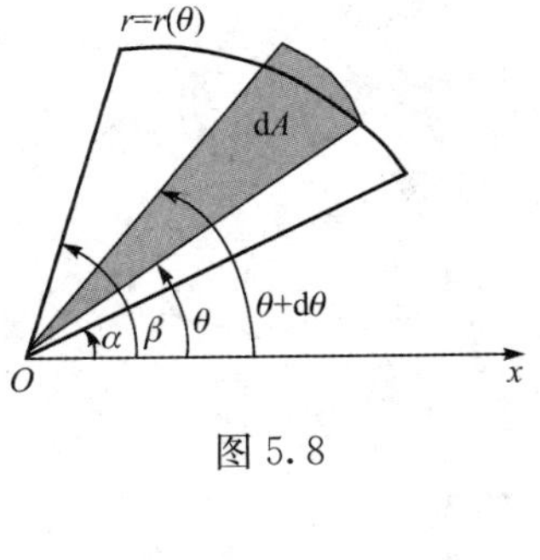

图 5.8

5.2.1.2 极坐标系情形

当平面图形的边界曲线以极坐标方程给出比较简单时，可以考虑用极坐标计算它们的面积.

设曲线 $r=r(\theta)$ 在$[\alpha,\beta]$上连续. 计算由曲线 $r=r(\theta)$ 及射线 $\theta=\alpha, \theta=\beta$ 所围成

的曲边扇形(图 5.8)的面积.

现用元素法来计算. 取极角 θ 为积分变量，在它的变化区间$[\alpha,\beta]$上任取一小区间$[\theta,\theta+\mathrm{d}\theta]$，作一窄曲边扇形，它的面积可以用半径为 $r=r(\theta)$，中心角为 $\mathrm{d}\theta$ 的圆扇形的面积来近似替代，则此曲边扇形的面积微元为

$$\mathrm{d}A=\frac{1}{2}r^2(\theta)\mathrm{d}\theta.$$

从而所求区边扇形的面积为

$$A=\frac{1}{2}\int_{\alpha}^{\beta}r^2(\theta)\mathrm{d}\theta. \tag{5-4}$$

例 5.4　求心形线 $r=a(1+\cos\theta)(a>0)$所围成的图形面积.

解　如图 5.9，由对称性并根据公式(5-4)得

$$\begin{aligned}A&=2\cdot\frac{1}{2}\int_0^{\pi}a^2\ (1+\cos\theta)^2\mathrm{d}\theta\\&=a^2\int_0^{\pi}\left(2\cos^2\frac{\theta}{2}\right)^2\mathrm{d}\theta=4a^2\int_0^{\pi}\cos^4\frac{\theta}{2}\mathrm{d}\theta\\&\xlongequal{\frac{\theta}{2}=t}8a^2\int_0^{\frac{\pi}{2}}\cos^4t\mathrm{d}t=8a^2\cdot\frac{3}{4}\cdot\frac{1}{2}\cdot\frac{\pi}{2}\\&=\frac{3}{2}\pi a^2.\end{aligned}$$

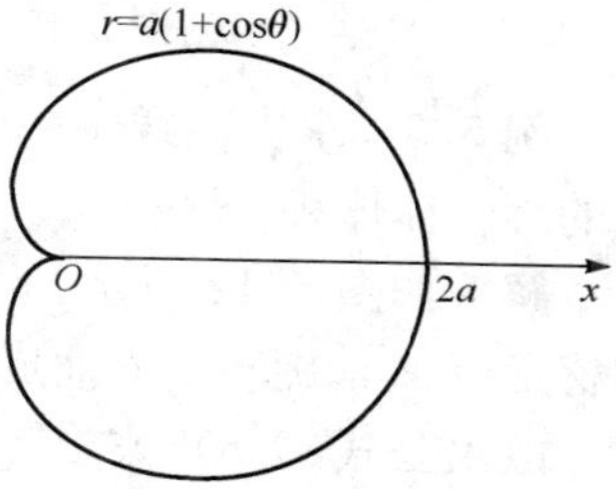

图 5.9

5.2.2　体积

5.2.2.1　旋转体的体积

旋转体就是由一个平面图形绕该平面内的一条直线旋转一周而成的立体. 以前接触过的一些立体(如圆柱、圆锥、球体等)都是旋转体.

在直角坐标平面上，以连续曲线 $y=f(x)$为曲边、$[a,b]$为底的曲边梯形绕 x 轴旋转一周得一旋转体(图 5.10)，计算该旋转体的体积 V.

如图 5.10，取横坐标 x 为积分变量，它的变化区间为$[a,b]$. 对于$[a,b]$上的任一小区间$[x,x+\mathrm{d}x]$，相应部分图形的体积近似等于以 $f(x)$为底面半径、$\mathrm{d}x$ 为高的圆柱体的体积，从而得体积微元为

$$\mathrm{d}V=\pi[f(x)]^2\mathrm{d}x,$$

因此，所求旋转体的体积为

$$V=\pi\int_a^b[f(x)]^2\mathrm{d}x. \tag{5-5}$$

同理可得，以连续曲线 $x=\varphi(y)$为曲边、$[c,d]$为底的曲边梯形绕 y 轴旋转一周得旋转体(图 5.11)的体积为

$$V = \pi\int_c^d [\varphi(y)]^2 \mathrm{d}y. \tag{5-6}$$

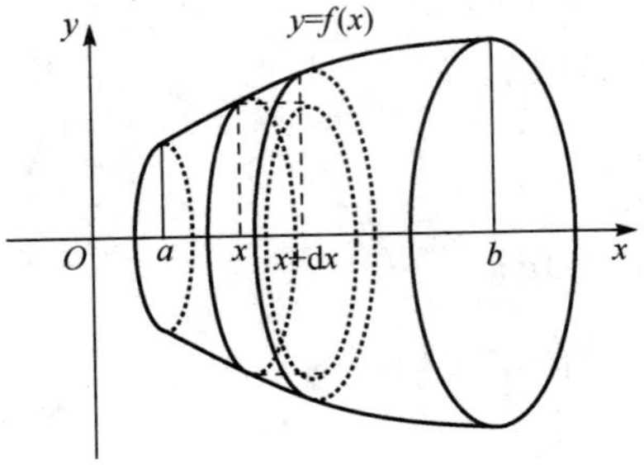

图 5.10

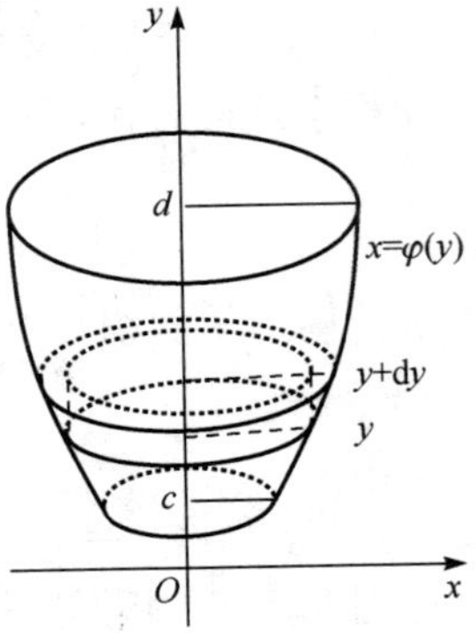

图 5.11

例 5.5 求由曲线 $y=\sqrt{x}$，直线 $x=1$ 及 x 轴所围成的图形绕 x 轴旋转一周而成的旋转体体积.

解 如图 5.12 所示，此立体实际就是由曲线、直线 $x=1$ 及 x 轴所围成的曲边梯形绕 x 轴旋转一周而成的旋转体.

故由公式(5-5)，该旋转体的体积为

$$V = \int_0^1 \pi[f(x)]^2 \mathrm{d}x = \pi\int_0^1 x\mathrm{d}x = \frac{\pi}{2}.$$

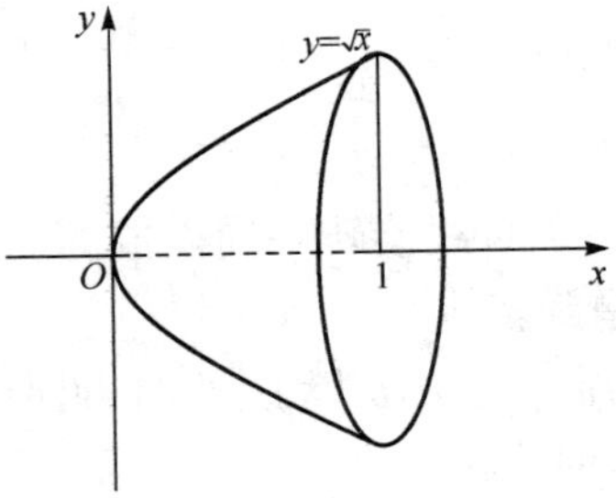

图 5.12

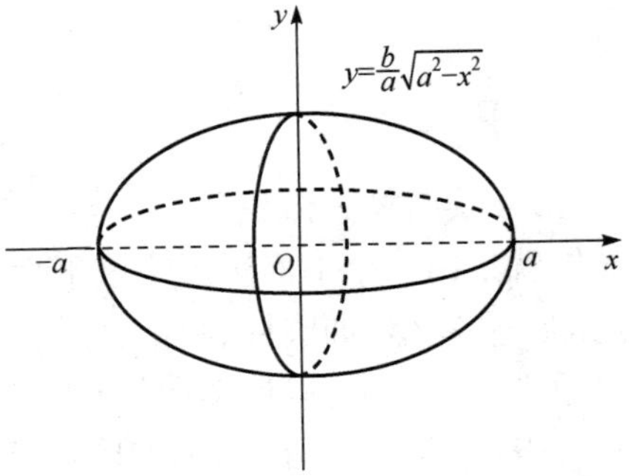

图 5.13

例 5.6 计算由椭圆 $\frac{x^2}{a^2}+\frac{y^2}{b^2}=1$ 所围成的图形绕 x 轴旋转一周而成的旋转的体积.

解 如图 5.13 所示，这个立体可看作是由上半椭圆线 $y=\frac{b}{a}\sqrt{a^2-x^2}$ 及 x 轴围成的曲边梯形绕 x 轴旋转一周而成，因此由公式(5-5)，所求旋转椭球体的体积为

$$V = \frac{\pi b^2}{a^2}\int_{-a}^{a}(a^2-x^2)\mathrm{d}x = \frac{\pi b^2}{a^2}\left[a^2 x - \frac{x^3}{3}\right]_{-a}^{a} = \frac{4}{3}\pi ab^2.$$

注　当 $a=b$ 时，即得半径为 a 的球体的体积为 $\frac{4}{3}\pi a^3$.

例 5.7　计算由曲线 $x^2+(y-5)^2=16$ 所围图形绕 x 轴旋转一周而成的旋转体的体积.

解　如图 5.14 所示，该几何体的体积可看成是平面图形 $ACMDB$ 和 $ACNDB$ 分别绕 x 轴旋转一周而成的旋转体的体积之差.

因上下两半圆的方程为 $y=5\pm\sqrt{16-x^2}$，因此，所求旋转体的体积为

$$V=\pi\int_{-4}^{4}\left(5+\sqrt{16-x^2}\right)^2\mathrm{d}x-\pi\int_{-4}^{4}\left(5-\sqrt{16-x^2}\right)^2\mathrm{d}x$$

$$=20\pi\int_{-4}^{4}\sqrt{16-x^2}\,\mathrm{d}x\xlongequal{x=4\sin t}320\pi\int_{0}^{\frac{\pi}{2}}(1+\cos 2t)\,\mathrm{d}t=160\pi^2.$$

用类似的方法可求得曲线 $x=g_1(y)$，$x=g_2(y)$（不妨设 $0\leqslant g_1(y)\leqslant g_2(y)$）及直线 $y=c$，$y=d(c<d)$ 所围成的图形绕 y 轴旋转一周而生成的旋转体的体积

$$V=\pi\int_{c}^{d}\left[g_2^2(y)-g_1^2(y)\right]\mathrm{d}y. \tag{5-7}$$

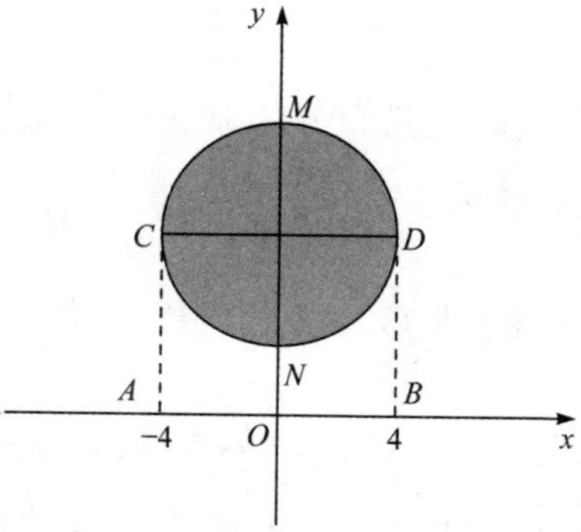

图 5.14

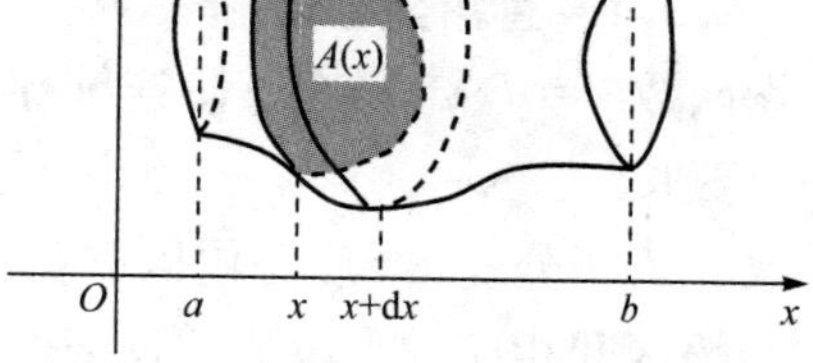

图 5.15

5.2.2.2　平行截面面积为已知的立体的体积

设有一空间立体（图 5.15）位于过 $x=a$，$x=b$ 两点处且垂直于 x 轴的两个平面之间，该立体垂直于 x 轴的截面面积 $A(x)$ 是连续函数，求此立体的体积.

在区间 $[a,b]$ 上任取一个小区间 $[x,x+\mathrm{d}x]$，此区间相应的薄片的体积近似于底面积为 $A(x)$，高为 $\mathrm{d}x$ 的扁柱体的体积，即体积微元为

$$\mathrm{d}V=A(x)\,\mathrm{d}x,$$

于是所求立体的体积

$$V=\int_{a}^{b}A(x)\,\mathrm{d}x. \tag{5-8}$$

例 5.8 一平面经过半径为 R 的圆柱体的底圆中心,并与底面交成角 α(图 5.16),求圆柱体被此平面截得的楔形立体的体积.

解 在底面上建立坐标系(图 5.16),则底圆方程为 $x^2+y^2=R^2$.

取 x 为积分变量,则积分区间为$[-R,R]$. 在楔形立体上,过点 x 而垂直于 x 轴的截面是一直角三角形,其面积为

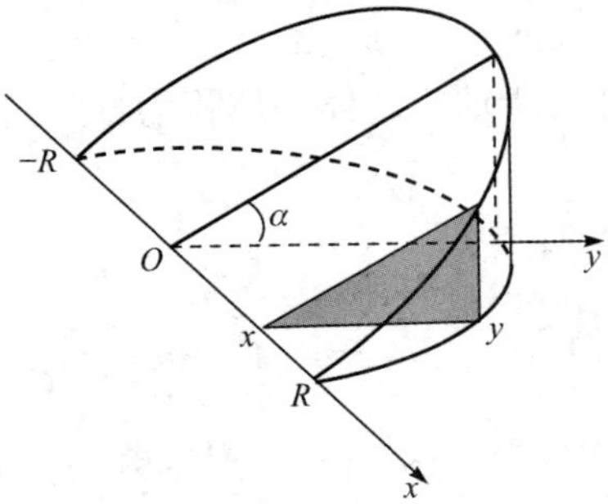

图 5.16

$$A(x)=\frac{1}{2}y\cdot y\tan\alpha=\frac{1}{2}y^2\tan\alpha$$
$$=\frac{1}{2}(R^2-x^2)\tan\alpha,$$

其中$-R\leqslant x\leqslant R$. 所以

$$V=\int_{-R}^{R}A(x)\mathrm{d}x=\frac{1}{2}\tan\alpha\int_{-R}^{R}(R^2-x^2)\mathrm{d}x$$
$$=\frac{2}{3}R^3\tan\alpha.$$

5.2.3 平面曲线的弧长

平面上的光滑曲线弧总是可以求长度的. 平面曲线弧微分的概念已在 3.6 节作了介绍. 这里主要讨论平面曲线弧长的计算. 下面分三种情形讨论.

5.2.3.1 直角坐标情形

设函数 $y=f(x)$具有一阶连续导数,计算曲线 $y=f(x)$上相应于 x 从 a 到 b 的一段弧长.

取 x 为积分变量,其变化区间为$[a,b]$. 在$[a,b]$上任取一个小区间$[x,x+\mathrm{d}x]$,与该区间相应的小段弧的长度可以用该曲线在点$(x,f(x))$处的切线上相应的一小段长度来近似代替,从而得到弧长微元(即弧微分)

$$\mathrm{d}s=\sqrt{(\mathrm{d}x)^2+(\mathrm{d}y)^2}=\sqrt{1+(y')^2}\,\mathrm{d}x,$$

于是所求弧长

$$s=\int_a^b\sqrt{1+(y')^2}\,\mathrm{d}x\quad(a<b).\tag{5-9}$$

例 5.9 求曲线 $y=\ln(1-x^2)$相应于 x 从 0 到$\frac{1}{2}$的一段弧的长度.

解 因为 $y'=\frac{-2x}{1-x^2}$,$\sqrt{1+(y')^2}=\frac{1+x^2}{1-x^2}$,所以

$$s=\int_0^{\frac{1}{2}}\frac{1+x^2}{1-x^2}\mathrm{d}x=\int_0^{\frac{1}{2}}\left(-1+\frac{1}{1+x}+\frac{1}{1-x}\right)\mathrm{d}x=-\frac{1}{2}+\ln3.$$

5.2.3.2　参数方程情形

设曲线弧由参数方程$\begin{cases} x=\varphi(t), \\ y=\psi(t) \end{cases}$ $(\alpha\leqslant t\leqslant\beta)$给出，其中 $\varphi(t)$，$\psi(t)$在$[\alpha,\beta]$上具有连续导数.

取 t 为积分变量，它的变化区间为$[\alpha,\beta]$，则弧长微元(弧微分)为

$$\mathrm{d}s=\sqrt{(\mathrm{d}x)^2+(\mathrm{d}y)^2}=\sqrt{[\varphi'(t)]^2+[\psi'(t)]^2}\,\mathrm{d}t,$$

于是所求弧长为

$$s=\int_\alpha^\beta\sqrt{[\varphi'(t)]^2+[\psi'(t)]^2}\,\mathrm{d}t. \tag{5-10}$$

例 5.10　计算星形线$\begin{cases} x=a\cos^3 t, \\ y=a\sin^3 t \end{cases}$ $(a>0)$的全长.

解　如图 5.17，由图形的对称性知，所求全长 s 应是星形线在第一象限中长度 s_0 的 4 倍.

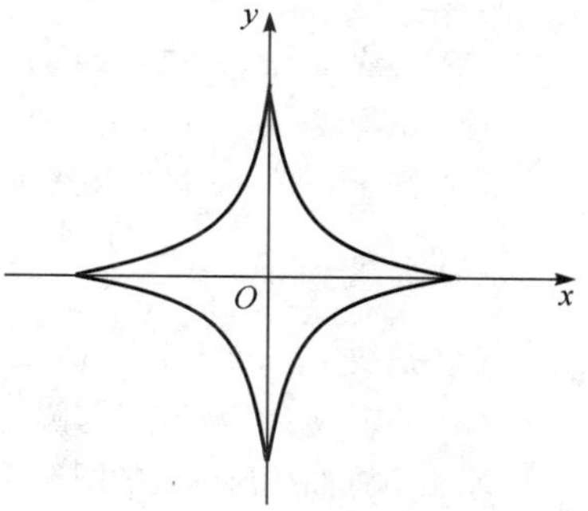

图 5.17

取 t 为积分变量，弧长微元为

$$\mathrm{d}s=\sqrt{[(a\cos^3 t)']^2+[(a\sin^3 t)']^2}\,\mathrm{d}t$$
$$=3a|\sin t\cos t|\,\mathrm{d}t,$$

故

$$s=4s_0=4\int_0^{\frac{\pi}{2}}3a|\sin t\cos t|\,\mathrm{d}t$$
$$=12a\int_0^{\frac{\pi}{2}}\sin t\,\mathrm{d}\sin t=6a\left[\sin^2 t\right]_0^{\frac{\pi}{2}}=6a.$$

5.2.3.3　极坐标方程情形

设曲线弧由极坐标方程 $r=r(\theta)$ $(\alpha\leqslant\theta\leqslant\beta)$给出，其中 $r(\theta)$在$[\alpha,\beta]$上具有连续导数.

由直角坐标与极坐标的关系可得该曲线弧的参数方程为

$$\begin{cases} x=r(\theta)\cos\theta, \\ y=r(\theta)\sin\theta \end{cases} \quad (\alpha\leqslant\theta\leqslant\beta).$$

从而

$$\mathrm{d}s=\sqrt{[x'(\theta)]^2+[y'(\theta)]^2}\,\mathrm{d}\theta=\sqrt{[r(\theta)]^2+[r'(\theta)]^2}\,\mathrm{d}\theta,$$

故所求弧长为

$$s=\int_\alpha^\beta\sqrt{[r(\theta)]^2+[r'(\theta)]^2}\,\mathrm{d}\theta. \tag{5-11}$$

例 5.11　求心形线 $r=a(1+\cos\theta)$ $(a>0)$的全长.

解　如图 5.9 所示，曲线关于极轴对称，因此，所求全长 s 是极轴以上部分长

度 s_0 的两倍. 对于极轴以上部分,取极角 θ 为积分变量,它的变化区间为 $[0,\pi]$,弧长微元为

$$ds=\sqrt{r^2(\theta)+r'^2(\theta)}\,d\theta=\sqrt{a^2(1+\cos\theta)^2+a^2\sin^2\theta}\,d\theta=a\sqrt{2+2\cos\theta}\,d\theta,$$

于是

$$s=2s_0=2a\int_0^{\pi}\sqrt{2+2\cos\theta}\,d\theta=4a\int_0^{\pi}\cos\frac{\theta}{2}\,d\theta=8a.$$

习题 5.2

1. 求由下列曲线所围图形的面积:
   (1) 抛物线 $y=-x^2$ 与 x 轴及直线 $x=1$;
   (2) 抛物线 $y=\frac{1}{2}x^2$ 与直线 $y=x+4$;
   (3) 直线 $y=x,y=2x,y=2$;
   (4) 抛物线 $y=-x^2+4x-3$ 及其在 $(0,-3)$ 与 $(3,0)$ 处的切线;
   (5) 圆 $x^2+y^2=8$ 被抛物线 $y^2=2x$ 所分的两部分;
   (6) 曲线 $y=\sin x,y=\cos x$ 及直线 $x=0,x=\frac{\pi}{2}$;
   (7) 摆线 $x=a(t-\sin t),y=a(1-\cos t)$ 的一拱 $(0\leqslant t\leqslant 2\pi)$ 与 x 轴;
   (8) 心形线 $r=1+\cos\theta$ 与圆 $r=3\cos\theta$(取两曲线内部的部分).
2. 求由下列曲线所围成的图形绕指定轴旋转所得旋转体的体积:
   (1) 曲线 $y=x^3$,直线 $x=1,y=0$; 绕 x 轴和 y 轴.
   (2) 直线 $y=0,x=e$ 及曲线 $y=\ln x$; 绕 x 轴.
   (3) 椭圆 $\frac{x^2}{9}+\frac{y^2}{4}=1$; 绕 y 轴.
   (4) 圆 $x^2+(y-2)^2=1$; 绕 x 轴.
   (5) 摆线 $x=a(t-\sin t),y=a(1-\cos t)$ 的一拱 $(0\leqslant t\leqslant 2\pi)$; 绕 x 轴.
3. 计算底面是半径为 R 的圆,而垂直于底面上一条固定直径的所有截面都是等边三角形的立体的体积(图 5.18).

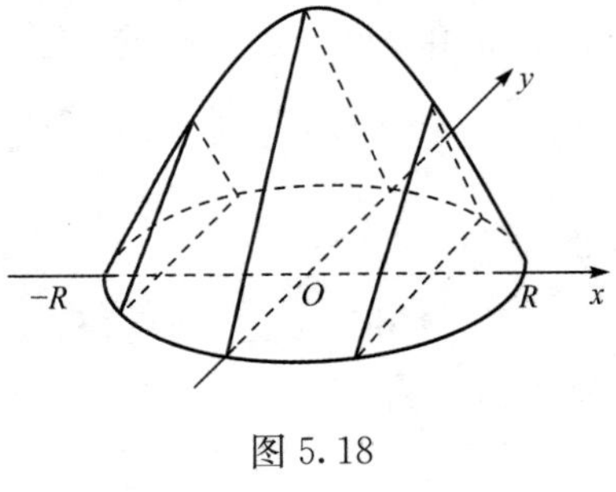

图 5.18

4. 求下列曲线弧的长度:
   (1) 抛物线 $y=\frac{1}{2}x^2$ 在点 $(0,0),\left(a,\frac{1}{2}a^2\right)$ 之间的一段弧;
   (2) 曲线 $y=\ln x$ 相应于 $\sqrt{3}\leqslant x\leqslant\sqrt{8}$ 的弧段;
   (3) 摆线 $x=a(t-\sin t),y=a(1-\cos t)$ 的一拱 $(0\leqslant t\leqslant 2\pi)$,其中 $a>0$;
   (4) 曲线 $r=\frac{1}{\theta}$ 相应于 $\theta=\frac{3}{4}$ 到 $\theta=\frac{4}{3}$ 的一段弧.

5.3　定积分的物理应用

5.3.1　变力沿直线所做的功

中学物理学给出了常力 F 沿直线所做的功 W 的计算公式

$$W=F\cdot S,$$

其中 S 为物体移动的距离,且力 F 的方向与物体运动的方向一致.

但在实际问题中常会遇到变力做功问题,同样可以应用定积分的微元法来解决.

如图 5.19 所示,设物体在变力 $F(x)$ 作用下从 $x=a$ 移动到 $x=b$. 在自变量 x 的变化区间 $[a,b]$ 上任取小区间 $[x,x+\mathrm{d}x]$,将这一小段距离内物体的受力近似地用 x 点的受力 $F(x)$ 来替代,则功微元 $\mathrm{d}W=F(x)\mathrm{d}x$,所以物体在变力 $F(x)$ 作用下从 $x=a$ 移动到 $x=b$ 所做的功为

$$W=\int_a^b F(x)\mathrm{d}x. \tag{5-12}$$

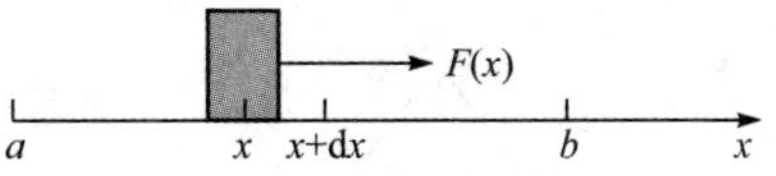

图 5.19

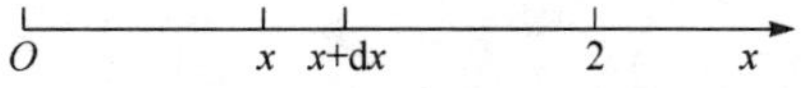

图 5.20

例 5.12　一物体按规律 $x=2t^2$ 做变速直线运动,所受到的阻力与速度的平方成正比(比例系数为 k),求物体从 $x=0$ 运动到 $x=2$ 时,克服阻力所做的功.

解　如图 5.20 建立坐标系. 取 x 为积分变量,则 $x\in[0,2]$. 在 $[0,2]$ 上任取小区间 $[x,x+\mathrm{d}x]$.

物体在点 x 处的速度 $\dfrac{\mathrm{d}x}{\mathrm{d}t}=4t=4\sqrt{\dfrac{x}{2}}=2\sqrt{2x}$,所受的阻力 $F(x)=k\left(\dfrac{\mathrm{d}x}{\mathrm{d}t}\right)^2=8kx$,当物体从点 x 移动到点 $x+\mathrm{d}x$ 时,阻力所做的功近似于 $F(x)\mathrm{d}x$,即功微元为

$$\mathrm{d}W=F(x)\mathrm{d}x=8kx\mathrm{d}x,$$

于是物体从 $x=0$ 运动到 $x=2$ 时,克服阻力所做的功为

$$W=\int_0^2 F(x)\mathrm{d}x=\int_0^2 8kx\,\mathrm{d}x=\left[4kx^2\right]_0^2=16k.$$

例 5.13　已知弹簧每拉长 0.02m 要用 9.8N 的力,求把弹簧拉长 0.1m 所做的功.

解 取弹簧端点的平衡位置作为原点 O,建立如图 5.21 所示的坐标系. 由物理学可知,当端点位于点 x 处时,所需力为

$$F=kx \quad (k\text{ 为比例常数}).$$

由题意知,$x=0.02\text{m}$ 时,$F=9.8\text{N}$,所以,$k=4.9\times10^2$,则变力函数为 $F=4.9\times10^2x$.

取 x 为积分变量,积分区间为$[0,0.1]$. 在$[0,0.1]$上任取一小区间$[x,x+\mathrm{d}x]$,将这一小区间内物体的受力近似地用 x 点的受力 $F(x)$来替代,从而得功微元为

$$\mathrm{d}W=4.9\times10^2x\mathrm{d}x,$$

所以,把弹簧拉长 0.1m 所做的功为

$$W=\int_0^{0.1}4.9\times10^2x\mathrm{d}x=2.45(\text{J}).$$

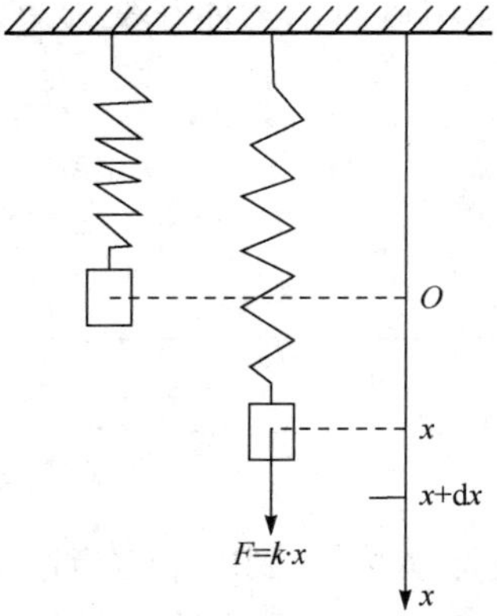

图 5.21

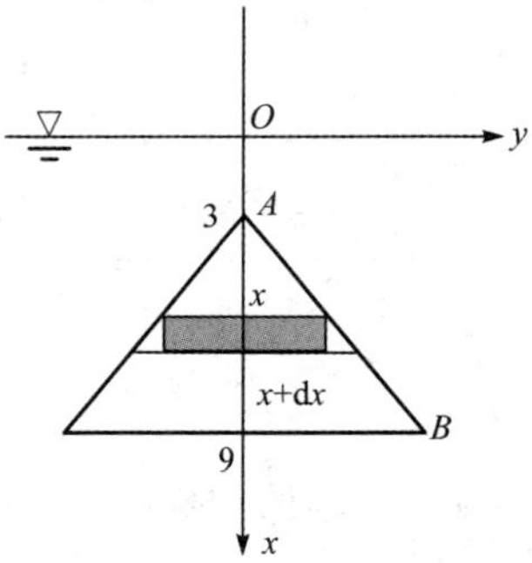

图 5.22

5.3.2 液体的压力

由物理学可知,一水平放置在液体中的薄片,若其面积为 A,距离液体表面的深度为 h,则该薄片的一侧所受的压力为

$$P=pA=\gamma hA,$$

其中 p 为压强,γ 为液体比重.

但若薄片铅直放置在液体中,由于不同深度的点压强不一样,此时,薄片的一侧所受的压力就不能利用上述方法计算. 下面通过例子说明其计算方法.

例 5.14 一底为 8cm,高为 6cm 的等腰三角形钢性薄板,垂直地沉没在水中,顶在上,底在下且与水面平行,而顶离水面 3cm,求它一侧所受水的压力.

解 建立如图 5.22 所示的坐标系,取 x 为积分变量,则积分区间为$[0.03,0.09]$.

显然点 A 的坐标为(0.03,0)，点 B 的坐标为(0.09,0.04)，故边 AB 所在的直线方程为 $y=\frac{2}{3}x-2$.

设$[x,x+\mathrm{d}x]$为$[0.03,0.09]$上任一小区间，三角形薄板上与之相应的窄条可近似看作是水平放置在距水面深度为 x 的位置上，且面积近似等于 $2\left(\frac{2}{3}x-2\right)\mathrm{d}x=4\left(\frac{x}{3}-1\right)\mathrm{d}x$. 记 γ 为水的密度，g 是重力加速度，于是压力微元为

$$\mathrm{d}P=\gamma\cdot g\cdot x\cdot 4\left(\frac{x}{3}-1\right)\mathrm{d}x=1000\cdot g\cdot x\cdot 4\left(\frac{x}{3}-1\right)\mathrm{d}x=4000x\left(\frac{x}{3}-1\right)\mathrm{d}x,$$

因此，所求压力为

$$P=4000g\int_{0.03}^{0.09}\left(\frac{x^2}{3}-x\right)\mathrm{d}x=4000g\left[\frac{1}{9}x^3-\frac{1}{2}x^2\right]_{0.03}^{0.09}=0.168g\approx 1.65(\mathrm{N}).$$

习题 5.3

1. 由实验知道，弹簧在拉伸过程中，需要的力 F(单位：N)与伸长量 s(单位：cm)成正比，即 $F=ks$(k 为比例常数). 如果把弹簧由原长拉伸 6cm，计算所做的功.

2. 一物体按规律 $x=t^3$ 做直线运动，媒质的阻力与速度的平方成正比. 计算物体由 $x=0$ 移到 $x=a$ 时，克服媒质阻力所做的功.

3. 有一圆台形的容器盛满了水，如果容器高 3m，上下底的半径分别为 1m 和 2m，试计算将容器中水吸尽所做的功.

4. 一水库闸门形状为等腰梯形，它的两条底边各长 10cm 和 6m，高为 20cm，较长的底边与水面相齐，计算闸门一侧所受的水的压力.

综合练习题五

一、单项选择题(将正确选项的序号填入括号内)

1. 曲线 $y=(x-1)(x-2)(3-x)$ 与 x 轴所围成图形的面积可表示为(　　).

(A) $\int_1^3(x-1)(x-2)(3-x)\mathrm{d}x$;

(B) $-\int_1^3(x-1)(x-2)(3-x)\mathrm{d}x$;

(C) $\int_1^2(x-1)(x-2)(3-x)\mathrm{d}x-\int_2^3(x-1)(x-2)(3-x)\mathrm{d}x$;

(D) $\int_2^3(x-1)(x-2)(3-x)\mathrm{d}x-\int_1^2(x-1)(x-2)(3-x)\mathrm{d}x$.

2. 设 $f(x)$，$g(x)$在$[a,b]$上连续，且 $g(x)<f(x)<m$(m 为常数)，则曲线 $y=f(x)$，$y=g(x)$，$x=a$，$x=b$ 所围的图形绕直线 $y=m$ 旋转一周而成的旋转体的体积为(　　).

(A) $\int_a^b\pi[2m-f(x)+g(x)][f(x)-g(x)]\mathrm{d}x$;

(B) $\int_a^b \pi[2m-f(x)-g(x)][f(x)-g(x)]\mathrm{d}x$;

(C) $\int_a^b \pi[m-f(x)+g(x)][f(x)-g(x)]\mathrm{d}x$;

(D) $\int_a^b \pi[m-f(x)-g(x)][f(x)-g(x)]\mathrm{d}x$.

3. 设在区间$[a,b]$上，$f(x)>0$，$f'(x)<0$，$f''(x)>0$. 记 $S_1=\int_a^b f(x)\mathrm{d}x$，$S_2=f(b)(b-a)$，$S_3=\frac{1}{2}[f(a)+f(b)](b-a)$，则(　　).

(A) $S_1<S_2<S_3$；　　(B) $S_2<S_3<S_1$；

(C) $S_3<S_1<S_2$；　　(D) $S_2<S_1<S_3$.

4. $y=\cos x\left(-\frac{\pi}{2}\leqslant x\leqslant\frac{\pi}{2}\right)$ 与 x 轴围成图形绕 x 轴旋转所成旋转体的体积为(　　).

(A) $\frac{\pi}{2}$；　　(B) π；　　(C) $\frac{\pi^2}{2}$；　　(D) π^2.

5. 曲线 $y^2=x^3$ 在区域$\{(x,y)\mid 0\leqslant x\leqslant 1,0\leqslant y\leqslant 1\}$内的曲线段的长度为(　　).

(A) $\sqrt{13}$；　　(B) $\frac{13}{17}\sqrt{13}-1$；　　(C) $\frac{8}{27}(\sqrt{13}-1)$；　　(D) $\frac{13}{17}\sqrt{13}-\frac{8}{27}$.

二、求位于曲线 $y=\mathrm{e}^x$ 下方，该曲线过原点的切线的左方及 x 轴上方之间的图形的面积.

三、已知曲线 $y=a\sqrt{x}\,(a>0)$与曲线 $y=\ln\sqrt{x}$在点(x_0,y_0)处有公共切线，求

(1) 常数 a 及切点(x_0,y_0)；

(2) 两曲线与 x 轴围成的平面图形的面积.

四、求曲线 $y=3-|x^2-1|$ 与 x 轴围成的封闭图形绕直线 $y=3$ 旋转所得的旋转体的体积.

五、求曲线 $y=\sqrt{x-x^2}+\arcsin\sqrt{x}$的弧长.

六、设 $F(x)=\begin{cases}\mathrm{e}^{2x}, & x\leqslant 0,\\ \mathrm{e}^{-2x}, & x>0,\end{cases}$ S 表示夹在 x 轴与曲线 $y=F(x)$之间的面积. 对任何 $t>0$，$S_1(t)$表示矩形 $-t\leqslant x\leqslant t,0\leqslant y\leqslant F(t)$的面积. 求

(1) $S(t)=S-S_1(t)$的表达式；

(2) $S(t)$的最小值.

第6章 微分方程

寻求变量之间的函数关系无论在理论上还是在实践中都具有重要的意义. 然而在许多问题中,难以直接找出所需要的函数关系,但是能够根据问题列出函数及其导数或微分的关系式,这样的关系式就是微分方程.

微分方程是一门相对独立、内容丰富且应用广泛的数学分支. 本章将结合一些典型问题,介绍微分方程的基本概念和几种常见微分方程的解法.

6.1 微分方程的基本概念

本节通过两个简单的例子来介绍微分方程的一些基本概念.

例 6.1 一平面曲线通过点(1,2),且在该曲线上任一点 $M(x,y)$处的切线的斜率为 $2x$,求这条曲线的方程.

解 设所求曲线的方程为 $y=y(x)$. 由导数的几何意义知,函数 $y=y(x)$满足关系式

$$\frac{dy}{dx}=2x. \tag{6-1}$$

同时还满足条件:$x=1$ 时 $y=2$. (6-2)

将式(6-1) 两端积分,得 $y=\int 2x dx$,得

$$y=x^2+C, \tag{6-3}$$

其中 C 是任意常数.

将条件(6-2)代入式(6-3),得 $C=1$,再把 $C=1$ 代入式(6-3),即得所求曲线方程

$$y=x^2+1. \tag{6-4}$$

例 6.2 列车在平直线路上以 25m/s 的速度行驶,当制动时列车获得加速度 -0.5m/s^2. 问开始制动后多长时间列车才能停住,以及列车在这段时间里行驶了多少路程?

解 设列车开始制动后 t 秒内行驶了 s 米. 根据题意,反映制动阶段列车运动

规律的函数 $s=s(t)$满足

$$\frac{d^2s}{dt^2}=-0.5. \tag{6-5}$$

此外,还满足条件:$t=0$ 时,$s=0$,$v=\frac{ds}{dt}=25$. (6-6)

对式(6-5)两端积分一次,得

$$v=\frac{ds}{dt}=-0.5t+C_1, \tag{6-7}$$

再积分一次,得

$$s=-0.25t^2+C_1t+C_2, \tag{6-8}$$

其中 C_1,C_2 都是任意常数.

把条件"$t=0$ 时 $v=25$"和"$t=0$ 时 $s=0$"分别代入式(6-7)和式(6-8),得 $C_1=25$,$C_2=0$. 于是有

$$v=-0.5t+25, \tag{6-9}$$

$$s=-0.25t^2+25t. \tag{6-10}$$

在式(6-9)中令 $v=0$,得到列车从开始制动到完全停止所需的时间为

$$t=\frac{25}{0.5}=50\text{s}.$$

再把 $t=50$ 代入式(6-10),得到列车在制动阶段行驶的路程为

$$s=-0.25\times 50^2+25\times 50=625(\text{m}).$$

上面两例中的式(6-1),式(6-5)和式(6-7),都含有未知函数的导数.

定义 6.1 含有未知函数的导数(或微分)的方程称为**微分方程**.

未知函数是一元函数的微分方程称为**常微分方程**,未知函数是多元函数的微分方程称为**偏微分方程**. 本章只讨论常微分方程.

定义 6.2 微分方程中未知函数的导数(或微分)的最高阶数,称为微分方程的**阶**.

例如,方程(6-1)是一阶微分方程;方程(6-5)是二阶微分方程. 又如,方程

$$x^4y'''+2y''+3y=e^x$$

是三阶微分方程;方程

$$y^{(4)}-10y''-12y'+5y=\sin 2x$$

是四阶微分方程.

一阶和二阶微分方程的一般形式分别为

$$F(x,y,y')=0,\quad F(x,y,y',y'')=0.$$

一般地,n 阶微分方程的一般形式是

$$F(x,y,y',\cdots,y^{(n)})=0, \tag{6-11}$$

其中 F 是 $n+2$ 元函数.

需要指出的是,在方程(6-11)中,n 阶微分方程中的 $y^{(n)}$ 必须出现,而 $x,y,y',\cdots,y^{(n-1)}$ 等变量则可以不出现. 例如,二阶微分方程方程 (6-5)中,除$\frac{d^2s}{dt^2}$外,其他变量都没有出现.

定义 6.3 使微分方程成为恒等式的函数 $y=y(x)$ 称为微分方程的**解**. 如果微分方程的解中含有**相互独立**的任意常数,且任意常数的个数与微分方程的阶数相同,这样的解称为微分方程的**通解**.

例如,函数 $y=x^2+C$ 是一阶微分方程$\frac{dy}{dx}=2x$ 的解,它含有一个任意常数,所以它是$\frac{dy}{dx}=2x$ 的通解. 又如,函数 $s=-0.25t^2+C_1t+C_2$ 是二阶微分方程$\frac{d^2s}{dt^2}=-0.5$ 的解,它含有两个相互独立的任意常数,所以它是$\frac{d^2s}{dt^2}=-0.5$ 的通解.

由于微分方程的通解中含有任意常数,因此它还不能完全确定地反映某些客观事物的规律性,所以需要确定这些任意常数的值. 用来确定微分方程通解中任意常数值的条件称为**初始条件**或**定解条件**.

例如,方程(6-1)的初始条件是$y|_{x=1}=2$;方程(6-5)的初始条件是$s|_{t=0}=0$ 和 $\left.\frac{ds}{dt}\right|_{t=0}=25$.

一般地,n 阶微分方程 $F(x,y,y',y'',\cdots,y^{(n)})=0$ 的初始条件是

$$y(x_0)=y_0,\quad y'(x_0)=y_1,\quad y''(x_0)=y_2,\quad \cdots,\quad y^{(n-1)}(x_0)=y_{n-1}. \tag{6-12}$$

确定了通解中的任意常数以后,便得到微分方程的**特解**. 例如,方程(6-1)的特解是式(6-4);方程(6-5)的特解是式(6-10).

带有初始条件的微分方程称为微分方程的**初值问题**.

一阶微分方程的初值问题为

$$\begin{cases} f(x,y,y')=0, \\ y|_{x=x_0}=y_0. \end{cases}$$

二阶微分方程的初值问题为

$$\begin{cases} f(x,y,y',y'')=0, \\ y|_{x=x_0}=y_0, y'|_{x=x_0}=y_1. \end{cases}$$

微分方程解的图形称为微分方程的**积分曲线**.

习题 6.1

1. 指出下列微分方程的阶：

(1) $\sqrt{\frac{\mathrm{d}y}{\mathrm{d}t}}=y\tan t+3t^3\sin t+1$；

(2) $\frac{\mathrm{d}^4y}{\mathrm{d}x^4}+4\left(y\frac{\mathrm{d}y}{\mathrm{d}x}\right)^3=0$；

(3) $\frac{\mathrm{d}^2y}{\mathrm{d}x^2}+4\left(y\frac{\mathrm{d}y}{\mathrm{d}x}\right)^5=x+2y\cot x,\quad y|_{x=0}=0,\quad y'|_{x=0}=1$；

(4) $(y^2+3)\mathrm{d}x+xy\mathrm{d}y=5\mathrm{d}y$.

2. 验证下列已知函数是所给微分方程的解，并指出是通解还是特解：

(1) $\frac{\mathrm{d}^2y}{\mathrm{d}x^2}+\omega^2y=0,\omega>0,y=C_1\cos\omega x+C_2\sin\omega x$，其中 C_1,C_2 为任意常数；

(2) $(xy-x)y''+x(y')^2+yy'-2y'=0,y=\ln(xy)$.

3. 确定下列各函数关系式中所含参数，使满足所给的定解条件：

(1) $x^2-y^2=C,\quad y|_{x=0}=5$；

(2) $y=(C_1+C_2x)\mathrm{e}^{2x},\quad y|_{x=0}=y'|_{x=0}=1$.

4. 能否适当地选取常数 λ，使函数 $y=\mathrm{e}^{\lambda x}$ 成为方程 $y''-9y=0$ 的解？

5. 写出由下列条件确定的曲线所满足的微分方程：

(1) 曲线在点 $M(x,y)$ 处的切线的斜率等于该点横坐标的平方；

(2) 曲线在点 $P(x,y)$ 处的法线与 x 轴的交点为 Q，且线段 PQ 被 y 轴平分.

6. 细菌在时刻 t 的种群增长率为该时刻种群大小 $y(t)$ 的 $\frac{1}{5}$，试用微分方程描述该细菌的增长过程.

6.2 一阶微分方程

一阶微分方程是最基本的一类微分方程，它的一般形式为

$$F(x,y,y')=0,\quad y'=f(x,y)\quad 或\quad P(x,y)\mathrm{d}x+Q(x,y)\mathrm{d}y=0,$$

下面介绍几种常见的一阶微分方程及其解法.

6.2.1 可分离变量的微分方程

如果一个一阶微分方程能够化为形如

$$g(y)\mathrm{d}y=f(x)\mathrm{d}x \tag{6-13}$$

的形式，也就是说，能把微分方程化为一端只含 y 的函数和 $\mathrm{d}y$，另一端只含 x 的函数和 $\mathrm{d}x$，那么原微分方程就称为**可分离变量的微分方程**.

显然,可分离变量的微分方程可通过积分求解.

假定方程(6-13)中的函数 $g(y)$ 和 $f(x)$ 是连续的,将式(6-13)两端积分,得

$$\int g(y)\mathrm{d}y=\int f(x)\mathrm{d}x. \tag{6-14}$$

设 $G(y)$ 及 $F(x)$ 分别为 $g(y)$ 和 $f(x)$ 的原函数,则式(6-14)即为

$$G(y)=F(x)+C, \tag{6-15}$$

其中 C 为任意常数. 式(6-15)就是微分方程(6-13)的通解. 有时这个解可能以隐函数形式给出,则称为**隐式解**或**隐式通解**.

例 6.3 求微分方程 $\dfrac{\mathrm{d}y}{\mathrm{d}x}=3x^2y$ 的通解.

解 将该方程分离变量,得

$$\frac{\mathrm{d}y}{y}=3x^2\mathrm{d}x,$$

两端积分

$$\int\frac{\mathrm{d}y}{y}=\int 3x^2\mathrm{d}x,$$

于是,有

$$\ln|y|=x^3+C_1,$$

即 $|y|=\mathrm{e}^{x^3+C_1}=\mathrm{e}^{C_1}\mathrm{e}^{x^3}$,亦即

$$y=\pm\mathrm{e}^{C_1}\mathrm{e}^{x^3}.$$

因 $\pm\mathrm{e}^{C_1}$ 仍是任意常数,将其记为 C,便得到所求微分方程的通解为

$$y=C\mathrm{e}^{x^3}.$$

以后在类似的情况下可以把 $\ln|y|=x^3+C_1$ 直接简写成 $\ln|y|=x^3+\ln|C|$,最后得出通解 $y=C\mathrm{e}^{x^3}$,这里 C 为任意常数.

例 6.4 求微分方程 $(1+x^2)\mathrm{d}y+xy\mathrm{d}x=0$ 的通解.

解 分离变量,得

$$\frac{\mathrm{d}y}{y}=-\frac{x}{1+x^2}\mathrm{d}x.$$

两端积分

$$\int\frac{\mathrm{d}y}{y}=-\int\frac{x}{1+x^2}\mathrm{d}x.$$

于是,有

$$\ln|y|=-\frac{1}{2}\ln(1+x^2)+\ln|C|,$$

所以,方程的通解为

$$y=\frac{C}{\sqrt{1+x^2}}.$$

例 6.5 求方程$\frac{\mathrm{d}y}{\mathrm{d}x}=y^2\sin x$满足初始条件$y|_{x=0}=-1$的特解.

解 分离变量,得

$$\frac{1}{y^2}\mathrm{d}y=\sin x\mathrm{d}x.$$

两边积分

$$\int\frac{1}{y^2}\mathrm{d}y=\int\sin x\mathrm{d}x,$$

于是,得$-\frac{1}{y}=-\cos x+C$,所以该方程的通解为

$$y=\frac{1}{\cos x-C}.$$

将初始条件$y|_{x=0}=-1$代入通解,得$C=2$,从而所求特解为

$$y=\frac{1}{\cos x-2}.$$

例 6.6 求满足下列条件的可微函数$y=f(x)$:

(1) $\int_1^x(4t+5)f(t)\mathrm{d}t=3(x+2)\int_1^x f(t)\mathrm{d}t$;

(2) $f(0)=1$.

解 条件(1)两边对x求导,得

$$(4x+5)f(x)=3\int_1^x f(t)\mathrm{d}t+3(x+2)f(x),$$

再求导,得

$$f'(x)=\frac{2}{x-1}f(x).$$

上式是可分离变量的微分方程.分离变量,得

$$\frac{1}{f(x)}\mathrm{d}f(x)=\frac{2}{x-1}\mathrm{d}x.$$

两边积分,有$\ln|f(x)|=\ln(x-1)^2+\ln|C|$,即

$$f(x)=C(x-1)^2.$$

由条件(2)得$C=1$.故所求可微函数为

$$f(x)=(x-1)^2.$$

例 6.7 某公司t年净资产(单位:百万元)有$W(t)$,并且资产本身以每年5%的速度连续增长,同时该公司每年要以3千万元的数额连续支付职工工资.

(1) 给出描述净资产 $W(t)$ 的微分方程；

(2) 求解(1)中的微分方程,假设初始净资产为 W_0.

解 (1) 因为

净资产增长速度=资产本身增长速度−职工工资支付速度,

故得微分方程

$$\frac{dW}{dt}=0.05W-30.$$

(2) 分离变量,得

$$\frac{dW}{W-600}=0.05dt,$$

两边积分,得 $\ln|W-600|=0.05t+\ln|C|$,于是

$$W-600=Ce^{0.05t}.$$

将 $W(0)=W_0$ 代入上式,则方程的特解为

$$W=600+(W_0-600)e^{0.05t}.$$

6.2.2 齐次方程

如果一阶微分方程可表示为

$$\frac{dy}{dx}=\varphi\left(\frac{y}{x}\right) \tag{6-16}$$

的形式,则称此方程为**齐次方程**. 例如

$$(xy-y^2)dx-(x^2-2xy)dy=0$$

是齐次方程. 因为该方程可化为

$$\frac{dy}{dx}=\frac{xy-y^2}{x^2-2xy}=\frac{\frac{y}{x}-\left(\frac{y}{x}\right)^2}{1-2\left(\frac{y}{x}\right)^2}.$$

下面给出齐次方程的一般解法.

对于齐次方程

$$\frac{dy}{dx}=\varphi\left(\frac{y}{x}\right),$$

作变量代换,令 $u=\frac{y}{x}$,则 $y=xu$,于是

$$dy=udx+xdu,\quad \frac{dy}{dx}=u+x\frac{du}{dx}.$$

代入齐次方程，得 $u+x\dfrac{\mathrm{d}u}{\mathrm{d}x}=\varphi(u)$，即

$$x\frac{\mathrm{d}u}{\mathrm{d}x}=\varphi(u)-u.$$

分离变量，得

$$\frac{\mathrm{d}u}{\varphi(u)-u}=\frac{\mathrm{d}x}{x},$$

两边积分，有

$$\int\frac{\mathrm{d}u}{\varphi(u)-u}=\int\frac{\mathrm{d}x}{x}. \tag{6-17}$$

求出积分后，再用 $\dfrac{y}{x}$ 代替 u，便得所给齐次方程的通解.

例 6.8 求微分方程 $xy'=y(1+\ln y-\ln x)$ 的通解.

解 原方程可化为

$$\frac{\mathrm{d}y}{\mathrm{d}x}=\frac{y}{x}\left(1+\ln\frac{y}{x}\right),$$

令 $u=\dfrac{y}{x}$，则 $\dfrac{\mathrm{d}y}{\mathrm{d}x}=u+x\dfrac{\mathrm{d}u}{\mathrm{d}x}$，于是

$$u+x\frac{\mathrm{d}u}{\mathrm{d}x}=u(1+\ln u)=u+u\ln u,$$

化简得

$$x\frac{\mathrm{d}u}{\mathrm{d}x}=u\ln u.$$

分离变量，有

$$\frac{\mathrm{d}u}{u\ln u}=\frac{\mathrm{d}x}{x},$$

两端积分，得

$$\ln|\ln u|=\ln|x|+\ln|C|,$$

即

$$\ln u=Cx,$$

亦即 $u=\mathrm{e}^{Cx}$. 故方程通解为

$$y=x\mathrm{e}^{Cx}.$$

例 6.9 求微分方程 $\dfrac{\mathrm{d}y}{\mathrm{d}x}=\dfrac{1}{x-y}+1$ 的通解.

解 该方程不是可分离变量的微分方程，但也可通过变量代换化为可分离变量的微分方程.

令 $x-y=u$,则 $y=x-u,\frac{dy}{dx}=1-\frac{du}{dx}$. 代入原方程,得

$$\frac{du}{dx}=-\frac{1}{u}.$$

分离变量,有

$$udu=-dx,$$

两边积分,得

$$\frac{u^2}{2}=-x+\frac{C}{2},$$

以 $u=x-y$ 代入上式,即得原方程的通解为

$$(x-y)^2=-2x+C.$$

6.2.3　一阶线性微分方程

形如

$$\frac{dy}{dx}+p(x)y=q(x) \tag{6-18}$$

的方程,称为**一阶线性微分方程**.

如果 $q(x)\equiv 0$,则方程(6-18)变为

$$\frac{dy}{dx}+p(x)y=0, \tag{6-19}$$

称为**一阶齐次线性微分方程**. 如果 $q(x)\neq 0$,则称方程(6-18)为**一阶非齐次线性微分方程**.

一阶齐次线性微分方程(6-19)是可分离变量的微分方程. 分离变量,得

$$\frac{1}{y}dy=-p(x)dx.$$

两端积分,有

$$\ln|y|=-\int p(x)dx+\ln|C|.$$

于是齐次线性微分方程(6-19)的通解为

$$y=Ce^{-\int p(x)dx}. \tag{6-20}$$

对于一阶线性非齐次微分方程(6-18),可用"**常数变易法**"求它的通解.

所谓"常数变易法",就是将非齐次线性微分方程(6-18)所对应的齐次线性微分方程(6-18)的通解

$$y=Ce^{-\int p(x)dx}$$

中的任意常数 C 变换成**待定函数** $C(x)$,即设非齐次线性微分方程(6-18)的解有如下形式

$$y=C(x)\mathrm{e}^{-\int p(x)\mathrm{d}x}, \tag{6-21}$$

从而确定待定函数 $C(x)$,进而求出非齐次线性微分方程的解.

式(6-21)对 x 求导,得

$$\frac{\mathrm{d}y}{\mathrm{d}x}=\frac{\mathrm{d}C(x)}{\mathrm{d}x}\mathrm{e}^{-\int p(x)\mathrm{d}x}-C(x)p(x)\mathrm{e}^{-\int p(x)\mathrm{d}x}. \tag{6-22}$$

将式(6-21)和式(6-22)代入非齐次线性微分方程(6-18),有

$$\frac{\mathrm{d}C(x)}{\mathrm{d}x}\mathrm{e}^{-\int p(x)\mathrm{d}x}-C(x)p(x)\mathrm{e}^{-\int p(x)\mathrm{d}x}+C(x)p(x)\mathrm{e}^{-\int p(x)\mathrm{d}x}=q(x),$$

于是,得

$$\frac{\mathrm{d}C(x)}{\mathrm{d}x}=q(x)\mathrm{e}^{\int p(x)\mathrm{d}x}.$$

两边积分,有

$$C(x)=\int q(x)\mathrm{e}^{\int p(x)\mathrm{d}x}\mathrm{d}x+C,$$

其中 C 为任意常数.

把上式代入式(6-21),则非齐次线性微分方程(6-18)的通解为

$$y=\mathrm{e}^{-\int p(x)\mathrm{d}x}\left(\int q(x)\mathrm{e}^{\int p(x)\mathrm{d}x}\mathrm{d}x+C\right). \tag{6-23}$$

将式(6-23)改写成两项之和,有

$$y=C\mathrm{e}^{-\int p(x)\mathrm{d}x}+\mathrm{e}^{-\int p(x)\mathrm{d}x}\int q(x)\mathrm{e}^{\int p(x)\mathrm{d}x}\mathrm{d}x. \tag{6-24}$$

可见,上式右端第一项是对应的齐次线性微分方程(6-19)的通解,第二项是非齐次线性微分方程(6-18)的一个特解(在(6-24)中取 $C=0$ 便得到这个特解).

由此可知,**一阶非齐次线性方程的通解等于对应的齐次线性方程的一个通解与自身的一个特解之和.**

例 6.10 求微分方程 $\frac{\mathrm{d}y}{\mathrm{d}x}-\frac{2}{x+1}y=(x+1)^{\frac{5}{2}}$ 的通解.

解 这是一个非齐次线性微分方程.

(1) 求对应的齐次线性微分方程 $\frac{\mathrm{d}y}{\mathrm{d}x}-\frac{2}{x+1}y=0$ 的通解.

由式(6-20),该齐次线性微分方程的通解为

$$y=C\mathrm{e}^{-\int\left(-\frac{2}{x+1}\right)\mathrm{d}x}=C\mathrm{e}^{2\int\frac{1}{x+1}\mathrm{d}x}=C\mathrm{e}^{2\ln|x+1|}=C\mathrm{e}^{\ln(x+1)^2}=C(x+1)^2.$$

(2) 求非齐次线性微分方程的通解.

用常数变易法,将齐次线性微分方程通解中的常数 C 换成待定函数 $C(x)$,设

所求非齐次线性微分方程的通解为 $y=C(x)(x+1)^2$，则

$$\frac{dy}{dx}=\frac{dC(x)}{dx}(x+1)^2+2C(x)(x+1).$$

代入所求非齐次线性微分方程，得

$$\frac{dC(x)}{dx}=(x+1)^{\frac{1}{2}},$$

两边积分，得 $C(x)=\frac{2}{3}(x+1)^{\frac{3}{2}}+C$，故所求方程的通解为

$$y=(x+1)^2\left[\frac{2}{3}(x+1)^{\frac{3}{2}}+C\right].$$

亦即

$$y=C(x+1)^2+\frac{2}{3}(x+1)^{\frac{7}{2}}.$$

例 6.11　求微分方程 $x^2y'+xy=1$ 的通解.

解　方程可化为

$$y'+\frac{1}{x}y=\frac{1}{x^2},$$

这是一个非齐次线性微分方程.

对应的齐次方程的通解为

$$y=Ce^{-\int\frac{1}{x}dx}=Ce^{-\ln|x|}=\frac{C}{x}.$$

用常数变易法，设所求方程的通解为 $y=\frac{C(x)}{x}$，则 $y'=\frac{C'(x)}{x}-\frac{C(x)}{x^2}$，代入所求方程，得

$$C'(x)=\frac{1}{x}.$$

两边积分，得

$$C(x)=\ln|x|+C.$$

从而所求方程的通解为

$$y=\frac{1}{x}(\ln|x|+C)=\frac{C}{x}+\frac{\ln|x|}{x}.$$

例 6.12　求方程 $ydx+(xy+x-e^y)dy=0$ 的通解.

解　把 y 看作自变量，把 x 看作因变量时，方程可化为

$$\frac{dx}{dy}+\frac{y+1}{y}x=\frac{e^y}{y},$$

这是一阶线性微分方程，其中

$$p(y)=\frac{y+1}{y},\quad q(y)=\frac{e^y}{y}.$$

直接利用式(6-23)得其通解为

$$x=e^{-\int\frac{y+1}{y}dy}\left[\int\frac{e^y}{y}e^{\int\frac{y+1}{y}dy}dy+C\right]=\frac{e^{-y}}{y}\left(\frac{1}{2}e^{2y}+C\right)=\frac{1}{2y}(e^y+Ce^{-y}).$$

例 6.13 设可导函数 $f(x)$满足

$$f(x)+3\int_0^x f(t)dt=(x-1)e^x,$$

求函数 $f(x)$.

解 由题设,令 $x=0$,得 $f(0)=-1$.

由变上限积分的求导公式,对已知等式两边关于 x 求导数,得

$$f'(x)+3f(x)=xe^x.$$

这是一个非齐次线性微分方程.其对应的齐次线性微分方程的通解为

$$f(x)=Ce^{-\int 3dx}=Ce^{-3x}.$$

令 $f(x)=C(x)e^{-3x}$,则 $f'(x)=C'(x)e^{-3x}-3C(x)e^{-3x}$,代入非齐次线性微分方程,得

$$C'(x)=xe^{4x},$$

两边积分,得 $C(x)=\frac{1}{4}xe^{4x}-\frac{1}{16}e^{4x}+C$,于是非齐次线性微分方程的通解为

$$f(x)=\frac{1}{4}xe^x-\frac{1}{16}e^x+Ce^{-3x}.$$

代入已知条件 $f(0)=-1$,得 $C=-\frac{15}{16}$. 于是所求的函数为

$$f(x)=\frac{1}{4}xe^x-\frac{1}{16}e^x-\frac{15}{16}e^{-3x}.$$

例 6.14 在空气中自由落下初始质量为 m_0 的雨点均匀地蒸发着,设每秒蒸发 m,空气阻力和雨点速度成正比,如果开始雨点速度为零,试求雨点运动速度和时间的关系.

解 这是一个动力学问题.设时刻 t 雨点运动速度为 $v(t)$,这时雨点的质量为 m_0-mt,于是由牛顿第二定律知

$$(m_0-mt)\frac{dv}{dt}=(m_0-mt)g-kv,\quad v(0)=0.$$

这是一个一阶非齐次线性微分方程,其通解为

$$v=e^{-\int\frac{k}{m_0-mt}dt}\left(\int ge^{\int\frac{k}{m_0-mt}dt}dt+C\right)=-\frac{g}{m-k}(m_0-mt)+C(m_0-mt)^{\frac{k}{m}}.$$

由 $v(0)=0$,得 $C=\frac{g}{m-k}m_0^{\frac{m-k}{m}}$. 故

$$v=-\frac{g}{m-k}(m_0-mt)+\frac{g}{m-k}m_0^{\frac{m-k}{m}}(m_0-mt)^{\frac{k}{m}}.$$

例 6.15 设某企业 t 时刻产值 $y(t)$ 的增长率与产值 $y(t)$ 以及新增投资 $2bt$ 有关,并有方程

$$y'=-2aty+2bt,$$

其中 a,b 均为正常数,$y(0)=y_0<b$,求 $y(t)$.

解 题设方程是一阶非齐次线性微分方程,对应的齐次方程为

$$y'=-2aty.$$

其通解为

$$y=Ce^{-\int 2at\mathrm{d}t}=Ce^{-at^2}.$$

令非齐次线性微分方程通解为 $y=C(t)e^{-at^2}$,则 $y'=C'(t)e^{-at^2}-2atC(t)e^{-at^2}$,代入非齐次线性微分方程,得

$$C'(t)=2bte^{at^2}.$$

积分,得 $C(t)=\frac{b}{a}e^{at^2}+C$,于是非齐次线性微分方程的通解为

$$y(t)=Ce^{-at^2}+\frac{b}{a}.$$

将初始条件 $y(0)=y_0$ 代入通解,得 $C=y_0-\frac{b}{a}$,故所求产值函数为

$$y(t)=\left(y_0-\frac{b}{a}\right)e^{-at^2}+\frac{b}{a}.$$

*6.2.4 伯努利(Bernoulli)方程

形如

$$\frac{\mathrm{d}y}{\mathrm{d}x}+P(x)y=Q(x)y^{\alpha}\quad(\alpha\neq 0,1)\tag{6-25}$$

的微分方程叫做**伯努利方程**.

当 $\alpha=0$ 时,方程(6-25)是一阶非齐次线性微分方程 $\frac{\mathrm{d}y}{\mathrm{d}x}+P(x)y=Q(x)$;当 $\alpha=1$ 时,方程(6-25)是一阶齐次线性微分方程 $\frac{\mathrm{d}y}{\mathrm{d}x}+[P(x)-Q(x)]y=0$.

当 $\alpha\neq 0,1$ 时,方程(6-25)是一阶非线性微分方程,可通过变量代换可化为一阶线性微分方程.

当 $\alpha\neq0,1$ 时,将方程(6-25)两边同除以 y^{α},得

$$y^{-\alpha}\frac{\mathrm{d}y}{\mathrm{d}x}+P(x)y^{1-\alpha}=Q(x),$$

即

$$\frac{1}{1-\alpha}\frac{\mathrm{d}(y^{1-\alpha})}{\mathrm{d}x}+P(x)y^{1-\alpha}=Q(x),$$

亦即

$$\frac{\mathrm{d}(y^{1-\alpha})}{\mathrm{d}x}+(1-\alpha)P(x)y^{1-\alpha}=(1-\alpha)Q(x).$$

令 $z=y^{1-\alpha}$,则有

$$\frac{\mathrm{d}z}{\mathrm{d}x}+(1-\alpha)P(x)z=(1-\alpha)Q(x).$$

该方程是关于 z 的一阶非齐次线性微分方程.

例 6.16 求微分方程 $\frac{\mathrm{d}y}{\mathrm{d}x}-\frac{6y}{x}=-xy^2$ 的通解.

解 这是 $n=2$ 时的伯努利方程.将方程两边除以 y^2,得

$$y^{-2}\frac{\mathrm{d}y}{\mathrm{d}x}-\frac{6}{x}y^{-1}=-x.$$

令 $z=y^{-1}$,方程化为

$$\frac{\mathrm{d}z}{\mathrm{d}x}+\frac{6}{x}z=x,$$

这是一阶非齐次线性微分方程,求得它的通解为

$$z=\frac{C}{x^6}+\frac{x^2}{8}.$$

代回原来的变量 y,得原方程的通解为

$$\frac{1}{y}=\frac{C}{x^6}+\frac{x^2}{8} \quad 或 \quad \frac{x^6}{y}-\frac{x^8}{8}=C.$$

此外,该方程还有解 $y=0$.

习题 6.2

1. 求下列微分方程的通解:

(1) $xy'-y\ln y=0$;　　(2) $y'-xy'=k(y^2+y')$;

(3) $\cos x\sin y\mathrm{d}x+\sin x\cos y\mathrm{d}y=0$;　　(4) $\frac{\mathrm{d}y}{\mathrm{d}x}=10^{x+y}$;

(5) $(\mathrm{e}^{x+y}-\mathrm{e}^{x})\mathrm{d}x+(\mathrm{e}^{x+y}+\mathrm{e}^{y})\mathrm{d}y=0$;　　(6) $(y+1)^2\frac{\mathrm{d}y}{\mathrm{d}x}+x^3=0$.

2. 求下列微分方程满足初始条件的特解:

(1) $y'=e^{2x-y}$, $y|_{x=2}=0$;

(2) $y'\sin x=y\ln y$, $y|_{x=\frac{\pi}{2}}=e$;

(3) $x\mathrm{d}y+2y\mathrm{d}x=0$, $y|_{x=2}=1$;

(4) $\cos y\mathrm{d}x+(1+e^{-x})\sin y\mathrm{d}y=0$, $y|_{x=0}=\dfrac{\pi}{4}$.

3. 求下列微分方程的解：

(1) $y'=\dfrac{y}{x}+\tan\dfrac{y}{x}$;

(2) $(x^2+y^2)\mathrm{d}x-xy\mathrm{d}y=0$;

(3) $x^2\dfrac{\mathrm{d}y}{\mathrm{d}x}=xy-y^2$, $y|_{x=1}=1$;

(4) $(y^2-3x^2)\mathrm{d}y+2xy\mathrm{d}x=0$, $y|_{x=0}=1$.

4. 求下列微分方程的通解：

(1) $\dfrac{\mathrm{d}y}{\mathrm{d}x}+y=e^{-x}$;

(2) $y'+y\tan x=\sin 2x$;

(3) $\dfrac{\mathrm{d}x}{\mathrm{d}t}-2tx=e^{t^2}$;

(4) $(1+x^2)\dfrac{\mathrm{d}y}{\mathrm{d}x}-xy=x(1+x^2)$;

(5) $(x+y^3)\mathrm{d}y-y\mathrm{d}x=0$;

(6) $y'\csc x+y=\sin^2 x$.

5. 求下列微分方程满足初始条件的特解：

(1) $y'-2xy=x-x^3$, $y|_{x=0}=1$;

(2) $y'-y\tan x=\sec x$, $y|_{x=0}=1$;

(3) $\dfrac{\mathrm{d}x}{\mathrm{d}t}+3x=e^{-2t}$, $x|_{t=0}=0$;

(4) $\dfrac{\mathrm{d}y}{\mathrm{d}x}+\dfrac{2-3x^2}{x^3}y=1$, $y|_{x=1}=0$.

6. 一曲线经过原点，并且它在点 $M(x,y)$ 处的切线斜率等于 $2x+y$，求其方程.

7. 设函数 $y=f(x)$ 可导且满足方程 $\int_0^x f(t)\mathrm{d}t=x^2+f(x)$，求 $f(x)$.

8. 一个质量为 m 的物体在离地面不太高的地方由静止开始落下，它受到两个力的作用，一个是向下的力 mg，一个是与物体速度成正比的阻力，所以

$$F=ma=m\frac{\mathrm{d}v}{\mathrm{d}t}=mg-av,$$

其中 a 是比例常数.

(1) 求 t 的函数 $v(t)$;

(2) 证明物体的下落速度不会无限增加，而趋于一个平衡值 $\dfrac{mg}{a}$.

9. 求下列微分方程方程的通解：

(1) $\dfrac{\mathrm{d}y}{\mathrm{d}x}=x+y$;

(2) $xy'+x=\cos(x+y)$;

(3) $xy'\cos y-3\sin y=x^2$;

(4) $\dfrac{\mathrm{d}y}{\mathrm{d}x}-\dfrac{y}{x}=-\dfrac{\cos x}{x}y^2$.

6.3 可降阶的高阶微分方程

从本节起将讨论二阶及二阶以上的微分方程,即所谓的**高阶微分方程**. 对于有些高阶微分方程,可以通过适当的变量替换化成较低阶的方程来求解. 降阶法是求解高阶微分方程的一种较为常用的方法.

下面介绍三类可降阶的高阶微分方程的求解方法.

6.3.1 $y^{(n)}=f(x)$型的微分方程

微分方程

$$y^{(n)}=f(x) \tag{6-26}$$

的右端仅含有自变量 x,只要把 $y^{(n-1)}$ 作为新的未知函数,那么(6-26)就是新函数的一阶微分方程.

对 $y^{(n)}=f(x)$两边积分,就得到一个 $n-1$ 阶的微分方程

$$y^{(n-1)}=\int f(x)\mathrm{d}x+C_1.$$

同理

$$y^{(n-2)}=\int\left[\int f(x)\mathrm{d}x+C_1\right]\mathrm{d}x+C_2.$$

依此连续积分 n 次,便可得到方程(6-26)的含有 n 个任意常数的通解.

例 6.17 求微分方程 $y''=\dfrac{1}{\sqrt{1-x^2}}$的通解.

解 对所给方程连续积分两次,得

$$y'=\arcsin x+C_1,$$

$$y=\int(\arcsin x+C_1)\mathrm{d}x=x\arcsin x+\sqrt{1-x^2}+C_1x+C_2.$$

这就是所求的通解.

例 6.18 求微分方程 $y'''=\dfrac{1}{x}$在初始条件 $y''|_{x=1}=1,y'|_{x=1}=0,y|_{x=1}=0$ 下的特解.

解 对所给方程两边积分,得

$$y''=\ln x+C_1.$$

将条件 $y''|_{x=1}=1$ 代入上式,得 $C_1=1$. 于是

$$y''=\ln x+1.$$

对上面方程两边积分,得

$$y'=x\ln x+C_2.$$

将条件 $y'|_{x=1}=0$ 代入上式，得 $C_2=0$. 于是

$$y'=x\ln x.$$

对上面方程两边积分，得

$$y=\frac{x^2}{2}\ln x-\frac{x^2}{4}+C_3.$$

将条件 $y|_{x=1}=0$ 代入上式，得 $C_3=\frac{1}{4}$. 于是所求方程的特解为

$$y=\frac{x^2}{2}\ln x-\frac{1}{4}(x^2-1).$$

6.3.2　$y''=f(x,y')$ 型的微分方程

微分方程

$$y''=f(x,y') \tag{6-27}$$

的右端不显含未知函数 y. 这类方程可通过变量代换化为一阶微分方程.

作变量代换 $y'=p(x)$，则 $y''=p'$. 此时方程(6-27)就化为

$$p'=f(x,p).$$

这是一个关于变量 x,p 的一阶微分方程. 设其通解为

$$p=\varphi(x,C_1),$$

但 $p=\frac{\mathrm{d}y}{\mathrm{d}x}$，因此又得到一个一阶微分方程

$$\frac{\mathrm{d}y}{\mathrm{d}x}=\varphi(x,C_1).$$

对它积分，便得到方程(6-27)的通解

$$y=\int\varphi(x,C_1)\mathrm{d}x+C_2.$$

例 6.19　求微分方程 $y''=x+y'$ 满足初始条件 $y|_{x=0}=0, y'|_{x=0}=0$ 的特解.

解　设 $y'=p$，则 $y''=\frac{\mathrm{d}p}{\mathrm{d}x}$. 代入微分方程 $y''=x+y'$，得

$$\frac{\mathrm{d}p}{\mathrm{d}x}=x+p.$$

这是一阶非齐次线性微分方程.

先求对应的齐次线性方程 $\frac{\mathrm{d}p}{\mathrm{d}x}=p$ 的通解. 由通解公式，得

$$p=y'=C\mathrm{e}^{-\int(-1)\mathrm{d}x}=C\mathrm{e}^{x}.$$

用常数变易法,令$\frac{dp}{dx}=x+p$的通解为$p=C(x)e^x$,则$\frac{dp}{dx}=C'(x)e^x+C(x)e^x$,代入$\frac{dp}{dx}=x+p$,得

$$C'(x)e^x=x,\text{即 } C'(x)=xe^{-x},$$

积分得 $C(x)=\int xe^{-x}dx=-xe^{-x}-e^{-x}+C_1$,于是有

$$p=y'=C(x)e^x=(-xe^{-x}-e^{-x}+C_1)e^x=-x-1+C_1e^x.$$

由条件$y'|_{x=0}=0$,得 $C_1=1$. 从而

$$y'=-x-1+e^x,$$

再积分,得

$$y=-\frac{1}{2}x^2-x+e^x+C_2,$$

又由条件$y|_{x=0}=0$,得 $C_2=-1$,于是所求特解为

$$y=-\frac{1}{2}x^2-x+e^x-1.$$

6.3.3 $y''=f(y,y')$型的微分方程

微分方程

$$y''=f(y,y') \tag{6-28}$$

的右端不显含自变量 x.

作变量代换 $y'=\frac{dy}{dx}=p(y)$,则利用复合函数的求导法则,有

$$y''=\frac{dp}{dx}=\frac{dp}{dy}\cdot\frac{dy}{dx}=p\frac{dp}{dy}.$$

因此方程(6-28)化成了 $p(y)$关于变量 y 的一阶微分方程

$$p\frac{dp}{dy}=f(y,p),$$

设它的通解为

$$y'=p=\varphi(y,C_1).$$

这是可分离变量的微分方程. 分离变量并积分,便得到方程(6-28)的通解为

$$\int\frac{dy}{\varphi(y,C_1)}=x+C_2.$$

例 6.20 求微分方程 $2yy''=(y')^2+1$ 的通解.

解 设 $y'=p(y)$,则 $y''=p\frac{dp}{dy}$,代入原方程,得 $2yp\frac{dp}{dy}=p^2+1$. 分离变

量,得

$$\frac{2p}{p^2+1}\mathrm{d}p=\frac{1}{y}\mathrm{d}y.$$

两边积分,有 $\ln(p^2+1)=\ln|y|+\ln|C_1|$,即

$$p^2+1=C_1y.$$

将 $p=\frac{\mathrm{d}y}{\mathrm{d}x}$代入上式得

$$\left(\frac{\mathrm{d}y}{\mathrm{d}x}\right)^2+1=C_1y.$$

分离变量,有$\frac{\mathrm{d}y}{\pm\sqrt{C_1y-1}}=\mathrm{d}x$. 两边积分,得

$$y=\frac{C_1}{4}(x+C_2)^2+\frac{1}{C_1}.$$

例 6.21 求微分方程 $yy''-(y')^2=0$ 的通解.

解 设 $y'=p(y)$,则 $y''=p\frac{\mathrm{d}p}{\mathrm{d}y}$,代入原方程,得

$$yp\frac{\mathrm{d}p}{\mathrm{d}y}-p^2=0.$$

在 $y\neq0,p\neq0$ 时,约去 p 并分离变量,得

$$\frac{\mathrm{d}p}{p}=\frac{\mathrm{d}y}{y}.$$

两端积分,得 $\ln|p|=\ln|y|+\ln|C_1|$,即 $p=C_1y$,也就是

$$y'=C_1y.$$

再分离变量并两端积分,便得原方程的通解为 $\ln|y|=C_1x+\ln|C_2|$,即

$$y=C_2\mathrm{e}^{C_1x}.$$

习题 6.3

1. 求下列微分方程的通解:

(1) $y''=\frac{1}{1+x^2}$;　　(2) $y''=2x\ln x$;

(3) $xy''+y'=0$;　　(4) $xy''=y'+x^2$;

(5) $y''=(y')^3+y'$;　　(6) $yy''-(y')^2=y^2y'$.

2. 求下列微分方程的特解:

(1) $y''=x\mathrm{e}^x$, $y|_{x=0}=0$, $y'|_{x=0}=0$;

(2) $y''(x^2+1)=2xy'$, $y|_{x=0}=1$, $y'|_{x=0}=3$;

(3) $3y'y''-2y=0$, $y|_{x=0}=1$, $y'|_{x=0}=1$.

6.4 二阶常系数线性微分方程

本节将讨论高阶线性微分方程.这里主要讨论二阶线性微分方程,有关结论不难推广到 $n(n>2)$ 阶的情形.

6.4.1 二阶线性微分方程的解的结构

形如

$$\frac{d^2y}{dx^2}+P(x)\frac{dy}{dx}+Q(x)y=f(x) \tag{6-29}$$

的微分方程叫做**二阶线性微分方程**,其中,$P(x)$,$Q(x)$,$f(x)$为已知函数,$f(x)$称为**自由项**.当 $f(x)\equiv 0$ 时,方程叫做**二阶齐次线性微分方程**,否则,叫做**二阶非齐次线性微分方程**.

6.4.1.1 二阶齐次线性微分方程的解的结构

二阶齐次线性微分方程

$$\frac{d^2y}{dx^2}+P(x)\frac{dy}{dx}+Q(x)y=0 \tag{6-30}$$

有如下结论.

定理 6.1 如果函数 y_1 与 y_2 是方程(6-30)的两个解,则

$$y=C_1y_1+C_2y_2 \tag{6-31}$$

也是方程(6-30)的解,其中 C_1,C_2 是任意常数.

证 将式(6-31)代入方程(6-30),有

$$\begin{aligned}&y''+P(x)y'+Q(x)y\\=&(C_1y_1''+C_2y_2'')+P(x)(C_1y_1'+C_2y_2')+Q(x)(C_1y_1+C_2y_2)\\=&C_1[y_1''+P(x)y_1'+Q(x)y_1]+C_2[y_2''+P(x)y_2'+Q(x)y_2]\\=&C_1\cdot 0+C_2\cdot 0=0.\end{aligned}$$

因此,式(6-31)是方程(6-30)的解.

定理 6.1 表明,齐次线性方程的解符合**叠加原理**.

值得注意的是,从形式上看,叠加起来的解(6-31)含有 C_1,C_2 两个任意常数,但它不一定是方程(6-30)的通解.

例如,设 y_1 是方程(6-30)的一个解,则 $y_2=2y_1$ 也是方程(6-30)的解,这时式(6-31)成为

$$y=C_1y_1+C_2y_2=C_1y_1+2C_2y_1=(C_1+2C_2)y_1.$$

若令 $C=C_1+2C_2$,则有 $y=Cy_1$,其中只含有一个任意常数,这显然不是方程

(6-30)的通解.

显然,出现上述情形的原因在于方程(6-30)的两个解 y_1 与 y_2 之比等于常数. 而当$\frac{y_1}{y_2}$不等于常数时,$y=C_1y_1+C_2y_2$ 一定是方程(6-30)的通解. 一般地,有如下定理.

定理 6.2 如果 y_1 与 y_2 是方程(6-30)的两个特解,且$\frac{y_1}{y_2}$不等于常数,则

$$y=C_1y_1+C_2y_2$$

为方程(6-30)的通解,其中 C_1,C_2 为任意常数.

例 6.22 验证函数 $y_1=e^{2x}$与 $y_2=e^{3x}$是二阶齐次线性微分方程

$$y''-5y'+6y=0$$

的解,并求该方程的通解.

解 因

$$(e^{2x})''-5(e^{2x})'+6e^{2x}=4e^{2x}-10e^{2x}+6e^{2x}=0,$$
$$(e^{3x})''-5(e^{3x})'+6e^{3x}=9e^{3x}-15e^{3x}+6e^{3x}=0,$$

故 $y_1=e^{2x}$与 $y_2=e^{3x}$是方程的解. 又由于

$$\frac{y_2}{y_1}=\frac{e^{3x}}{e^{2x}}=e^x\neq 常数,$$

因此,方程的通解为 $y=C_1e^{2x}+C_2e^{3x}$.

6.4.1.2 二阶非齐次线性微分方程的解的结构

我们知道,一阶非齐次线性微分方程的通解由两部分组成:一部分为对应的齐次方程的通解,而另一部分为非齐次方程的一个特解. 二阶及更高阶的非齐次线性微分方程的通解是否也具有同样的结构呢?

定理 6.3 设 $y^*(x)$是二阶非齐次线性微分方程(6-29)的一个特解,$Y(x)$是与之对应的二阶线性齐次方程(6-30)的通解,则

$$y=y^*(x)+Y(x) \tag{6-32}$$

是二阶非齐次线性微分方程(6-29)的通解.

证 因为 $y^*(x)$是二阶非齐次线性微分方程(6-29)的一个特解,$Y(x)$是与之对应的二阶线性齐次方程(6-30)的通解,所以

$$(y^*)''+P(x)(y^*)'+Q(x)(y^*)=f(x),$$
$$(Y)''+P(x)Y'+Q(x)Y=0.$$

将(6-32)代入方程(6-29)左端,有

$$\begin{aligned}&(y^*+Y)''+P(x)(y^*+Y)'+Q(x)(y^*+Y)\\&=[Y''+(y^*)'']+P(x)[Y'+(y^*)']+Q(x)(Y+y^*)\\&=[Y''+P(x)Y'+Q(x)Y]+[(y^*)''+P(x)(y^*)'+Q(x)(y^*)]\end{aligned}$$

$$=0+f(x)=f(x).$$

因此 $y=Y+y^*$ 是方程(6-29)的解.

由于相应齐次方程的通解 Y 含有两个独立的任意常数,从而它是二阶线性非齐次方程的通解.

例如,方程 $y''-2y'-3y=x$ 是二阶线性非齐次方程,其中 $Y=C_1e^{3x}+C_2e^{-x}$ 是对应的线性齐次方程 $y''-2y'-3y=0$ 的通解,容易验证 $y^*=-\frac{1}{3}x+\frac{2}{9}$ 是方程 $y''-2y'-3y=x$ 的一个特解. 因此

$$y=C_1e^{3x}+C_2e^{-x}-\frac{1}{3}x+\frac{2}{9}$$

是所给方程的通解.

定理 6.4 设 y_1^* 与 y_2^* 分别是二阶非齐次线性微分方程

$$y''+P(x)y'+Q(x)y=f_1(x)$$

与

$$y''+P(x)y'+Q(x)y=f_2(x)$$

的特解,则 $y_1^*+y_2^*$ 是二阶非齐次线性微分方程

$$y''+P(x)y'+Q(x)y=f_1(x)+f_2(x) \tag{6-33}$$

的特解.

证 将 $y^*=y_1^*+y_2^*$ 代入方程(6-33)左边,有

$$\begin{aligned}&(y_1^*+y_2^*)''+P(x)(y_1^*+y_2^*)'+Q(x)(y_1^*+y_2^*)\\&=[y_1^{*\prime\prime}+P(x)y_1^{*\prime}+Q(x)y_1^*]+[y_2^{*\prime\prime}+P(x)y_2^{*\prime}+Q(x)y_2^*]\\&=f_1(x)+f_2(x).\end{aligned}$$

因此 $y_1^*+y_2^*$ 是方程(6-33)的一个特解.

6.4.2 二阶常系数齐次线性微分方程

设 p,q 是常数,方程

$$y''+py'+qy=0 \tag{6-34}$$

称为**二阶常系数齐次线性微分方程**.

由定理 6.2 知,欲求微分方程(6-34)的通解,可先求出它的两个特解 y_1 与 y_2,如果 $\frac{y_1}{y_2}\neq$ 常数,则 $y=C_1y_1+C_2y_2$ 就是方程(6-34)的通解.

观察方程(6-34),我们发现:若 y 是方程(6-34)的解,则 y'',y',y 之间只相差常数因子,而指数函数 $y=e^{rx}$(r 为常数)的各阶导数之间只相差一个常数因子,因此可用 $y=e^{rx}$ 尝试求方程(6-34)的两个特解,通过选取适当的常数 r,使 $y=e^{rx}$ 满

足方程.

将 $y=e^{rx}$ 求导,得到 $y'=re^{rx}$,$y''=r^2e^{rx}$,将 y,y' 和 y'' 代入方程(6-34),得

$$y''+py'+qy=(r^2+pr+q)e^{rx}=0.$$

由于 $e^{rx}\neq 0$,从而

$$r^2+pr+q=0. \tag{6-35}$$

由此可见,只要 r 满足代数方程(6-35),函数 $y=e^{rx}$ 就是微分方程(6-34)的解. 因此,代数方程(6-35)称为微分方程(6-34)的**特征方程**,特征方程的根也称为**特征根**.

根据一元二次方程的求根公式,设特征方程(6-35)的两个根为 r_1,r_2,则

$$r_{1,2}=\frac{-p\pm\sqrt{p^2-4q}}{2}.$$

而 r_1,r_2 有以下三种情形.

(1) 当 $p^2-4q>0$ 时,r_1,r_2 是两个不等的实根:

$$r_1=\frac{-p+\sqrt{p^2-4q}}{2},\quad r_2=\frac{-p-\sqrt{p^2-4q}}{2}.$$

(2) 当 $p^2-4q=0$ 时,r_1,r_2 是两个相等的实根:

$$r_1=r_2=-\frac{p}{2}.$$

(3) 当 $p^2-4q<0$ 时,r_1,r_2 是一对共轭复根:

$$r_1=\alpha+i\beta,\quad r_2=\alpha-i\beta,$$

其中 $\alpha=-\dfrac{p}{2}$,$\beta=\dfrac{\sqrt{4q-p^2}}{2}$.

相应地,微分方程(6-34)的通解也就有三种不同的情形.

(1) 当特征方程(6-35)有两个相异的实根 $r_1\neq r_2$ 时,由上面的讨论知,$y_1=e^{r_1x}$ 与 $y_2=e^{r_2x}$ 均是微分方程(6-34)的两个解,且 $\dfrac{y_2}{y_1}=\dfrac{e^{r_2x}}{e^{r_1x}}=e^{(r_2-r_1)x}$ 不是常数,此时微分方程(6-34)的通解为

$$y=C_1e^{r_1x}+C_2e^{r_2x}.$$

(2) 当特征方程(6-35)有两个相等的实根 $r_1=r_2$ 时,只能得到微分方程(6-34)的一个特解 $y_1=e^{r_1x}$,为了得到方程的通解,还需另求一个特解 y_2,且满足 $\dfrac{y_2}{y_1}\neq$ 常数.

设 $\dfrac{y_2}{y_1}=u(x)$,即设 $y_2=u(x)e^{r_1x}$,则

$$y_2'=u'(x)e^{r_1x}+r_1u(x)e^{r_1x}=e^{r_1x}[u'(x)+r_1u(x)],$$

$$y_2''=r_1 e^{r_1 x}[u'(x)+r_1 u(x)]+e^{r_1 x}[u''(x)+r_1 u'(x)]$$
$$=e^{r_1 x}[u''(x)+2r_1 u'(x)+r_1^2 u(x)].$$

将 y_2,y_2'和 y_2''代入方程(6-34),得

$$e^{r_1 x}\{[u''(x)+2r_1 u'(x)+r_1^2 u(x)]+p[u'(x)+r_1 u(x)]+qu(x)\}=0.$$

约去 $e^{r_1 x}$,整理得

$$u''(x)+(2r_1+p)u'(x)+(r_1^2+pr_1+q)u(x)=0.$$

由于 $r_1=-\dfrac{p}{2}$是特征方程的二重根,因此 $2r_1+p=0$,$r_1^2+pr_1+q=0$,于是

$$u''=0.$$

取 $u(x)=x$,由此得到微分方程(6-34)的另一个解 $y_2=xe^{r_1 x}$. 从而微分方程(6-34)的通解为 $y=C_1 e^{r_1 x}+C_2 xe^{r_1 x}$,即

$$y=(C_1+C_2 x)e^{r_1 x}.$$

(3) 当特征方程(6-35)有一对共轭复根 $r_1=\alpha+i\beta$,$r_2=\alpha-i\beta(\beta\neq 0)$时,$y_1=e^{(\alpha+i\beta)x}$,$y_2=e^{(\alpha-i\beta)x}$是微分方程(6-34)的两个复数形式的解.

利用欧拉公式

$$e^{ix}=\cos x+i\sin x,$$

把 $y_1=e^{(\alpha+i\beta)x}$,$y_2=e^{(\alpha-i\beta)x}$改写为

$$y_1=e^{(\alpha+i\beta)\cdot x}=e^{\alpha x}\cdot e^{i\beta x}=e^{\alpha x}(\cos\beta x+i\sin\beta x),$$
$$y_2=e^{(\alpha-i\beta)x}=e^{\alpha x}\cdot e^{-i\beta x}=e^{\alpha x}(\cos\beta x-i\sin\beta x).$$

由齐次线性微分方程解的叠加原理(定理 6.1)知

$$\bar{y}_1=\frac{1}{2}(y_1+y_2)=e^{\alpha x}\cos\beta x,\quad \bar{y}_2=\frac{1}{2i}(y_1-y_2)=e^{\alpha x}\sin\beta x$$

也是微分方程(6-34)的解,且

$$\frac{\bar{y}_2}{\bar{y}_1}=\frac{e^{\alpha x}\sin\beta x}{e^{\alpha x}\cos\beta x}=\tan\beta x\neq\text{常数},$$

所以,微分方程(6-34)的通解为

$$y=e^{\alpha x}(C_1\cos\beta x+C_2\sin\beta x).$$

综上所述,求二阶常系数齐次线性微分方程

$$y''+py'+qy=0$$

的通解的步骤如下.

第一步 写出微分方程(6-34)的特征方程 $r^2+pr+q=0$;

第二步 求出特征方程(6-35)的两个根 r_1,r_2;

第三步 根据特征方程(6-35)的根的不同情形,依下表写出微分方程的通解:

特征方程 $r^2+pr+q=0$ 的根 r_1,r_2	微分方程 $y''+py'+qy=0$ 的通解
两个不相等的实根 r_1,r_2	$y=C_1e^{r_1x}+C_2e^{r_2x}$
两个相等的实根 $r_1=r_2$	$y=(C_1+C_2x)e^{r_1x}$
一对共轭复根 $r_{1,2}=\alpha\pm i\beta$	$y=e^{\alpha x}(C_1\cos\beta x+C_2\sin\beta x)$

例 6.23　求微分方程 $y''+2y'-3y=0$ 的通解.

解　特征方程为

$$r^2+2r-3=0,$$

其根为两个不相等的实根 $r_1=1,r_2=-3$,因此方程的通解为

$$y=C_1e^x+C_2e^{-3x}.$$

例 6.24　求微分方程 $y''-4y'+4y=0$ 的通解.

解　特征方程为

$$r^2-4r+4=0,$$

其根为两个相等的实根 $r_1=r_2=2$,因此方程的通解为

$$y=(C_1+C_2x)e^{2x}.$$

例 6.25　求微分方程 $y''+2y'+5y=0$ 的通解.

解　特征方程为

$$r^2+2r+5=0,$$

其根为一对共轭复根 $r_1=-1+2i,r_1=-1-2i$,因此方程的通解为

$$y=e^{-x}(C_1\cos 2x+C_2\sin 2x).$$

以上二阶常系数齐次线性微分方程的内容可推广到 n 阶常系数齐次线性微分方程上去.

n 阶常系数齐次线性微分方程的一般形式是

$$y^{(n)}+p_1y^{(n-1)}+p_2y^{(n-2)}+\cdots+p_{n-1}y'+p_ny=0, \tag{6-36}$$

其中 $p_1,p_2,\cdots,p_{n-1},p_n$ 为常数.

方程(6-36)对应的特征方程为

$$r^n+p_1r^{n-1}+p_2r^{n-2}+\cdots+p_{n-1}r+p_n=0. \tag{6-37}$$

根据特征方程(6-37)的根的情况可以写出对应的微分方程的解如下：

特征方程的根	微分方程的通解中的对应项
(1) 单实根 r	对应一项:Ce^{rx}
(2) k 重实根 r	对应 k 项:$(C_1+C_2x+\cdots+C_kx^{k-1})e^{rx}$
(3) 一对单复根 $r_{1,2}=\alpha\pm i\beta$	对应两项:$y=e^{\alpha x}(C_1\cos\beta x+C_2\sin\beta x)$
(4) 一对 k 重共轭复根 $r_{1,2}=\alpha\pm i\beta$	对应 $2k$ 项：$e^{\alpha x}[(C_1+C_2x+\cdots+C_kx^{k-1})\cos\beta x$ $+(D_1+D_2x+\cdots+D_kx^{k-1})\sin\beta x]$

从代数基本定理知,n 次代数方程有 n 个根. 而特征方程的每一个根都对应着通解中的一项,且每项各含一个任意常数,于是便可得到 n 阶常系数齐次线性微分方程(6-36)的通解为

$$y=C_1y_1+C_2y_2+\cdots+C_ny_n.$$

例 6.26 求微分方程 $y^{(4)}+4y'''+5y''=0$ 的通解.

解 特征方程为

$$r^4+4r^3+5r^2=0,$$

即 $r^2(r^2+4r+5)=0$,它的根是

$$r_1=r_2=0,\quad r_{3,4}=-2\pm \mathrm{i}.$$

因此方程的通解为

$$y=C_1+C_2x+\mathrm{e}^{-2x}(C_3\cos x+C_4\sin x).$$

6.4.3 二阶常系数非齐次线性微分方程

若 p,q 是常数,方程

$$y''+py'+qy=f(x) \tag{6-38}$$

称为**二阶常系数非齐次线性微分方程.**

由定理 6.3 知,求二阶常系数非齐次线性微分方程的通解归结为求对应的齐次方程

$$y''+py'+qy=0$$

的通解和本身的一个特解. 由于前面已经给出了求解二阶常系数齐次线性微分方程(6-34)的通解的方法,所以这里只讨论求解二阶常系数非齐次线性微分方程(6-38)的特解 y^* 的方法.

显然,非齐次线性微分方程(6-38)的特解,取决于右端函数 $f(x)$的形式. 以下就 $f(x)$的两种常见情形来讨论非齐次线性微分方程特解的求法.

6.4.3.1 $f(x)=P_m(x)\mathrm{e}^{\lambda x}$ 型

这里 λ 是常数,$P_m(x)$是 x 的一个 m 次多项式:

$$P_m(x)=a_0x^m+a_1x^{m-1}+\cdots+a_{m-1}x+a_m \quad (a_0\neq 0).$$

由于 $f(x)$是多项式 $P_m(x)$与指数函数 $\mathrm{e}^{\lambda x}$ 的乘积,而多项式与指数函数的乘积的导数仍然是同一类型函数,因此推测方程的特解应具有形式

$$y^*=Q(x)\mathrm{e}^{\lambda x},$$

其中 $Q(x)$是某个多项式.

由于

$$y^{*\prime}=\mathrm{e}^{\lambda x}[\lambda Q(x)+Q'(x)],\quad y^{*\prime\prime}=\mathrm{e}^{\lambda x}[\lambda^2Q(x)+2\lambda Q'(x)+Q''(x)],$$

代入方程(6-38)并消去 $\mathrm{e}^{\lambda x}$ 得

$$Q''(x)+(2\lambda+p)Q'(x)+(\lambda^2+p\lambda+q)Q(x)=P_m(x). \qquad (6\text{-}39)$$

(1) 若 λ 不是特征方程 $r^2+pr+q=0$ 的根，则 $\lambda^2+p\lambda+q\neq 0$. 由于 $P_m(x)$ 是 m 次多项式，要使式(6-39)两边相等，则 $Q(x)$ 也应是一个 m 次多项式：

$$Q(x)=Q_m(x)=b_0x^m+b_1x^{m-1}+\cdots+b_{m-1}x+b_m.$$

将 $Q(x)$ 代入式(6-39)，并比较等式两边 x 同次幂的系数，就得到以 $b_0,b_1,\cdots,b_m$ 为未知数的 $m+1$ 个联立方程. 解该方程组，求得 $b_0,b_1,\cdots,b_m$ 即得到所求的特解 $y^*=Q_m(x)e^{\lambda x}$.

(2) 若 λ 是 $r^2+pr+q=0$ 的单根，则 $\lambda^2+p\lambda+q=0$, $2\lambda+p\neq 0$. 要使(6-39)式两边相等，则 $Q'(x)$ 必是一个 m 次多项式，即 $Q(x)$ 是一个 $m+1$ 次多项式. 令

$$Q(x)=xQ_m(x)=x(b_0x^m+b_1x^{m-1}+\cdots+b_{m-1}x+b_m),$$

代入式(6-39)，确定出 $b_0,b_1,\cdots,b_m$ 即得到所求的特解 $y^*=xQ_m(x)e^{\lambda x}$.

(3) 若 λ 是 $r^2+pr+q=0$ 的重根，则 $\lambda^2+p\lambda+q=0$, $2\lambda+p=0$，要使(6-39)式两边相等，则 $Q''(x)$ 必是一个 m 次多项式，即 $Q(x)$ 是一个 $m+2$ 次多项式. 令

$$Q(x)=x^2Q_m(x)=x^2(b_0x^m+b_1x^{m-1}+\cdots+b_{m-1}x+b_m),$$

代入式(6-39)，确定出 $b_0,b_1,\cdots,b_m$ 即得到所求的特解 $y^*=x^2Q_m(x)e^{\lambda x}$.

综上所述，即有如下结论：

如果 $f(x)=P_m(x)e^{\lambda x}$，则二阶常系数非齐次线性微分方程(6-38)具有形如

$$y^*=x^kQ_m(x)e^{\lambda x} \qquad (6\text{-}40)$$

的特解，其中 $Q_m(x)$ 是与 $P_m(x)$ 同次的多项式，而 k 按 λ 不是特征方程的根、是特征方程的单根、是特征方程的重根依次取 0,1,2.

例 6.27 求微分方程 $y''+y=2x^2+3$ 的通解.

解 这是二阶常系数非齐次线性微分方程，$f(x)$ 是 $P_m(x)e^{\lambda x}$ 型，其中 $P_m(x)=P_2(x)=2x^2+3$, $\lambda=0$.

对应的齐次方程的特征方程为 $r^2+1=0$，特征根是 $r_{1,2}=\pm i$. 因此，对应的齐次方程的通解为

$$Y=C_1\cos x+C_2\sin x.$$

由于 $\lambda=0$ 不是特征方程的根，$P_m(x)=P_2(x)=2x^2+3$，所以应设特解为

$$y^*=x^0Q_2(x)e^{0x}=b_0x^2+b_1x+b_2,$$

代入所给方程，得

$$b_0x^2+b_1x+b_2+2b_0=2x^2+3.$$

比较上式两边 x 同次幂的系数，得

$$\begin{cases} b_0=2, \\ b_1=0, \\ b_2+2b_0=3. \end{cases}$$

解得 $b_0=2$, $b_1=0$, $b_2=-1$. 于是 $y^*=2x^2-1$.

从而原方程的通解为

$$y=C_1\cos x+C_2\sin x+2x^2-1.$$

例 6.28 求微分方程 $y''-3y'+2y=(2x+1)e^{2x}$ 的通解.

解 这是二阶常系数非齐次线性微分方程,$f(x)$ 是 $P_m(x)e^{\lambda x}$ 型,其中 $P_m(x)=P_1(x)=2x+1,\lambda=2$.

对应的齐次方程的特征方程为 $r^2-3r+2=0$,特征根是 $r_1=2,r_2=1$. 故齐次方程的通解为

$$Y=C_1e^{2x}+C_2e^x.$$

由于 $\lambda=2$ 是特征方程的单根,$P_m(x)=P_1(x)=2x+1$,所以应设特解为

$$y^*=x^1Q_1(x)e^{2x}=x(b_0x+b_1)e^{2x},$$

代入所给方程,得

$$2b_0x+b_1+2b_0=2x+1,$$

于是,有

$$\begin{cases}2b_0=2,\\ b_1+2b_0=1,\end{cases}$$

解得 $b_0=1,b_1=-1$. 故方程的一个特解为 $y^*=x(x-1)e^{2x}$,

从而得方程的通解为

$$y=Y+y^*=C_1e^{2x}+C_2e^x+x(x-1)e^{2x}.$$

例 6.29 求微分方程 $y''+2y'+y=xe^{-x}$ 的通解.

解 这是二阶常系数非齐次线性微分方程,且 $f(x)$ 是 $P_m(x)e^{\lambda x}$ 型,其中 $P_m(x)=P_1(x)=x,\lambda=-1$.

对应的齐次方程的特征方程为 $r^2+2r+1=0$,特征根是 $r_1=r_2=-1$. 因此齐次方程的通解为

$$Y=(C_1+C_2x)e^{-x}.$$

由于 $\lambda=-1$ 是特征方程的二重根,$P_m(x)=P_1(x)=x$,所以所给方程的特解可设为

$$y^*=x^2(b_0x+b_1)e^{-x}.$$

代入所给方程,得

$$6b_0x+2b_1=x.$$

比较两边 x 同次幂的系数,得 $b_0=\frac{1}{6},b_1=0$. 于是 $y^*=\frac{1}{6}x^3e^{-x}$.

所以原方程的通解为

$$y=(C_1+C_2x)e^{-x}+\frac{1}{6}x^3e^{-x}.$$

6.4.3.2 $f(x)=e^{\lambda x}[P_l(x)\cos\omega x+P_n(x)\sin\omega x]$型

这里，$P_l(x)$，$P_n(x)$分别为 l 次和 n 次多项式，$\lambda,\omega>0$ 为实数.

对于这种形式的 $f(x)$，二阶常系数非齐次线性微分方程(6-38)的特解可设为

$$y^*=x^k e^{\lambda x}[R_m^1(x)\cos\omega x+R_m^2(x)\sin\omega x],$$

其中 $R_m^1(x)$，$R_m^2(x)$是 m 次多项式，$m=\max\{l,n\}$，而 k 按 $\lambda\pm i\omega$ 不是特征方程的根、是特征方程的单根依次取 0 和 1.

特别地，当 $P_l(x)$，$P_n(x)$为常数，即 $f(x)=e^{\lambda x}(M\cos\omega x+N\sin\omega x)$时，二阶常系数非齐次线性微分方程(6-38)的特解可设为

$$y^*=x^k e^{\lambda x}(A\cos\omega x+B\sin\omega x),$$

这里 A，B 为待定的常数，而 k 按 $\lambda\pm i\omega$ 不是特征方程的根、是特征方程的单根依次取 0 和 1.

例 6.30 求微分方程 $y''-2y'+5y=\sin 2x$ 的通解.

解 这是二阶常系数非齐次线性微分方程，且 $f(x)$是 $e^{\lambda x}[P_l(x)\cos\omega x+P_n(x)\sin\omega x]$型，其中 $\lambda=0$，$\omega=2$，$P_l(x)=0$，$P_n(x)=1$.

对应的齐次方程的特征方程为 $r^2-2r+5=0$，特征根是 $r_{1,2}=1\pm 2i$，因此齐次方程的通解为

$$Y=e^x(C_1\cos 2x+C_2\sin 2x).$$

由于 $\lambda\pm i\omega=0\pm 2i=\pm 2i$ 不是特征方程的根，且 $P_l(x)=0$，$P_n(x)=1$ 为常数，故所给方程的特解可设为

$$y^*=A\cos 2x+B\sin 2x.$$

代入所给方程，得

$$(A-4B)\cos 2x+(4A+B)\sin 2x=\sin 2x.$$

比较两边同类项的系数，得

$$\begin{cases}A-4B=0,\\4A+B=1.\end{cases}$$

解得 $A=\frac{4}{17}$，$B=\frac{1}{17}$. 于是原方程的一个特解为

$$y^*=\frac{4}{17}\cos 2x+\frac{1}{17}\sin 2x,$$

所以原方程的通解为

$$y=e^x(C_1\cos 2x+C_2\sin 2x)+\frac{4}{17}\cos 2x+\frac{1}{17}\sin 2x.$$

例 6.31 求微分方程 $y''-2y'+2y=e^x\cos x$ 的通解.

解 这是二阶常系数非齐次线性微分方程，且 $f(x)$是 $e^{\lambda x}[P_l(x)\cos\omega x+P_n(x)\sin\omega x]$型，其中 $\lambda=1$，$\omega=1$，$P_l(x)=1$，$P_n(x)=0$.

对应的齐次方程的特征方程 $r^2-2r+2=0$，其特征根为 $r_{1,2}=1\pm \mathrm{i}$，因此齐次方程的通解为

$$Y=\mathrm{e}^x(C_1\cos x+C_2\sin x).$$

由于 $\lambda\pm \mathrm{i}\omega=1\pm \mathrm{i}$ 是特征方程的根，且 $P_l(x)=1,P_n(x)=0$ 为常数，故所给方程的特解可设为

$$y^*=x\mathrm{e}^x(A\cos x+B\sin x),$$

则

$$y^{*\prime}=(A+Ax+Bx)\mathrm{e}^x\cos x+(B+Bx-Ax)\mathrm{e}^x\sin x,$$
$$y^{*\prime\prime}=2(A+B+Bx)\mathrm{e}^x\cos x+2(B-A-Ax)\mathrm{e}^x\sin x,$$

代入原方程，整理后得到

$$2B\mathrm{e}^x\cos x-2A\mathrm{e}^x\sin x=\mathrm{e}^x\cos x.$$

比较系数，得 $A=0,B=\frac{1}{2}$，所以原方程的一个特解为

$$y^*=\frac{x}{2}\mathrm{e}^x\sin x,$$

故原方程的通解为

$$y=\mathrm{e}^x(C_1\cos x+C_2\sin x)+\frac{x}{2}\mathrm{e}^x\sin x.$$

例 6.32 求微分方程 $y''+y'-6y=\sin x+x\mathrm{e}^{2x}$ 的通解.

解 这是二阶常系数非齐次线性微分方程，但 $f(x)$ 是 $\mathrm{e}^{\lambda x}[P_l(x)\cos\omega x+P_n(x)\sin\omega x]$ 型与 $P_m(x)\mathrm{e}^{\lambda x}$ 型函数的和. 由定理 6.4，该方程的特解为方程 $y''+y'-6y=\sin x$ 与 $y''+y'-6y=x\mathrm{e}^{2x}$ 的特解的和.

(1) 求出对应的齐次方程 $y''+y'-6y=0$ 的通解.

齐次方程的特征方程 $r^2+r-6=0$，其特征根为 $r_1=2,r_2=-3$，因此齐次方程的通解为 $Y=C_1\mathrm{e}^{2x}+C_2\mathrm{e}^{-3x}$.

(2) 分别求出 $y''+y'-6y=\sin x$ 与 $y''+y'-6y=x\mathrm{e}^{2x}$ 的特解.

对于 $y''+y'-6y=\sin x$，由于 $\sin x=\mathrm{e}^{0x}(0\cdot\cos x+1\cdot\sin x)$，故 $\lambda=0,\omega=1$. 由于 $\lambda\pm \mathrm{i}\omega=\pm \mathrm{i}$ 不是特征方程的根，且 $P_l(x)=0,P_n(x)=1$ 为常数，故所给方程的特解可设为

$$y_1^*=A\cos x+B\sin x.$$

将 $y_1^*=A\cos x+B\sin x,y_1^{*\prime}=-A\sin x+B\cos x,y_1^{*\prime\prime}=-A\cos x-B\sin x$ 代入原方程，整理后得到

$$(-7A+B)\cos x+(-A-7B)\sin x=\sin x,$$

比较系数，得 $A=-\frac{1}{50},B=-\frac{7}{50}$，所以 $y''+y'-6y=\sin x$ 的一个特解为

$$y_1^* = -\frac{1}{50}\cos x - \frac{7}{50}\sin x.$$

对于 $y''+y'-6y=xe^{2x}$，由于 $xe^{2x}=P_m(x)e^{\lambda x}=P_1(x)e^{2x}$，故 $\lambda=2$. 由于 $\lambda=2$ 是特征方程的单根，且 $P_m(x)=P_1(x)=x$ 为常数，故方程的特解可设为

$$y_2^* = x(b_0+b_1x)e^{2x}.$$

将 y_2^* 及 $y_2^{*\prime}=[2b_1x^2+2(A+b_0)x+b_0]e^{2x}$，$y_2^{*\prime\prime}=(4b_1x^2+8b_1x+4b_0x+2b_1+4b_0)e^{2x}$代入原方程，整理后得到

$$(10b_1x+2b_1+5b_0)e^{2x}=xe^{2x},$$

比较系数，得 $b_0=-\frac{1}{25}$，$b_1=\frac{1}{10}$，所以 $y''+y'-6y=xe^{2x}$ 的一个特解为

$$y_2^* = x\left(-\frac{1}{25}+\frac{1}{10}x\right)e^{2x}.$$

因此方程 $y''+y'-6y=\sin x+xe^{2x}$ 的通解为

$$y=Y+(y_1^*+y_2^*)=C_1e^{2x}+C_2e^{-3x}-\frac{1}{50}\cos x-\frac{7}{50}\sin x+x\left(-\frac{1}{25}+\frac{x}{10}\right)e^{2x}.$$

习题 6.4

1. 求下列微分方程的通解：

(1) $y''-3y'+2y=0$；
(2) $y''+2y'+y=0$；
(3) $y''-2y'-3y=0$；
(4) $5y''+3y'=0$；
(5) $y''+2y'+5y=0$；
(6) $y''-4y'+5y=0$；
(7) $2y''+y'-y=2e^x$；
(8) $y''+5y'+4y=3-2x$；
(9) $y''-6y'+9y=2x^2-x+3$；
(10) $2y''+5y'=5x^2-2x-1$；
(11) $y''+9y=\cos 3x$；
(12) $y''+2y'+y=2e^x\sin x$.

2. 求下列方程满足初始条件的特解：

(1) $y''-4y'+3y=0$，　$y|_{x=0}=6$，　$y'|_{x=0}=10$；
(2) $y''+2y'+y=0$，　$y|_{x=0}=4$，　$y'|_{x=0}=2$；
(3) $y''+5y=0$，　$y|_{x=0}=2$，　$y'|_{x=0}=5$；
(4) $y''+4y'+13y=0$，　$y|_{x=0}=0$，　$y'|_{x=0}=3$；
(5) $y''-3y'=6$，　$y|_{x=0}=1$，　$y'|_{x=0}=1$.

3. 方程 $y''+9y=0$ 的一条积分曲线通过点 $M(\pi,-1)$ 且在该点和直线 $y+1=x-\pi$ 相切，求这条曲线.

4. 一质点在一直线上由静止状态开始运动，其加速度为 $a=-4s+3\sin t$，求运动方程 $s=s(t)$.

5. 设函数 $\varphi(x)$ 连续，且满足 $\varphi(x)=2x+2\int_0^x\varphi(t)\mathrm{d}t-\int_0^x(x-t)\varphi(t)\mathrm{d}t$，求 $\varphi(x)$.

综合练习题六

一、判断题(将√或×填入相应的括号内)

(　　)1. $(y')^2+y\tan x=-2x+\sin x$ 是二阶微分方程;

(　　)2. $y'+y\tan x=-2x+\sin x$ 是一阶线性微分方程;

(　　)3. $y''+y'\tan x+y^2=-2x+\sin x$ 是二阶线性微分方程;

(　　)4. 一阶非齐次线性方程的通解等于对应的齐次线性方程的通解与自身的一个特解之和;

(　　)5. 设 y_1,y_2 是一阶非齐次线性方程 $y'+p(x)y=q(x)$ 的两个特解,则$\frac{1}{2}(y_1+y_2)$也是 $y'+p(x)y=q(x)$ 的特解;

(　　)6. 设 $y=Ce^{-\int p(x)dx}$ 是 $y'+p(x)y=q(x)$ 对应的齐次线性方程 $y'+p(x)y=0$ 的通解,则必存在函数 $C(x)$,使得 $y=C(x)e^{-\int p(x)dx}$ 是 $y'+p(x)y=q(x)$ 的解;

(　　)7. $y=C\sin x$ 是微分方程 $y''+y=0$ 的通解;

(　　)8. 设 y_1,y_2 是二阶齐次线性微分方程 $y''+P(x)y'+Q(x)y=0$ 的两个特解,则 $y=C_1y_1+C_2y_2$ 是该方程的通解;

(　　)9. 设 y_1,y_2 是二阶非齐次线性微分方程 $y''+P(x)y'+Q(x)y=f(x)$ 的两个特解,则 y_1-y_2 是齐次线性微分方程 $y''+P(x)y'+Q(x)y=0$ 的解;

(　　)10. 设 y_1,y_2 分别是二阶非齐次线性微分方程 $y''+P(x)y'+Q(x)y=f_1(x)$, $y''+P(x)y'+Q(x)y=f_2(x)$的两个特解,则 y_1+y_2 是非齐次线性微分方程 $y''+P(x)y'+Q(x)y=f_1(x)+f_2(x)$的特解.

二、单项选择题(将正确选项的序号填入括号内)

1. 下列方程中,能由 y_1,y_2 是它的解,可以推知 y_1+y_2 仍是它的解的方程是(　　).

(A) $y''+p(x)y'+q(x)=0$;　　(B) $y''+p(x)y'+q(x)y=0$;

(C) $y''+p(x)y'+q(x)y=f(x)$;　　(D) $y'+p(x)y+q(x)=0$.

2. 下列函数中,可作为某二阶线性微分方程的通解的函数是(　　).

(A) $y=C_1x+C_2\ln 3^x$;　　(B) $y=C_1x+C_2\ln x^3$;

(C) $y=C_1\ln x+C_2\ln x^2$;　　(D) $y=C_1\ln x^2+C_2\ln x^3$.

3. 通解为 $y=C_1+C_2e^{-x}$的微分方程是(　　).

(A) $y''+y'=0$;　　(B) $y''-y'=0$;

(C) $y''+y'+2y=0$;　　(D) $y''-y'+2y=0$.

4. 设 $y_1=e^x\cos 3x, y_2=e^x\sin 3x$ 均为方程 $y''+py'+qy=0$ 的解,则(　　).

(A) $p=2,q=10$;　　(B) $p=2,q=-10$;

(C) $p=-2,q=10$;　　(D) $p=-2,q=-10$.

5. 方程 $y''-6y'+9y=xe^{3x}$ 的特解形式为(　　).

(A) $x^2(ax+b)e^{3x}$;　　(B) $(ax^2+bx+c)e^{3x}$;

(C) ax^3e^{3x}；　　(D) ax^2e^{3x}.

6. 微分方程 $y''-3y'+2y=e^x\cos 2x$ 的特解形式为(　　).

(A) $e^xC\cos 2x$；　　(B) $xe^x(C_1\cos 2x+C_2\sin 2x)$；

(C) $e^x(C_1\cos 2x+C_2\sin 2x)$；　　(D) $x^2e^x(C_1\cos 2x+C_2\sin 2x)$.

7. 设函数 y_1,y_2,y_3 都是 $y''+p(x)y'+q(x)y=f(x)$ 的特解，且 $\dfrac{y_3-y_1}{y_2-y_1}\neq$ 常数，则函数 $y=(1-C_1-C_2)y_1+C_1y_2+C_2y_3$(　　).

(A) 不是方程的解；　　(B) 是方程的通解；

(C) 是方程的特解；　　(D) 不能确定是不是方程的解.

8. 设函数 $y_1(x),y_2(x)$ 是 $y''+p(x)y'+q(x)y=0$ 的特解，而 $C_1y_1(x)+C_2y_2(x)$ 是该方程的通解的充分必要条件是(　　).

(A) $y_1(x)y_2'(x)-y_1'(x)y_2(x)=0$；　　(B) $y_1(x)y_2'(x)+y_1'(x)y_2(x)=0$；

(C) $y_1(x)y_2'(x)-y_1'(x)y_2(x)\neq 0$；　　(D) $y_1(x)y_2'(x)+y_1'(x)y_2(x)\neq 0$.

9. 已知 $y_1=x$ 为 $y''+y=x$ 的解，$y_2=\dfrac{1}{2}e^x$ 为 $y''+y=e^x$ 的解，则微分方程 $y''+y=x+e^x$ 的通解为(　　).

(A) $C_1\cos x+C_2\sin x$；　　(B) $C_1+C_2e^{-x}+\dfrac{e^x}{2}+x$；

(C) $C_1\cos x+C_2\sin x+\dfrac{e^x}{2}+x$；　　(D) $\dfrac{e^x}{2}+x$.

10. 设函数 $y=y(x)$ 是 $y''+p(x)y'+q(x)y=1$ 满足初始条件 $y(0)=y'(0)=0$ 的特解，其中 $p(x),q(x)$ 为连续函数，则(　　).

(A) $\lim\limits_{x\to 0}\dfrac{y(x)}{x^2}$ 不存在；　　(B) $\lim\limits_{x\to 0}\dfrac{y(x)}{x^2}=1$；

(C) $\lim\limits_{x\to 0}\dfrac{y(x)}{x^2}=\dfrac{1}{2}$；　　(D) $\lim\limits_{x\to 0}\dfrac{y(x)}{x^2}=\dfrac{1}{4}$.

三、填空题

1. 微分方程 $\dfrac{dy}{dx}=1-x+y^2-xy^2$ 满足初始条件 $y|_{x=0}=1$ 的特解为________；

2. 微分方程 $x\dfrac{dy}{dx}=y+x\tan\dfrac{y}{x}$ 的通解为________；

3. 微分方程 $xy'-y=1+x^2$ 的通解为________；

4. 微分方程 $(1-x^2)y''-xy'=0$ 的满足初始条件 $y(0)=0,y'(0)=1$ 的特解为________；

5. 已知二阶非齐次线性微分方程有 3 个特解 $y_1=3,y_2=3+x^2,y_3=3+x^2+e^x$，则该方程的通解为________；

6. 设 $y=e^x(C_1\sin x+C_2\cos x)$ 为某二阶常系数齐次线性微分方程的通解，则该方程为________；

7. 设函数 $y=y(x)$ 满足 $y''+2y'+y=0,y(0)=0,y'(0)=1$，则 $\int_0^{+\infty}y(x)dx=$________；

8. 已知 $y^*=e^x$ 是 $xy'+P(x)y=x$ 的一个特解,则 $P(x)=$____________,该一阶线性微分方程的通解为____________;

9. 已知某微分方程的通解为 $(x+C)^2+y^2=1$,其中 C 为任意常数,则该微分方程是____________;

10. 设 $f(x)+2\int_0^x f(t)\mathrm{d}t=x^2$,则 $f(x)=$____________.

四、已知 C_1,C_2 为任意常数,分别求以下函数为通解的微分方程:

(1) $y=(C_1+C_2x+x^2)e^{-2x}$;　　(2) $y=e^x(C_1\sin x+C_2\cos x)$.

五、已知函数 $y=e^{2x}+(x+1)e^x$ 是二阶常系数非齐次线性微分方程 $y''+ay'+by=ce^x$ 的一个特解,试确定常数 a,b,c 及该方程的通解.

六、求微分方程 $y''+y=x+\cos x$ 的通解.

七、已知二阶齐次线性微分方程 $y''+P(x)y'+Q(x)y=0$ 的一个非零解 y_1,试写出它的通解.

附　　录

常用初等数学公式

一、代数公式

1. 比例

若$\frac{a}{b}=\frac{c}{d}$，a,b,c,d 都不为零，则

(1) $ad=bc$ （交叉积），　(2) $\frac{a+b}{b}=\frac{c+\mathrm{d}}{d}$ （合比），

(3) $\frac{a-b}{b}=\frac{c-\mathrm{d}}{d}$ （分比），　(4) $\frac{a+b}{a-b}=\frac{c+\mathrm{d}}{c-d}$ （合分比）.

2. 绝对值与不等式

$$|a|=\begin{cases}a, & a\geqslant 0,\\ -a, & a<0.\end{cases}$$

(1) $\sqrt{a^2}=|a|$，$|-a|=|a|$；

(2) $-|a|\leqslant a\leqslant |a|$；

(3) 若$|a|\leqslant b$ $(b>0)$，则$-b\leqslant a\leqslant b$，若$|a|\geqslant b$ $(b>0)$，则 $a\geqslant b$ 或 $a\leqslant -b$；

(4) (三角不等式)$|a\pm b|\leqslant|a|+|b|$，$|a|-|b|\leqslant|a-b|\leqslant|a|+|b|$；

(5) $|ab|=|a|\cdot|b|$，$\left|\frac{a}{b}\right|=\frac{|a|}{|b|}$ $(b\neq 0)$；

(6) 设 $a_1,a_2,\cdots,a_n$ 均为正数，则 $\frac{a_1+a_2+\cdots+a_n}{n}\geqslant\sqrt[n]{a_1a_2\cdots a_n}$.

3. 幂与指数

(1) $\frac{1}{x^n}=x^{-n}$；　(2) $x^m\cdot x^n=x^{m+n}$；　(3) $\frac{x^m}{x^n}=x^{m-n}$；

(4) $(x^m)^n=x^{mn}$；　(5) $(xy)^m=x^my^m$；　(6) $\left(\frac{x}{y}\right)^m=\frac{x^m}{y^m}$；

(7) $x^{\frac{1}{n}}=\sqrt[n]{x}$；

(8) $x^{\frac{m}{n}}=\sqrt[n]{x^m}$；

(9) $\sqrt[n]{xy}=\sqrt[n]{x}\cdot\sqrt[n]{y}$；

(10) $\sqrt[n]{\dfrac{x}{y}}=\dfrac{\sqrt[n]{x}}{\sqrt[n]{y}}$；

(11) $a^x\cdot a^y=a^{x+y}$；

(12) $\dfrac{a^x}{a^y}=a^{x-y}$；

(13) $(a^x)^y=a^{xy}$；

(14) $(ab)^x=a^xb^x$；

(15) $\left(\dfrac{a}{b}\right)^x=\dfrac{a^x}{b^x}$；

(16) $a^{\frac{x}{y}}=\sqrt[y]{a^x}$；

(17) $a^{-x}=\dfrac{1}{a^x}$；

(18) $a^0=1$.

4. 对数($a>0,a\neq1$)

(1) $\log_a a=1$；

(2) $\log_a 1=0$；

(3) $\log_e x=\ln x$；

(4) $\log_a(xy)=\log_a x+\log_a y$；

(5) $\log_a \dfrac{x}{y}=\log_a x-\log_a y$；

(6) $\log_a x^b=b\log_a x$；

(7) $a^{\log_a y}=y$；

(8) $\log_a y=\dfrac{\log_b y}{\log_b a}$，　$\log_a y=\dfrac{\log_e y}{\log_e a}=\dfrac{\ln y}{\ln a}$；

(9) e=2.718281828459…….

5. 多项式及因式分解

(1) $(x+a)(x+b)=x+(a+b)x+ab$；

(2) $(x\pm y)^2=x^2\pm2xy+y^2$；

(3) $(x\pm y)^3=x^3\pm3x^2y+3xy^2\pm y^3$；

(4) $(x+y+z)^2=x^2+y^2+z^2+2xy+2yz+2xz$；

(5) $x^2-y^2=(x+y)(x-y)$；

(6) $x^3\pm y^3=(x\pm y)(x^2\mp xy+y^2)$；

(7) $x^n-y^n=(x-y)(x^{n-1}+x^{n-2}y+x^{n-3}y^2+\cdots+xy^{n-2}+y^{n-1})$；

(8) $1+2+3+\cdots+n=\dfrac{1}{2}n(n+1)$；

(9) $1^2+2^2+3^2+\cdots+n^2=\dfrac{1}{6}n(n+1)(2n+1)$；

(10) $1^3+2^3+3^3+\cdots+n^3=\dfrac{1}{4}n^2(n+1)^2$；

(11)
$$\begin{aligned}(a+b)^n&=\sum_{k=0}^{n}C_n^ka^{n-k}b^k\\&=a^n+na^{n-1}b+\frac{n(n-1)}{2!}a^{n-2}b^2+\frac{n(n-1)(n-2)}{3!}a^{n-3}b^3+\cdots\\&\quad+\frac{n(n-1)\cdots(n-k+1)}{k!}a^{n-k}b^k+\cdots+nab^{n-1}+b^n.\end{aligned}$$

6. 数列

(1) 等差数列.

通项公式 $a_n=a_1+(n-1)d$(a_1 为首项,d 为公差);

前 n 项和公式 $S_n=\frac{n(a_1+a_n)}{2}=na_1+\frac{n(n-1)}{2}d$.

(2) 等比数列.

通项公式 $a_n=a_1q^{n-1}$(a_1 为首项,q 为公比,$q\neq1$);

前 n 项和公式 $S_n=\frac{a_1(1-q^n)}{1-q}=\frac{a_1-a_nq}{1-q}$.

二、三角公式

1. 基本关系式

(1) $\tan\alpha=\frac{\sin\alpha}{\cos\alpha}$;

(2) $\cot\alpha=\frac{\cos\alpha}{\sin\alpha}$;

(3) $\tan\alpha=\frac{1}{\cot\alpha}$;

(4) $\sec\alpha=\frac{1}{\cos\alpha}$;

(5) $\csc\alpha=\frac{1}{\sin\alpha}$;

(6) $\sin^2\alpha+\cos^2\alpha=1$;

(7) $1+\tan^2\alpha=\sec^2\alpha$;

(8) $1+\cot^2\alpha=\csc^2\alpha$.

2. 和差公式

(1) $\sin(\alpha\pm\beta)=\sin\alpha\cos\beta\pm\cos\alpha\sin\beta$;

(2) $\cos(\alpha\pm\beta)=\cos\alpha\cos\beta\mp\sin\alpha\sin\beta$;

(3) $\tan(\alpha\pm\beta)=\frac{\tan\alpha\pm\tan\beta}{1\mp\tan\alpha\tan\beta}$;

(4) $\cot(\alpha\pm\beta)=\frac{\cot\alpha\cot\beta\mp1}{\cot\beta\pm\cot\alpha}$;

(5) $\sin\alpha+\sin\beta=2\sin\frac{\alpha+\beta}{2}\cos\frac{\alpha-\beta}{2}$;

(6) $\sin\alpha-\sin\beta=2\cos\frac{\alpha+\beta}{2}\sin\frac{\alpha-\beta}{2}$;

(7) $\cos\alpha+\cos\beta=2\cos\frac{\alpha+\beta}{2}\cos\frac{\alpha-\beta}{2}$;

(8) $\cos\alpha-\cos\beta=-2\sin\frac{\alpha+\beta}{2}\sin\frac{\alpha-\beta}{2}$;

(9) $\sin\alpha\cos\beta=\frac{1}{2}[\sin(\alpha+\beta)+\sin(\alpha-\beta)]$;

(10) $\cos\alpha\sin\beta=\frac{1}{2}[\sin(\alpha+\beta)-\sin(\alpha-\beta)]$;

(11) $\cos\alpha\cos\beta=\frac{1}{2}[\cos(\alpha+\beta)+\cos(\alpha-\beta)]$;

(12) $\sin\alpha\sin\beta=-\frac{1}{2}[\cos(\alpha+\beta)-\cos(\alpha-\beta)]$.

3. 倍角及半角公式

(1) $\sin 2\alpha=2\sin\alpha\cos\alpha$;

(2) $\cos 2\alpha=\cos^2\alpha-\sin^2\alpha=2\cos^2\alpha-1=1-2\sin^2\alpha$;

(3) $\tan 2\alpha=\frac{2\tan\alpha}{1-\tan^2\alpha}$;

(4) $\cot 2\alpha=\frac{\cot^2\alpha-1}{2\cot\alpha}$;

(5) $\sin^2\alpha=\frac{1-\cos 2\alpha}{2}$;

(6) $\cos^2\alpha=\frac{1+\cos 2\alpha}{2}$;

(7) $\tan\frac{\alpha}{2}=\pm\sqrt{\frac{1-\cos\alpha}{1+\cos\alpha}}=\frac{1-\cos\alpha}{\sin\alpha}=\frac{\sin\alpha}{1+\cos\alpha}$;

(8) $\cot\frac{\alpha}{2}=\pm\sqrt{\frac{1+\cos\alpha}{1-\cos\alpha}}=\frac{1+\cos\alpha}{\sin\alpha}=\frac{\sin\alpha}{1-\cos\alpha}$;

(9) $\sin\alpha=\frac{2\tan\frac{\alpha}{2}}{1+\tan^2\frac{\alpha}{2}}$;

(10) $\cos\alpha=\frac{1-\tan^2\frac{\alpha}{2}}{1+\tan^2\frac{\alpha}{2}}$;

(11) $\tan\alpha=\frac{2\tan\frac{\alpha}{2}}{1-\tan^2\frac{\alpha}{2}}$.

三、反三角函数与公式

1. 反三角函数的定义

函数	函数记号	定义域	主值范围
反正弦	若 $y=\sin x$,则 $y=\arcsin x$	$-1\leqslant x\leqslant 1$	$-\frac{\pi}{2}\leqslant y\leqslant\frac{\pi}{2}$
反余弦	若 $y=\cos x$,则 $y=\arccos x$	$-1\leqslant x\leqslant 1$	$0\leqslant y\leqslant\pi$
反正切	若 $y=\tan x$,则 $y=\arctan x$	$-\infty<x<+\infty$	$-\frac{\pi}{2}<y<\frac{\pi}{2}$
反余切	若 $y=\cot x$,则 $y=\operatorname{arccot} x$	$-\infty<x<+\infty$	$0<y<\pi$

2. 反三角函数的公式

(1) $\sin(\arcsin x)=x$，$|x|\leqslant 1$；

(2) $\cos(\arccos x)=x$，$|x|\leqslant 1$；

(3) $\tan(\arctan x)=x$，$|x|<+\infty$；

(4) $\cot(\operatorname{arccot} x)=x$，$|x|<+\infty$；

(5) $\arcsin(\sin x)=x$，$|x|\leqslant\dfrac{\pi}{2}$；

(6) $\arccos(\cos x)=x$，$0\leqslant x\leqslant\pi$；

(7) $\arctan(\tan x)=x$，$|x|<\dfrac{\pi}{2}$；

(8) $\operatorname{arccot}(\cot x)=x$，$0<x<\pi$；

(9) $\arcsin(-x)=-\arcsin x$；

(10) $\arccos(-x)=\pi-\arccos x$；

(11) $\arctan(-x)=-\arctan x$；

(12) $\operatorname{arccot}(-x)=\pi-\operatorname{arccot} x$；

(13) $\arcsin x+\arccos x=\dfrac{\pi}{2}$；

(14) $\arctan x+\operatorname{arccot} x=\dfrac{\pi}{2}$.

四、初等几何公式

1. 圆、圆扇形、正圆锥、球的几何测度

(1) 圆周长$=2\pi r$，圆面积 $s=\pi r^2$（r 为圆半径）；

(2) 圆扇形弧长 $l=r\theta$（r 为圆扇形半径，θ 为圆心角以弧度计），

$l=\dfrac{\pi r\theta}{180}$（$r$ 为圆扇形半径，θ 为圆心角以度计），

圆扇形面积 $s=\dfrac{1}{2}rl=\dfrac{1}{2}r^2\theta$（$l$ 为圆扇形弧长）；

(3) 正圆锥体积 $V=\dfrac{1}{3}\pi r^2h$，侧面积 $s=\pi rl$，其中 h 为高，r 为底圆半径，l 为母线；

(4) 球体积 $V=\dfrac{4}{3}\pi r^3$，表面积$=4\pi r^2$，其中 r 为球半径.

2. 直线方程

(1) 点斜式：$y-y_1=k(x-x_1)$，其中直线 l 过点 $P_1(x_1,y_1)$，且斜率为 k；

(2) 斜截式：$y=kx+b$，其中 b 为直线 l 在 y 轴上的截距；

(3) 两点式：$\dfrac{y-y_1}{y_2-y_1}=\dfrac{x-x_1}{x_2-x_1}$，其中 $P_1(x_1,y_1)$，$P_2(x_2,y_2)$ 为直线上的两个点；

(4) 截距式：$\dfrac{x}{a}+\dfrac{y}{b}=1$，其中 a，b 分别为直线的横、纵截距；

(5) 一般式：$Ax+By+C=0$，其中 A，B 不同时为零.

3. 平面两点间的距离公式

$d=\sqrt{(x_2-x_1)^2+(y_2-y_1)^2}$,其中 $A(x_1,y_1)$,$B(x_2,y_2)$为平面上的两个点.

4. 点到直线的距离

$d=\dfrac{|Ax_0+By_0+C|}{\sqrt{A^2+B^2}}$,其中点 $P(x_0,y_0)$,直线 l:$Ax+By+C=0$.

5. 圆的三种方程

(1) 圆的标准方程:$(x-a)^2+(y-b)^2=r^2$;

(2) 圆的一般方程:$x^2+y^2+Dx+Ey+F=0(D^2+E^2-4F>0)$;

(3) 圆的参数方程:$\begin{cases} x=a+r\cos\theta, \\ y=b+r\sin\theta. \end{cases}$

习题与综合练习题参考答案

第1章

· 习题1.1

1. (1) $(-\infty,-2]\cup[2,+\infty)$；　(2) $\left[-\frac{2}{3},1\right)\cup(1,+\infty)$；　(3) $(0,1]$；

(4) $(-\infty,1)\cup(1,2)\cup(2,+\infty)$.

2. (1) 不同；　(2) 不同；　(3) 相同；　(4) 不同.

3. (1) $f(0)=0$，　$f(-1)=-\frac{\pi}{2}$，　$f\left(\frac{\sqrt{3}}{2}\right)=\frac{\pi}{3}$，　$f\left(-\frac{\sqrt{2}}{2}\right)=-\frac{\pi}{4}$.

(2) $g\left(\frac{\pi}{4}\right)=\frac{\sqrt{2}}{2}$，　$g\left(-\frac{\pi}{6}\right)=\frac{1}{2}$，　$g(-3)=0$.

4. (1) $f(x)=\frac{1+\sqrt{1+x^2}}{x}(x>0)$；　(2) $g(x)=\begin{cases}(x-1)^3, & 1\leqslant x\leqslant 2,\\ 3x-3, & 2<x\leqslant 3.\end{cases}$

5. (1) $f[f(x)]=\mathrm{e}^{1-\mathrm{e}^{2-2x^2}}$，　$f[g(x)]=\mathrm{e}^{1-\sin^2 x}$，　$g[f(x)]=\sin\mathrm{e}^{1-x^2}$.

(2) $\varphi[\varphi(x)]=\begin{cases}0, & x\leqslant 0,\\ x & x>0.\end{cases}$　$\varphi[\psi(x)]=0$，　$x\in(-\infty,+\infty)$.

6. (1) 直接反函数为 $x=\frac{1}{2}\arcsin\frac{y}{3}$，间接反函数为 $y=\frac{1}{2}\arcsin\frac{x}{3}$.

(2) 直接反函数为 $x=\begin{cases}y+1, & y<-1,\\ \sqrt{y}, & y\geqslant 0.\end{cases}$ 间接反函数为 $y=\begin{cases}x+1, & x<-1,\\ \sqrt{x}, & x\geqslant 0.\end{cases}$

7. (1) $y=u^3$，　$u=4x+3$.　(2) $y=\tan u$，　$u=\sqrt{v}$，　$v=\sin x$.

(3) $y=3^u$，　$u=v^2$，　$v=\cos\omega$，　$\omega=2x+1$.　(4) $y=\ln u$，　$u=\frac{x+\sqrt{x}}{1-\sqrt{x}}$.

· 习题1.2

1. (1) 该数列为无界、单调增加数列，该数列发散；

(2) 该数列为有界、非单调数列，该数列收敛于0；

(3) 该数列为有界、单调增加数列，该数列收敛于1；

(4) 该数列为有界、非单调数列,该数列发散;

(5) 该数列为无界、非单调数列,该数列发散.

3. $\dfrac{1+\sqrt{13}}{2}$.

· 习题 1.3

1. (1) 不存在; (2) 极限为 1; (3) 不存在; (4) 极限为 0.

2. (1) 极限为 0; (2) 极限为 6; (3) 极限不存在; (4) 极限不存在.

3. $\lim\limits_{x\to0^-}f(x)=0$, $\lim\limits_{x\to0^+}f(x)=0$,故$\lim\limits_{x\to0}f(x)=0$; $\lim\limits_{x\to1}f(x)=0$.

4. $a=2$.

· 习题 1.4

1. (1) 无穷小量; (2) 无穷小量; (3) 无穷大量; (4) 无穷大量;

   (5) 无穷小量; (6) 无穷小量.

2. 当 $x\to0$ 或 $x\to1$ 时,y 是无穷小量;当 $x\to-2$ 或 $x\to\infty$时,y 是无穷大量.

3. (1) 0; (2) 0.

· 习题 1.5

1. (1) 不存在; (2) 不一定存在.

2. 不一定存在.

3. (1) 7; (2) ∞; (3) -9; (4) 2; (5) 0; (6) ∞;

   (7) $\dfrac{2}{3}$; (8) $2x$; (9) 6; (10) $\dfrac{1}{2}$; (11) 0; (12) ∞;

   (13) 2; (14) $-\dfrac{1}{4}$; (15) $\dfrac{1}{5}$; (16) 0; (17) $\dfrac{6}{7}$; (18) $\dfrac{1}{5}$.

4. (1) 2; (2) $\dfrac{1}{2}$.

5. (1) 2; (2) -2; (3) 2; (4) $-\dfrac{1}{56}$; (5) $\dfrac{2}{3}$;

   (6) 2; (7) -1; (8) 0.

6. (1) 0; (2) 0.

7. $f(0-0)=0$,$f(0+0)=0$,故$\lim\limits_{x\to0}f(x)=0$;

   $f(1-0)=0$,$f(1+0)=-\dfrac{1}{2}$,故$\lim\limits_{x\to1}f(x)$不存在;

   $\lim\limits_{x\to-\infty}f(x)=1$; $\lim\limits_{x\to+\infty}f(x)=0$.

8. (1) $a=-3$; (2) $a=-7$,$b=6$; (3) $a=b=-4$.

9. (1) ln2； (2) $\frac{\pi}{4}$； (3) 1； (4) 0； (5) 0； (6) $\frac{1}{32}$.

· 习题 1.6

1. (1) 3； (2) $\frac{7}{3}$； (3) 1； (4) 2； (5) $\frac{1}{6}$； (6) 8；

 (7) 5； (8) $-\frac{1}{3}$.

2. (1) e^2； (2) e^{-5}； (3) e； (4) 1； (5) e^{-1}； (6) e；

 (7) e； (8) e^3.

3. ln3.

4. $10e^{0.25}$或 12.84 万元.

· 习题 1.7

1. 当 $x\to0$ 时，x^2-x^3 是比 $2x-x^2$ 高阶的无穷小量.

2. 当 $x\to0$ 时，$1-x$ 与 $1-x^3$ 是同阶而非等价的无穷小量.

4. (1) $\frac{3}{2}$； (2) $\begin{cases}0, & n>m,\\ 1, & n=m,\\ \infty, & n<m;\end{cases}$ (3) $\frac{1}{2}$； (4) 0； (5) 6；

 (6) ln3； (7) $\frac{9}{2}$； (8) $\frac{1}{3}$.

5. $a=2$.

· 习题 1.8

2. (1) $x=2$ 为无穷间断点，$x=1$ 为可去间断点. 补充定义 $f(1)=-2$.

 (2) $x=-1$ 为无穷间断点，$x=0$ 为跳跃间断点，$x=1$ 为可去间断点. 补充定义 $f(1)=-\frac{1}{2}$.

 (3) $x=0$ 为可去间断点. 补充定义 $f(0)=0$.

 (4) $x=0$ 为第二类间断点.

 (5) $x=0$ 为跳跃间断点.

 (6) $x=0$ 为跳跃间断点.

 (7) $x=-1$，$x=1$ 为无穷间断点，$x=0$ 为可去间断点. 补充定义 $f(0)=0$.

 (8) $x=-1$，$x=1$ 为跳跃间断点.

 (9) $x=1$ 为跳跃间断点.

 (10) $x=0$ 为 $f(x)$的跳跃间断点.

3. (1) $a=1$； (2) $a>0$.

4. $x=0$ 及 $x=1$ 为可去间断点，其他间断点 $x=-1,\pm2,\cdots$为无穷间断点.

· 习题 1.9

1. (1) $[4,6]$；　(2) $[-1,5]$.

综合练习题一

一、1. ×；　2. ×；　3. ×；　4. ×；　5. ×；　6. √；　7. ×；　8. ×；
　9. ×；　10. ×.

二、1. B；　2. A；　3. B；　4. C；　5. A；　6. D；　7. B；　8. D；
　9. A；　10. B.

三、1. x；　2. $2-2x^2$；　3. $\frac{1}{2}$；　4. 0；　5. 2；　6. -1；

　7. $a=1,b=0$；　8. $\frac{2}{3}$；　9. ln2；　10. 第二类.

四、1. $-\frac{2}{5}$；　2. $\frac{1}{4}$；　3. $\frac{1}{2}$；　4. $-\frac{1}{2}$；　5. 3；

　6. e；　7. e^2；　8. $\frac{1}{2}\pi^2$；　9. 4；　10. 0.

五、1. $f(0)=\frac{2}{3}$；　2. $a=-\frac{3}{2}$；　3. $\lim\limits_{x\to 0}f(x)=6$；

　4. $f(x)=-6x^2+3\sin\frac{\pi x}{2}$；　5. $f(x)=(x-1)(x+3)=x^2+2x-3$；

　6. (1) $a=0,b\neq 1$；　(2) $a\neq 1,b=\mathrm{e}$.

第 2 章

· 习题 2.1

1. -20.

2. a.

3. $\left(\frac{1}{x}\right)'=-\frac{1}{x^2}$，　$f'(1)=-1$，　$f'(-2)=-\frac{1}{4}$.

5. (1) $4x^3$；　(2) $\frac{2}{3}x^{-\frac{1}{3}}$；　(3) $-\frac{1}{2}x^{-\frac{3}{2}}$；　(4) $-3x^{-4}$；

　(5) $\frac{7}{3}x^{\frac{4}{3}}$；　(6) $\frac{9}{4}x^{\frac{5}{4}}$.

6. (1) $-f'(x_0)$；　(2) $-f'(x_0)$；　(3) $2f'(x_0)$；　(4) 0；　(5) $f'(x_0)$.

7. $f'(0)$.

9. (1) 连续但不可导；　(2) 不连续也不可导；
　(3) 连续但不可导；　(4) 连续且可导.

10. $f'_-(1)=2,f'_+(1)=3,f'(1)$不存在.

11. $a=-1,b=1$.

12. $f'(x)=\begin{cases}\cos x, & x<0,\\ \dfrac{1}{1+x}, & x\geqslant 0.\end{cases}$

14. 切线方程为 $y=x+1$,法线方程为 $y=-x+1$.

15. $(2,4)$.

· 习题 2.2

1. (1) $-\dfrac{1}{x^2}-\dfrac{1}{\sqrt{x}}+\dfrac{3}{2}\sqrt{x}$; (2) $x^2 2^x\ln 2+2^{x+1}x$;

(3) $\dfrac{1}{2\sqrt{x}}(\cot x+1)-\sqrt{x}\csc^2 x$; (4) $-\dfrac{3}{(x-2)^2}$;

(5) $\dfrac{7x^4+3x^2-1}{2x\sqrt{x}}$; (6) $\dfrac{2}{(1-x)^2}$;

(7) $\dfrac{-2\sin x}{(1-\cos x)^2}$; (8) $\dfrac{1}{1+\cos x}$;

(9) $\tan x+x\sec^2 x+\sec x\tan x$; (10) $-\dfrac{2\csc x[(1+x^2)\cot x+2x]}{(1+x^2)^2}$;

(11) $\sin x\ln x+x\cos x\ln x+\sin x$; (12) $-3\csc^2 x+\dfrac{1}{x\ln^2 x}$.

2. (1) 3; (2) $-\dfrac{1}{18}$; (3) $\dfrac{17}{15}$.

4. (1) $3\sin(4-3x)$; (2) $\dfrac{2\arcsin x}{\sqrt{1-x^2}}$; (3) $\dfrac{2x}{1+x^2}$;

(4) $\dfrac{1}{|x|\sqrt{x^2-1}}$; (5) $\dfrac{e^x}{1+e^{2x}}$; (6) $\dfrac{e^{\arctan\sqrt{x}}}{2\sqrt{x}(1+x)}$;

(7) $-\dfrac{1}{x^2+1}$; (8) $\dfrac{1}{x\ln x\cdot\ln(\ln x)}$; (9) $\dfrac{3}{2\sqrt{3x-9x^2}}$;

(10) $\dfrac{1}{6}\left(\ln\sin\dfrac{x+3}{2}\right)^{-\frac{2}{3}}\cdot\cot\dfrac{x+3}{2}$; (11) $n\sin^{n-1}x\cos(n+1)x$;

(12) $\sec^2\dfrac{x}{2}\tan\dfrac{x}{2}+\csc^2\dfrac{x}{2}\cot\dfrac{x}{2}$; (13) $\dfrac{2(1+2e^{3+2x})\ln(x+e^{3+2x})}{x+e^{3+2x}}$;

(14) $-\dfrac{1}{x^2}e^{\tan\frac{1}{x}}\left(\cos\dfrac{1}{x}+\sin\dfrac{1}{x}\cdot\sec^2\dfrac{1}{x}\right)$; (15) $-\dfrac{1}{\cos x}$;

(16) $\dfrac{2}{3}\tan\dfrac{x+1}{3}\cdot\sec^2\dfrac{x+1}{3}-\dfrac{x}{2}\csc^2\dfrac{x^2+1}{4}$;

(17) $\arcsin\dfrac{x}{2}$; (18) $\dfrac{(x^2-1)\sec^2\left(x+\dfrac{1}{x}\right)}{2x^2\sqrt{1+\tan\left(x+\dfrac{1}{x}\right)}}$.

5. $\dfrac{f(x)f'(x)+g(x)g'(x)}{\sqrt{f^2(x)+g^2(x)}}$.

6. (1) $2e^{2x}f'(e^{2x})$; (2) $\sin 2x[f'(\sin^2 x)-f'(\cos^2 x)]$;

(3) $\dfrac{2\ln(x+a)}{x+a}f'[\ln^2(x+a)]$; (4) $\dfrac{2x}{x^2+a}f'[\ln(x^2+a)]$;

(5) $e^{f(x)}[e^x f'(e^x)+f(e^x)f'(x)]$; (6) $f'\{f[f(x)]\}\cdot f'[f(x)]\cdot f'(x)$.

7. 切线方程为 $y=2x$,法线方程为 $y=-\dfrac{1}{2}x$.

8. (1) $v(t)=v_0-gt$; (2) $t=\dfrac{v_0}{g}$.

· 习题 2.3

1. (1) $\dfrac{ay-x^2}{y^2-ax}$; (2) $\dfrac{xy-y}{x-xy}$;

(3) $-\dfrac{1+y\sin(xy)}{1+x\sin(xy)}$; (4) $-\dfrac{xye^{xy}+y+2x\sin 2x}{x^2e^{xy}+x\ln x}$;

(5) $-\dfrac{e^y}{2-y}$; (6) $\dfrac{y^2}{y-xy-1}$.

2. (1) $(\ln x)^x\left(\ln\ln x+\dfrac{1}{\ln x}\right)$; (2) $\left(\dfrac{x}{1+x}\right)^x\left(\dfrac{1}{1+x}+\ln\dfrac{x}{1+x}\right)$;

(3) $\dfrac{xy\ln y-y^2}{xy\ln x-x^2}$;

(4) $(\sin x)^{1+\cos x}(\cot^2 x-\ln\sin x)+(\cos x)^{1+\sin x}(\ln\cos x-\tan^2 x)$.

(5) $\dfrac{\sqrt{x+2}(3-x)^4}{(x+1)^5}\left[\dfrac{1}{2(x+2)}-\dfrac{4}{3-x}-\dfrac{5}{x+1}\right]$;

(6) $\dfrac{1}{5}\sqrt[5]{\dfrac{x-5}{\sqrt[5]{\sqrt{x^2+2}}}}\left[\dfrac{1}{x-5}-\dfrac{x}{5(x^2+2)}\right]$;

(7) $(x-c_1)^{l_1}(x-c_2)^{l_2}\cdots(x-c_n)^{l_n}\left(\dfrac{l_1}{x-c_1}+\dfrac{l_2}{x-c_2}+\cdots+\dfrac{l_n}{x-c_n}\right)$.

3. 切线方程为 $y=3x+3$,法线方程为 $y=-\dfrac{1}{3}x+3$.

4. (1) $\dfrac{2t-1}{2t}$; (2) $-\tan t$; (3) 0.

5. (1) 切线方程和法线方程分别为 $y=-8x+24$, $y=\dfrac{1}{8}x+\dfrac{127}{8}$;

(2) 切线方程和法线方程分别为 $y=-\dfrac{4}{3}x+4a$, $y=\dfrac{3}{4}x+\dfrac{3}{2}a$.

6. $y=x$.

7. 50km/h.

8. $144\pi\,m^2/s$.

· 习题 2.4

1. 当 Δx 等于 1 时，Δy 及 dy 分别等于 18，11；
当 Δx 等于 0.1 时，Δy 及 dy 分别等于 1.161，1.1；
当 Δx 等于 0.01 时，Δy 及 dy 分别等于 0.110601，0.11.

2. (1) $\left(-\frac{1}{x^2}+\frac{1}{\sqrt{x}}\right)dx$；　(2) $\frac{1}{2\sqrt{x(1-x)}}dx$；

(3) $\frac{2\ln(x+\sqrt{1+x^2})}{\sqrt{1+x^2}}dx$；　(4) $e^{-x}[\sin(3-x)-\cos(3-x)]dx$；

(5) $8x\tan(1+2x^2)\sec^2(1+2x^2)dx$；　(6) $\frac{1}{1+x^2}dx$；

(7) $-\frac{p\ln q}{q^x}dx$；　(8) $\frac{1}{\cos x}dx$；

(9) $\frac{e^y}{1-xe^y}dx$；　(10) $-\frac{1+y\sin(xy)}{1+x\sin(xy)}dx$.

3. (1) $-\tan t$；　(2) $-\frac{\sqrt{1+t}}{\sqrt{1-t}}$.

4. (1) $2x+C$；　(2) $\frac{3}{2}x^2+C$；　(3) $\sin t+C$；　(4) $\frac{1}{\omega}\sin\omega x+C$；

(5) $\ln(1+x)+C$；　(6) $-\frac{1}{2}e^{-2x}+C$；　(7) $2\sqrt{x}+C$；　(8) $e^{x^2}+C$；

(9) $2\sin x$；　(10) $\frac{1}{2x+3}$.

5. 1.16 克.

6. (1) 0.4924；　(2) 2.7455.

· 习题 2.5

1. (1) $4-\frac{1}{x^2}$；　(2) $4e^{2x-1}$；　(3) $-\frac{2(1+x^2)}{(1-x^2)^2}$；

(4) $\frac{(x^2-2x+2)e^x}{x^3}$；　(5) $-\frac{x}{(1+x^2)^{\frac{3}{2}}}$；　(6) $2\arctan x+\frac{2x}{1+x^2}$；

(7) $e^{-t}(\cot t+2\csc^2 t+2\csc^2 t\cdot\cot t)$；　(8) $\frac{1}{2}\csc^2\frac{x}{2}\cot\frac{x}{2}$.

2. (1) $\frac{2e^{2y}-xe^{3y}}{(1-xe^y)^3}$；　(2) $-2\csc^2(x+y)\cot^3(x+y)$；

(3) $-\frac{1}{y^3}$；　(4) $\frac{\sin(x+y)}{[\cos(x+y)-1]^3}$.

3. (1) $-\frac{b}{a^2\sin^3 t}$；　(2) $\frac{4}{9}e^{3t}$；　(3) $\frac{1}{f''(t)}$.

4. (1) $2f'(x^2)+4x^2f''(x^2)$；　(2) $\dfrac{f''(x)f(x)-[f'(x)]^2}{f^2(x)}$.

5. 速度和加速度分别为$\dfrac{8}{9}$，$\dfrac{2}{27}$.

6. (1) $(n+x)e^x$；　(2) $(-1)^n e^{-x}$；　(3) $(-1)^n\dfrac{2\cdot n!}{(1+x)^{n+1}}$；

(4) $2^{n-1}\sin\left[2x+\dfrac{(n-1)\pi}{2}\right]$；　(5) $\dfrac{1}{5}(-1)^n n!\left[\dfrac{1}{(x-4)^{n+1}}-\dfrac{1}{(x+1)^{n+1}}\right]$；

(6) $\begin{cases}\ln x+1, & n=1,\\ (-1)^n\dfrac{(n-2)!}{x^{n-1}}, & n\geqslant 2.\end{cases}$

7. (1) $e^x\sum\limits_{k=0}^{n}C_n^k\sin\left(x+\dfrac{k\pi}{2}\right)$；

(2) $a^n x^2\sin\left(ax+\dfrac{n\pi}{2}\right)+2na^{n-1}x\sin\left[ax+\dfrac{(n-1)\pi}{2}\right]+n(n-1)a^{n-2}\sin\left[ax+\dfrac{(n-2)\pi}{2}\right]$.

8. (1) $-(2\sin x+x\cos x)dx^2$；　(2) $4dx^2$；　(3) $(-1)^{n-1}\dfrac{(n-1)!}{(x+1)^n}dx^n$.

9. $a=-\dfrac{1}{2}$，$b=1$，$c=0$.

综合练习题二

一、1. ×；　2. ×；　3. √；　4. √；　5. √；　6. ×；　7. ×；　8. √；

9. √；　10. ×.

二、1. D；　2. C；　3. D；　4. D；　5. D；　6. D；　7. C；　8. C；

9. B；　10. C.

三、1. $\dfrac{a^x\ln a+b^x\ln b}{a^x+b^x}$；　2. $\begin{cases}\dfrac{2}{2x-3}, & x>\dfrac{3}{2},\\ \dfrac{-2}{3-2x}, & x<\dfrac{3}{2};\end{cases}$　3. $e^{f(x)}\{[f'(x)]^2+f''(x)\}$；

4. $\dfrac{y^2\ln y-2y^2}{(y-x)^3}$；　5. $1-2\ln 2$；　6. $-\dfrac{1}{2(1-\cos t)^2}$；

7. $x-\dfrac{1}{2}x^2$；　8. $\dfrac{1}{\sin^2(\sin 1)}$；　9. m^n；　10. $-\dfrac{1}{K^2}e^{-2x}$.

四、1. 1；　2. $e^{\frac{2f'(a)}{f(a)}}$；　3. $e^{2t}+2te^{2t}$；

4. $\dfrac{(1+t^2)(y^2-e^t)}{2-2ty}$；　5. $y=-x+e^{\frac{\pi}{2}}$.

五、$f'(x)$在点$x=0$处连续.

六、$a=\dfrac{f''_-(0)}{2}$，$b=f'_-(0)$，$c=f(0)$.

第3章

· 习题 3.1

2. 4个实根分别位于区间(−2,−1),(−1,0),(0,1),(1,2)内.

· 习题 3.2

1. (1) $\frac{2}{3}$;　(2) $4\ln2-4$;　(3) 3;　(4) $-\frac{1}{6}$;　(5) $\frac{1}{2}$;　(6) 1;

(7) 1;　(8) ∞;　(9) 1;　(10) $-\frac{1}{2}$;　(11) $-\frac{e}{2}$;　(12) $\frac{3}{2}$;

(13) e;　(14) 1;　(15) 1;　(16) 0.

2. (1) 不能;　(2) 不能;　(3) 不能;　(4)不能.

3. 1.

4. $a=-3, b=\frac{9}{2}$.

· 习题 3.3

2. $-56+21(x-4)+37(x-4)^2+11(x-4)^3+(x-4)^4$.

3. $\frac{1}{1+x}=1-x+x^2-x^3+\cdots+(-1)^n x^n+(-1)^{n+1}\frac{1}{(1+\theta x)^{n+2}}x^{n+1}(0<\theta<1)$.

4. $\ln x=\ln2+\frac{1}{2}(x-2)-\frac{1}{2\cdot2^2}(x-2)^2+\cdots+\frac{(-1)^{n-1}}{n\cdot2^n}(x-2)^n+o[(x-2)^n]$.

5. $\frac{1}{3}$.

· 习题 3.4

1. (1) 不正确;　(2) 正确;　(3) 正确;　(4) 正确;　(5) 不正确;

(6) 不正确;　(7) 不正确.

2. (1) 在$(-\infty,-1]\cup[3,+\infty)$上单调增加,在$[-1,3]$上单调减少;极小值 $f(3)=-61$,极大值 $f(-1)=3$;

(2) 在$[2,+\infty)$上单调增加,在$(0,2]$上单调减少;极小值 $f(2)=8$.

(3) 在$(-\infty,0]$上单调增加,在$[0,+\infty)$上单调减少;极大值 $f(0)=-1$.

(4) 在$(-\infty,-1]\cup[1,+\infty)$上单调减少,在$[-1,1]$上单调增加;极小值 $f(-1)=-1$,极大值 $f(1)=1$.

(5) 在$\left[0,\frac{\pi}{3}\right]\cup\left[\frac{5\pi}{3},2\pi\right]$上单调减少,在$\left[\frac{\pi}{3},\frac{5\pi}{3}\right]$上单调增加;极小值 $f\left(\frac{\pi}{3}\right)=\frac{\pi}{3}-\sqrt{3}$,极大值 $f\left(\frac{5\pi}{3}\right)=\frac{5\pi}{3}+\sqrt{3}$.

(6) 在$\left(0,\dfrac{1}{2}\right]$上单调减少,在$\left[\dfrac{1}{2},+\infty\right)$上单调增加;极小值 $f\left(\dfrac{1}{2}\right)=\dfrac{1}{2}-\ln 2$.

6. $a=-\dfrac{2}{3}$,$b=-\dfrac{1}{6}$;在点 x_1 处取得极小值,在点 x_2 处取得极大值.

8. $a=2$;$f\left(\dfrac{\pi}{3}\right)=\sqrt{3}$.

9. (1) 最小值为$y|_{x=-2}=-\dfrac{17}{3}$,最大值为$y|_{x=0}=5$.

(2) 最小值为$y|_{x=0}=0$,最大值为$y|_{x=4}=8$.

(3) 最小值为$y|_{x=0}=0$.

(4) 最小值为$y|_{x=0}=0$,最大值为$y|_{x=2}=\ln 5$.

(5) 最小值为$y|_{x=e^{-2}}=-2e^{-1}$.

(6) 最小值为$y|_{x=0}=0$,最大值为$y|_{x=-\frac{1}{2}}=y|_{x=1}=\dfrac{1}{2}$.

(7) 最小值为$y|_{x=-3}=27$.

(8) 最小值为$y|_{x=0}=0$,最大值为$y|_{x=-1}=y|_{x=1}=e^{-1}$.

10. $\dfrac{a}{6}$.

11. 15 元.

12. 50000 件,最大利润是 30000 元.

13. 1800 元.

· 习题 3.5

1. (1) 凸区间是$\left(\dfrac{1}{3},+\infty\right)$,凹区间是$\left(-\infty,\dfrac{1}{3}\right)$,$(0,+\infty)$,拐点是$\left(\dfrac{1}{3},\dfrac{2}{27}\right)$.

(2) 凸区间是$\left(-\infty,-\dfrac{\sqrt{2}}{2}\right)\cup\left(0,\dfrac{\sqrt{2}}{2}\right)$,凹区间是$\left(-\dfrac{\sqrt{2}}{2},0\right)\cup\left(\dfrac{\sqrt{2}}{2},+\infty\right)$,拐点是$\left(-\dfrac{\sqrt{2}}{2},\dfrac{7\sqrt{2}}{8}\right)$,$(0,0)$,$\left(\dfrac{\sqrt{2}}{2},-\dfrac{7\sqrt{2}}{8}\right)$.

(3) 凹区间是$(-\infty,+\infty)$,无拐点.

(4) 凸区间是$(-1,0)\cup(\sqrt[3]{2},+\infty)$,凹区间是$(0,\sqrt[3]{2})$,拐点是$(0,0)$,$(\sqrt[3]{2},\ln 3)$.

3. $a=-\dfrac{3}{2}$,$b=\dfrac{9}{2}$.

4. $k=\pm\dfrac{\sqrt{2}}{8}$.

6. (1) 垂直渐近线 $x=0$;

(2) 垂直渐近线 $x=0$,水平渐近线 $y=2$;

(3) 垂直渐近线 $x=1$,斜渐近线 $y=x+2$;

(4) 垂直渐近线 $x=0$,水平渐近线 $y=1$.

7. (1)

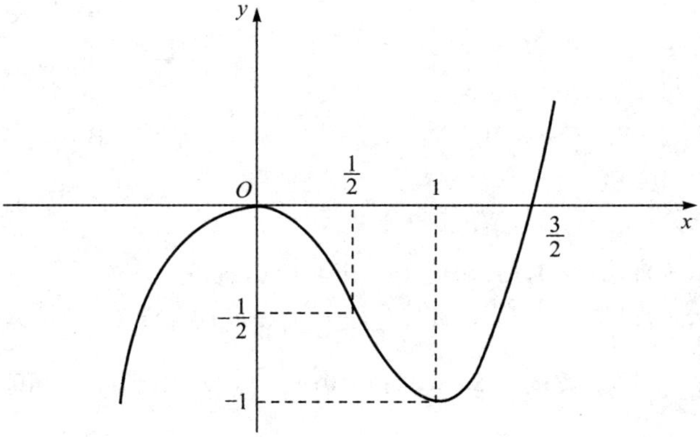

(2)

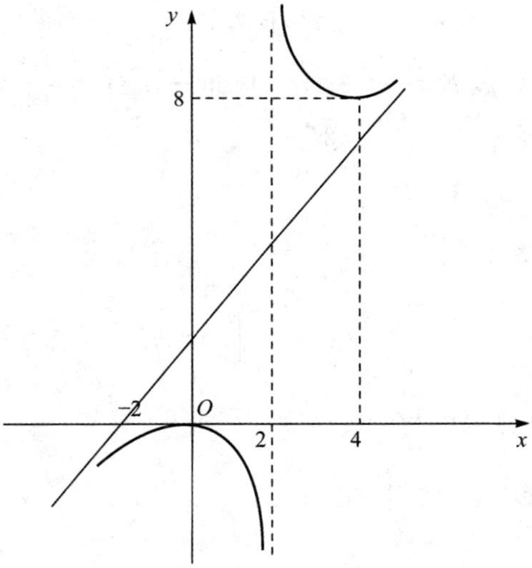

· 习题 3.6

1. $ds=\sqrt{9x^4+12x^2+5}dx$.

2. $\dfrac{\sqrt{2}}{2}$.

3. 0.

4. $K=2$， $\rho=\dfrac{1}{2}$.

5. $\left(\dfrac{\sqrt{2}}{2},\ln\dfrac{\sqrt{2}}{2}\right)$， $\rho=\dfrac{3\sqrt{3}}{2}$.

6. 砂轮的半径不超过 1.25 单位.

综合练习题三

一、1. ×;　2. ×;　3. ×;　4. √;　5. ×;　6. √;　7. √;　8. ×;
9. √;　10. √.

二、1. C;　2. C;　3. B;　4. D;　5. D;　6. B;　7. B;　8. B;
9. C;　10. A.

三、1. 3;　2. 2;　3. -4;
4. $(-\infty,x_1)\cup(0,x_2)$, $(x_1,0)\cup(x_2,+\infty)$; $0,x_1,x_2$;
5. $(-\infty,x_1)\cup(0,x_2)$, $(x_1,0)\cup(x_2,+\infty)$; $(x_1,f(x_1))$, $(0,f(0))$, $(x_2,f(x_2))$;
6. $-\dfrac{3}{2}$;　7. 1,2;　8. $y=1$; $x=0$;　9. $y=2x+1$;　10. 2,0.

四、1. 2;　2. $\dfrac{1}{3}$;　3. e;　4. e^3.

六、1. 1;　2. 1;　3. $a=0,b=-3$. 极大值 $f(-1)=2$,极小值 $f(1)=-2$;
4. $\left(\dfrac{\sqrt{3}}{3},\dfrac{2}{3}\right)$;　5. $K=\dfrac{1}{4a\sin\dfrac{t}{2}}$, $\rho=4a\sin\dfrac{t}{2}$, $t=\pi$, $K=\dfrac{1}{4a}$, $\rho=4a$.

第 4 章

· 习题 4.1

1. (1) $m=\int_0^l\rho(x)\mathrm{d}x$;　(2) $m=\int_a^b v(t)\mathrm{d}t$.

2. (1) $\dfrac{1}{3}(b^3-a^3)$;　(2) $e-1$.

3. (1) $\int_0^1\dfrac{1}{\sqrt{1+x^2}}\mathrm{d}x$;　(2) $\int_0^1\sin\pi x\mathrm{d}x$.

4. (1) 1;　(2) $\dfrac{\pi}{4}$;　(3) 0.

5. (1) $\int_0^1 x\mathrm{d}x\geqslant\int_0^1 x^2\mathrm{d}x\geqslant\int_0^1 x^3\mathrm{d}x$;　(2) $\int_3^4\ln x\mathrm{d}x\leqslant\int_3^4\ln^2 x\mathrm{d}x\leqslant\int_3^4\ln^3 x\mathrm{d}x$;
(3) $\int_0^1 x\mathrm{d}x\geqslant\int_0^1\ln(1+x)\mathrm{d}x$;　(4) $\int_0^1 e^x\mathrm{d}x\geqslant\int_0^1(1+x)\mathrm{d}x$.

6. (1) $\dfrac{1}{32}\leqslant\int_{\frac{1}{2}}^1 x^4\mathrm{d}x\leqslant\dfrac{1}{2}$;　(2) $\dfrac{\pi}{21}\leqslant\int_{\frac{\pi}{4}}^{\frac{\pi}{3}}\dfrac{1}{1+\sin^2 x}\mathrm{d}x\leqslant\dfrac{\pi}{18}$.

7. 6.

· 习题 4.2

1. (1) $\sin(3x-x^2)$;　(2) $-\tan(1-x^3)$;
(3) $3x^2\ln(1+x^3)$;　(4) $-e^{\cos^2 x}\sin x-e^{\sin^2 x}\cos x$.

2. $\frac{dy}{dx}=-t$.

3. $\frac{dy}{dx}=\frac{2x-\cos x^2}{e^{y^2}}$.

4. (1) $\frac{1}{4}$； (2) $\frac{1}{2}$.

7. (1) $e-1$； (2) $\frac{\pi}{12}$； (3) $\ln 2$； (4) 4；

(5) -1； (6) $\frac{11}{2}$； (7) $\frac{1}{2}$； (8) $\frac{8}{3}$.

8. (1) $\frac{1}{3}$； (2) 2.

9. $f(x)-f(a)$.

10. 最小值为$-\frac{32}{3}$,最大值为 0.

11. $\Phi(x)=\frac{x^2}{2}-\frac{1}{6}$.

12. $F(x)$不是 $f(x)$在$(-\infty,+\infty)$上的原函数.因为 $F(x)$在点 $x=0$ 处不连续,则不可导,故 $F'(0)=f(0)$不成立,即 $f(x)$在 $x=0$ 点没有原函数.

· 习题 4.3

1. $f(x)=\ln|x|+1$.

2. (1) $\frac{2}{7}x^3\sqrt{x}-\frac{10}{3}x\sqrt{x}+C$； (2) $-\frac{2}{\sqrt{x}}-\ln|x|+e^x+C$；

(3) $\frac{x^2}{2}-3x+3\ln|x|+\frac{1}{x}+C$； (4) $2x^{\frac{1}{2}}+\frac{1}{2}x^2-x-\frac{2}{5}x^{\frac{5}{2}}+C$；

(5) $2\arcsin x+C$； (6) $-\frac{1}{x}+\arctan x+C$；

(7) $\frac{1}{3}x^3-x+\arctan x+C$； (8) $\frac{2}{3}x^3+3\arctan x+C$.

(9) $\frac{1}{x}-\frac{1}{3x^3}+\arctan x+C$； (10) $\frac{4^x}{\ln 4}+\frac{2\times 6^x}{\ln 6}+\frac{9^x}{\ln 9}+C$；

(11) $-\frac{2}{\ln 5}\left(\frac{1}{5}\right)^x+\frac{1}{5\ln 2}\left(\frac{1}{2}\right)^x+C$； (12) $-\cot x-x+C$；

(13) $\frac{1}{2}x+\frac{1}{2}\sin x+C$； (14) $\frac{1}{2}\tan x+C$；

(15) $\sin x-\cos x+C$； (16) $-\cos\theta+\theta+C$.

3. $f(x)=x-\frac{1}{2}x^2+C$.

4. (1) $\frac{1}{7}$； (2) $\frac{1}{12}$； (3) $-\frac{1}{2}$； (4) $\frac{1}{3}$；

(5) $\frac{1}{\omega}\sin(\omega t+\varphi)$； (6) $\frac{1}{k}e^{kx}$； (7) $\sqrt{x^2+a^2}$； (8) $\frac{1}{2}\sin^2 x$.

· 习题 4.4

1. (1) $-\frac{1}{7}(1-x)^7+C$； (2) $-\frac{1}{3}\cos(3x+2)+C$；

(3) $\frac{1}{2}(2+3x)^{\frac{2}{3}}+C$； (4) $-\frac{1}{3}\ln|1-3x|+C$；

(5) $e^{x^2}+C$； (6) $\frac{1}{12}(1+2x^2)^3+C$；

(7) $-\frac{1}{3}\sqrt{2-3x^2}+C$； (8) $-2\cos\sqrt{t}+C$；

(9) $\cos\frac{1}{x}+C$； (10) $\ln|\ln x|+C$；

(11) $\frac{1}{10}(2\ln x+5)^5+C$； (12) $\frac{1}{4}(\arctan x)^4+C$；

(13) $-\frac{1}{x\ln x}+C$； (14) $\ln(1+e^x)+C$；

(15) $\arctan e^x+C$； (16) $\frac{3}{2}(\sin x-\cos x)^{\frac{2}{3}}+C$；

(17) $2\sqrt{\arcsin x}+C$； (18) $-\frac{10^{2\arccos x}}{2\ln 10}+C$；

(19) $\frac{1}{2}\arcsin(2x+4)+C$； (20) $\frac{1}{8}\arctan\left(\frac{x^2}{4}\right)+C$；

(21) $\ln\left|\frac{x}{x+1}\right|+C$； (22) $\ln|\sin x|+C$；

(23) $-\cos x+\frac{1}{3}\cos^3 x+C$； (24) $\frac{\sin 2(\omega t+\varphi)}{4\omega}+\frac{t}{2}+C$；

(25) $\frac{1}{3}\sin^3 x-\frac{1}{5}\sin^5 x+C$； (26) $-\frac{1}{16}\cos 8x-\frac{1}{4}\cos 2x+C$;

(27) $\ln|\tan x|+C$； (28) $\frac{1}{3}\sec^3 x-\sec x+C$；

(29) $\frac{1}{3}\tan^3 x+C$； (30) $\frac{1}{3}\tan^3 x+\tan x+C$；

(31) $(\arctan\sqrt{x})^2+C$； (32) $e^{\sqrt{1+x^2}}+C$;

(33) $\ln|\ln\ln x|+C$； (34) $-\frac{4}{3}(1-\sqrt{x})^{\frac{3}{2}}+C$；

(35) $-\ln\left|\cos\sqrt{1+x^2}\right|+C$； (36) $x-\ln(e^x+1)+C$；

(37) $\frac{1}{\ln 3-\ln 2}\arctan\left(\frac{3}{2}\right)^x+C$； (38) $\frac{1}{2}\arcsin\left(\frac{2x}{3}\right)+\frac{1}{4}\sqrt{9-4x^2}+C$.

2. $-\frac{1}{3}(1-x^2)^{\frac{3}{2}}+C.$

3. (1) $\sqrt{x^2-9}-3\arccos\frac{3}{x}+C$；

(2) $2\arcsin\frac{x}{2}-\frac{x}{2}\sqrt{4-x^2}+C$；

(3) $-\frac{\sqrt{4+x^2}}{4x}+C$；

(4) $\frac{\sqrt{x^2-1}}{x}+C$；

(5) $\frac{1}{54}\arctan\frac{x}{3}+\frac{x}{18(x^2+9)}+C$；

(6) $\frac{1}{\sqrt{1+x^2}}+\sqrt{1+x^2}+C$；

(7) $\frac{1}{2}(x+1)\sqrt{3-2x-x^2}+2\arcsin\frac{x+1}{2}+C$；

(8) $\frac{1}{2}\arctan\frac{x+1}{2}+C$；

(9) $2\sqrt{x}-2\ln(\sqrt{x}+1)+C$；

(10) $(\arctan\sqrt{x})^2+C$；

(11) $6\ln\frac{\sqrt[6]{x}}{\sqrt[6]{x}+1}+C$；

(12) $2\arctan\sqrt{\frac{1+x}{1-x}}-\sqrt{1-x^2}+C$；

(13) $-e^{-x}-\arctan(e^x)+C$；

(14) $\ln(\sqrt{1+e^{2x}}-1)-x+C$；

(15) $\frac{1}{8}\left(1-\frac{1}{x}\right)^8+C$；

(16) $-\frac{\sqrt{x^2+4}}{4x}+C.$

· 习题 4.5

1. (1) $-x\cos x+\sin x+C$；

(2) $-x\cot x+\ln|\sin x|+C$；

(3) $(x^2-2x+2)e^x+C$；

(4) $-\frac{1}{2}x^2e^{-x^2}-\frac{1}{2}e^{-x^2}+C$；

(5) $\frac{1}{4}x^4\ln x-\frac{1}{16}x^4+C$；

(6) $x\ln(1+x^2)-2x+2\arctan x+C$；

(7) $x\ln^3x-3x\ln^2x+6x\ln x-6x+C$；

(8) $x(\arcsin x)^2+2\sqrt{1-x^2}\arcsin x-2x+C$；

(9) $-\frac{1}{4}x\cos 2x+\frac{1}{8}\sin 2x+C$；

(10) $\frac{1}{3}x^3\arctan x-\frac{1}{6}x^2+\frac{1}{6}\ln(1+x^2)+C$；

(11) $\frac{x\sin(\ln x)-x\cos(\ln x)}{2}+C$；

(12) $-\frac{1}{2}\cot x\csc x+\frac{1}{2}\ln|\csc x-\cot x|+C$；

(13) $\frac{5e^x-e^x\cos 2x-2e^x\sin 2x}{10}+C$；

(14) $-\frac{2}{17}e^{-2x}\left(4\sin\frac{x}{2}+\cos\frac{x}{2}\right)+C$；

(15) $3(\sqrt[3]{x^2}-2\sqrt[3]{x}+2)e^{\sqrt[3]{x}}+C$；

(16) $\ln x(\ln\ln x-1)+C$；

(17) $\frac{(\arcsin x)^2}{4}+\frac{x\sqrt{1-x^2}\arcsin x}{2}-\frac{x^2}{4}+C$;

(18) $\frac{1}{2}x^2e^{x^2}+C$;

(19) $\sqrt{1+x^2}\arctan x-\ln(x+\sqrt{1+x^2})+C$;

(20) $\frac{e^x}{1+x}+C$.

2. $x\cos x\ln x+1+\sin x-(1+\sin x)\ln x+C$.

· 习题 4.6

1. (1) $\frac{1}{3}x^3-x+\frac{1}{2}\ln(x^2+1)+2\arctan x+C$;

(2) $6\ln|x-3|-5\ln|x-2|+C$;　(3) $\frac{1}{7}\ln\left|\frac{x-4}{x+3}\right|+C$;

(4) $\frac{1}{8}\arctan\frac{2x+1}{4}+C$;　(5) $2\ln|x|-\frac{1}{x}-\ln(x^2-x+1)+C$;

(6) $\ln|2x+1|-\frac{1}{2}\ln(x^2+x+1)+\frac{1}{\sqrt{3}}\arctan\frac{2x+1}{\sqrt{3}}+C$;

(7) $\frac{1}{x}-\frac{1}{3x^3}+\arctan x+C$;　(8) $\frac{3}{2}\arctan(x-1)+\frac{2x^2-3x+1}{2(x^2-2x+2)}+C$.

2. (1) $\frac{1}{4}\tan^2\frac{x}{2}+\tan\frac{x}{2}+\frac{1}{2}\ln\left|\tan\frac{x}{2}\right|+C$;

(2) $\frac{1}{2}\ln\left|\tan\frac{x}{2}\right|-\frac{1}{4}\tan^2\frac{x}{2}+C$;

(3) $\frac{2}{\sqrt{3}}\arctan\left(\frac{1}{\sqrt{3}}\tan\frac{x}{2}\right)+C$;　(4) $\frac{1}{6}\ln\left|\frac{1+\tan^3x}{(1+\tan x)^3}\right|+\frac{\sqrt{3}}{3}\arctan\frac{2\tan x-1}{\sqrt{3}}+C$;

(5) $\frac{1}{2}\arctan\left(\frac{\tan x}{2}\right)+C$;　(6) $\ln|\csc 2x-\cot 2x|-\frac{1}{2\sin^2x}+C$.

3. $\begin{cases} x+C, & x<0, \\ \frac{1}{2}x^2+x+C, & 0\leqslant x\leqslant 1, \\ x^2+\frac{1}{2}+C, & x>1. \end{cases}$

· 习题 4.7

1. (1) $50\frac{3}{4}$;　(2) $2(\sqrt{3}-1)$;　(3) $\frac{4}{5}$;　(4) $2\ln\frac{3}{2}$;

(5) $\frac{22}{3}$;　(6) $\frac{\pi}{2}$;　(7) $2+\ln\frac{3}{2}$;　(8) $1-\frac{\pi}{4}$;

(9) $\frac{\pi}{4}+\frac{1}{2}$； (10) $\frac{1}{3}$； (11) $\frac{\pi}{8}-\frac{1}{4}\ln 2$； (12) $\frac{\pi}{4}$.

2. (1) 0； (2) $\frac{\pi^2}{324}$； (3) 0； (4) 2； (5) $\frac{\pi}{2}$； (6) $2(1-2e^{-1})$.

4. (2) $200\sqrt{2}$.

5. (1)1； (2) $4-2\sqrt{e}$； (3) $\frac{1}{4}e^2+\frac{1}{4}$； (4) $\frac{\sqrt{3}}{3}\pi-\ln 2$；

(5)$\frac{\pi}{4}-\frac{1}{2}$； (6) $\frac{\pi^3}{6}-\frac{\pi}{4}$； (7) $\frac{16\pi}{3}-2\sqrt{3}$； (8) $\frac{1}{2}+\frac{1}{2}e^{\frac{\pi}{2}}$；

(9) $\frac{e}{2}(\sin 1-\cos 1)+\frac{1}{2}$； (10) $\frac{35}{128}\pi$.

6. $f(x)=\cos x-x\sin x+C$.

7. $\frac{1}{4}(e^{-1}-1)$.

8. 0.

· 习题 4.8

1. (1) $\frac{1}{2}$； (2) $\frac{\pi}{4}+\frac{1}{2}\ln 2$； (3) $1-\ln 2$； (4) $\frac{\pi}{\sqrt{5}}$；

(5) $\ln 2-\frac{1}{2}$； (6) $+\infty$； (7) 4； (8) $-\frac{1}{2}$；

(9) 发散； (10) $\frac{\pi}{2}$； (11) $\frac{\pi}{3}$； (12) $\frac{\pi}{2}$.

2. (1) 6； (2) $\frac{3}{4}$； (3) 24； (4) $\frac{1}{8}\sqrt{\frac{\pi}{2}}$.

3. $a=2$.

4. $k>1$ 时收敛，$k\leqslant 1$ 时发散. $k=1-\frac{1}{\ln\ln 2}$时取得最小值.

6. $\int_0^{+\infty}\frac{1}{1+x^4}dx=\frac{\sqrt{2}\pi}{4}$.

综合练习题四

一、1. √； 2. ×； 3. √； 4. ×； 5. √； 6. ×； 7. √； 8. √；
9. √； 10. √.

二、1. B； 2. D； 3. B； 4. C； 5. C； 6. C； 7. C； 8. D；
9. C； 10. C.

三、1. $2\sqrt{x}$； 2. $\sqrt{3}$； 3. $\frac{8}{5}x^{\frac{5}{2}}+C$； 4. $e^{-x}(x+1)+C$； 5. $\cos x^2$；

6. 3； 7. $-\cos\frac{1}{x^2}+\cos 1$； 8. 2； 9. -1； 10. $\frac{3}{2}$.

四、1. $\frac{1}{9}(2x+3)^{\frac{9}{4}}-\frac{3}{5}(2x+3)^{\frac{5}{4}}+C$；　2. $\ln(x^2-x+3)+C$；

3. $-\frac{1}{2}\ln^2\left(1+\frac{1}{x}\right)+C$；　4. $\frac{1}{3}\ln\left|3x+\sqrt{9x^2-1}\right|+C$；

5. $\frac{x^{10}}{10(1-x^2)^5}+C$；

6. $-\frac{1}{7x^7}+\frac{1}{5x^5}-\frac{1}{3x^3}+\frac{1}{x}-\arctan\frac{1}{x}+C$；

7. $\frac{4}{7}(1+e^x)^{\frac{7}{4}}-\frac{4}{3}(1+e^x)^{\frac{3}{4}}+C$；　8. $2\arcsin\sqrt{x-1}+C$；

9. $\frac{1}{3}x^3e^{x^3}-\frac{1}{3}e^{x^3}+C$；

10. $x\ln(x+\sqrt{1+x^2})-\sqrt{1+x^2}+C$；

11. $\frac{x\ln x}{\sqrt{1+x^2}}-\ln(x+\sqrt{1+x^2})+C$；

12. $\frac{1}{2}x^2\sin 2x+\frac{1}{2}x\cos 2x-\frac{1}{4}\sin 2x+C$；

13. $x\arctan x-\frac{1}{2}\ln(1+x^2)-\frac{1}{2}(\arctan x)^2+C$；

14. $-\frac{1}{2}e^{-2x}\arctan e^x+\frac{1}{2e^x}-\frac{1}{2}\arctan e^x+C$；

15. $\ln(x^2-2x-5)+\arctan\frac{x-1}{2}+C$；

16. $-\frac{2+4\sqrt[4]{x}}{(1+\sqrt[4]{x})^2}+C$；　17. $\tan x-\frac{1}{\cos x}+C$；

18. $\frac{1}{8}\tan^2\frac{x}{2}+\frac{1}{4}\ln\left|\tan\frac{x}{2}\right|+C$；　19. $2\sqrt{x}\ln x-4\sqrt{x}+C$；

20. $-\frac{1}{\ln 2}\left(\frac{2^{\frac{1}{x}}}{x}-\frac{1}{\ln 2}2^{\frac{1}{x}}\right)+C$；　21. $\begin{cases}-e^{-x}+2+C, & x\geqslant 0,\\ e^x+C, & x<0;\end{cases}$

22. $-\frac{1}{2}\arctan(\cos 2x)+C$；　23. $\frac{3\pi}{32}$；

24. $\frac{\pi}{8}$；　25. 1；　26. $\frac{22}{3}$；　27. $-\frac{\sqrt{3}}{2}+\ln(2+\sqrt{3})$；

28. $\frac{\pi}{4}$；　29. $\frac{\pi}{4}e^{-2}$；　30. $\frac{\pi}{2}+\ln(2+\sqrt{3})$.

五、1. $-2\sqrt{1-x}\arcsin\sqrt{x}+2\sqrt{x}+C$；

2. $\begin{cases}\frac{1}{3}x^3-\frac{1}{3}, & 0\leqslant x<1,\\ x-1, & 1\leqslant x\leqslant 2;\end{cases}$　3. $\left(1+\frac{1}{e}\right)^{\frac{3}{2}}-1$.

第5章

· 习题5.2

1. (1) $\frac{1}{3}$； (2) 18； (3) 1； (4) $\frac{9}{4}$；

(5)$A_{左侧}=6\pi-\frac{4}{3}$，$A_{右侧}=2\left(\pi+\frac{2}{3}\right)$； (6) $2(\sqrt{2}-1)$； (7) $3\pi a^2$； (8) $\frac{5}{4}\pi$.

2. (1) $V_x=\frac{1}{7}\pi$；$V_y=\frac{2}{5}\pi$. (2) $V_x=\pi e-2\pi$. (3) $V_y=24\pi$.

(4) $V_x=4\pi^2$. (5) $V_x=5\pi^2a^3$.

3. $\frac{4}{3}\sqrt{3}R^3$.

4. (1) $\frac{a}{2}\sqrt{1+a^2}+\frac{1}{2}\ln(a+\sqrt{1+a^2})$； (2) $1+\frac{1}{2}\ln\frac{3}{2}$；

(3) $8a$； (4) $\frac{5}{12}+\ln\frac{3}{2}$.

· 习题5.3

1. 0.18kJ. 2. $\frac{27}{7}ka^{\frac{7}{3}}$. 3. 392kJ. 4. 14373kN.

综合练习题五

一、1. D； 2. B； 3. D； 4. C； 5. D.

二、$\frac{e}{2}$.

三、(1) $a=\frac{1}{e}$，$(x_0,y_0)=(e^2,1)$； (2) $\frac{1}{6}e^2-\frac{1}{2}$.

四、$\frac{448}{15}\pi$.

五、2.

六、(1) $S(t)=1-2te^{-2t}$， $t\in(0,+\infty)$； (2) $1-\frac{1}{e}$.

第6章

· 习题6.1

1. (1) 一阶； (2) 四阶； (3) 二阶； (4) 一阶.
2. (1) 通解； (2) 特解.
3. (1) $C=-25$； (2) $C_1=1,C_2=-1$.
4. $\lambda=-3,\lambda=3$.

5. (1) $\frac{dy}{dx}=x^2$； (2) $yy'+2x=0$.

6. $y'(t)=\frac{1}{5}y(t)$.

· 习题 6.2

1. (1) $\ln y=Cx$ 或 $y=e^{Cx}$； (2) $y=\frac{1}{k\ln|1-x-k|+C}$；

(3) $\sin x\sin y=C$； (4) $10^x+10^{-y}=C$；

(5) $(1+e^x)(1-e^y)=C$； (6) $4(y+1)^3+3x^4=C$.

2. (1) $e^y=\frac{1}{2}e^{2x}+1-\frac{1}{2}e^4$； (2) $\ln y=\tan\frac{x}{2}$；

(3) $x^2y=4$； (4) $\cos y=\frac{\sqrt{2}}{4}(e^x+1)$.

3. (1) $\sin\frac{y}{x}=Cx$； (2) $y^2=x^2\ln Cx^2$；

(3) $y=\frac{x}{\ln|x|+1}$； (4) $x^2-y^2+y^3=0$.

4. (1) $y=Ce^{-x}+xe^{-x}$； (2) $y=C\cos x-2\cos^2 x$；

(3) $x=Ce^{t^2}+te^{t^2}$； (4) $y=C\sqrt{1+x^2}+1+x^2$；

(5) $x=Cy+\frac{1}{2}y^3$； (6) $y=-1-2\cos x-\cos^2 x+Ce^{\cos x}$.

5. (1) $y=\frac{1}{2}x^2+e^{x^2}$； (2) $y=\frac{x+1}{\cos x}$；

(3) $x=e^{-2t}-e^{-3t}$； (4) $y=\frac{1}{2}x^3\left(1-e^{\frac{1}{x^2}-1}\right)$.

6. $y=-2x-2+2e^x$.

7. $f(x)=2x+2-2e^x$.

8. (1) $v=\frac{mg}{a}(1-e^{-\frac{a}{m}t})$； (2) 提示：$\lim\limits_{t\to+\infty}v=\lim\limits_{t\to+\infty}\frac{mg}{a}(1-e^{-\frac{a}{m}t})=\frac{mg}{a}$.

9. (1) $y=Ce^x-x-1$； (2) $\sec(x+y)+\tan(x+y)=Cx$；

(3) $\sin y=Cx^3-x^2$； (4) $\frac{1}{y}=\frac{1}{x}(\sin x+C)$.

· 习题 6.3

1. (1) $y=x\arctan x-\frac{1}{2}\ln(1+x^2)+C_1x+C_2$；

(2) $y=\frac{1}{3}x^3\ln x-\frac{5}{18}x^3+C_1x+C_2$；

(3) $y=C_1\ln|x|+C_2$； (4) $y=\frac{1}{3}x^3+\frac{1}{2}C_1x^2+C_2$；

(5) $y=\arcsin(C_2 e^x)+C_1$； (6) $y=\dfrac{C_1 C_2 e^{C_1 x}}{1-C_2 e^{C_1 x}}$.

2. (1) $y=xe^x-2e^x+x+2$； (2) $y=x^3+3x+1$； (3) $y=\left(\dfrac{x}{3}+1\right)^3$.

· 习题 6.4

1. (1) $y=C_1 e^x+C_2 e^{2x}$； (2) $y=(C_1+C_2 x)e^{-x}$；

(3) $y=C_1 e^{-x}+C_2 e^{3x}$； (4) $y=C_1+C_2 e^{-\frac{3}{5}x}$；

(5) $y=e^{-x}(C_1\cos 2x+C_2\sin 2x)$； (6) $y=e^{2x}(C_1\cos x+C_2\sin x)$；

(7) $y=C_1 e^{-x}+C_2 e^{\frac{1}{2}x}+e^x$； (8) $y=C_1 e^{-x}+C_2 e^{-4x}-\dfrac{1}{2}x+\dfrac{11}{8}$；

(9) $y=(C_1+C_2 x)e^{3x}+\dfrac{2}{9}x^2+\dfrac{5}{27}x+\dfrac{11}{27}$；

(10) $y=C_1+C_2 e^{-\frac{5}{2}x}+\dfrac{1}{3}x^3-\dfrac{3}{5}x^2+\dfrac{7}{25}x$；

(11) $y=C_1\cos 3x+C_2\sin 3x+\dfrac{x}{6}\sin 3x$；

(12) $y=(C_1+C_2 x)e^{-x}-\dfrac{2}{25}e^x(4\cos x-3\sin x)$.

2. (1) $y=4e^x+2e^{3x}$； (2) $y=(4+6x)e^{-x}$；

(3) $y=2\cos\sqrt{5}x+\sqrt{5}\sin\sqrt{5}x$； (4) $y=e^{-2x}\sin 3x$；

(5) $y=e^{3x}-2x$.

3. $y=\cos 3x-\dfrac{1}{3}\sin 3x$.

4. $s=-\dfrac{1}{2}\sin 2t+\sin t$.

5. $\varphi(x)=2xe^x$.

综合练习题六

一、1. ×； 2. √； 3. ×； 4. √； 5. √； 6. √； 7. ×； 8. ×；

9. √； 10. √.

二、1. B； 2. B； 3. A； 4. C； 5. A； 6. C； 7. B； 8. C；

9. C； 10. D.

三、1. $y=\tan\left(x-\dfrac{1}{2}x^2+\dfrac{\pi}{4}\right)$； 2. $\sin\dfrac{y}{x}=Cx$； 3. $y=x^2-Cx-1$；

4. $y=\arcsin x$； 5. $y=C_1 x^2+C_2 e^x+3$； 6. $y''-2y'+2y=0$；

7. 1； 8. $y=e^x+Ce^{e^{-x}+x}$； 9. $y^2(1+y'^2)=1$；

10. $f(x)=\dfrac{1}{2}e^{-2x}+x-\dfrac{1}{2}$.

四、(1) $y''+4y'+4y=2\mathrm{e}^{-2x}$；　(2) $y''-2y'+2y=0$.

五、$a=-3,b=2,c=-1$.　$y=C_1\mathrm{e}^{2x}+C_2\mathrm{e}^{x}+x\mathrm{e}^{x}$.

六、$y=C_1\cos x+C_2\sin x+x+\dfrac{1}{2}x\sin x$.

七、$y=C_1y_1+C_2y_1\displaystyle\int\frac{\mathrm{e}^{-\int P(x)\mathrm{d}x}}{y_1^2}\mathrm{d}x$.

参考文献

大学数学编写委员会《高等数学》编写组，2012. 高等数学(上、下). 北京：科学出版社.

芬尼，韦尔，焦尔当诺，2003. 托马斯微积分. 10 版. 叶其孝等译. 北京：高等教育出版社.

华东师范大学数学系，2001. 数学分析(上、下). 3 版. 北京：高等教育出版社.

姜启源，谢金星，叶俊，2011. 数学模型. 4 版. 北京：高等教育出版社.

梁保松，王建平，陈振，2015. 高等数学. 北京：中国农业出版社.

上海交通大学，集美大学，2010. 高等数学——及其教学软件(上、下). 3 版. 北京：科学出版社.

同济大学数学系，2014. 高等数学(上、下). 7 版. 北京：高等教育出版社.

西北工业大学高等数学教材编写组，2013. 高等数学(上、下). 3 版. 北京：科学出版社.

西北工业大学高等数学教研室，2007. 高等数学学习辅导——问题、解法、常见错误剖析. 北京：科学出版社.

西北工业大学高等数学教研室，2007. 高等数学学习指导. 北京：科学出版社.

肖亚兰，2006. 高等数学目标与测试. 北京：科学出版社.

谢季坚，李启文，2009. 大学数学——微积分及其在生命科学、经济管理中应用. 3 版. 北京：高等教育出版社.